JN299983

図解
Illustration food processing
食品加工プロセス

吉田 照男 著
YOSHIDA TERUO

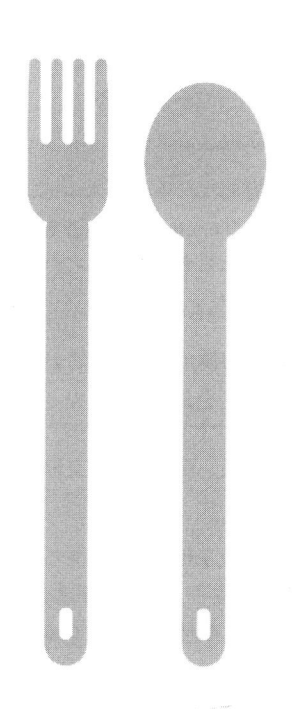

森北出版株式会社

●本書の補足情報・正誤表を公開する場合があります．当社 Web サイト（下記）
で本書を検索し，書籍ページをご確認ください．
https://www.morikita.co.jp/

●本書の内容に関するご質問は下記のメールアドレスまでお願いします．なお，
電話でのご質問には応じかねますので，あらかじめご了承ください．
editor@morikita.co.jp

●本書により得られた情報の使用から生じるいかなる損害についても，当社およ
び本書の著者は責任を負わないものとします．

JCOPY 〈(一社)出版者著作権管理機構 委託出版物〉
本書の無断複製は，著作権法上での例外を除き禁じられています．複製される
場合は，そのつど事前に上記機構（電話 03-5244-5088，FAX 03-5244-5089,
e-mail: info@jcopy.or.jp）の許諾を得てください．

はじめに

　食べたいという食欲は，睡眠に対する欲求や性欲と並んで人が生き続けるための基本的欲求として本能と考えられる。人の食事が動物と異なるのは，食物を生産し，加工し，あるいは食器に盛り付けるなど，食べ方を規定するからであろう。

　その意味で食品製造は人が生きるための基本を提供する行為である。この食を提供する行為を歴史的に振り返ると，

- 旧石器時代：60万年～1万2,000年前は食料採取だけの時代。
- 縄文時代：1万2,000年～2,400年前は食料栽培も知っていた時代。
- 弥生時代：2,400～1,700年前は本格的に稲作を始めた時代。中国大陸の秦の始皇帝（紀元前259～210年）も注目した長寿の国，ヤマタイ国。
- 古墳時代：1,700年前～6世紀末，権力者の出現とそのための食の工夫をした時代。

　以降，奈良，平安，鎌倉，室町，江戸，明治，昭和，平成とその時代の移り変わりとともに，中国大陸の影響を中心に諸外国の食文化を取り入れながら今日の日本の食文化ができ上がっている。

　この食文化において，食を創る調理は後で詳細に解説するが，洗う，挽く，捏ねる，おろす，のす，切る，漬けるなどの物理的調理操作から，焼く，炒める，蒸す，煮る，茹でる，といった加熱調理操作（**図1**参照），さらには醗酵，凝固など科学的調理操作があり，食品製造においてはこれらの操作を工業的に行い，かつ品質を調理場のものと同等に再現させるところに意味がある。

図1　調理操作のいろいろ

挽く　捏ねる　のす　蒸す　搗く　炒る

表1 調理操作の分類と食品工業の例

調理の種類 / 調理内容	主な業種	①パン	②製糖	③清酒	④醤油	⑤食用油	⑥豆腐	⑦バター	⑧ジュース	⑨ハム・ソーセージ	⑩ジャム	⑪コーヒー	⑫さけ缶詰	⑬粉乳	⑭冷凍魚
1. 機械的調理															
1. 洗浄	洗う				○				○		○	○			○
2. 選別	選り分け								○		○	○			○
3. 浸漬（塩，砂糖）	漬ける										◎				○
4. 切砕	剥く，削る														○
5. 粉砕	砕く					○	○		○	○	○	○			
6. 混合，撹拌	混ぜる，捏ねる	○		○				◎		○	○			○	
7. 圧搾，濾過	濾す，搾る					○						○			
8. 分離，篩分	分ける		○												
9. 移動，輸送	移す	○							○						
2. 熱的調理															
1. 乾燥	乾かす		○									◎		○	
2. バイ乾	燻す									◎					
3. 乾熱	焼く，炒める	◎										○			
4. 蒸煮	蒸す，茹でる			○			○				○				
5. 濃縮	煮詰める		◎		○				○		○	○		○	
6. 殺菌	熱殺菌								○	○	○		◎	○	
7. 冷却	冷ます	○							○	○	○			○	◎
8. 凍結	凍らせる	○													
9. 抽出					○	○						○			
10. 蒸留				○											
3. 科学調理															
1. 発酵	醸造	○		◎	◎										
2. 凝固	固める						○								
3. 反応	脱色			○											
4. 生物反応（静菌）									○	○			○	○	

　筆者は食品工学の技術者として，いろいろな調理，加工技術を理論的，定量的に解析し，工業規模で美味しい食品の製造に結びつけるよう努めている。その中で筆者が常に考えたことは，先人の残した理論，理屈をいかに発展させ，工業化という成果に結びつけるかであった。成功しても，失敗しても，そこには理屈が必ずある。それを明らかにしなければ技術の進歩はあり得ないと考えている。

　その理論，理屈を考える時，この調理操作と主な食品工業の関連を見ると表1のようになる。表1で主要工程を◎で示すと，各食品工業の製造法の基本をうかがい知ることができる。

　食品は化学的，物理的に見て成分，濃度，組織および構造がきわめて複雑な物質であり，かつ温度，湿度，光，空気中の酸素，圧縮，振動，衝撃など機械的外力および酵素，微生物の影響を受けやすい，きわめて不安定な物質である。そのため，食品の製造に当たっては次の4点を充分考慮しなければならない。

① **消費者の志向対応**
　消費者の嗜好および志向を満足させ，かつ，安全性を確保する。

② **製品の安定流通**
　製造時点の品質を保持した状態で保管，貯蔵および広域流通に耐え得る製品とする。

③ **適正価格の製品製造**
　製造経費の節減で適正価格を維持する。

④ **環境汚染防止，資源有効活用**
　排水，廃棄物の可能な限りの削減，有効成分の回収再利用を図る。

　以上述べたように，食品の製造においては素材

の品質管理に始まり，製造，包装，出荷から食卓まで本物の美味しさを維持するには，その食品が創造され，美味しく食べる工夫がなされた製造条件をいかに守るかにかかっている。だから，いくら良質の素材を得ても製造条件が正しくないと美味しい食品は得られない。

これまで日本の食品産業も経済の高度成長に支えられて右肩上がりの成長を遂げてきたが，人口の伸びの鈍化とともに量的な拡大が停止し，今や「手作り」，「本物」，「本格」などの言葉に象徴されるように消費者は「多少高価でも本物が良い」という傾向になっている。高度成長期においては，生産性向上指向で，ややもすると本物をつくるための製造条件がないがしろにされがちであったが，今や少々コスト高でも品質が優先されるのが本流となりつつある。

そこで本書は「シェフの味を工場で再現する」ことを最大の課題と捕らえている。

料理自慢の奥さんや一流といわれるシェフの料理を見ると，皆，鍋，釜，フライパンの世界で経験による業が主体となっており，あまり定量化されていない。したがって，ほかの人が真似のできない世界でもある。しかし，工業的な食品製造の世界では，誰がやっても，同じ品質が再現できることが必要である。おそらく腕自慢のシェフでも1t仕込みの鍋で自慢の料理を作れといわれたら，小さな鍋の品質を再現することは難しいと思う。

工場では1tの鍋で作らないと美味しい品質を安く消費者に提供できない。だから，製造条件などの定量化，設備のスケールアップが必要なのである。混合，熱伝導，反応どれ一つ取っても，そのスケールアップは難しい。数式化しにくい難解な世界であるからだ。それをやるのが食品工学技術者の役割である。小さな鍋で美味しいものがで

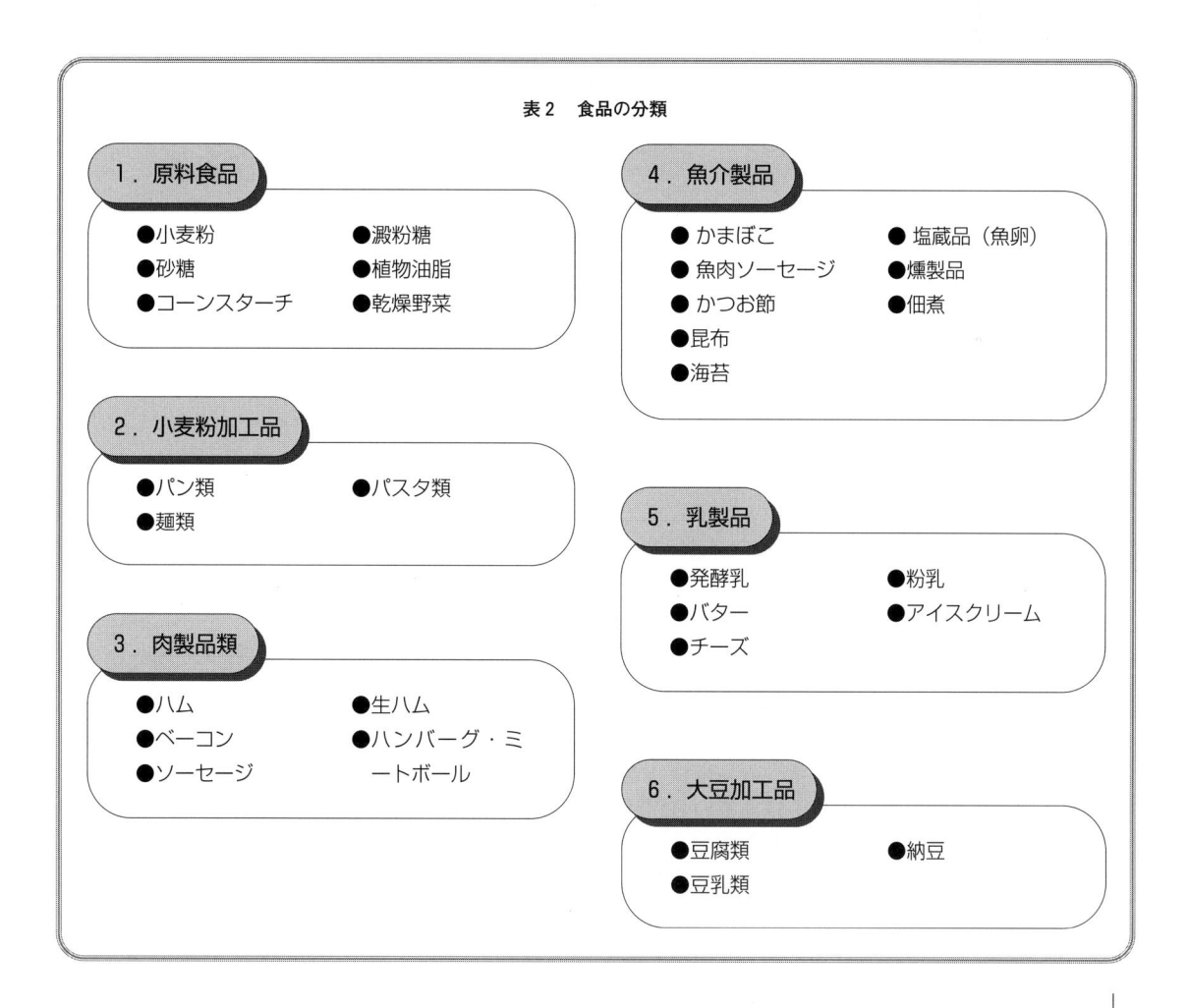

表2　食品の分類

1．原料食品
- 小麦粉
- 砂糖
- コーンスターチ
- 澱粉糖
- 植物油脂
- 乾燥野菜

2．小麦粉加工品
- パン類
- 麺類
- パスタ類

3．肉製品類
- ハム
- ベーコン
- ソーセージ
- 生ハム
- ハンバーグ・ミートボール

4．魚介製品
- かまぼこ
- 魚肉ソーセージ
- かつお節
- 昆布
- 海苔
- 塩蔵品（魚卵）
- 燻製品
- 佃煮

5．乳製品
- 発酵乳
- バター
- チーズ
- 粉乳
- アイスクリーム

6．大豆加工品
- 豆腐類
- 豆乳類
- 納豆

表2　食品の分類（つづき）

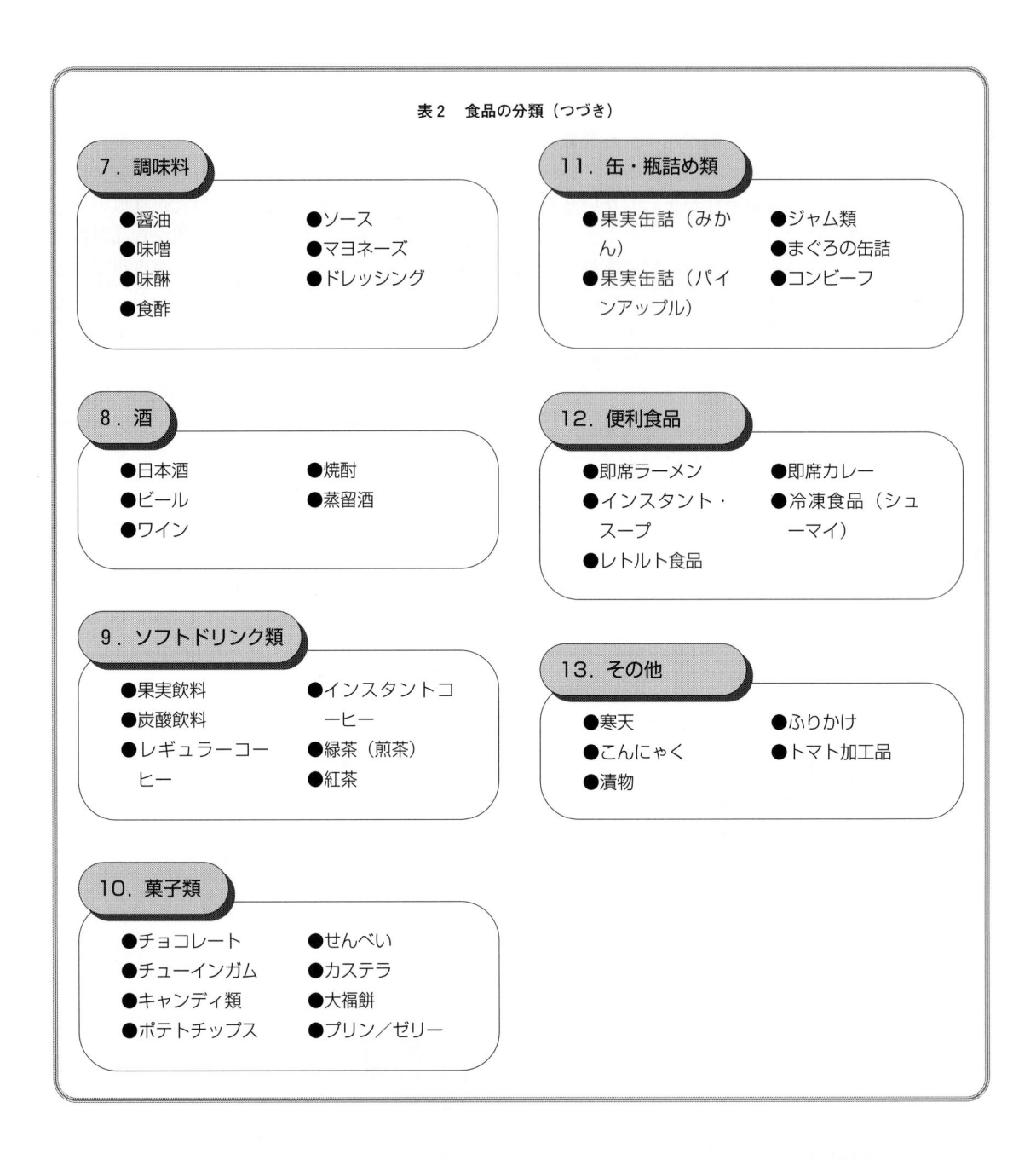

7. 調味料
- 醤油
- 味噌
- 味醂
- 食酢
- ソース
- マヨネーズ
- ドレッシング

8. 酒
- 日本酒
- ビール
- ワイン
- 焼酎
- 蒸留酒

9. ソフトドリンク類
- 果実飲料
- 炭酸飲料
- レギュラーコーヒー
- インスタントコーヒー
- 緑茶（煎茶）
- 紅茶

10. 菓子類
- チョコレート
- チューインガム
- キャンディ類
- ポテトチップス
- せんべい
- カステラ
- 大福餅
- プリン／ゼリー

11. 缶・瓶詰め類
- 果実缶詰（みかん）
- 果実缶詰（パインアップル）
- ジャム類
- まぐろの缶詰
- コンビーフ

12. 便利食品
- 即席ラーメン
- インスタント・スープ
- レトルト食品
- 即席カレー
- 冷凍食品（シューマイ）

13. その他
- 寒天
- こんにゃく
- 漬物
- ふりかけ
- トマト加工品

きたといっても，それは食品製造の始まりであって，工業生産にはほど遠い。1tの鍋で同じ品質のものを製造して初めてビジネスにつながるのである。その意味で食品工学技術者への期待は大きい。本書が食品製造に携わる若手技術者の日常活動に少しでもお役に立てれば幸いである。

また最後になりましたが，写真・挿絵を多数引用させていただいた先輩諸氏，出版社，製造業の皆様に深謝するとともに，岩手大学・三浦靖先生の多大なるご支援のおかげで本書が無事完成したことを付記し，深甚の謝意を表します。

本書は諸般の事情により出版が停止になりましたが，このたび，森北出版のご協力により内容を変更することなく再出版できることになりました。森北出版のご協力に深く感謝申し上げます。

2011年春

吉田　照男

目次 Contents

はじめに・3

第1章　原料食品・9

小麦粉・10　　　砂糖・15　　　コーンスターチ・20
澱粉糖・24　　　植物油脂・29　　乾燥野菜・35

第2章　小麦粉加工品・39

パン類・40　　　麺類・47　　　パスタ類・53

第3章　肉製品類・59

ハム・60　　　　ベーコン・64　　ソーセージ・66
生ハム・70　　　ハンバーグ／ミートボール・73

第4章　魚介製品・77

かまぼこ・78　　昆布・83　　　かつお節・86
魚肉ソーセージ・90　海苔・92　　塩蔵品(魚卵)・94
燻製品・96　　　佃煮・98

第5章　乳製品・101

発酵乳・102　　　バター・106　　チーズ・110
粉乳・114　　　　アイスクリーム・118

第6章　大豆加工品・123

豆腐類・124　　　豆乳類・129　　　納豆・132

第7章　調味料・135

醤油・136　　　　味噌・142　　　　食酢・147
味醂・150　　　　ソース・154　　　マヨネーズ・158
ドレッシング・162　マーガリン・165

第8章　酒類・169

日本酒・170　　　ビール・176　　　ワイン・183
蒸留酒・189　　　焼酎・194

第9章　ソフトドリンク類・199

果実飲料・200　　炭酸飲料・205　　レギュラーコーヒー・209
インスタントコーヒー・213　　　　　緑茶・217
紅茶・223

第10章　菓子類・227

チョコレート・228　チューインガム・232　キャンディ類・236
ポテトチップス・240　せんべい・243　　カステラ・246
大福餅・249　　　プリン／ゼリー・252

第11章　缶・瓶詰め類・255

果実缶詰（みかん）・256　　　　　　果実缶詰（パインアップル）・259
ジャム類・262　　まぐろの缶詰・266　コンビーフ・270

第12章　便利食品・273

即席中華麺・274　スープ・278　　　即席カレールー・282
レトルト食品・285　冷凍食品・288

第13章　その他食品・291

寒天・292　　　　こんにゃく・296　　漬物・299
ふりかけ・302　　トマト加工品・304

第1章

原料食品
Materials food

小麦粉

原料食品 —Materials food—

小麦粉といえば，皆さんは何をイメージしますか。私は子供の頃，お袋がよく作ってくれた「饅頭」や「うどん」を思い出します。特にサイコロ状のサツマイモの入った饅頭というか，蒸しパンが好きでした。この小麦粉は本文にもあるように1万5千年も前から食べられていた食品です。その種類はタンパク質の含有量により，饅頭に適した薄力粉から麺に良い中力粉，パンに向いた強力粉，パスタ向きのデュラム製品と，だんだん後者の方がそのタンパク質の含有量が多くなります。その製造工程について紹介しましょう。

小麦の歴史は古く，今から1万5千年前にイラクのザクロス山岳地帯に住んだ先史人達が小麦栽培を始めたのが起源とされている。それが新石器時代の紀元前3500～2600年頃，フランス，スペインに伝えられた。中国へは数千年前，蒙古やインドのルートで伝わり，日本へは4～5世紀に朝鮮半島から伝来したと考えられる。発掘された遺跡によれば，日本でも弥生時代の中期頃に小麦が栽培されており，何らかの形で食べられていたと推定される。大和朝廷の時代（4世紀）には玄米とともに麦などの穀物が主食とされており，8世紀には万葉集にも「小麦」の言葉がでてくる。中国から伝来した「麺」は，今から1000年以上も前から食べられていた小麦粉製品であり，室町，安土・桃山時代を経て，江戸時代，今日と日本独特の麺類が完成した。さらに今川焼きや鯛焼きのような庶民的な菓子も江戸時代に登場したが，食糧としては小麦粉より大麦が重視されていた。1933年以降政府の増産奨励と需要増によって，その生産は急増した。

現在，日本が輸入しているアメリカ，カナダへは17世紀に，オーストラリアへは18世紀にそれぞれ伝えられたと考えられる。今日，パン，麺，菓子などの原料になっている普通系小麦は近世以降広く栽培されるようになった。

小麦を粉にして食べるとおいしいことを知った人類は「製粉」をあみ出したが，これは人類史上最古の工業といえる。紀元前4000年頃，古代バビロニアで始まったと考えられる石臼製粉方式は，奴隷や家畜を動力にして400年もの間使われ，紀元前400～300年頃，ギリシャやローマで水車製粉が発明された。オランダやイギリス東海岸では風車製粉が発達した。

石臼で挽いた粉をふるい分けることを繰り返す段階式製粉方法は17世紀にフランスで始まり，1784年にはイギリスで蒸気機関を利用した製粉工場がつくられている。

ロール製粉機は1588年にイタリアで発明され，1870年頃オーストラリア人によって実用化された。石臼に代わりロール機が使われ，**フローシート**に示したような大規模な製粉プラントがつくられるようになった。図1.1.1に精選工程の詳細を，図1.1.2に挽砕工程の詳細を，図1.1.3にピュリフィケーションに使うピュリファイヤーの原理を図で示した。

製品・原料について

小麦粒は図1.1.4に示したように一粒の長さは4.5～8.5mm（平均6.2mm），幅は1.4～4.7mm（平均2.7mm），重さは通常千粒の重さ（千粒重）で表し25～40g（30～35gが多い）で，比重は1.25～1.4（平均1.355）である。

小麦はイネ科（Graminae）のコムギ連（Triticeae）中のコムギ属（Triticum）に属し，種類は多い。

小穂につく粒の数により「一粒系」，「二粒系」，「普通系（3粒以上）」の3つに分けられる。一粒系の食用は少なく，二粒系のデュラム小麦

図1.1.1 精選工程の解説図[3]

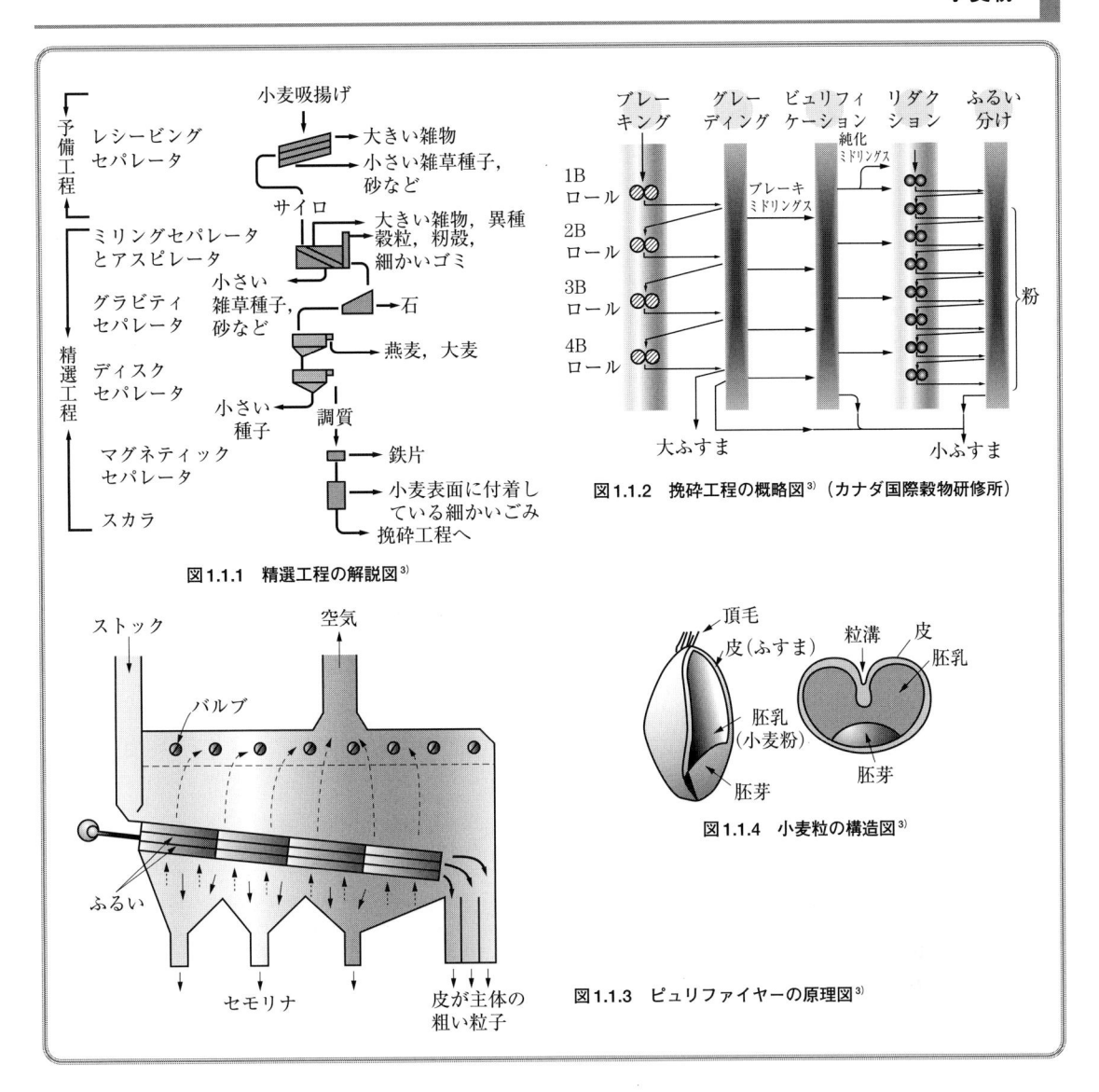

図1.1.2 挽砕工程の概略図[3]（カナダ国際穀物研修所）

図1.1.3 ピュリファイヤーの原理図[3]

図1.1.4 小麦粒の構造図[3]

（Triticum durum）はマカロニやスパゲティに適している。

普通系はTriticum aestivum（普通小麦）とTriticum compactum（クラブ小麦）で、世界中の普通小麦はこれらに属する。小麦粒の切断面が半透明のものを「硝子質小麦」、白く不透明なものを「粉状質小麦」という。「硝子質小麦」はタンパク質量が多くパンに向き、「粉状質小麦」はタンパク質量が少なく菓子用の傾向にある。小麦粉の定義は日本にはなく、アメリカの食品定義・規格集によると小麦粉とは「デュラム以外の小麦を粉砕、篩い分けして造った食品」であり、210μmの布篩で篩って大部分が通過するものを「小麦粉」といい、それより粗い物は「ファリナ」「セモリナ」などと呼ばれる。

小麦粉のタイプとグレードの関係を**表1.1.1**に示した。この表でパン用、菓子用、中華麺用など、用途の見当がつく。

小麦粉の製造工程は**フローシート**に示したように原料小麦から始まるが、日本は原料小麦の90％を輸入しており、その銘柄を小麦粉の種類別に示すと、

強力粉：カナダ・ウエスタン・レッド・スプリング小麦、ダーク・ノーザン・スプリング小麦

CHAPTER 1　原料食品

小麦粉の製造フローシート

原料小麦

受け入れ予備精選
- 輸送船から空気輸送で受け入れ
- グレインセパレータ（篩＋風力分級）
- 夾雑物除去

保管
- サイロ

精選工程
- ミーリングセパレータ＋アスピレータ
- 夾雑物除去，小麦表面や粒溝の付着物除去
- グラビティセパレータ＋ディスクセパレータ
- 石，小種子の除去

調質
- 加水機で2～3％加水
- タンクで24～36時間常温でねかせ（テンパリング）

配合
- 強力粉～薄力粉，要求仕様に合わせ配合

第二調質
- 挽砕2～3時間前0.5%程度加水，テンパリング

金属片除去
- マグネットセパレータ（電磁石）
- 鉄片除去

挽砕

ローラー：直径220～300mm，長さ500～1,500mm
2本のローラー回転に差，
　高速：450～550rpm
　低速：200rpm（通常速比：2.5：1）
グレーディングで分離される表皮を「大ふすま」と呼ぶ
グレーディング後半以降分離される表皮を「小ふすま」と呼ぶ

- 1Bブレーキング：一対のローラーで挽く
- グレーディング：篩で胚乳を表皮から分離
- 2Bブレーキング：1Bの大粒の胚乳付き表皮を挽く
- グレーディング：篩で胚乳を表皮から分離
- ～篩の負荷：0.5～1.0kg/min
- 5Bブレーキング：4Bの大粒胚乳付き表皮を挽く
- グレーディング：胚乳を表皮から分離

ピュリフィケーション　篩と気流で選別で
1) 純粋胚乳
2) 表皮が付着した胚乳
3) 表皮破片混合物のブレーキミドリングス
（最終グレーディングで篩分された小さい粒子）
の3つに分けることを繰り返し1)を極力多くする

表皮が付着した胚乳

純化ミドリングス

スクラッチ　表の付着し胚乳の粗粒を粉砕篩分で表皮を切り離す

サイジング
- 粗面加工ロールで粉砕/篩分
- セモリナを細かくしてミドリング工程へ
- 表皮を多く含んだ粗粒を「上り粉」と「ふすま」に分離

小ふすま

ミドリング
- 6～8台の粗面加工のリダクション・ロール使用
- ロール粉砕と篩分の繰り返しで「上り粉」と「小ぶすま」を分離

製品：上り粉（小麦粉）　149μm以下　水分：14.0～14.5%

小麦粉

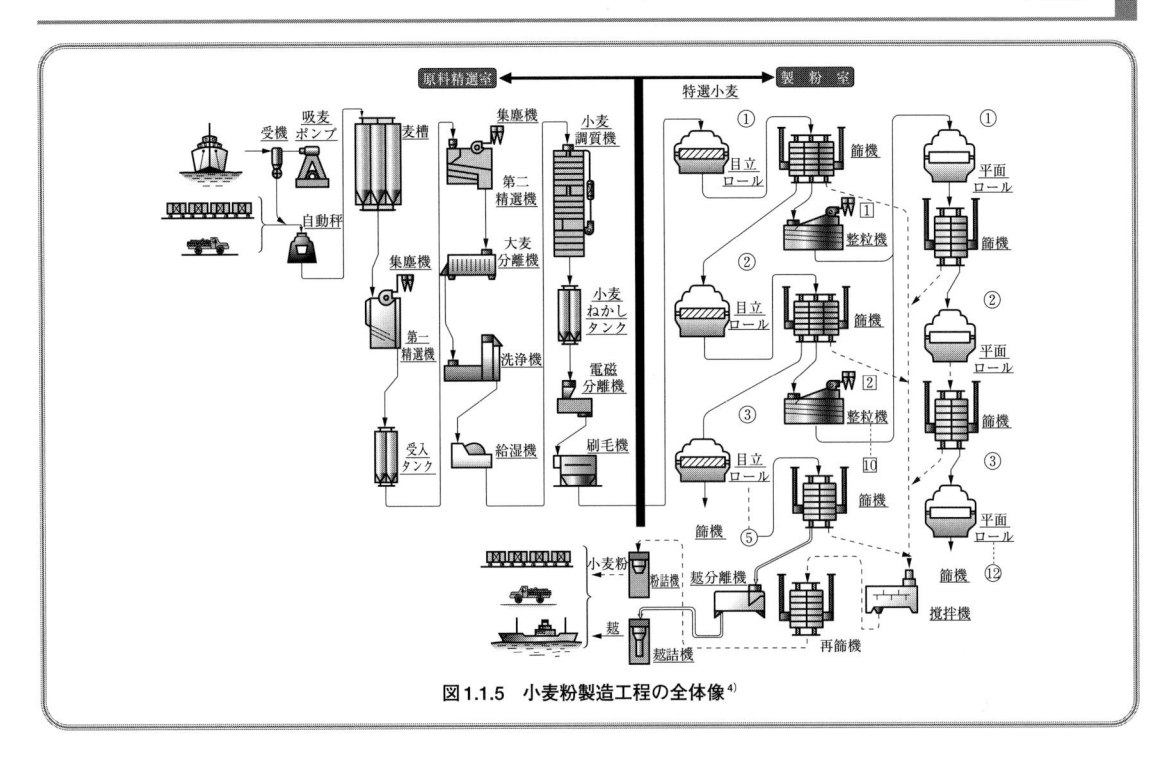

図1.1.5 小麦粉製造工程の全体像[4]

　準強力粉：ハード・レッド・ウインター小麦，ダーク・ノーザン・スプリング小麦
中力粉：国産普通小麦，ウエスタン・オーストラリア産小麦，ウエスタン・ホワイト小麦
薄力粉：ウエスタン・ホワイト小麦

であり，強力粉用は硝子質粒混入率が75％以上と高いダーク・ノーザン・スプリング小麦やタンパク質含有量が12.5〜14.5％と高いカナダ・ウエスタン・レッド・スプリング小麦である。準強力粉用はハード・レッド・ウインター小麦で日本が輸入しているのはタンパク質含有量11.5〜13.0％のグレードである。中力粉用のウエスタン・オーストラリア産小麦はタンパク質が10％前後で，茹で麺や乾麺の原料として評価が高い。このように用途により原料小麦を使い分けて小麦粉は製造される。

小麦粉の製造工程

　原料小麦は輸送船から空気輸送により荷揚げされ，マグネットセパレータなどの異物除去装置で鉄片，木片，石，藁など，大きな夾雑物が除去され，自動計量されながらサイロに銘柄，等級，ロット別に貯蔵される。以下，**フローシート**にしたがって製造される。小麦は調質，配合（目的の小麦粉に合わせ原料小麦を配合），異物除去の工程を経て，挽砕工程に移る。挽砕は1対の1番ブレーキ（1B）ロール上に運ばれ，胚乳と表皮を分離する操作から始まる。製粉の狙いは，小麦粒を砕き，できるだけ多くの胚乳を表皮から分離して，純化した胚乳を徐々に粉にすることである。したがって，ロール機を何台も使い，各ロール機での粉砕物（挽砕工程中の仕掛かり品をストックという）を篩って粉にする。挽砕工程は粉砕と篩い分けの組み合わせで，粉砕はブレーキ・ロール（表面を目立てしたもの）とリダクション・ロール（表面が平滑）で行い，分離はピュリファイヤーとシフターという機械で行う。

　挽砕工程はブレーキング，グレーディング，ピュリフィケーション（純化），リダクションの4工程からなり図1.1.2に図解した。

　目立てした1対の1Bロールによって，小麦が胚乳と表皮が剥離するような感じでいくつかに割られ，そのストックはグレーディング工程の篩にかけられ，粒度別に分けられる。胚乳が付着している大粒の表皮部分は，2Bロールへ行き，そこで目立てロールにより粉砕され，グレーディング

CHAPTER 1　原料食品

表1.1.1　小麦粉の品位（グレード）とグルテン質の量による主な用途[20]

グレード	灰力〔%〕	繊維質〔%〕	色調	タイプ タンパク質〔%〕	薄力粉 6.5〜8.0	中力粉 8〜10	準強力粉 10.5〜12	強力粉 10.7〜13	デュラム製品 12.6〜14.1
特等粉	0.3〜0.4	0.1〜0.2	純白色		ケーキ・カステラ・天ぷら	フランスパン	ロールパン	食パン・ハードロール	マカロニスパゲッティパスタ類
一等粉	0.4〜0.45	0.2〜0.3	白色		ケーキ・クッキー，ソフトビスケット，饅頭	麺	菓子パン・中華麺	食パン・ハードロール	
二等粉	0.45〜0.65	0.4〜0.6	微帯褐色		ハードビスケット，一般菓子	麺・クラッカー	菓子パン・中華麺	食パン	＊粉の粒度でセモリナ粉・デュラム粉などがある強力粉の粗粉（ファリナ）も使う
三等粉	0.7〜1.0	0.7〜1.5	褐灰色		駄菓子・糊料	駄菓子	グルテン・焼き麩・生麩・デンプン・ソバのつなぎ		
末粉	1.2〜2.0	1.0〜3.0	灰褐色		工業原料・飼料				

工程に戻って篩分けされる。このようにブレーキング工程では順次，表皮から胚乳が削り取られて行き，5Bロールを通った表皮には，ほとんど胚乳は付着していない。

一方，グレーディングの篩で分けられた小さい方の粒（ブレーキ・ミドリングスという）は，さらにいくつかの粒度に分けられ，ピュリファイヤーに送られる。

ブレーキ・ロールで粉砕する際に胚乳の一部は細かくなって製品に混ぜられる粒度になる。これを「上り粉」または「ブレーキ粉」という。

ピュリファイヤーの役目は，純粋な胚乳，表皮が付着した胚乳，表皮の破片の混合物であるブレーキ・ミドリングスをいくつかに分けて，できるだけ表皮を除去することである。このため，調湿した空気流と厳選した篩を用いて，きれいな胚乳（純化ミドリングスといい，デュラム小麦のものをセモリナという）にし，リダクション工程に送る。リダクション工程では，純化ミドリングスが徐々に粉砕され，製品の粒度（149μm以下）になるほか，胚芽の分離も行われる。この工程も，サイジングおよびスクラッチ，テイリング，ミドリングの3つからなっている。

純化されたミドリングスを細かくして，ミドリング工程に送るのがサイジングである。平滑だが表面に粗面加工をしたロール機で粉砕，篩分けする。ピュリファイヤーに戻るストックもあるが，製品になる粉も採れる。スクラッチと称し，ピュリファイヤーからの胚乳と表皮が付着した粗い粒子を処理し，これを切り離すことも行われる。サイジングの後段をテイリングといい，ピュリファイヤーやサイジングから出る表皮を多く含んだ粗い粒を「上り粉」と「ふすま」に分離する。

ミドリングでは，純化ミドリングを粉砕，篩分を行うことによりできるだけ多量の「上り粉」を採る。

6〜8台のリダクション・ロールを用いるが，平滑で表面に細かい粗面加工したもの（ミドリング・ロール）である。順次ロールで粉砕し，篩分けして「上り粉」を除いた残りを次のロールへ送る。この工程の最終段階からは，粒度の細かい「小ぶすま」が得られる。

図1.1.3のピュリファイヤーの原理は，振動篩と風力を利用し，ストックが篩の上で拡がり，徐々に移動しながら重くて粗い純化ミドリングスが篩の下に落ち，軽い皮の破片が空気で吸い上げられる。そして篩の先端から皮が主体の粗い粒子が排出される。

小麦粉製造工程の全体像を理解できるように**図1.1.5**に小麦粉製造工程のイメージを図で示した。また，**表1.1.1**は小麦粉の品位とグルテン質の量による主な用途を示した。

原料食品 ─ Materials food ─

砂糖

甘味は人間が「オギャー」と産声を上げてからすぐに知る，最初の味ではないでしょうか。成長するにつれてそれほど好きでない人も出てきますが，多くの人が好きな味であることは間違いないようです。その「砂糖」は紀元前3000年頃から製造されている古い調味料といえます。その主原料サトウキビ（甘蔗）は1万2000年以上前からニューギニアで栽培されていました。まさに人類の歴史とともに存在した味といえますね。コーヒー，紅茶にお菓子，ヨーグルトに至るまで，砂糖なしには済まないようです。

中国の漢の時代（紀元前206年～紀元221年）の文献にはインドシナに大きな葦があり，この汁を煮詰めると石のように固まり，「石蜜」と呼ぶことが紹介されている。

日本にはじめて砂糖がもたらされたのは奈良時代に唐招提寺の開祖，唐僧鑑真によるとの説もある。当時は遣唐使や留学僧の往来が盛んであったので鑑真と断定はできないが，唐から日本に砂糖がもたらされた時期としてはこの時代らしい。少なくとも聖武天皇の御代に砂糖がもたらされたことは記録に残っている。

砂糖は，紀元前3000年頃，インドで製造された「人工の蜜」について文献がある。砂糖は「甘い粒」という意味があり，サンスクリットに語源を持つことから，発祥地はインドと考えられる。

当時の砂糖は貴重品であり，口にできるのは貴族か皇族に限られていた。平安時代から鎌倉時代には砂糖の輸入の記録は見あたらない。当時の甘味源は柿霜（干し柿の表面の白い粉）や甘葛の汁などが使われていたらしい。室町時代になり明との貿易で砂糖が徐々に輸入されるようになり，桃山時代から江戸時代初期にかけてかなりの量が輸入され調味料として使われるようになった。

記録によればサトウキビは400～500年前から南西諸島では栽培されていたようだ。砂糖の原料として栽培されたのは，元和9年（1623年）儀間真常が中国から製糖技術を導入して含蜜糖（黒糖）の製造を始めたことが始まりといわれる。

明治44年（1911年）～大正6年（1917年）大型分蜜製糖工場が出現し，黒糖から分蜜糖製造に転換された。原料作物の性質からビート糖は直接精製糖として製造されるが，甘蔗分蜜糖は粗糖を製造し，精製糖工場の原料となる。

製造方法の違いにより蜜を含んだ含蜜糖と蜜を含まない分蜜糖に分けられる。主な砂糖の種類と用途は**表1.2.1**に示した通りである。

砂糖の生産量は全世界で1億tを超えており，その60％が甘蔗糖（サトウキビ），40％がビート糖からなる。甘蔗糖は赤道を中心に北緯34°から

表1.2.1　砂糖の種類と用途[20]

種類			主な用途
分蜜糖	双目糖（ハードシュガー）	白双目	製菓・清涼飲料・高級和菓子
		中双目	佃煮・キャラメル・漬物他
		グラニュー糖	製菓・清涼飲料・家庭用
	車糖（ソフトシュガー）	上白糖	料理・飲物・菓子類
		中白糖	煮物・漬物・甘納豆
		三温糖	佃煮・煮物
	加工糖	氷砂糖	果実酒
		角砂糖	コーヒー・紅茶
		粉砂糖	製菓用の飾り
	液糖	ショ糖型	加工食品
		転化型	加工食品
含蜜糖		黒砂糖	製菓原料（駄菓子・ようかんなど）
		赤糖	（台湾，フィリピンなどが主産地）
		楓糖	ホットケーキ用蜜など

CHAPTER 1　原料食品

南緯30°の地域で生産され，ビート糖は温帯の中北部で生産される。日本では沖縄，種子島などで甘蔗糖（サトウキビ）約26万t，北海道で約61万t（いずれも1982年）のビート糖が生産される。その他，約170万tの原料糖が海外から輸入される。

甘蔗（sugar cane，サトウキビ）はイネ科Saccharum属の植物で，ニューギニアを原産地として1万2千年以上も前から栽培されていたという。現在の品種はSaccharum officinarum, S. robustum, S. spontaneumの交配種である。甘蔗は夏植，春植，株出，の3種があり，新植蔗園の健全蔗茎から切り取った2節苗を7月中旬〜8月中旬に植えるのが夏植，3月中旬頃植えるのが春植，切り株を覆土し，芽出しを行うのが株出である。成育期間は日本の南西諸島で12ヶ月（春植）〜18ヶ月（夏植）である。高さ2〜4m，茎は直径2〜6cmに達し，20以上の節を有する。これをカッターを二つ備えた工場で，まず，第1カッターで曲がった甘蔗が切られて甘蔗層の厚さをととのえ，長さ15〜30cm程度に切断，第2カッターで細かく切断され，節がうち砕かれる。

図1.2.1に甘蔗原料糖製造工程の概略図を，図1.2.2に代表的な精糖，「グラニュー糖」と「上白糖」の製造工程概略図を示した。製造フローシートと比較して見ると砂糖の製造工程が良く理解できる。なお，すでに書いたように，日本国内において原料糖の製造を行っているのは北海道・沖縄などの100万t弱で，半数以上を図1.2.2のように海外から輸入していることをあらかじめおことわりしておく。

原料糖の製造工程

まず原料糖は次のようにつくられる。たとえば沖縄では第1カッターはナイフ数20〜54，回転数350〜600rpm，第2はナイフ数20〜54，回転数400〜650rpm，第2カッターで細断された甘蔗は，さらに回転数1200rpmのシュレッダー（スイング・ハンマーからなる細裂機）で細裂される。

細裂された甘蔗は圧搾機で搾汁される。3本の平行ロールで，これを4組直列に配置して処理する。トップロールとフィードロールの間を通ったバガス（bagasse：圧搾機を出た甘蔗，一般には最終圧搾機のものをバガスという）はターナー板（トラッシプレート）によりトップロールとバガスロールの間に押し込まれる。各圧搾機を出たバガスは次の圧搾機に送られる。この送り装置を「キャリア」という。

1回の圧搾では糖分の60〜70%しか流出しないから，残存糖分を回収するためバガスに水または糖汁を加えて圧搾機にかけることを繰り返す。最終圧搾機から出たバガスは工場のボイラーの燃料になるので水分50%以下が望ましい。バガスの糖分は1.4〜4.0%で砂糖歩留まりの観点からは極力最小にしたい。

圧搾機から出た圧搾汁（ジュース）は粗汁（混合汁）ともいわれ，Bx14〜16°の不透明な灰緑色〜暗緑色の液体で，微細なバガス（バガシロ），ガム質，ロウ，土砂など懸濁質を含み冷時濾過は困難である。粗汁の

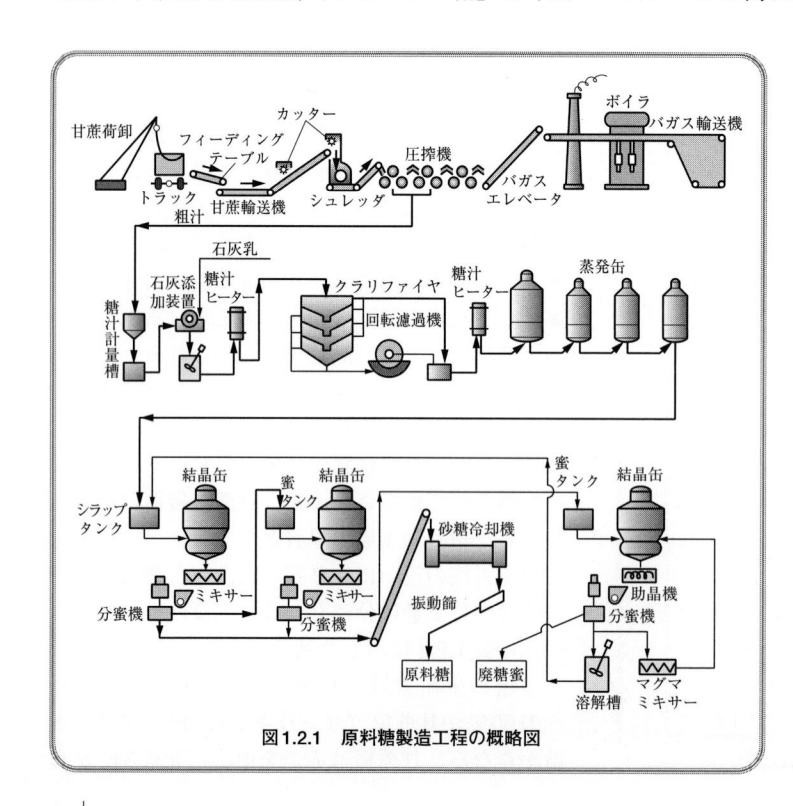

図1.2.1　原料糖製造工程の概略図

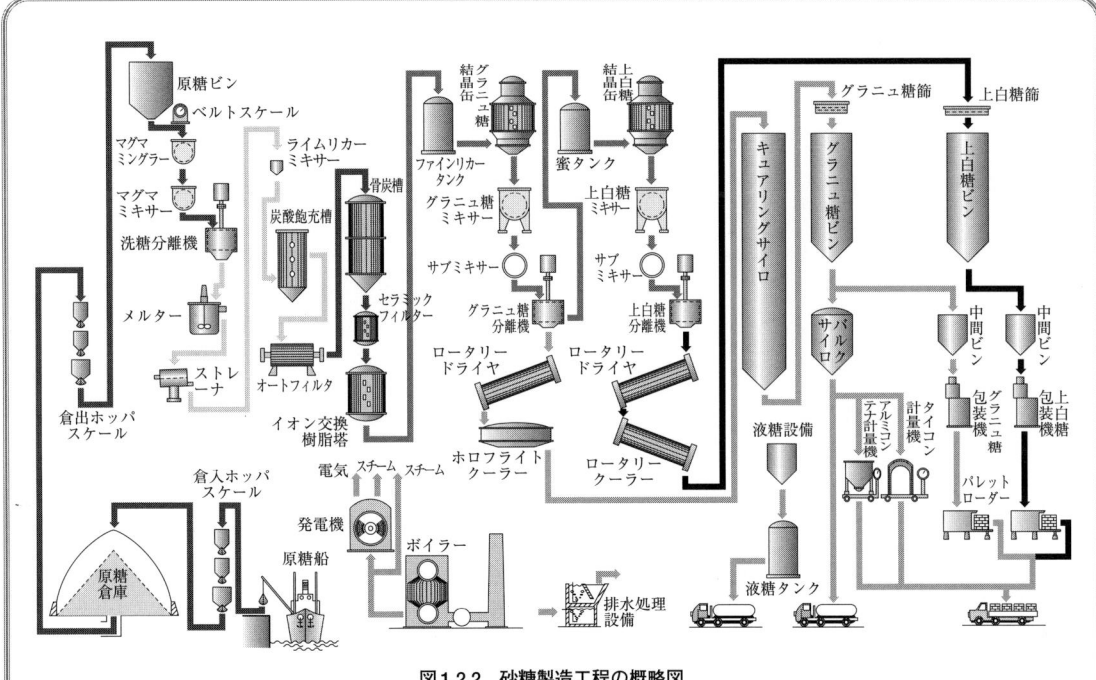

図1.2.2 砂糖製造工程の概略図

図1.2.3 原糖倉庫
原糖は3万t級の大型船が接岸可能な専用桟橋より直接荷揚げされ，一連のコンベア装置によって直接原糖倉庫に運び込まれる。精糖に必要な量の原糖は，トンネル式コンベアに切り出され，精糖工場内の原糖ビンに入れられる。

（写真提供：㈱横浜国際バイオ研究所）

pHは5.2～5.4で，これに石灰を添加，加熱により粗汁中の不純物が凝固沈殿し透明な上澄み液が得られる。

石灰乳は400メッシュ通過の消石灰を混入，水でBe'5°程度に希釈して用いる。一般に清浄液のpHが6.8～7.2になるよう混合汁に対しpH8程度の石灰乳を加える。その量は甘蔗トン当たり0.45～0.74kg・CaOである。化学反応を充分行うため加熱前に15～20分撹拌し，その後104℃まで加熱する。これはBx16～18°の粗汁の沸点よりやや高めである。沈殿物を分離するため104℃加熱後クラリファイヤ（シックナー）に送る。シックナーからの上澄み液とマッドを回転濾過機で濾過助剤として8～12メッシュのバガシロを用いた濾過で得た濾液を混合し蒸発缶に送る。バガシロは濾滓固形分当たり15～30％加える。

CHAPTER 1　原料食品

図1.2.4　真空結晶缶による結晶化（煎糖）工程
洗糖，濾過，脱色などの工程を経て不純物が除去された糖液は，真空結晶缶を用いて低い温度で濃縮し，結晶核を入れて大きく育てる。これによりできた結晶を「白下（しろした）」という。
（写真提供：㈱横浜国際バイオ研究所）

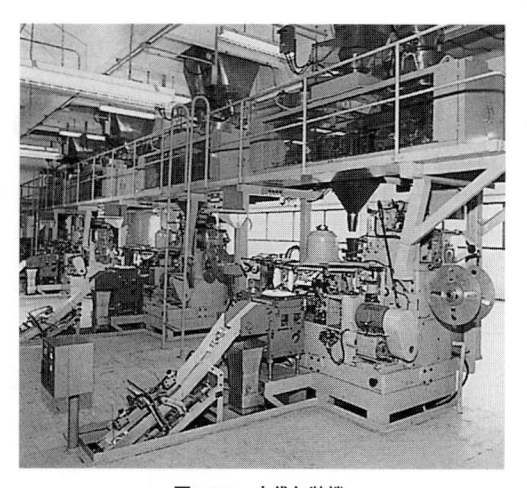

図1.2.5　小袋包装機
真空結晶缶で濃縮育晶された白下は，その後，完全自動分離機による結晶と蜜の分離，定温乾燥，熟成などいくつかの工程を経て包装される。包装は密閉装置内で，無菌脱湿空気により完全衛生処理され，最後までまったく人目に触れることなく包装が完了する。

蒸発缶は多重効用缶を用い，1号缶は糖汁温度を105℃くらいとし，以降は真空にして各缶の温度差を大きくする。蒸発缶でBx57～77°まで濃縮し，結晶缶（煎糖）に送る。濃厚汁を真空結晶缶でさらに濃縮しショ糖の結晶を晶出させることを「煎糖」という。結晶缶内の結晶と母蜜の泥状混合物を「白下（しろした）」という。1回の煎糖で得られる白下の結晶含有率は粘度の関係で30～40％以下である。このため母蜜を数度，煎糖して砂糖をできる限り多く回収する。

結晶缶から出た白下は遠心分離機で砂糖結晶と糖蜜に分けられる。この操作を「分蜜」という。分蜜工程を出た原料糖は乾燥機に入れず，冷却工程を経て篩分し貯蔵される。原料糖の水分は0.4％以下，粒径は均一で0.8mm以上が望ましい。

精製糖の製造工程

精製糖はフローシートに示したように，原料糖を溶解し，清浄，脱色後，煎糖して得た砂糖で，双目糖（純白のもの：上双，黄褐色のもの：中双と呼び，粒径850μm～2360μmのものは菓子，清涼飲料用），グラニュー糖（純白，粒径180～850μm製菓，喫茶，清涼飲料用），車糖（純白のもの：上白糖，灰白色のもの：中白，灰褐色のもの：三温糖，家庭用，製菓用）などがこれにあたる。

原料糖の不純物を取り除くため洗糖操作（アフィネーション）を行う。これは原料糖の結晶の周りに付着した蜜膜を除くため，U字型のトラフの中に水平にパドルミキサのような攪拌機を備えた「ミングラー」と呼ぶ装置内で原料糖2部にBx75～80°，約70℃の糖液1部を加え，20分以上混捏してBx93°43～45℃の泥漿（マグマ）をつくる。この操作により蜜膜は軟らかくなり，結晶相互の摩擦により糖液に移行する。このマグマを遠心分離機で分離し「振蜜」（白下を分蜜機にかけた時最初に出る糖液）と「洗蜜」（振蜜分離後，分蜜機内で結晶を洗浄したときに出る糖液）を混ぜたものが「洗糖蜜」（糖純度75～80％），遠心分離機内に残った結晶（糖純度99％）が「洗糖」である。

洗糖液（洗糖を溶解しBx67～69°，60～68℃の糖液）を炭酸ガスと石灰溶液を使用する炭酸法でさらに不純物を除去後，再生可能な粒状活性炭（10～30メッシュ）の脱色塔を通して脱色する。その後，煎糖（結晶缶），遠心分離，乾燥の工程を経て製品精製糖を製造する。

砂糖の製造フローシート

```
                    ┌─────────────┐
                    │ サトウキビ  │
                    └─────────────┘
                           │
                    ┌──────┐     第1カッター：ナイフ20～54枚　350～600rpm
    15～30cmに切断　│切  断│     第2カッター：ナイフ20～54枚　400～650rpm
                    └──────┘
                           │
                    ┌──────┐  シュレッダー
                    │細片化│  回転ハンマー回転数：1200rpm　細かく粉砕
                    └──────┘
                           │
                    ┌──────┐  ミルロール
                    │圧  搾│  3本1組の4重（12本）または5重（15本）のミルロール
                    └──────┘  95～97％の糖分を搾り出す，搾り汁糖度Bx14～16°
                           │
               ┌────────────────┐ 糖汁を80～100℃に加熱
               │ジュースヒーター│
               └────────────────┘
                           │
                    ┌──────────────┐  石灰混和槽　石灰で中和　104℃に加熱
         pH7.6～8.0 │クラリファイヤー│  不純物は石灰塩のフロックとともに沈降
    0.07%CaO/対サトウキビ └────────────┘
    石灰乳Be'5             │
                    ┌──────┐  オリバーフィルタ　回転数6rpm
                    │濾  過│  ケーキ量2～4％（対サトウキビ）　水洗量：ケーキの150％
                    └──────┘  ケーキの糖分0.8～1.7％
                           │
                    ┌──────┐  四重効用缶　減圧下で連続的に蒸発濃縮
                    │濃  縮│  Bx16～18°→Bx57～77°まで濃縮
                    └──────┘
                           │
    煎糖時間3～4時間 ┌──────┐ 砂糖晶析缶
                    │煎  糖│ 減圧下で加熱濃縮，一定の大きさの砂糖結晶
                    └──────┘ 砂糖結晶と糖液の混合物を白下と呼ぶ　白下Bx92～93°
                           │
                    ┌──────┐  遠心分離機
                    │分  離│  遠心分離機で砂糖結晶と母液分離
                    └──────┘  1,200～1,500rpm　5～10分リサイクル
                               上網0.35mm　下網2.36mm
                           │
                    ┌──────┐  ロータリードライヤ
                    │乾  燥│
                    └──────┘
                           │
                    ┌─────────┐  分蜜糖
                    │ 原料糖  │
                    └─────────┘
                           │
                 ┌──────────┐ Bx75～80°の原料糖：液糖＝2:1
                 │溶解，洗糖│ 20分以上混捏，Bx93°43～45℃の泥漿（マグマ）
                 └──────────┘
                           │
                    ┌──────┐  遠心分離機
                    │分  離│
                    └──────┘
                           │
                    ┌─────────┐  糖純度99％
                    │ 洗  糖  │
                    └─────────┘
                       洗糖をBx67～69°に溶解　60～68℃の糖液
                           │
                    ┌──────┐  10～30メッシュ粒状活性炭脱色
                    │脱  色│
                    └──────┘
                           │
                    ┌──────┐  結晶缶
                    │煎  糖│
                    └──────┘
                           │
                    ┌─────────┐
                    │分離・乾燥│
                    └─────────┘
                           │
                    ┌─────────────┐
                    │製品：精製糖 │
                    └─────────────┘
```

※原料糖製造工程

※本文中では原料糖の製造工程について詳細に解説しているが，近年，日本国内において原料糖の製造を行っているのは沖縄など一部を残すのみであり，現在は大型船による海外からの原料糖輸入が主流となっている

コーンスターチ

原料食品 — Materials food —

> トウモロコシは米，小麦についで世界の三大穀物の一つです。アメリカ大陸が発祥地で食料や家畜の飼料として広く使われてきました。そのため，生産量，輸出量ともアメリカがナンバーワンを誇っています。トウモロコシにはデントコーン，フリントコーン，スイートコーン，ポップコーン，ソフトコーンの5種類がありますが，焼いてそのまま食べて美味しいスイートコーンに対し，コーンスターチの原料には主にデントコーンが使われます。生のトウモロコシは焼いてもさほど硬くありませんが，乾燥するとカチカチでとても硬い粒です。あの硬い粒からどのようにしてコーンスターチを取り出すのでしょう。ここではその製造方法を勉強しましょう。

トウモロコシは小麦，米についで世界の三大穀物の一つである。小麦が旧大陸を代表する穀物に対し，トウモロコシは新大陸の重要な食糧および飼料として広く利用されてきた。トウモロコシは熱帯から温帯にわたって栽培され，生産量，反収，輸出量ともアメリカが世界第一位である。ロシア，ブラジル，アルゼンチン，ヨーロッパ諸国では大部分が飼料用，工業用で，中央アメリカ諸国，アフリカ諸国，中国では大部分が主食用である。

したがってコーンスターチ原料用のトウモロコシはアメリカ，南アフリカ，モザンビークの三国が大部分を供給している。日本のコーンスターチ工業は，1949年12月に愛知県半田市に一日の処理能力30tの工場ができたのが最初である。その背景には1930年に北朝鮮の平壌に設立された日本穀産工業㈱がある。これはアメリカのコーンプロダクツ社と三菱商事㈱の合弁によるもので，1日の処理能力が250tと当時としては超大型工場で，製品のコーンスターチを日本に送っていた。これが第二次大戦で閉鎖され，日本国内での生産が必要になった。1959年までは，この1社だけの操業であったが，1957年頃から小麦澱粉がコーンスターチに切り換えられ，1963年には14万t（6社，7工場）となった。さらに1964年頃から甘藷澱粉の一部がコーンスターチに切り換えられたり，糖化メーカーがコーンスターチを自家生産し始め，1967年には52万t（25社，26工場）になった。その後，製造規模が拡大され1983年には163.2万t（16社，17工場）に変化し，日本の澱粉生産のトップを占めるようになった。

製品・原料について

トウモロコシの品種はデント（dent）コーン，フリント（flint）コーン，スイート（sweat）コーン，ポップ（pop）コーン，ソフト（soft）コーンの5種だが，コーンスターチの原料には主に

表1.3.1　コーンスターチ・ウェットミーリングの収率と品質分析例[20]

原料・製品名	[%]		[DB%]				
	収率	水分	デンプン	粗タンパク質	粗脂肪	粗灰分	粗繊維
原料コーン	100	13〜14.5	72.6	10.0	5.8	1.5	9.5
コーンスターチ	64〜70	12〜13.5	98.5以上	0.3	0.8	0.1	0.0
グルテンフィード	16〜20	8〜12	15.6	20.1	3.5	6.5	54.3
グルテンミール	5〜7	11〜13	18.5	68.2	8.1	2.4	4.6
コーンジャーム	5〜8	4〜6	12.0	12.5	48.8	2.5	22.5
コーンスチープリカー	1〜3	48〜50	20.0	38.6		21.0	

コーンスターチの製造（ウェットミーリング）フローシート

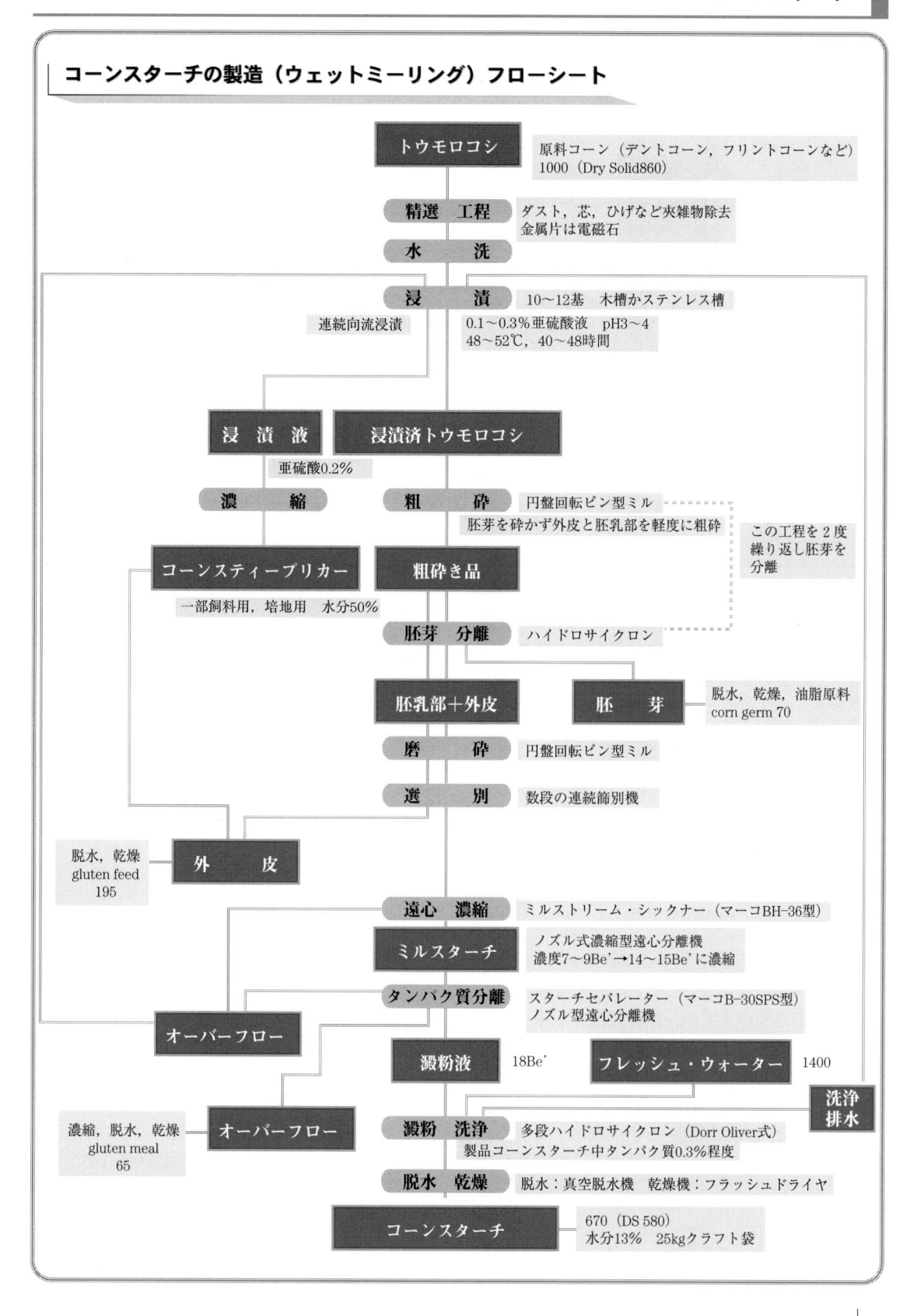

トウモロコシ — 原料コーン（デントコーン，フリントコーンなど） 1000（Dry Solid 860）

精選 工程 — ダスト，芯，ひげなど夾雑物除去 金属片は電磁石

水 洗

浸 漬 — 10〜12基 木槽かステンレス槽
0.1〜0.3%亜硫酸液 pH3〜4
48〜52℃，40〜48時間

連続向流浸漬

浸漬液 → 亜硫酸0.2%
浸漬済トウモロコシ

濃 縮

粗 砕 — 円盤回転ピン型ミル
胚芽を砕かず外皮と胚乳部を軽度に粗砕
（この工程を2度繰り返し胚芽を分離）

コーンスティープリカー — 一部飼料用，培地用 水分50%

粗砕き品

胚芽 分離 — ハイドロサイクロン

胚乳部＋外皮　　**胚 芽** — 脱水，乾燥，油脂原料 corn germ 70

磨 砕 — 円盤回転ピン型ミル

選 別 — 数段の連続篩別機

外 皮 — 脱水，乾燥 gluten feed 195

遠心 濃縮 — ミルストリーム・シックナー（マーコBH-36型）

ミルスターチ — ノズル式濃縮型遠心分離機 濃度7〜9Be'→14〜15Be'に濃縮

タンパク質分離 — スターチセパレーター（マーコB-30SPS型） ノズル型遠心分離機

オーバーフロー

澱粉液 18Be'　　**フレッシュ・ウォーター** 1400

オーバーフロー — 濃縮，脱水，乾燥 gluten meal 65

澱粉 洗浄 — 多段ハイドロサイクロン（Dorr Oliver式） 製品コーンスターチ中タンパク質0.3%程度

洗浄排水

脱水 乾燥 — 脱水：真空脱水機　乾燥機：フラッシュドライヤ

コーンスターチ 670（DS 580） 水分13%　25kgクラフト袋

CHAPTER 1　原料食品

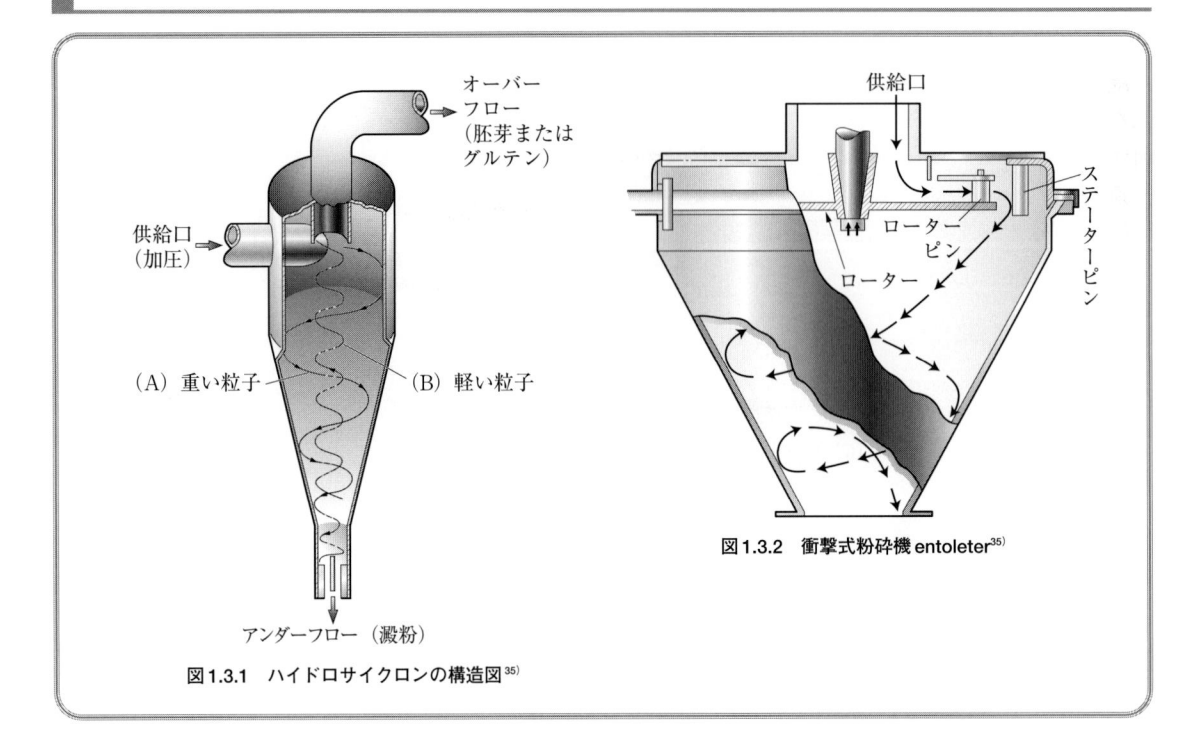

図1.3.1　ハイドロサイクロンの構造図[35]

図1.3.2　衝撃式粉砕機 entoleter[35]

デントコーンが使われる。アメリカでは遺伝子技術で品種改良が進み，ワキシーコーン（別名モチトウモロコシ，コーンスターチより膨潤しやすく粘度が高い。アミロース成分が少なく老化しにくい）や，ハイアミロースコーン（アミロースが普通の品種の24〜27％に対し，50〜60％：アミロメイズⅤ，60〜70％：アミロメイズⅥ，70〜80％：アミロメイズⅦで，耐油性があり，ガス透過率が低い。セロファンに近い強度のフィルムを形成できる）が栽培されるようになった。

コーンスターチの製造工程

コーンスターチの製造方法にはドライミーリング（dry milling）とウェットミーリング（wet milling）の2つがあるが，澱粉純度や収率の関係でウェットミーリングが多く採用されている。ウェットミーリングは1875年に亜硫酸浸漬法が開発され，その後1920年頃に現在のような原料成分のほとんどを分別回収するボトルドアップシステム（bottled up system）と呼ばれる製造プロセスが完成し今日に至っている。その製造フローをフローシートに示した。フローシートと比較して見るとコーンスターチ製造工程のイメージがつかめる。

またウェットミーリング法の収率と品質の分析例を**表1.3.1**に示した。

ウェットミーリング・システムは1920年頃確立された製法で，循環型湿式密閉法（bottled up system）と呼ばれる。原料トウモロコシの芯，ヒゲ，ダスト，金属片などの夾雑物を風選，電磁分離器などで除去する。夾雑物を取り除いたトウモロコシは洗浄し，空気輸送などで浸漬槽に送る。浸漬はトウモロコシを0.1〜0.3％亜硫酸，pH3〜4の液に48〜52℃で40〜48時間浸漬する。その目的は，
1) トウモロコシを軟らかくして磨砕しやすくする
2) タンパク質そのほかの可溶性成分を抽出する
3) 澱粉に結合したタンパク質を解重合させて，澱粉との分離を良好にする
4) 雑菌の汚染を防ぐ

などである。また浸漬終了の判定の標準的条件は，
1) 浸漬したトウモロコシの水分が約45％
2) 浸漬液中の可溶性成分が6〜6.5％程度溶出する
3) トウモロコシ1kg当たり0.2〜0.4gの亜硫酸を吸収する

などである。

浸漬は木製またはステンレス製タンク8～12基を一系列として，バッテリー抽出システムで使用する。基数が少ないとバッチ浸漬に近くなるので連続浸漬のためには10基以上が好ましい。浸漬に際してトウモロコシの可溶成分を充分に抽出するために，浸漬液をトウモロコシに対して向流式に移動させる。すなわち亜硫酸を含む新しい液を浸漬槽系列のなかで最も浸漬時間の長い槽に入れ槽内のトウモロコシに接触してから，次々に浸漬時間の短い槽に向かって，すなわち向流式に移動させる。トウモロコシの吸水は初期に著しく，浸漬5時間程度で35％前後まで水分を吸収する。浸漬終了時点でデントコーン45％前後，フリントコーンは40～42％程度である。また各種溶出成分は浸漬15時間くらいで大部分溶出する。

浸漬終了後，トウモロコシは磨砕工程に送られる。浸漬後のトウモロコシを粗破砕機で胚芽を砕かないでトウモロコシから分離し，外皮と胚乳部を軽度に粗砕する。粗破砕機は，胚芽が砕けないような間隙をもった円板回転型粉砕機（アトリション・ミル）である。粗砕機で粗砕きしたものを連続胚芽分離機またはハイドロサイクロンで胚芽の分離を行う。

胚芽は乾燥物当たり50％以上の油分を含むので外皮や胚乳部より軽く，粗砕物を濃度Be' 8程度にすると比重差で浮かぶ。そこでU字型胚芽分離槽では，上部から胚芽を，下部から外皮と胚乳を連続的に排出する。大規模工場ではこれを図1.3.1のようなハイドロサイクロンで行う。ここで分離された胚芽は水洗で付着している澱粉を回収し，胚芽はロータリドライヤで乾燥し，搾油の原料になる。

胚芽が分離されると，遊離澱粉と粗砕粒（胚乳），外皮がアンダーフローとして排出される。これを篩別機にかけると遊離澱粉乳が分離され，角質胚乳部と外皮が残る。これを図1.3.2に示した衝撃式粉砕機エントレータ（entoleter）を用いて角質胚乳部と外皮を一緒に磨砕する。

磨砕機でスラリー状になった澱粉と外皮の混合物は，数段の連続篩別機で分離される。これは50～75μmの間隙を持つ一連のベンドシーブである。ベンドシーブは，くさび形の断面を持つ金属棒が一定間隔で配列され，その表面が弧状の湾曲面を形成している。この湾曲面にスラリーを接線方向にチャージすると，外皮は弧状の湾曲面を流れ，澱粉とタンパクは，その間隙から分離される。

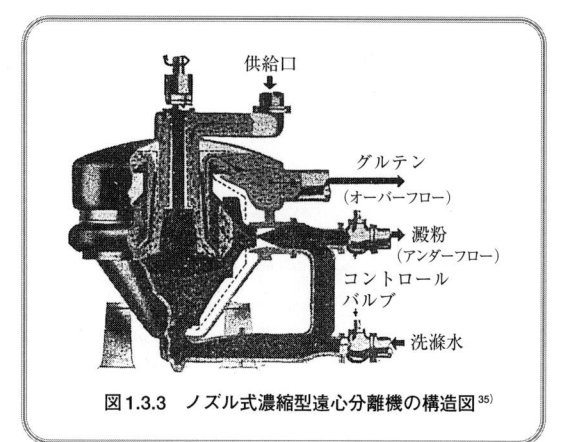

図1.3.3 ノズル式濃縮型遠心分離機の構造図[35]

外皮を除去したスラリーは澱粉とタンパクの混合乳液で「ミルスターチ」と呼ばれる。濃度は7～9Be'であり，これをミルストリーム・シックナーというノズル式濃縮型遠心分離機（図1.3.3）で14～15Be'まで濃縮する。このシックナーのオーバーフローは可溶性成分が多いので，亜硫酸を吸収させて浸漬液に使用する。

濃縮されたミルスターチは，アンダーフローとして排出され，スターチセパレータ（ノズル型遠心分離機）で澱粉とタンパク質を分離する。スターチセパレーターのオーバーフローは澱粉を含まないのでグルテン・シックナー（ノズル型遠心分離機）で濃縮し，連続式真空濾過機で脱水，ロータリドライヤかフラッシュ・ドライヤで乾燥し，グルテンミール製品（HVPの原料）とする。

グルテン分離後の澱粉乳は少量のタンパク質を含むので，これを分離するため多段式ハイドロサイクロンなどを使用する。これで製品中のタンパク質含有量を0.3％程度にまで精製する。ハイドロサイクロンやリファイナシステムで洗浄された澱粉乳はドラムフィルタやリーフフィルタなどの真空濾過機，あるいはバスケット型遠心分離機などで脱水し，濾過の場合水分45％，遠心分離機の場合水分35％程度のケーキが得られる。このケーキをフラッシュドライヤなどで乾燥し，水分13％の製品「コーンスターチ」を製造する。

原料食品 — Materials food —

澱粉糖

澱粉糖というと，なんだか難しく感じる人も多いではないでしょうか。水飴とかブドウ糖といえば，良く分かる人が多いでしょう。日本では水飴の歴史は古く平安時代（781〜1185年）から飴として親しまれていたようです。

水飴といえば年輩の人は子供の頃，小銭を握りしめて紙芝居屋の叔父さんの所に走り，割り箸の先に水飴を付けてもらった記憶のある人がいるでしょう。若い人は瓶に入った水飴をスプーンですくって嘗め，甘かった記憶が蘇るでしょう。あの水飴が味も素っ気もない澱粉からできていると思うとビックリですね。その作り方を紹介しましょう。

澱粉糖とは澱粉または澱粉原料を酵素（アミラーゼ）または酸を用いて加水分解（糖化）して得た液糖を精製（濾過，脱色，脱塩），濃縮し，必要によってはさらにほかの酵素（グルコースイソメラーゼなど）で加工処理したものを粉末化や晶析工程などを経て製品化した，図1.4.1に示したような製品をいう。

澱粉を酸で加水分解して，ブドウ糖を製造する原理はKirchhoffにより1811年に発見され，それが水飴の製造方法の発見につながった。酸による加水分解反応で水飴，ブドウ糖の製造が日本においても1912年，1921年に開始され，1960年に製造方法がα-アミラーゼ，グルコアミラーゼを用いる酵素法に変換され今日に至っている。

日本における澱粉糖の歴史は古く，平安朝時代（781〜1185年）には京都に飴屋があり，当時水飴が祭礼に使用されていた。その後，元和元年（1615年）大阪夏の陣で豊臣方が敗れ，浪人となった平野陣九郎の子，重政が摂津の平野で麦芽飴の製造を始め，平野飴として記録が残っている。

また享保年間（1716〜1735年）には，越後高田の高橋孫左衛門が粟飴をつくり，その二代目が寛政2年（1790年）に餅米を原料に麦芽糖化で透明な米飴を作った。

澱粉を酸や酵素で加水分解すると最終的にはブドウ糖が得られ，分解を途中で止めたり，特殊な酵素を用いると，その中間的な加水分解物が得られる。これらの代表が水

図1.4.1　澱粉糖の分類

- 澱粉糖
  - 水飴
    - 未精製水飴 ── 麦芽水飴, 米飴
    - 精製水飴
      - 酸糖化水飴
      - 酵素糖化水飴
      - 粉末水飴
  - オリゴ糖
    - 直鎖オリゴ糖
      - マルトース ── 液状製品（ハイマルトースシラップ）
      - マルトオリゴ糖 ── 粉末状製品
    - 分岐オリゴ糖 ── イソマルトオリゴ糖
  - ブドウ糖
    - 結晶ブドウ糖（JAS）
      - α―無水結晶ブドウ糖
      - β―無水結晶ブドウ糖
      - 含水結晶ブドウ糖
    - 全糖ブドウ糖（JAS）
    - 固形ブドウ糖
    - 液状ブドウ糖
  - 異性化糖
    - 異性化糖（JAS）
      - ブドウ糖果糖液糖
      - 砂糖混合ブドウ糖果糖液糖
      - 果糖ブドウ糖液糖
      - 砂糖混合果糖ブドウ糖液糖
    - 異性化糖水飴
  - 糖アルコール
    - ソルビトール
    - マルチトール
    - オリゴ糖アルコール
  - その他
    - 砂糖結合水飴（JAS）
    - 砂糖混和糖（JAS），ブドウ糖混合液糖（JAS）
    - 果糖
    - 粉糖
    - ポリデキストロース, カラメル

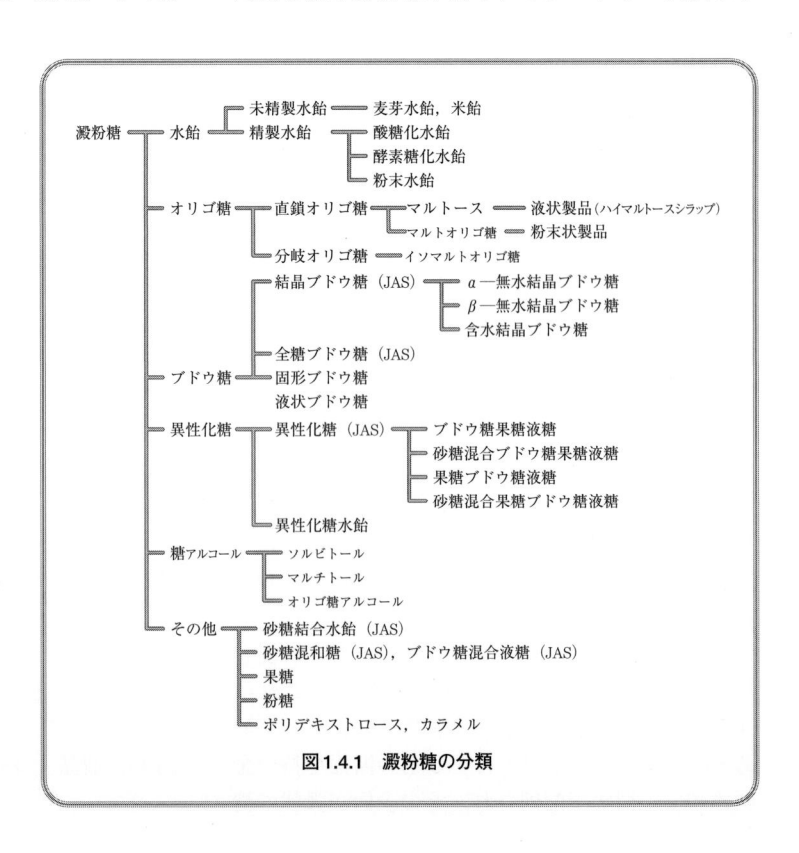

表1.4.1　D. E. と澱粉糖の性質

名　　称	D.E.	甘味度	粘度	吸湿度	結晶度
結晶ブドウ糖	99～100	大	小	小	大
精製ブドウ糖	97～98	↑	↓	↓	↑
粉末ブドウ糖	92～96	｜	｜	｜	｜
固形ブドウ糖	80～85	｜	｜	｜	｜
液状ブドウ糖	55～80	｜	｜	｜	｜
水飴	35～50	↓	↑	↑	↓
粉飴	25～40	小	大	大	小

Equivalent）が用いられ次の式で表される。

DE＝直接還元糖（グルコースとして）×100/固形分

またいろいろなDEと澱粉糖の性質を表1.4.1に示した。

澱粉糖の製造工程

酵素反応を利用した澱粉糖の製造フロー，また水飴とブドウ糖の製造フローをフローシートにそれぞれ示した。前者では澱粉と各種澱粉糖を結びつける酵素の役割の概要がわかる。後者では各種水飴とブドウ糖のできるまでが良く理解できると思う。また図1.4.2には異性化糖の製造工程の概略図を，図1.4.3には異性化糖の製造設備を，図1.4.4には水飴の製造工程をそれぞれ示した。図1.4.4は米からの水飴の製造方法を説明したものであるが，30～40％の澱粉乳をpH約6.5に調製し，乳の固形分当たり約0.2％の液化酵素を加え105～110℃，5～10分加熱後約95℃で1～2時間反応させ液化すれば，②の麦芽添加以降は同様なフローで澱粉からも水飴が製造できる。

ブドウ糖の製造は，濃度25～35％の澱粉乳をpH約6.5に調製，固形分で約0.1％の液化酵素を添加し，ジェットクッカーなどで105～110℃，5～10分間加熱後，約95℃で1～2時間反応させ液化する。この液化液のDEは10～12くらいである。液化液を，pH4.5，60℃に調製し，糖化酵素を固形分で約0.1％添加，60℃，50～60時間で糖化する。糖化後，濾過・精製・濃縮を行い，

飴やマルトデキストリンである。

さらに特殊なアミラーゼを用いて，ブドウ糖が数個結合したマルトオリゴ糖や6，7，8個のブドウ糖が環状に結合したサイクロデキストリンが工業的に製造されるようになった。

また1895年W. Ekensteinはアルカリ溶液中で糖類が異性化する反応を発見した。異性化糖はブドウ糖果糖液糖（ブドウ糖が50％以上）と果糖ブドウ糖液糖（果糖が50％以上）があり，ブドウ糖溶液の甘味度を増すために，カビ，酵母から得られる異性化酵素（グルコースイソメラーゼ）を作用させると，ブドウ糖の約半分が果糖に異性化されるので異性化糖といわれる。加工食品や菓子，パンに利用され，低温で甘味度を増すことから冷菓，清涼飲料水に広く利用され，液糖として安価なこともあり広く利用されている。

図1.4.1に示した澱粉糖の分類図から明らかなように，澱粉糖は加水分解度が高くなるにつれて甘味が強くなり，最終的にブドウ糖になる。この加水分解度を示す指標としてDE（Dextrose

図1.4.2　異性化糖製造工程概略図[3]

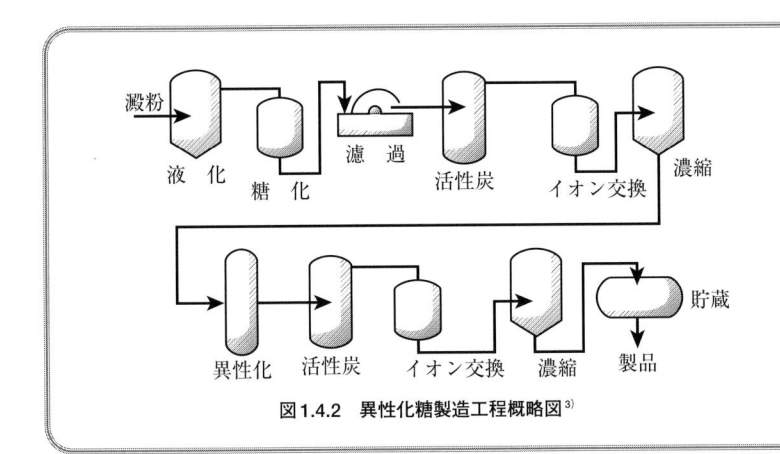

図1.4.3　異性化糖製造設備の外観
（写真提供：オルガノ㈱）

CHAPTER 1　原料食品

①原料を十分に洗い，大きな桶の中に入れる。水を張り水分を十分に吸収させるため，翌朝にかけて数回水を変えながら一晩寝かせる。

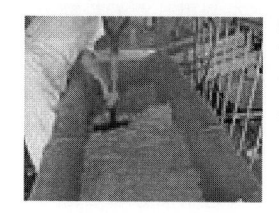

②翌朝，一晩寝かせて水分を含ませた原料を蒸し上げ，大麦の芽（麦芽）と混ぜ合わせ，適量のお湯とともに発酵を促す。

③釜に入れる原料と麦芽の層が上部と下部とが均一になるように，ゆっくりと滑らかに混ぜ合わせる。

④数時間後釜の中の原料の発酵具合を確認する。その時の温度管理と，麦の良し悪しにより糖化の進む具合が変化する。

⑤一定の糖化を得たら，原料の抜け殻と糖化液とを分離させる。原料・麦芽を含んだ糖化液を大きな圧力盤の隙間に送り込み，圧力板の中に設置してあるゴム版の中に空気を送り，風船のように膨らませて搾り出す。搾り出した糖化液を一晩寝かせて落ち着かせる。

⑥糖化液を蒸発釜に送り炊き上げ水分を蒸発させていくことにより，徐々に水飴状に変化してゆく。

⑦水飴を仕上げの釜に移す。蒸気を止めるタイミングを変えることで，季節ごとに水飴の堅さを調整する。

⑧複数の釜から，ほぼ完成した水飴を杓で「船」（飴を一時貯える大きな容器）に集めてかき混ぜ，より均一の堅さにする。

図1.4.4　水飴の製造工程（写真提供：俵屋本店）

DE96～98のブドウ糖含有量93～96％ブドウ糖液が得られる。

　全糖ブドウ糖は，ブドウ糖液を85～90％に濃縮，種晶を加えたものを，小型樹脂バットに入れ，室温で数日間保持し，結晶固結させたものを粉砕して粉にするか，またはブドウ糖液を78％前後まで濃縮し，50℃以下で種晶を加え微細な結晶を析出させたマセキットを水分約10％まで噴霧乾燥し，50℃以下の温度で熟成させた粉末を乾燥・冷却・篩別して製品とする。

　結晶ブドウ糖には，一分子の結晶水を持った含水結晶と結晶水のない無水結晶がある。またブドウ糖にはα型とβ型があり，α-含水結晶ブドウ糖は－5～＋55℃で32～73％まで水に溶ける。α-無水結晶ブドウ糖は，55～115℃で73％以上の濃度範囲で存在し，β-無水結晶ブドウ糖は115℃で93％以上の濃度範囲に存在する。しかし，80℃以上でα型の結晶が析出する範囲でも，β型の種晶を用いればβ型の結晶が育成できる。

　次に澱粉を酸（日本は蓚酸）で糖化した酸糖化水飴の製法は，連続式と回分式（バッチ）がある。バッチ式糖化は，濃度40～43％の澱粉乳に固形分で0.25～0.35％の蓚酸を使用して，糖化缶に生蒸気をを吹きこみ糊化後，所定のDEにな

澱粉糖の製造フローシート

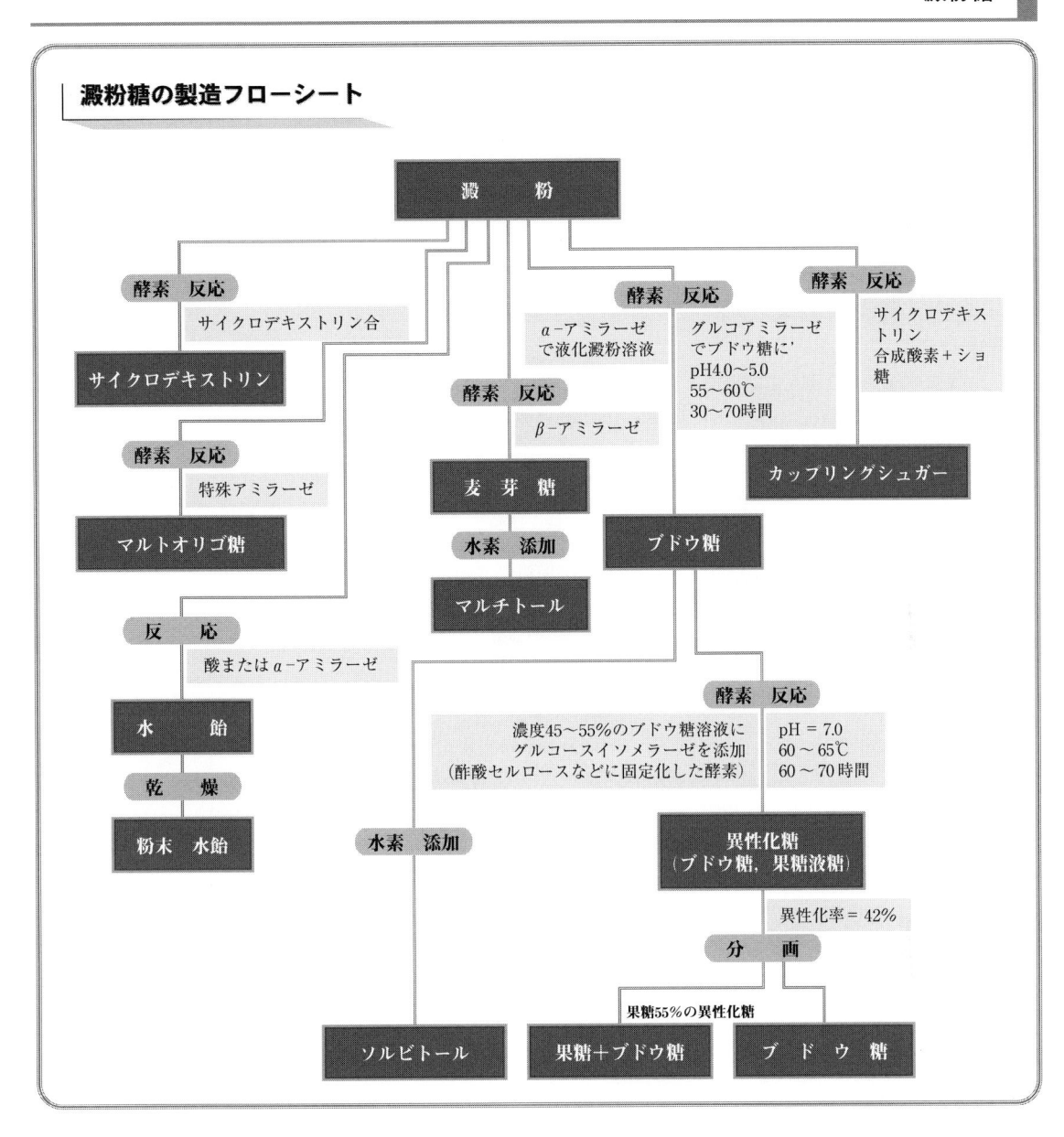

```
                              澱　粉
    ┌─────────┬────────────┬────────────┬─────────┐
  酵素反応    酵素反応        酵素反応              酵素反応
  サイクロデキストリン合  α-アミラーゼ   グルコアミラーゼ    サイクロデキストリン
                    で液化澱粉溶液   でブドウ糖に'      合成酸素+ショ糖
  サイクロデキストリン              pH4.0～5.0
                    酵素反応        55～60℃
                    β-アミラーゼ    30～70時間
  酵素反応
  特殊アミラーゼ       麦芽糖                        カップリングシュガー
  マルトオリゴ糖       水素添加        ブドウ糖
                    マルチトール
  反応
  酸またはα-アミラーゼ
                                  酵素反応
  水　飴                          濃度45～55％のブドウ糖溶液に   pH = 7.0
                                  グルコースイソメラーゼを添加   60～65℃
  乾　燥                          （酢酸セルロースなどに固定化した酵素） 60～70時間
  粉末水飴
                    水素添加        異性化糖
                                  （ブドウ糖，果糖液糖）
                                  異性化率= 42％
                                  分　画
                                  果糖55％の異性化糖
              ソルビトール    果糖+ブドウ糖    ブドウ糖
```

るまで蒸気圧1.7～2.5kg/cm²（130～138℃）で30～40分間加圧加熱保持して，中和槽に排出する。所定DEの判定は70～80％アルコール濃度でデキストリンの沈殿反応で行う。

糖化液を炭酸カルシウムでpH4.5～5.0に中和して濾過し，約0.5％の活性炭を添加，約70℃で30分間脱色，濾過し，40℃以下に冷却後イオン交換樹脂で精製，その後，少量の活性炭で仕上げ脱色・濾過・濃縮して製品にする。

粉末水飴はDE：25～35の低糖化水飴を脱水・乾燥して粉末状にしたもので，乾燥方式には噴霧乾燥と真空乾燥の2方式がある。日本では噴霧乾燥が多く，60～70％の水飴を熱風温度150～160℃で噴霧乾燥する。

異性化糖は，ブドウ糖異性化酵素の培養菌体もしくは菌体から抽出した酵素を，多孔性のアルミナや反応性高分子樹脂などの表面に吸着させ，顆粒状に成形した固定化酵素を高さ2～3mの円筒型反応器に充填したバイオリアクタでpH8.0に調整，0.001～0.005MのMg²⁺を加えたDE：96～98，濃度40～50％のブドウ糖液を60℃でSV：0.5～1.0の流速で通液し，得られた異性化反応液を活

CHAPTER 1　原料食品

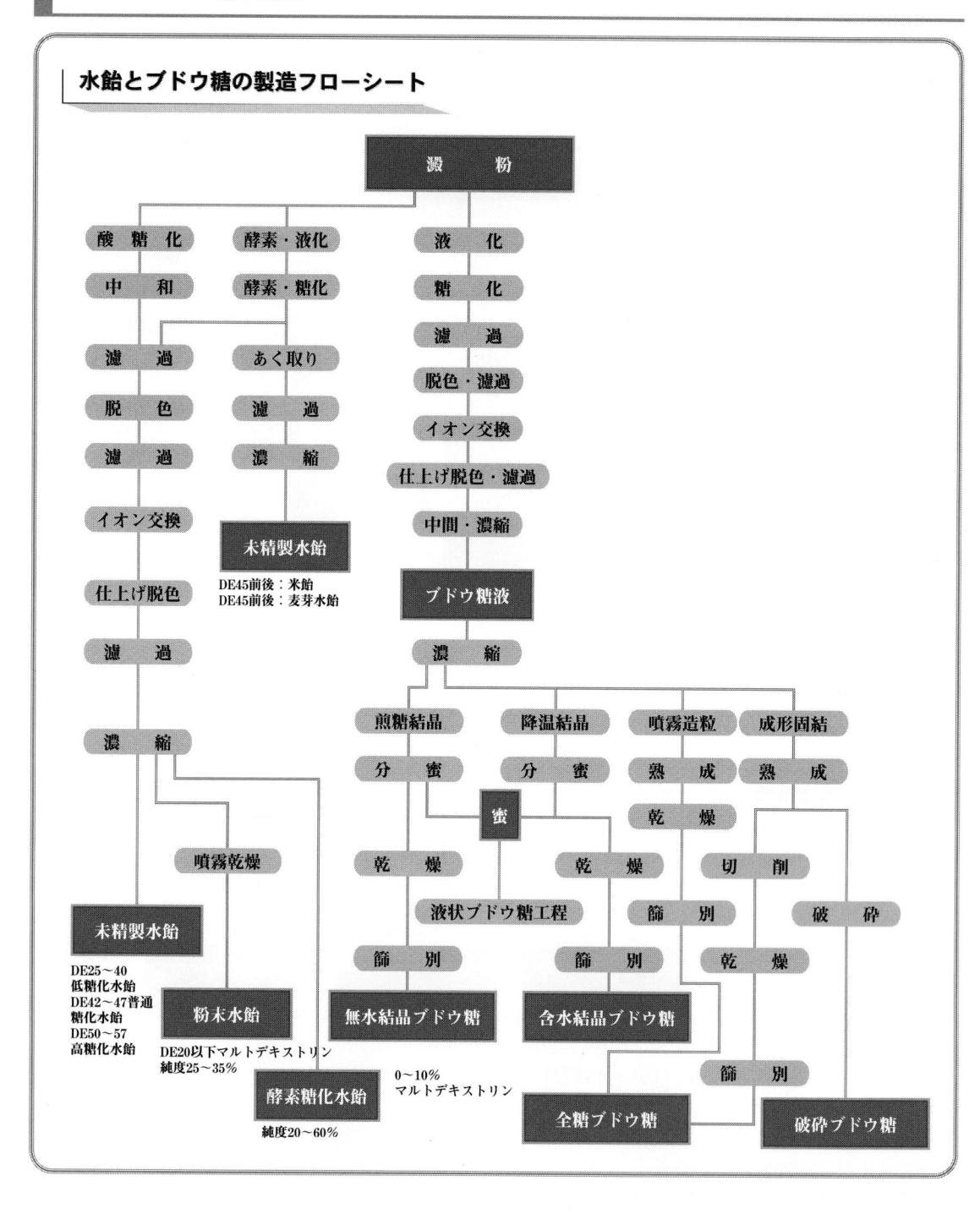

水飴とブドウ糖の製造フローシート

```
                           澱　粉
        ┌──────────┬──────────┼──────────────┐
     酸糖化      酵素・液化                液　化
       │          │                        │
     中　和      酵素・糖化                糖　化
       │          │                        │
     濾　過      あく取り                  濾　過
       │          │                        │
     脱　色      濾　過                  脱色・濾過
       │          │                        │
     濾　過      濃　縮                  イオン交換
       │          │                        │
    イオン交換  ┌─────────┐            仕上げ脱色・濾過
       │       │未精製水飴│                │
     仕上げ脱色 └─────────┘             中間・濃縮
       │       DE45前後：米飴               │
     濾　過    DE45前後：麦芽水飴      ┌─────────┐
       │                              │ブドウ糖液│
     濃　縮                           └─────────┘
       │                                    │
       │                                  濃　縮
       │                    ┌──────┬──────┼──────┬──────┐
       │                  煎糖結晶 降温結晶 噴霧造粒 成形固結
       │                    │      │      │      │
       │                   分　蜜  分　蜜  熟　成  熟　成
       │                    │   ┌─┴─┐   │      │
       │                    │  │蜜 │   乾　燥   │
       │                    │   └───┘   │      │
       │                   乾　燥  乾　燥  │    切　削
       │                    │      │     篩　別   │
     噴霧乾燥               │  液状ブドウ糖工程   破　砕
       │                    │      │      │      │
┌─────────┐               篩　別  篩　別 乾　燥   │
│未精製水飴│                │      │      │      │
└─────────┘         ┌─────────┐┌─────────┐    │
DE25～40             │無水結晶  ││含水結晶  │    │
低糖化水飴           │ブドウ糖  ││ブドウ糖  │    │
DE42～47普通         └─────────┘└─────────┘    │
糖化水飴                              │      篩　別
DE50～57        ┌─────────┐          │        │
高糖化水飴      │粉末水飴 │          │   ┌─────────┐┌─────────┐
                └─────────┘   ┌─────────┐│全糖ブドウ糖││破砕ブドウ糖│
              DE20以下マルト  │酵素糖化水飴│└─────────┘└─────────┘
              デキストリン    └─────────┘
              純度25～35%    純度20～60%
                             0～10%
                             マルトデキストリン
```

性炭脱色・濾過・イオン交換樹脂処理などの精製工程を経て濃縮し，ブドウ糖果糖液（果糖42％）を製造する（SV（Serve Volume）：樹脂の容量当り給液量）。

さらに果糖42％を，カルシウム型イオン交換樹脂を分離材としてクロマト分離装置にかけて，果糖含有量85～95％の高果糖液とブドウ糖液に分離し，果糖90％の高果糖液を製造する。これと果糖42％のブドウ糖果糖液を混合し，果糖55％の果糖ブドウ糖液として出荷する。異性化糖製品としてはF42といわれるブドウ糖果糖液とF55といわれる果糖ブドウ糖液の2タイプがある。

原料食品 ─ Materials food ─

植物油脂

若い人はサラダ・ドレッシングでしょう。筆者のような年輩者は台所でパチャパチャと母親が「天ぷら」を揚げる光景が目に浮かぶ，天ぷら油の代表といえば植物油脂です。植物油は日本でも1000年以上前から存在し，石油の登場まで菜種油が日本の植物油の中心でした。戦国時代，美濃国の斉藤道三が油を販売した話はあるものの，当時は灯油用が主で，食用油の利用は上流社会に限られていたようです。

　油脂はタンパク質，炭水化物とともに三大栄養素の一つで，われわれの食生活に欠くことのできないものである。植物油脂は単に栄養源として必要であるばかりでなく，調味料としてマヨネーズやドレッシングなどにそのまま使われたり，炒め物，揚げ物などのように食品に味を添え，食生活に潤いを与えている。

　食用油脂はその原料によって植物油脂と動物油脂に大別できる。主に植物油脂は採油，精製工程を経て，サラダ油，天ぷら油として，そのまま家庭用や業務用に使われる。さらに加工されてマヨネーズ，ドレッシング，マーガリン，ショートニングなど，二次製品に加工されている。

　油脂の歴史は古く，4千年以上前にエジプト人が灯火に利用したと伝えられ，日本では神功皇后の11年，摂津住吉明神の神事の際に，地元の遠里小野村において榛実（ハシバミ）という木の実から油を搾り燈明油として献じたと伝えられおり，これが日本の植物油の始まりとされている。

　その後，清和天皇の貞観年間（859～876年）に男山八幡宮が創立され，その際，山城国大山崎の宮司などが「長木」という搾具をもってエゴマから採油したのが最初である。他方，遠里小野村ではその後，檮押木（しめぎ）という搾油機を考案し，油菜種を搾り生産量を増した。これが菜種油製造の始まりで，以後燈火用として，石油の登場まで約1,000年，菜種油は日本の植物油の中心であった。

　戦国時代に美濃国の斎藤道三が油を販売した話がある。当時は灯油用が主で，食用油は上流社会に限られていた。また元禄以前の写本「慶長・元話日記」には，徳川家康が鯛をゴマ油で揚げたものを食べた記事がある。

　「天ぷら」の起源は南蛮語源説，中国語源説などがあるが，はっきりしない。江戸時代の天ぷら料理の本には「どじょうを輪切りにして葛の粉に玉子を入れたもので包み油で揚げる。ただし，どじょうを割いて，焼いてから揚げたほうが良い」とあり，現代の天ぷらとはやや異なる。明治中期に石油ランプが普及してからは植物油は主に食用油となり，今日，油脂の国内需要の80％以上が食用油となっている。

　1906年アメリカのAnderson社が連続式圧搾機を開発し，日本へは1924年にエキスペラーが導入され，機械の大型化が進んだ。

　抽出法は日本では1896年，横浜魚油で初めて採用された。1915年に南満州鉄道㈱がドイツからバッテリ式ベンジン抽出装置を輸入し，現在の豊年製油㈱の前身である鈴木商店が自社技術に加え，1917年に清水に500t/日の大豆処理工場を建設した。連続抽出機は1919年にドイツで濾抽式，1930年に浸油式が開発され，吉原製油㈱が1942年浸油式を完成し，エキスペラーで予備圧搾後，抽出する圧抽法を始めた。1957年～1960年欧米からデスメット，ロートセル，ルルギなどの連続抽出機が導入され，油脂原料をバラ積みする大型船の接岸可能地区にサイロ，採油，精製設備を持つ近代的製油工場が建設されるようになった。

　植物油脂の生産量は平成8年のデータ（農林水

産統計1998）によると，多い順に

なたね・からし	822,000t	（35.2％）
大豆	674,000t	（28.9％）
パーム	415,000t	（17.8％）
トウモロコシ	102,000t	（ 4.4％）
サフラワー	60,000t	
やし	43,000t	
ごま	42,000t	
あまに	30,000t	
綿実	21,000t	
ひまし	17,000t	
ひまわり	14,000t	
その他	3,000t	
輸入合計	2,270,000t	
国産米糠	62,000t	（ 2.7％）
合計	2,332,000t	

となっており，圧倒的に輸入に原料を頼る産業である。

植物油脂の抽出工程

図1.5.1には植物油の代表的製造工程を概略図で示した。植物油脂の製造方法には

1．圧搾法
2．抽出法
3．圧抽法

の3つがある。圧搾法の歴史は古いが，油粕の残油分は工業的には3％が限界とされている。抽出法は油脂原料から溶剤（通常はノルマルヘキサン）を用いて油脂を抽出する方法で採油法のうち最も油脂の収率が高い。

圧搾法は大豆のように油脂含有量の少ない原料からの採油に有効である。最近では油脂含有量の多い原料にも圧搾法と抽出法を併用した圧抽法が広く採用されている。

圧搾法が油粕の残油分が3〜5％に対し，抽出法と圧抽法は残油分1％以下である。

そこで製造法の代表として抽出法を説明する。フローシートに抽出法の製造フロー，油脂精製法の製造フローをそれぞれ示した。

抽出装置はバッチ式，バッテリー式半向流抽出および連続式抽出法の3種類があるが，工業規模では連続式が圧倒的に多い。連続式にはドイツで開発されたボールマン式，ヒルデンブラント式，ルルギ式，ベルギーのデスメット式，アメリカのロートセル式などがあるが，ここでは，良く知られているルルギ式抽出機（図1.5.2）について説明する。

ルルギ式抽出機は長方形の抽出缶内に設置され上下に配列された特殊な金属製のエンドレスコンベヤと，これに等速で移動するエンドレス式の天井と底のない枠箱群から構成されている。原料はホッパからスクリューコンベヤで抽出缶内に送られ，ミセラ（抽出油を含む溶剤溶液）とともにスラリー状になって枠箱の中に0.7〜0.8mの高さに均一に張り込まれ，上段のベルトコンベヤ上を移動しながら抽出される。

新しい溶剤は油粕出口付近のほぼ抽出の終了した油粕に注がれ，循環しながら順次ミセラ濃度を高め，最後のミセラが新しい原料を抽出した後，抜き出される。

抽出機から出たミセラは抽出油を25〜35％含み，上昇薄膜式蒸発缶に送られる。水蒸気で間接加熱されたミセラを蒸発缶内にフラッシュさせて油分を90〜95％まで濃縮する。

この濃縮（溶剤の除去）後，ミセラをストリッパに送り，減圧下で直接水蒸気を吹き込み濃縮ミセラ中に残った溶剤をほとんど完全に除去する。このストリッパは泡鐘塔，充填塔，ディスク・ドーナツ型塔などが用いられる。

ミセラの脱溶剤は副産物のレシチンの品質が損なわれないよう，油温90℃以下で，できるだけ短時間で行う。ストリッパから出た抽出原油はそのまま，または脱ガム工程を経た後，減圧乾燥して原油タンクに貯蔵される。

抽出機を出た抽出粕は溶剤が付着しているので，デソルベンタイザー・トースター（D.T.と略す，図1.5.3参照）と呼ばれる円筒形，多段式脱溶剤装置に送られ，直接水蒸気吹き込みにより，脱溶剤と粕の加湿（水分18〜20％に）加熱により，油粕中のタンパク質の均一な熱変性と，粕中の有害な酵素の失活が行われる。

植物油脂の精製工程

採油工程で得られた原油は不純物を含むので，その除去が必要である。原油はまず，脱酸工程で水酸化ナトリウムを用いて遊離脂肪酸やガム質を石鹸として分離除去する。さらに微量に存在する石鹸を水で洗い流し，減圧乾燥してアルカリ精製

植物油脂

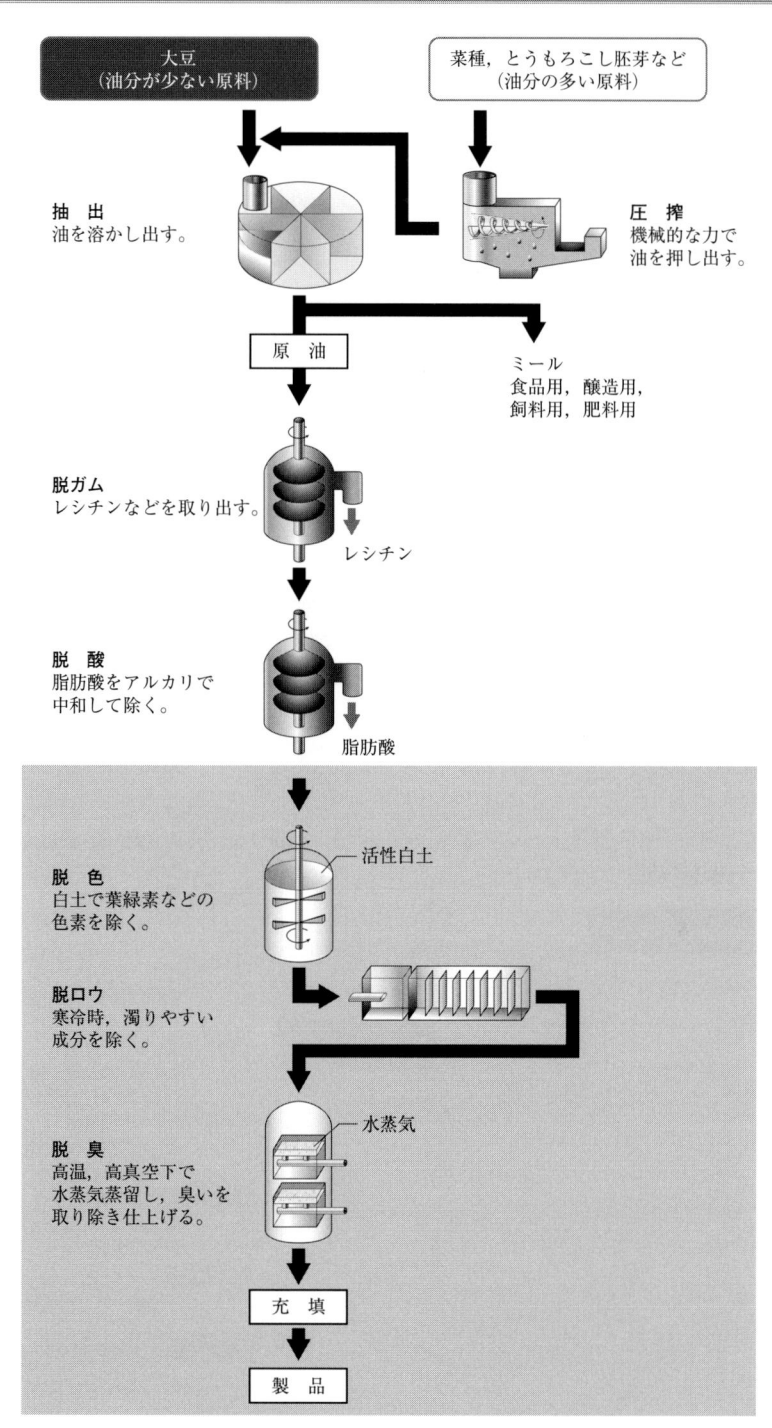

```
大豆                    菜種，とうもろこし胚芽など
（油分が少ない原料）     （油分の多い原料）
     ↓                        ↓
   抽 出                     圧 搾
油を溶かし出す。         機械的な力で
                         油を押し出す。
     ↓
   原油                   ミール
                         食品用，醸造用，
                         飼料用，肥料用
     ↓
   脱ガム
レシチンなどを取り出す。
     → レシチン
     ↓
   脱 酸
脂肪酸をアルカリで
中和して除く。
     → 脂肪酸
     ↓
   脱 色          ─ 活性白土
白土で葉緑素などの
色素を除く。
     ↓
   脱ロウ
寒冷時，濁りやすい
成分を除く。
     ↓
   脱 臭          ─ 水蒸気
高温，高真空下で
水蒸気蒸留し，臭いを
取り除き仕上げる。
     ↓
   充 填
     ↓
   製 品
```

図1.5.1　植物油の代表的製造工程の概略図（資料提供：味の素製油㈱）

圧搾法が，原料を砕いて油を搾る昔ながらの方法であるのに対し，抽出法は「ノルマルヘキサン」という溶剤で，砕いた大豆などの原料中の油脂を溶かし出す方法だ。タンパク質などノルマルヘキサンに溶けないものは金網で濾過し，脱脂大豆など抽出粕となる。また濾過によって得られた，ノルマルヘキサンに油脂がとけ込んだ状態の液は「ミセラ」と呼ばれる。抽出後のミセラは蒸発缶やストリッパで溶剤を蒸発させ，油脂だけを残す。

CHAPTER 1　原料食品

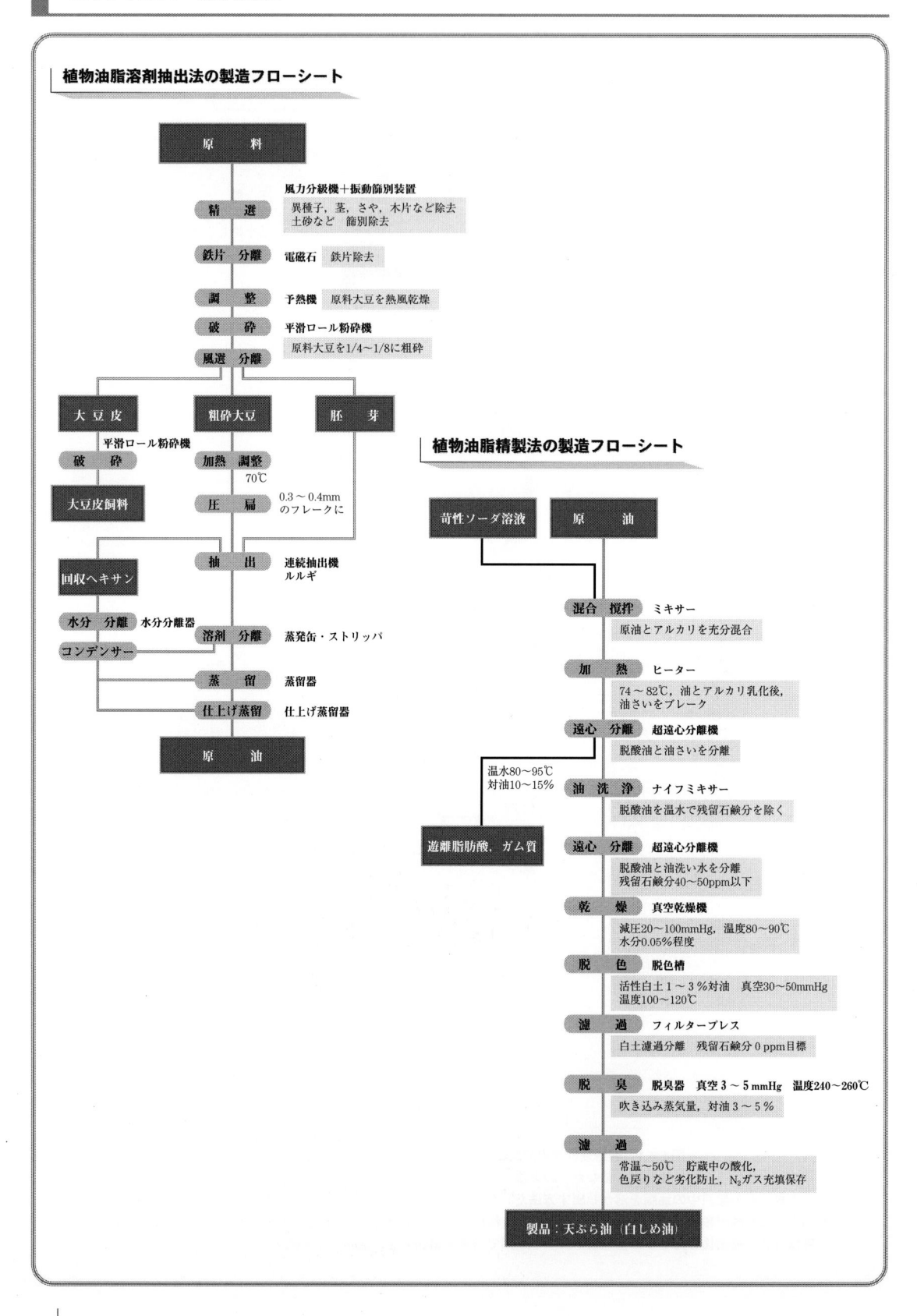

植物油脂溶剤抽出法の製造フローシート

原料

精選　風力分級機＋振動篩別装置
　　　異種子，茎，さや，木片など除去
　　　土砂など　篩別除去

鉄片分離　電磁石　鉄片除去

調整　予熱機　原料大豆を熱風乾燥

破砕　平滑ロール粉砕機
　　　原料大豆を1/4〜1/8に粗砕

風選分離
├ 大豆皮
│　破砕　平滑ロール粉砕機
│　大豆皮飼料
├ 粗砕大豆
│　加熱調整　70℃
│　圧扁　0.3〜0.4mmのフレークに
└ 胚芽

抽出　連続抽出機　ルルギ

回収ヘキサン
水分分離　水分分離器
コンデンサー
溶剤分離　蒸発缶・ストリッパ

蒸留　蒸留器

仕上げ蒸留　仕上げ蒸留器

原油

植物油脂精製法の製造フローシート

苛性ソーダ溶液　**原油**

混合攪拌　ミキサー
　　　原油とアルカリを充分混合

加熱　ヒーター
　　　74〜82℃，油とアルカリ乳化後，油さいをブレーク

遠心分離　超遠心分離機
　　　脱酸油と油さいを分離
　　　　（温水80〜95℃　対油10〜15％）
　　　　→ 遊離脂肪酸，ガム質

油洗浄　ナイフミキサー
　　　脱酸油を温水で残留石鹸分を除く

遠心分離　超遠心分離機
　　　脱酸油と油洗い水を分離
　　　残留石鹸分40〜50ppm以下

乾燥　真空乾燥機
　　　減圧20〜100mmHg，温度80〜90℃
　　　水分0.05％程度

脱色　脱色槽
　　　活性白土1〜3％対油　真空30〜50mmHg
　　　温度100〜120℃

濾過　フィルタープレス
　　　白土濾過分離　残留石鹸分0ppm目標

脱臭　脱臭器　真空3〜5mmHg　温度240〜260℃
　　　吹き込み蒸気量，対油3〜5％

濾過
　　　常温〜50℃　貯蔵中の酸化，
　　　色戻りなど劣化防止，N₂ガス充填保存

製品：天ぷら油（白しめ油）

植物油脂

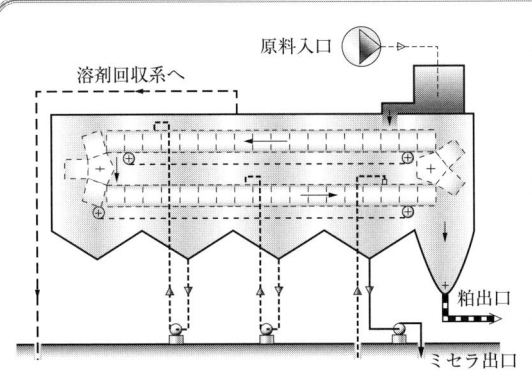

ルルギ式抽出機は，金網のベルト上に底抜けのステンレスの箱がたくさん連なったような構造の装置。箱の中に砕いた大豆など原料を詰め，ゆっくり回転する。これに溶剤（ノルマルヘキサン）を振りかけると，溶剤は大豆などの原料層を流れ落ちる間に，原料油脂を抽出する。

しかしコーヒーの抽出と同じく，一回の通過では充分油脂を溶かし出せないため，ミセラ（溶剤と一度流下した油脂の混ざったもの）を何度も原料層に振りかけ濃度を上げることが必要になる。底のない箱が金網ベルト上を連なって回転するルルギ式の構造はこのためのものだ。

フレッシュなノルマルヘキサンはまず油脂の一番少ない箱の原料に注がれ，順に箱の中の原料油脂を溶かしつつ遡り，最後はフレッシュな原料に注がれて濃厚な油脂を含むミセラになる。

図1.5.2　ルルギ式連続抽出機の構造図[3]

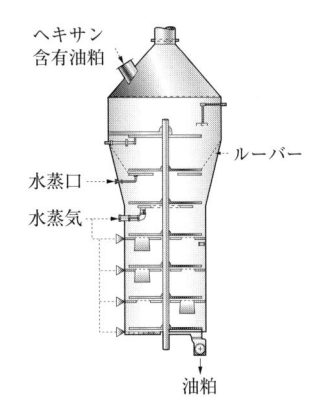

図1.5.3　デソルベンタイザー・トースター（円筒型・多段式脱溶剤装置）外観（左，写真提供：味の素製油㈱）と構造図（右）[3]
（本書の内容はあくまで一般的工程を解説したものであり，写真提供企業の製造工程を示すものではありません。）

油を得る。これを次の脱色工程で活性白土または活性炭などの吸着剤を加え，減圧下で加熱し，色素その他残留不純物を吸着除去する。さらにこれを脱臭工程で油脂を減圧下で高温に加熱し，水蒸気を吹き込んで残留する遊離脂肪酸や有臭物質，揮発性不純物を除去し，冷却後仕上げ濾過を行って精製油を得る。これが食用油精製の基本原理である。

脱ガム工程では，普通，植物油脂原油中には0.3～2％のリン脂質などのガム質を含んでおり，アルカリ精製に移る前に脱ガムが必要なものが多い。大豆油の場合，ガム質は大豆レシチンの原料になるので，新鮮なうちに脱ガム処理する方がよい。脱ガムは通常70～85℃に加熱した原油に1～3％の水を添加して撹拌し，ガム質を水和した後，遠心分離機でガム質を分離し，脱ガム油は減圧下で脱水乾燥して貯蔵タンク経由で次の工程に送る。

大豆ガム質は水分約50％のため，そのまま，あるいは必要に応じ過酸化水素溶液を少量加えて脱色し，間接水蒸気加熱の強制薄膜式減圧乾燥機で水分1％以下にまで乾燥し，冷却して大豆レシチンとする。

図1.5.4　デラバル式遠心分離機（写真提供：味の素製油㈱）

図1.5.5　ガードラー式半連続脱臭機の構造図[3)]

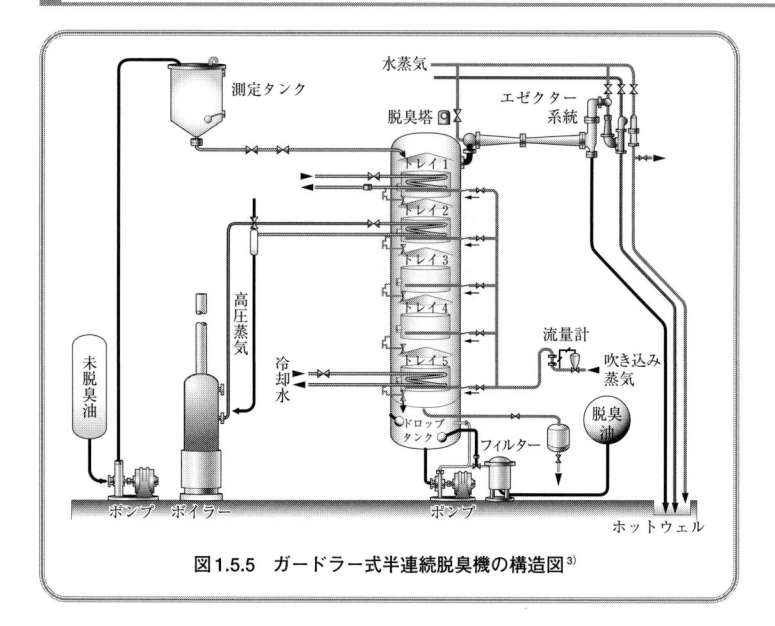

脱ガム原油は70〜90℃に加熱後，油脂に対して0.1〜0.2％の75％のリン酸をインラインで添加し，パドルミキサに送る。ここでリン脂質などのガム質は凝集し沈殿しやすくなる。これを「ガム調整」という。ガム質の少ないヤシ油やパーム油はこの工程を省略できる。

次に12〜20°Be'の水酸化ナトリウム溶液をリン酸を含めた酸価当量の110〜120％量を定量ポンプでインラインで圧入し，高速のラインミキサで混合し，遊離脂肪酸を石鹸として図1.5.4のようなデラバル式遠心分離機で分離する。一般にヤシ油やパーム油のようなガム質の少ない高酸価の油脂には12°Be'程度の薄いアルカリ溶液が使われる。さらに温度を70〜90℃に保ち12〜20°Be'の水酸化ナトリウム溶液を原油に対し1〜1.5％程度加えラインミキサで混合し，遠心分離機で石鹸を含むアルカリ溶液層とともに微量に残存するガム質や色素成分を除去する。最後に約90℃の熱湯を油脂に対して10〜20％添加し，ラインミキサで混合し，遠心分離機で石鹸水層を分離する。

この水洗工程で石鹸含有量の90％以上が除去される。この水洗油は減圧下で加熱乾燥し，水分0.1％以下にし，脱色工程に送る。

脱色工程は，脱酸乾燥油に活性白土などの吸着剤を入れ，スラリー状にして脱色缶に送る。脱色缶は30〜50mmHgの減圧で上下2段に分かれ，スラリーは最初上段のチャンバーにフラッシュさ

れ，脱気，脱水され，ポンプで加熱機に送り100〜120℃の脱色温度まで加熱され，下段のチャンバーにフラッシュされる。下段では油層に水蒸気を少量吹き込んで撹拌し，一定時間滞留させて脱色する。その後，スラリーを抜き出しフィルタプレスで濾過し脱色油を得る。脱色を終了した油脂は脱臭工程に送られるが，サラダ油やマヨネーズの原料の油脂は冷蔵中の曇りなど変質を避けるため脱ロウを行う。これは油脂中に夾雑するワックス（ロウ分）や高融点のグリセライドを除去する工程で，「脱ロウ」または「ウインタリング」という。

これは油脂を0〜8℃に急冷し珪藻土をプリコート（あらかじめ付着させておくこと）した濾過機で濾過して脱ロウ油を得る。

脱酸，脱色，必要により脱ロウ処理した油脂は脱臭工程に移る。

脱臭工程は遊離脂肪酸，アルデヒド，ケトンなどを減圧下で高温にした油脂に水蒸気を吹きこみ，留出除去，熱分解，不活性化する。脱臭装置にはガードラー，ウルスター・ザンガー，ルルギ，デスメットなどがあるが，広く使われているガードラー式半連続装置の外観を図1.5.5に示した。脱臭機本体は4段のブースターおよびエゼクターによって3〜5mmHgに減圧された円筒形の脱臭塔内に6〜8段のトレーが設置されている。1段目で油脂は水蒸気の間接加熱で170〜180℃に加熱され2段，3段目でトレーコイル内に熱媒体を通し240〜260℃の脱臭温度まで加熱される。この間，少量の水蒸気を吹き込んで撹拌する。3〜5段目では油脂に対し5〜10％の水蒸気を吹きこんでストリッピングを行い，揮発成分を留出除去する。6〜8段目で冷却し，油温を90℃以下し，脱臭油はドロップタンクに移される。各トレーでの滞留時間は通常15〜20分間である。最後に脱臭油はペーパーフィルタで仕上げ濾過し，脱臭油タンクに貯蔵される。

乾燥野菜

原料食品 — Materials food —

インスタントラーメンを食べると，具や薬味として乾燥野菜が付いていますね。ネギなどの緑色は生のままの色を保っています。どのようにして乾燥するのだろうか，と興味深く思う人も多いのではないでしょうか。

普通の熱風乾燥でも乾きますが，自然のままの色や香りはなかなか残りません。コストはちょっと高いけれど，真空凍結乾燥法という方法があり，これで処理すると，かなり自然感が残ります。

さあ，あの生野菜をどのようにきざんで乾燥しているのか，のぞいてみましょう。

記録に残る最初の乾燥野菜としては，1870年，Graeferが熱湯で処理した野菜を乾燥しBritish Patentを取得している。Prescott（1919年）によれば，Klondikeのゴールドラッシュには，かなりの乾燥野菜がドイツから輸入されたとある。またカリフォルニアのW. A. Beck Pajaro Valley Dehydrating Co.では乾燥オニオンをKlondikeに輸出しており，同社の製品は50年後に缶詰を開けたところ独特の風味も残っており，充分食べられたとAnonが1959年に記録している。アメリカでは1919年にキャベツ，ニンジン，ポテト，セロリ，スイートコーンなどで約5,500tの乾燥野菜が生産された。

ヨーロッパにも乾燥野菜の工場は多く，1914年にドイツ488工場，1916年に841工場あった。1943年アメリカには139の乾燥野菜の工場があり，1944年には375に増加している。

日本でも昔から代表的なものとして干ぴょうや切干大根，干し椎茸，ほし芋などがある。

乾燥野菜の製造工程

1955年代後半から即席麺，即席味噌汁，即席茶漬，インスタントスープなどの具材として乾燥野菜の需要が高まった。しかし，通常の熱風乾燥では乾燥こそできるものの，熱により自然のままの色や香りが損なわれるという問題がある。

これにともなって，最近需要を拡大しているのが「真空凍結乾燥法」である。この方法は食品を予備凍結させたのち真空状態で加熱することで，低い温度で昇華が起こり水分が除去されるというもの。熱乾燥などと比べて，乾燥温度が低いために温度による酸化劣化が少なく，また真空のため空気による酸化劣化もない。これにより食品の自然な風味を残すことができる。

真空凍結乾燥法での乾燥野菜の製造フローを代表としてフローシートに示した。また真空凍結乾燥機の例を図1.6.1に，乾燥野菜のサンプルを図1.6.2に示した。

図1.6.1 真空凍結乾燥機の例（写真提供：共和真空技術㈱）

CHAPTER 1　原料食品

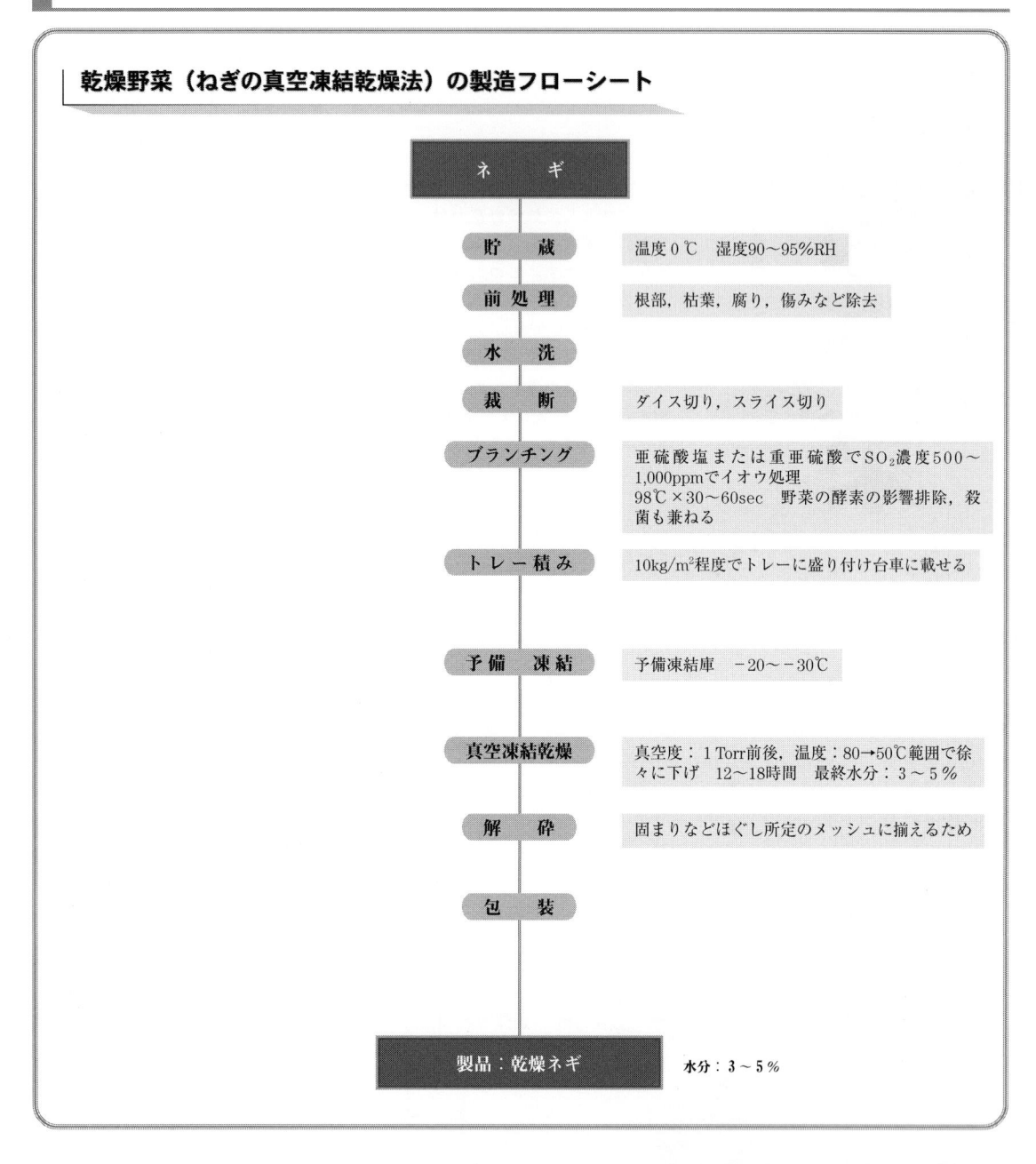

乾燥野菜（ねぎの真空凍結乾燥法）の製造フローシート

```
ネギ
 │
 ▼
貯蔵 ──── 温度0℃　湿度90〜95％RH
 │
前処理 ── 根部，枯葉，腐り，傷みなど除去
 │
水洗
 │
裁断 ──── ダイス切り，スライス切り
 │
ブランチング ── 亜硫酸塩または重亜硫酸でSO₂濃度500〜
                1,000ppmでイオウ処理
                98℃×30〜60sec　野菜の酵素の影響排除，殺
                菌も兼ねる
 │
トレー積み ── 10kg/m²程度でトレーに盛り付け台車に載せる
 │
予備凍結 ── 予備凍結庫　−20〜−30℃
 │
真空凍結乾燥 ── 真空度：1Torr前後，温度：80→50℃範囲で徐
                々に下げ　12〜18時間　最終水分：3〜5％
 │
解砕 ──── 固まりなどほぐし所定のメッシュに揃えるため
 │
包装
 │
 ▼
製品：乾燥ネギ　　水分：3〜5％
```

　ここでは，乾燥野菜のうちラーメン，味噌汁，お吸い物の具として多く使われているネギを代表として取り上げる。乾燥に適したネギの品種としてはAmerican Flag種，Carentan種，Monstrous Carentan種，Winter種である。収穫したネギは非常に傷みやすいので，貯蔵は0℃，90〜95％RHで行う。前処理で根部，枯れ葉，腐り，傷みなどを除去し，水洗してダイス切りまたはスライスに切り，亜硫酸塩または重亜硫酸でSO$_2$濃度500〜1,000ppmで98℃，30〜60秒のイオウ処理（ブランチング）して乾燥を行う。

　乾燥室は，原料処理量数百kg〜3t，棚段数20〜40，総面積，数10〜100m²である。温度−20〜−30℃の予備凍結後，真空度1Torrで温度80℃とし，徐々に下げて12〜18時間で50℃にする加熱方法で，昇華により水分を除去する。水分88％前後から4％前後まで乾燥し，製品の重量は原料の1/10以下になる。

乾燥野菜

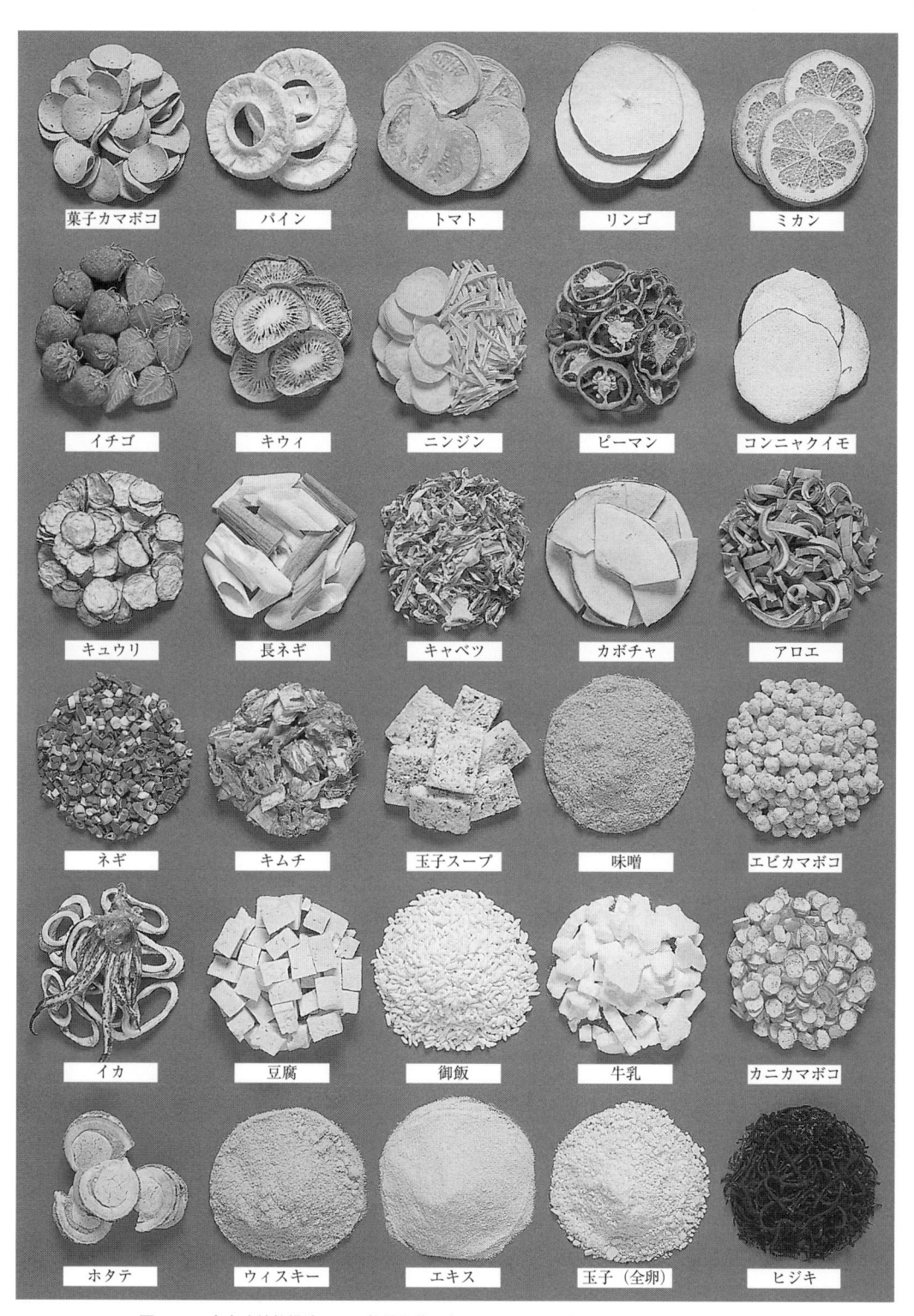

原料食品

図1.6.2 真空凍結乾燥法による乾燥野菜，食品のいろいろ（写真提供：㈱クメタ製作所）

第 2 章

小麦粉加工品
Flour processed food

パン類

小麦粉加工品 —Flour processed food—

あの焼きたてのパンの香り，ふわっとした食感がたまらない人も多いはず。パンは紀元前4200年頃のメソポタミアにすでに存在したとの記録があるようです。日本には1543年に鉄砲とともに種子島に伝来しましたが，パンは日本人の食生活の洋風化とともにその量が伸び，1935年頃の12万tから1980年には10倍の120万tになり，今日に至っています。

代表的な「食パン」と「ロール・パン」について，その製造方法を学んでみましょう。

パンには「発酵パン」，「膨らし粉による無発酵パン」，中華風の「蒸しパン」（饅頭）があるが，辞書（Webster dictionary）によれば，「Bread（パン）とは小麦粉または，その代替粉をBake（焙焼）したもの（A baked food made from flour or meal）」となっており，「Bakeとはオーブン（窯）の中で乾熱で焼くこと（to cook in dry heat esp, in an oven）あるいは火熱で煉瓦のように乾燥して固くする（to dry and harden by heat as bricks）」となっている。そう考えれば発酵パン以前の「平焼（ひらやき）」もパンということになり，「蒸しパン」はパンではないことになる。しかし，ここでは「発酵パン」をパンとして解説することにする。

発酵パンの発祥の地は古代文明の栄えたメソポタミアである。紀元前4200年頃，メソポタミアで特別につくられたパンを水に漬け，大麦の麦芽でこれを糖化し，パンのイーストで発酵させたビールをつくったことが，近年古代文字を記した板碑の発掘によって分かった。このことはすでに6200年前にメソポタミアでパンやビールがつくられていたことを示すものである。このパンがやがて古代エジプトに伝わり，さらにギリシャを経て古代ローマに伝わったと考えられる。そしてパンがヨーロッパ全土に広がったのは大ローマ帝国時代であった。しかし，「発酵パン」が常食になったのは19世紀以降で，その前は「平焼」が常食であった。

日本にパンが伝来したのは天文12年（1543年）で，種子島に漂着したポルトガル人によって鉄砲とともに伝えられた。パンの語源はポルトガル語のPao（パン）であるとされている。その後，幕府の鎖国令で姿を消したが，天保13年（1842年）に伊豆韮山の代官，江川太郎左衛門により兵糧パンとして復活した。安政5年（1858年）にフランス人によってパンの商業的生産が大浦で始められ，明治になると「餡パン」など日本独特の菓子パンも日本人が製造するようになった。

1935年頃は12万t程度であったが，その後，食生活の洋風化が進み，1980年には120万tまで増大した。その後は伸び悩み1996年で123万tである。

製品・原料について

パンの種類は主原料により小麦パン（白パン），ライ麦パン（黒パン），米粉を加えたパン（玄米パンなど），副原料の使用量では砂糖10％以下を食パン類，20〜30％の砂糖添加品を菓子パン類と分類できる。

焼き方によっては型に入れて焼く「型焼きパン」（食パンなど），天板上で焼く「天板パン」（コッペパンなど），焼床に直接置いて焼く「直焼きパン」（フランスパンなど）がある。

主原料の小麦粉は，その麩力の強さにより強力粉，準強力粉，中力粉，薄力粉に分けられる。そのほか，灰分含量により等級分けされ，小麦粉の章の表1.1.1（14ページ）に示したような分類例がある。日本でパンの製造に用いるのは強力粉（タンパク含量11.7〜13.0％）と一部準強力粉（10.5〜12.0％）で，タンパク質の量，質とも優

れたカナダ，米国からの輸入小麦を原料としている。パンがガスを包蔵して良く膨らむのは，小麦粉に含まれる独特のタンパク質であるグルテンに由来している。

パン酵母（イースト）はSaccharomyces cerevisiaeに属しており，幅4～6μm，長さ5～7μmの卵型の細胞である。廃糖蜜を原料として培養された菌体が500gずつ長方形に成型され市販されている。パンには普通，小麦粉に対し2～3％添加される。酵母使用の目的は，
① 糖を発酵してアルコールと炭酸ガスを生成させ，その炭酸ガスでパンを膨張させる，
② 生地の膨張作用を通じて生地の粘弾性を増強する，
③ アルコール，アルデヒド，ケトン，有機酸などを生成させて生地の熟成を進めるとともに，発酵パン特有の風味を生成する，などである。

これにショ糖，硫酸アンモニウムなどを酵母の栄養源として適量加える。菓子パンは小麦粉に対し25～30％のショ糖が添加されており，糖濃度が高すぎて発酵阻害が起こるので，インベルターゼ活性の低い酵母を用いる。製パン上重要なマルトース発酵の最適pHは4.5であるから，pHは4.4～4.8にするのが良い。発酵温度は短時間発酵では38℃で最大発酵速度になるが，長時間高い発酵を維持するには25～32℃が良い。

食塩の添加はパンの味の上で不可欠だが，パン生地の物性改良効果も大きい。またプロテアーゼの作用を抑制し，小麦粉に含まれる発酵阻害物質の影響を消す作用もある。

副原料として糖，油脂，ミルクなどが使われる。糖は，
① 酵母の発酵基質となる。
② パンの食味に貢献する。
③ 表皮の褐変反応に関与し，パン特有の焼色，芳香を生成する。

パンに使用される糖は主にショ糖であり，ブドウ糖も一部使われ，最近では異性化液糖の使用が多くなっている。菓子パンは甘みの点からショ糖が使われる。

油脂はパン生地の伸展性が増し，機械取り扱いも良くなりパン体積を増大する。食味，食感が改善され栄養価も増大する。パンの老化も遅延されるのでバター，マーガリン，ラードが使われたが，最近ではパン用のショートニングが使われる。

ミルクはパンの風味，外皮の焼色，トースト性が改善され，生地の発酵耐性が増大するなどの効果があり添加される。

パンの生産量は1996年のデータで食パン611千t（49.7％），菓子パン379千t（30.8％），学校給食パン50千t（4.1％），その他190千t（15.4％）で食パンが多いが，過去5年間で55.1→49.7％と減少し，代わって菓子パンが27.4→30.8％，その他が12.3→15.4％と増加し消費志向の変化がみられる。

パンの製造工程

パンの製法には全原料を一度に捏ねて発酵させる「直捏法」と，小麦粉の一部（標準的には

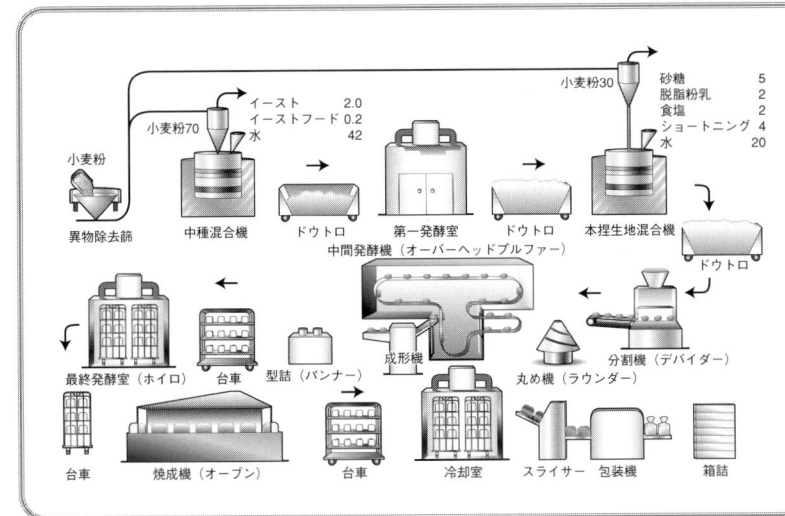

図2.1.1 中種法による食パン製造概略図（原料の横の数値は例％）

CHAPTER 2　小麦粉加工品

図2.1.2　横型高速ミキサ（写真提供：山崎製パン㈱）

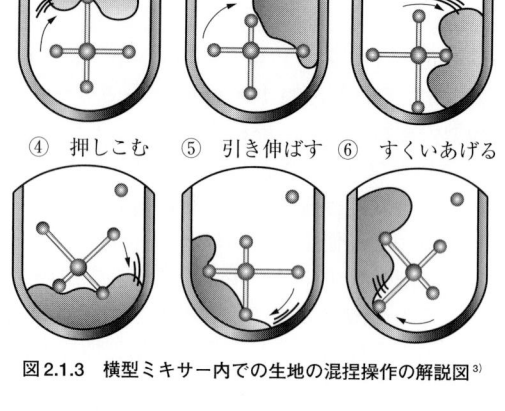

① 持上げる　② 叩きつける　③ 折りたたむ
④ 押しこむ　⑤ 引き伸ばす　⑥ すくいあげる

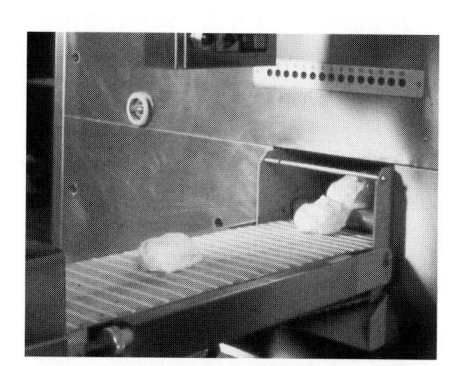

図2.1.3　横型ミキサー内での生地の混捏操作の解説図[3]

図2.1.4　ディバイダー（分割）（写真提供：山崎製パン㈱）

図2.1.5　発酵室（写真提供：山崎製パン㈱）

図2.1.6　焼成前の生地（写真提供：山崎製パン㈱）

図2.1.7　焼成を終えてふたをはずされた食パンの様子（写真提供：山崎製パン㈱）

（本書の内容はあくまで一般的工程を解説したものであり，写真提供企業の製造工程を示すものではありません。）

70％）とイーストだけで中種をつくり，充分発酵させた後，残りの全原料を加えて再度混捏し，仕上げ，焙炉，焼成を行う「中種法」がある。中種法は作業に融通性が生じるとともに一定品質のパンがつくれることから，商業的パンの生産はほとんどこの方法である。フローシートに食パンの中種法，ロールパン，バターロールの直捏法をそれぞれ示した。

パンの製造はまず，横型高速ミキサで小麦粉70％とイースト，イーストフードを混合，あまり捏ねないで第一発酵室に入れ，中種をつくる。次にミキサ（ドウ）で残りの原料を加え本捏を行う。

この後分割（dividing），丸め（rounding），ねかし（中間焙炉，オーバーヘッドプルーファーによ

表2.1.1 パンの原料配合例[20]

原料	食パン 中種法〔%〕 中種	食パン 中種法〔%〕 本捏生地	食パン 直捏法〔%〕	菓子パン 中種法〔%〕 中種	菓子パン 中種法〔%〕 本捏生地	菓子パン 直捏法〔%〕
小麦粉	70	30	100	70	30	100
イースト	2	—	2	3	—	3
食塩	—	2	2	—	1	1
砂糖	—	5	5	—	25	25
ショートニング	—	4	4	—	4	4
脱脂粉乳	—	2	2	—	2	2
イーストフード	0.2	—	0.1	0.2	—	0.2
レシチン	—	—	—	—	0.5	0.5
モルト	—	—	—	—	0.5	0.5
水（適量）	42	20	62	42	12	54

るintermediat proofing），成形（moulding），型詰（pannning），焙炉：通称ホイロ（final proofing），焼成（baking），冷却，包装を経て製品となる。

混捏用のミキサは竪型と横型があるが，現在ではほとんど図2.1.2～3のような横型高速ミキサが使われる。大きい工場では小麦粉1袋25kg，20袋用の大型ミキサが使われる。ロールパンのような直捏法では，原料を充分捏ねるため，最初は30～35rpmの低速で2～3分混捏後，60～70rpmの高速で約8分間混捏する。この過程で吸水したタンパク粒が解きほぐされ，引き延ばされて皮膜を形成し，次第に三次元の網目構造が形成される。これを「グルテン形成」という。

食パン，餡パンの中種法は中種，本捏と2回混捏が行われる。中種は小麦粉の70％にイースト，イーストフードを加え，混合程度に留め，あまり捏ねない。これを発酵させた後，残りの全原料を加えて本捏を行う。

直捏法の発酵は27℃で捏ね上げた生地を27℃，湿度75％RHの発酵室で約2時間発酵させる。途中，生地中に充満したガスを抜き，酸素を補給して酵母の発酵を促進するため，ガス抜きを1回行う。

中種法では中種（sponge）は24℃くらいで捏ね上げ，湿度75％RHの発酵室中で約4時間発酵を行う。発酵の間，生地の温度は1℃/hrで上昇するのが標準とされ，生地のpHは0.15/hrで低下し，発酵終了時のpHは中種で5.3，直捏生地で5.5くらいが標準とされている。

仕上げは発酵から焙炉（ホイロ）に入れるまでの工程で分割，丸め，中間焙炉，成形，型詰めの5工程からなる。分割は少量の場合，手分割（重量分割）もあるが普通，分割機が使われる。1バッチの生地を15～20分以内に分割する。この間も発酵が進んでいるので手早い方が良い。丸めは回転する傘型の丸め機上を転がしながら丸める。ねかし（中間焙炉）は分割，丸めによる生地の加工硬化を緩和し，傷んだ生地を回復させ，適度にガスを含ませて次の成形操作をしやすくするためでベンチ（bench）とも呼ばれる。ねかしは28～30℃，湿度70～80％RHで，15～20分間程度行う。

成形はねかしを終了した生地玉をモルダーのロールで薄く延ばし，ガスを抜く。これを巻き取り継ぎ目を封じる。モルダーにはストレートモルダーとクロスモルダーがあるが，最近はクロスモルダーが多い。型詰（panning）はモルダーから棒状に丸められて出てきた生地を食パンではM字形にして型詰めする。この際，型容積（CC）/生地重量（g）に注意が必要である。ブルマン型食パンでは3.9くらいが普通である。

成形された生地は，ガスが抜かれ体積が小さくなっているので，焼成に先立って，この生地を充分膨張させておくために最終発酵を行う。これが「ホイロ」である。ここで予定体積の70～80％まで膨張させる。ここでは生地の乾燥を防ぐため湿度も高く，温度38℃，湿度85～90％RHで30～60分間行う。

焼成は製パンの最終工程であり，ここで澱粉の糊化とタンパクの熱変性が起こり，パン特有の焼色，風味，テクスチャが形成される。最初，オーブン内では生地の表面（32℃）に薄い水の膜ができやすいので，初期のオーブン内は湿度を高めにする。はじめアルコールなど発酵生成物や水分

CHAPTER 2　小麦粉加工品

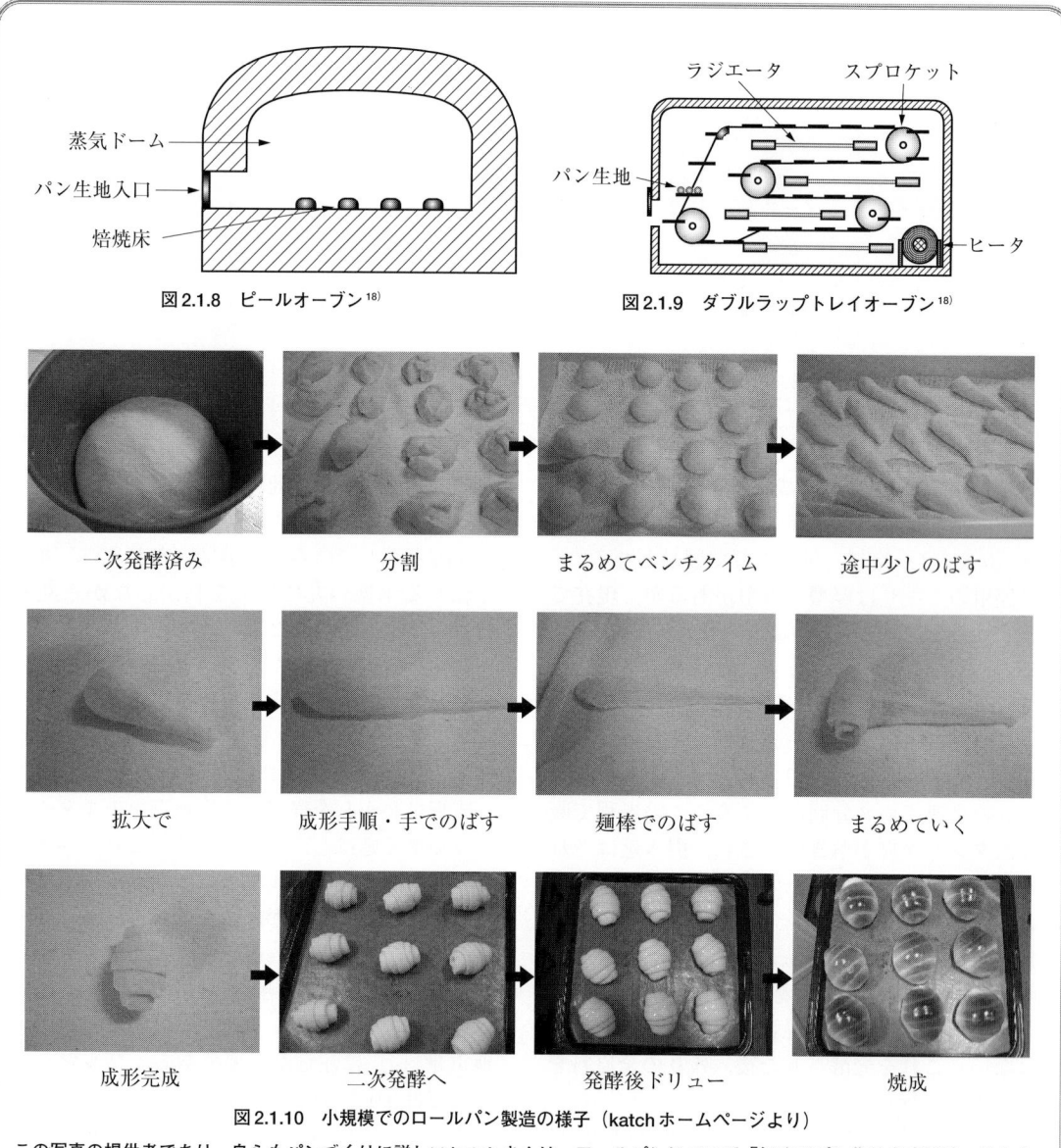

図 2.1.8　ピールオーブン[18]

- 蒸気ドーム
- パン生地入口
- 焙焼床

図 2.1.9　ダブルラップトレイオーブン[18]

- ラジエータ
- スプロケット
- パン生地
- ヒータ

一次発酵済み　→　分割　→　まるめてベンチタイム　→　途中少しのばす

拡大で　→　成形手順・手でのばす　→　麺棒でのばす　→　まるめていく

成形完成　→　二次発酵へ　→　発酵後ドリュー　→　焼成

図 2.1.10　小規模でのロールパン製造の様子（katchホームページより）

この写真の提供者であり，自らもパンづくりに詳しいkatchさんは，ロールパンについて「初めてパン作りをする時，ほとんどの方がこのロールパンに挑戦するのではないでしょうか。くるくると巻いた可愛い形と飽きのこない味に惹かれます。パン作りの楽しさは"イースト菌が生きている"こと。気温・湿度・時間によって，焼き上がりが異なるのです。」とのコメントを寄せてくれた。生地も構いすぎると膨らまなかったりと，まるで赤ちゃんを触るように，発酵のご機嫌を伺いながら焼いているという。

が蒸発し，生地表面の急激な温度上昇は抑えられる。この間パンは良く膨らみ，これを窯伸び（oven spring）と呼び，予定体積の20〜30％（ホイロの残り）が膨張する。全焼成時間の1/3くらい経過すると温度上昇が始まり，60℃くらいで酵母が死滅し，70℃くらいでタンパクの熱変性が起こる。生地表面温度は100℃くらいで少し停滞した後，再び上昇し150℃くらいになる。

この時期に表面でメイラード反応（褐変反応。水分の存在下で糖分，特にグルコースとアミノ酸が加熱されると反応して褐色になること）が起こり，焼色が付く。食パンのような大型パンでは中心部の水分は焼き上がり後も生地水分と大差ないが，オーブンを出た後，内部から外皮へ向かい水

食パンの製造フローシート（中種法）

```
                    [70%の小麦粉]    [イースト] 2%
                          │            │
    [水] 約42%            │            │
       │                  │            │
       └──────→ 中種 混捏 ←────────── [イーストフード] 0.2%
                    │
                    │  横型高速ミキサ    捏上温度：24～25℃
                    │                    混合程度に留め，あまり捏ねない
                    │
                 中種 発酵    発酵室温度：25～26℃　湿度：70～75%
                    │        発酵時間：3～4時間　発酵終点生地温度：28～29℃
                    │        発酵終点pH：5.2～5.4
                    │
 [30%の小麦粉]  [水] 20%  中 種    [食塩，砂糖など副原料] 13%
       │         │        │              │
       └─────────┴────────┴──────────────┘
                    │
                 生地 混捏
                    │
                    │  横型高速ミキサ    捏上温度：27～28℃
                    │                    低速（30～35rpm）2～3分　高速（60～70rpm）約8分
                    │
    dividing     分　割    ディバイダー
                           1バッチの生地を15～20分以内に分割
                    │
    rounding     丸　め    傘型丸め機（ラウンダー）
                    │
intermediate proofing  ねかし    中間焙炉
                           分割，丸めによる生地の加工硬化の緩和，benchとも呼ばれる
                           28～30℃，湿度70～80%で15～20分
                    │
    moulding     整　形    クロスモルダー
                           薄く延ばし，ガス抜き　巻き込み（curling）
                           転がし（rolling），巻き込み末端の継ぎ目を閉じる
                    │
    panning      型　詰
                           モルダーから棒状に丸められて出てきた生地をM字形にして
                           型詰め　型容積(cc)／生地重量（g）はプルマン型食パンで3.9
                    │
 final panning   焙　炉    prooferホイロ(最終発酵)
                           焼成に備え生地を充分膨張させる。予定体積の70～80%まで膨張
                           温度38℃，湿度85～90%，30～60分
                    │
    baking       焼　成    トンネルオーブン
                           パン特有の焼色，風味，テクスチャが生成
                           20～30%の生地の膨張，60℃くらいから澱粉が糊化，酵母死滅
                           70℃でタンパク熱変性，100℃で表皮黄金褐変
                           焼成時間：約40分
                           パン中心部水分は38～40%
                    │
                 冷　却    ブレッドクーラー（清浄空気循環型）
                           スライス，包装のため30℃くらいまで冷却
                    │
              製品：食パン    スライス後，ポリプロピレン包装
```

パン類

小麦粉加工品

CHAPTER 2　小麦粉加工品

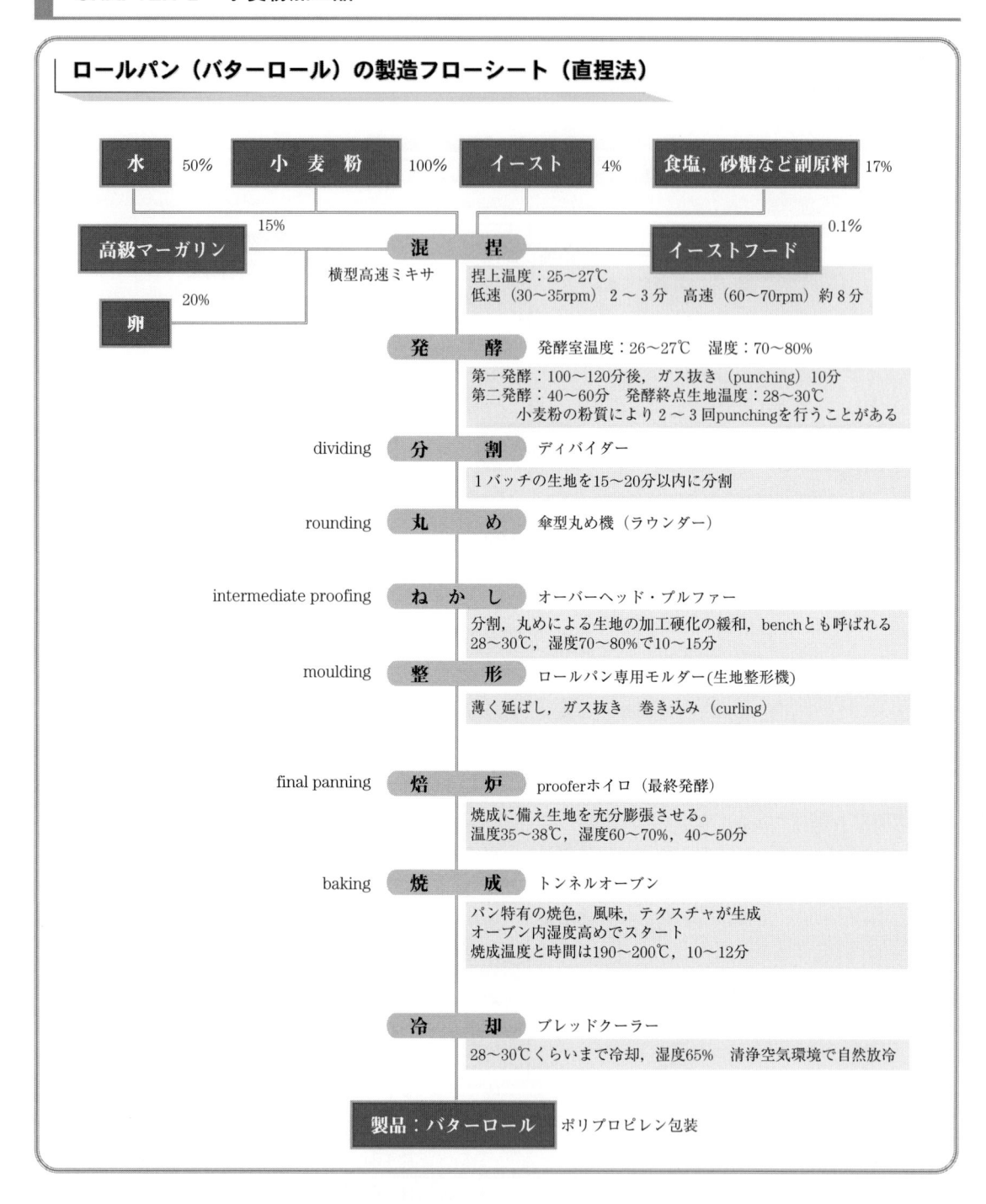

ロールパン（バターロール）の製造フローシート（直捏法）

```
水 50%    小麦粉 100%    イースト 4%    食塩，砂糖など副原料 17%
                                                          0.1%
高級マーガリン 15% ─┐             ┌─ イーストフード
卵 20% ─────────── 混 捏
                  横型高速ミキサ   捏上温度：25～27℃
                                  低速（30～35rpm）2～3分　高速（60～70rpm）約8分

                  発 酵    発酵室温度：26～27℃　湿度：70～80%
                          第一発酵：100～120分後，ガス抜き（punching）10分
                          第二発酵：40～60分　発酵終点生地温度：28～30℃
                                  小麦粉の粉質により2～3回punchingを行うことがある

dividing          分 割    ディバイダー
                          1バッチの生地を15～20分以内に分割

rounding          丸 め    傘型丸め機（ラウンダー）

intermediate      ね か し  オーバーヘッド・プルファー
proofing                   分割，丸めによる生地の加工硬化の緩和，benchとも呼ばれる
                          28～30℃，湿度70～80%で10～15分

moulding          整 形    ロールパン専用モルダー(生地整形機)
                          薄く延ばし，ガス抜き　巻き込み（curling）

final panning     焙 炉    prooferホイロ（最終発酵）
                          焼成に備え生地を充分膨張させる。
                          温度35～38℃，湿度60～70%，40～50分

baking            焼 成    トンネルオーブン
                          パン特有の焼色，風味，テクスチャが生成
                          オーブン内湿度高めでスタート
                          焼成温度と時間は190～200℃，10～12分

                  冷 却    ブレッドクーラー
                          28～30℃くらいまで冷却，湿度65%　清浄空気環境で自然放冷

                  製品：バターロール　ポリプロピレン包装
```

分移動が起こり，平衡に達する時，中心部の水分は38～40%になる。

オーブンは図2.1.8に示した固定窯（ピール・オーブン）が従来は使われたが，最近，大型工場ではトンネルオーブンが使われる。食パンはスライスして包装するため清浄冷却空気の循環により中心部の温度が30℃くらいになるまで冷却する。図2.1.9は大型工場用オーブンの略図である。

表2.1.1に食パンと菓子パンの中種法と直捏法の原料配合例を参考として示した。図2.1.10はロールパンができる様子を示した。

麺類

小麦粉加工品 — Flour processed food —

噛んで食べるヨーロッパのパスタに対して，噛まずにツルツル飲み込む麺類には，日本なら「うどん」「素麺」「そば」「きしめん」「ひやむぎ」「中華麺」などいろいろありますが，中でも「讃岐うどん」はシコシコとした腰があり，その噛み心地は忘れられません。筆者は香川県に親戚があり，「讃岐うどん」の美味しさの秘訣を知っています。

麺類は関東以北の「日本そば」に対し，西の「讃岐うどん」や「播州素麺」など地域的な特徴があります。また麺の打ち方には「手延べ方式」と「線切り方式」がありますが，本書で解説するのは後者の機械製麺です。

麺の歴史を辿ると飛鳥時代に中国より伝えられたといわれているが，その具体的資料は少ない。永享6年（1434年）の「天神縁起」に点心（間食）として用いられたとの記述がある。手延べ麺の製法は奈良時代に遣唐使によってもたらされ，現在では若干機械が使われているが基本は守られ受け継がれ，1100年以上も経っている。

瀬戸内沿岸は古来高品質の小麦（三備小麦）がとれ，気候も温暖で，寒中はよく冷え晴天が多いことから良質の手延べそうめんが生産された。延喜（901～923年）の朝廷，時の醍醐帝に「切麺」と称し献上されたと鴨方（岡山）の史説にある。

麺には手作り麺と機械麺がある。手づくりの中には小麦粉に水を加え，捏ねた柔らかい生地を引き延ばして線状にする「手延べ方式」と，丸めた生地を棒を用いて多方向に薄い平板状に延ばし，包丁で線切りにする「線切り方式（手打ち）」がある。前者は手延べそうめんや一部の中華麺で知られている。後者はうどんやそばである。

機械麺は手作りの場合より加水量を少なくし，硬い生地をロールで圧延して帯状の長い麺帯とし，切刃ロールで線切りにしたものである。

この機械製麺の原型は，今から100年以上前の1883年（明治16年），九州佐賀県人の真崎照郷が初めて製麺機として完成したものだ。この1号機は大型木製機であったが，切刃はすべて金属製であった。切刃は製品の品質を決定する重要部品である。1897年には機械による製麺が全国に普及し始めた。

製品・原料について

麺の製法の基本は，小麦粉を水で捏ね

表2.2.1 うどん，そばの原料配合例[20]

分類	生		茹		乾	
項目	うどん	そば	うどん	そば	うどん	そば
主原料						
小麦粉	25,000	50,000	25,000	50,000	25,000	50,000
そば粉		22,000		22,000		22,000
ポリ燐酸	100	280				
乳酸	50	140				
プロピレングリコール	500	1,500				
リンゴ酸			20			
グリシン			300			
大和芋		300		300		300
鶏卵						360
食塩	1,000	3,000	700	2,000	800	2,000
水	7,000	18,000	8,000	21,000	7,000	21,000

表2.2.2 中華麺の原料配合例[20]

分類	生中華	焼そば	ソフト焼そば	茹中華	乾中華	
項目					棒状	ウエーブ状
主原料						
小麦粉	25,000	25,000	25,000	25,000	25,000	25,000
鹹水	100	120	150	120	100	100
クロシン	15	13	20	13	20	20
食塩	500	120	300	120	560	560
水	6,000	8,000	8,000	8,000	7,500	7,500

CHAPTER 2　小麦粉加工品

表 2.2.3　切刃の種類と用途（JIS B 9201）

番号	4	5	6	8	10	11	12	14	16	18	20	22	24	26	28	30
幅 [mm]	7.5	6	5	3.8	3.0	2.7	2.5	2.2	1.8	1.6	1.5	1.4	1.3	1.2	1.1	1.0
用途	平麺用			うどん用						ひやむぎ，そば，中華麺用				そうめん用		

7〜8世紀 大和〜奈良時代	9〜12世紀 平安朝時代	13〜16世紀 鎌倉〜室町時代	16世紀 (戦国時代)	17〜19世紀 江戸時代	明治〜大正	現代
策餅（さくへい）{和名むぎなわ／手束索餅（たつかさくへい）}		→ 素　麺 →		そっぴん（和名むぎな）／麦　縄／索　麺 → 素　麺 →		そうめん
			水引餅（ひやむぎ） ──────────→			ひやむぎ
						ラーメン
混沌（こんとん） →	混沌（こんとん）／餺飥（はくたく）／不託（ふたく） →	温飩／螺結／柳葉麺／桐皮麺／経帯麺／打三雑麺／韮葉麺／冷麺 →	切り麦 ─ あつむぎ／冷麦 →	温飩／餺飥（宋名）／不托（唐名）／湯餅 → 飩　飩 →		うどん
				ひら素麺／経　革／芋　川／紀州麺（または萁子麺） →		きしめん／ひもかわ
粒　食 →		← そばがゆ／そばがき／そば餅 → そば切り（またの名がそばがい餅）蕎麦 →				そ　ば

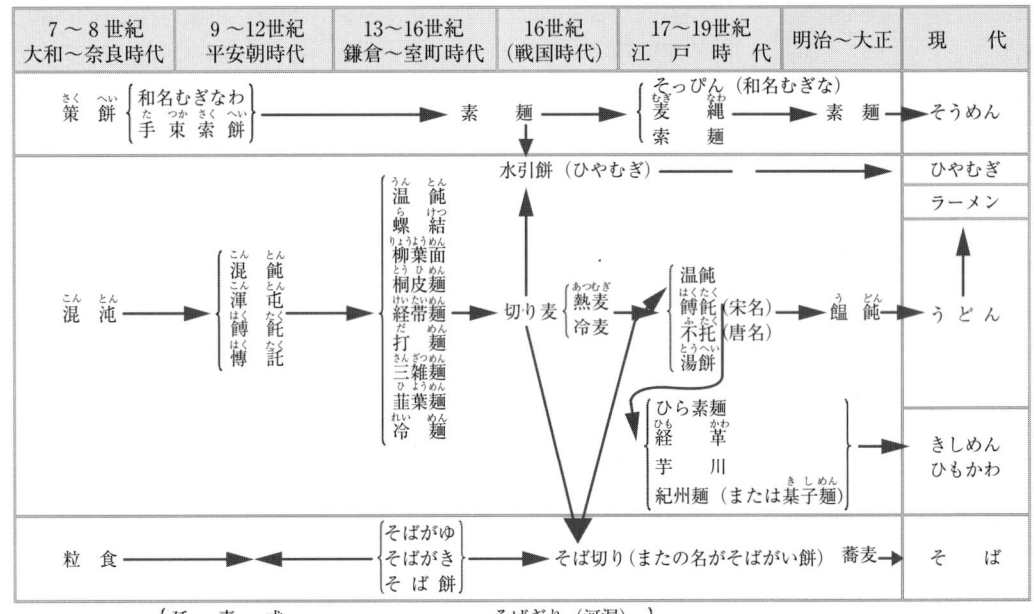

典拠　延喜式／和名類聚抄／和漢三才図会／類聚名物考

そばぎり（河漏）／うどん（不飩）／まんじゅう（饅頭）　の三つを小笠原流料理書では三麺といった。

図 2.2.1　日本の麺の種類と歴史[16]

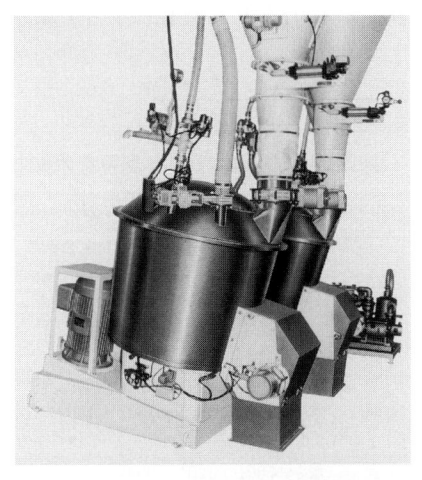

図 2.2.2　加水混合型ミキサー（写真提供：(株)大竹麺機）

①平たく延ばして細く切るもの，
②小さい穴から生地を押し出すもの，
③生地を引き伸ばして線状とするもの，
の三つに大別されるが，①と②が工業的製麺法として用いられている。

麺類の主原料は小麦粉であるが，麺の種類によって必要とされる小麦粉の性質が大きく異なる。小麦粉はタンパク質含有量により種類分けされている。また，小麦粉の品位，等級は灰分含有量がその指標とされている。これは灰分が小麦の皮部に多く，胚乳部に少ないためである。したがって，灰分が多いのは，皮部が多いので品位が低いことになる。

麺の種類により硬さなどテクスチャが異なり，スパゲッティ，中華そば，そうめん，ひやむぎ，うどんなどの順に硬い食感の麺ほどタンパク質含量の多い粉が用いられる。

そばは，そば粉に小麦粉を混ぜることで製麺性を良くすることが昔から行われている。一般にうどん類の生地には食塩水が使われ，中華麺には，麺質改良剤としてカン水が使われる。JASによると30％以上のそば粉を含まないとそばとは呼ばれない。うどん系は小麦粉には中力粉の一等，準一等粉（タンパク質8.0〜8.5％，灰分0.38〜0.42％程度）の粉を用いる。挽きたての粉や，風邪引き（老た粉）は，麺として線状につながりにくい。普通は2〜3週間から2ヶ月くらい経過熟成した粉を用いると良い。

粉中に存在するグルテン（グルテニンとグリアジン）が麺線に粘弾性を与える。麺質改良のための塩水は夏場は濃度を高く，冬は低くする。乾麺製造では落麺防止のため，生麺，茹で麺より塩水濃度を高くする。そのほか，天候（乾，湿，温など）により「手水」と称して，ミキサで若干加水する。

そば系では，そば粉は二番か三番粉が，香りがあり粘りがあって，そばがつくりやすい。一番粉は澱粉質のため粘りが少ない。そば粉は製粉だけでなく，胚乳部，胚芽，種皮，殻の一部を適度に配合する。その比率で風味や色合いが決定される。良質のそば粉の歩留まりは65〜70％くらいで，等級や銘柄で差がある。そば粉は小麦粉とは逆に，挽きたての粉を使うのがよい。

そば粉はつながりにくいので，小麦粉を全量の2/3まで使用できる。この小麦粉をそばの割粉と称して，強力小麦の2〜3等粉を用いる。

中華麺系は小麦粉の準強力ならびに中力の一等粉を用いる。これに淡黄色と弾力性を出すために，カン水（炭酸カリ，炭酸ナトリウム，ポリリン酸塩）を用いる。これは小麦粉中のフラボノイド系色素がアルカリにより黄変することと，グルテンの変性により，中華麺独特の麺質になるからである。

麺類を生麺と乾麺に分けると生麺類には生麺，茹で麺，蒸し麺などがあり，近年，茹で麺を冷凍した冷凍麺の生産が多くなっている。圧延した麺帯を線状に切ったものが生麺であり，生麺の中で生中華麺が80％を占めている。茹で麺のうち2/3は茹でうどんである。

乾麺は日本麺では機械製麺のうどん，平麺，ひやむぎ，そうめんと手延べそうめんがほとんどである。乾麺は生麺に押されて，その生産量が減少しているが，細い冷麦，そうめん，手延べそうめんは増加の傾向である。

麺の種類とその年代による変化を図2.2.1に示した。

麺類の製造工程

うどん，そば，中華麺の配合例を表2.2.1と表2.2.2に示した。ここでは便利食品の項（274ページ）で説明する即席中華麺を除き，日本麺の主なものをフローシートに機械麺の標準的製造フローとして示した。小麦粉と水の混合から麺帯の形成，麺線切り出しまでの基本工程は，先に述べた真崎照郷が明治16年に開発した基本原理に基づいている。

この基本工程は生麺であり，それが乾麺，茹で麺などに加工される。機械麺における生地の製造は，後の工程のロールによる麺帯形成の機械操作を円滑に行うため，手打ち製麺やパン生地より低い30〜40％の加水量（対小麦粉）で行われる。

現在製麺用のミキサは3種類に分けられ，図2.2.2の加水混合型ミキサが古くから使われている。小麦粉に対し3〜4％の食塩を加えた食塩水を水分30〜35％になるように加えて，10〜15分間混合する。水温は夏場15℃，冬場10℃くらいが適当である。単なる混合だけでなくパン生地の場合のような混捏型ミキサ（図2.2.3）も普及

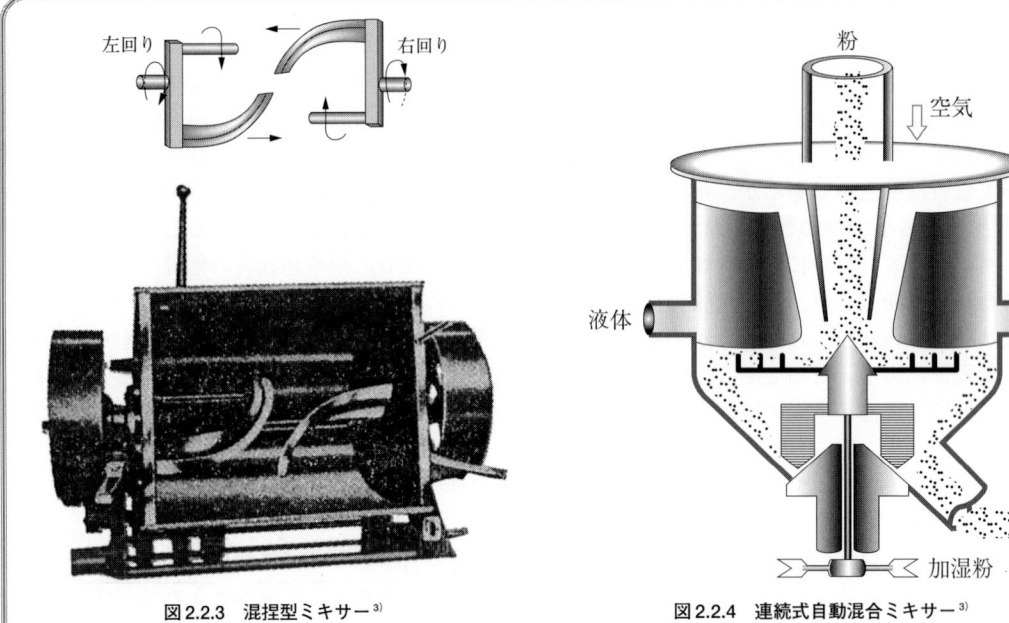

CHAPTER 2　小麦粉加工品

図 2.2.3　混捏型ミキサー[3)]

図 2.2.4　連続式自動混合ミキサー[3)]

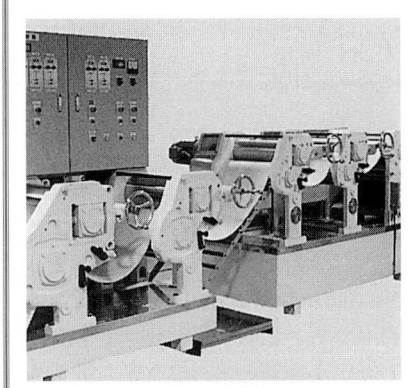

図 2.2.5　圧延機と麺帯の様子
（写真提供：㈱大竹麺機）

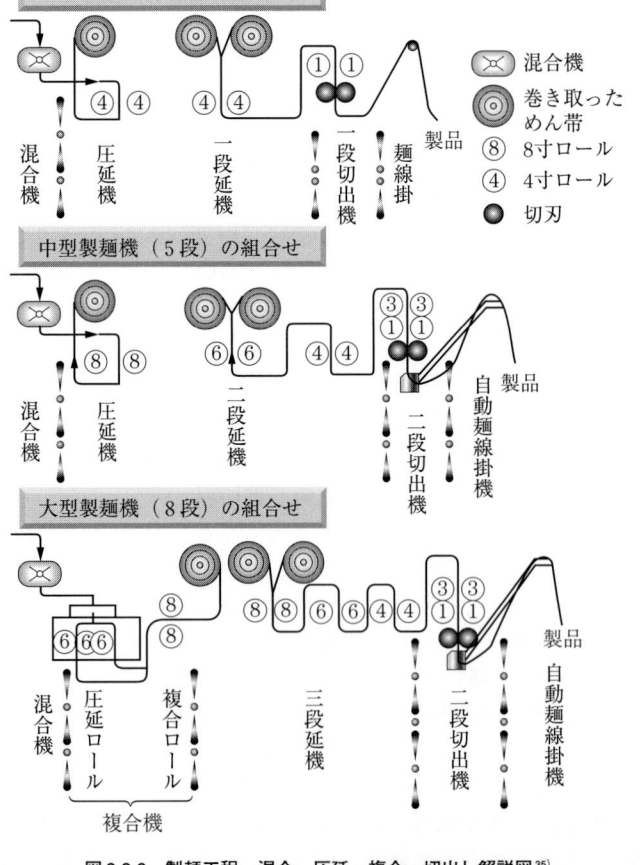

図 2.2.6　製麺工程，混合，圧延，複合，切出し解説図[35)]

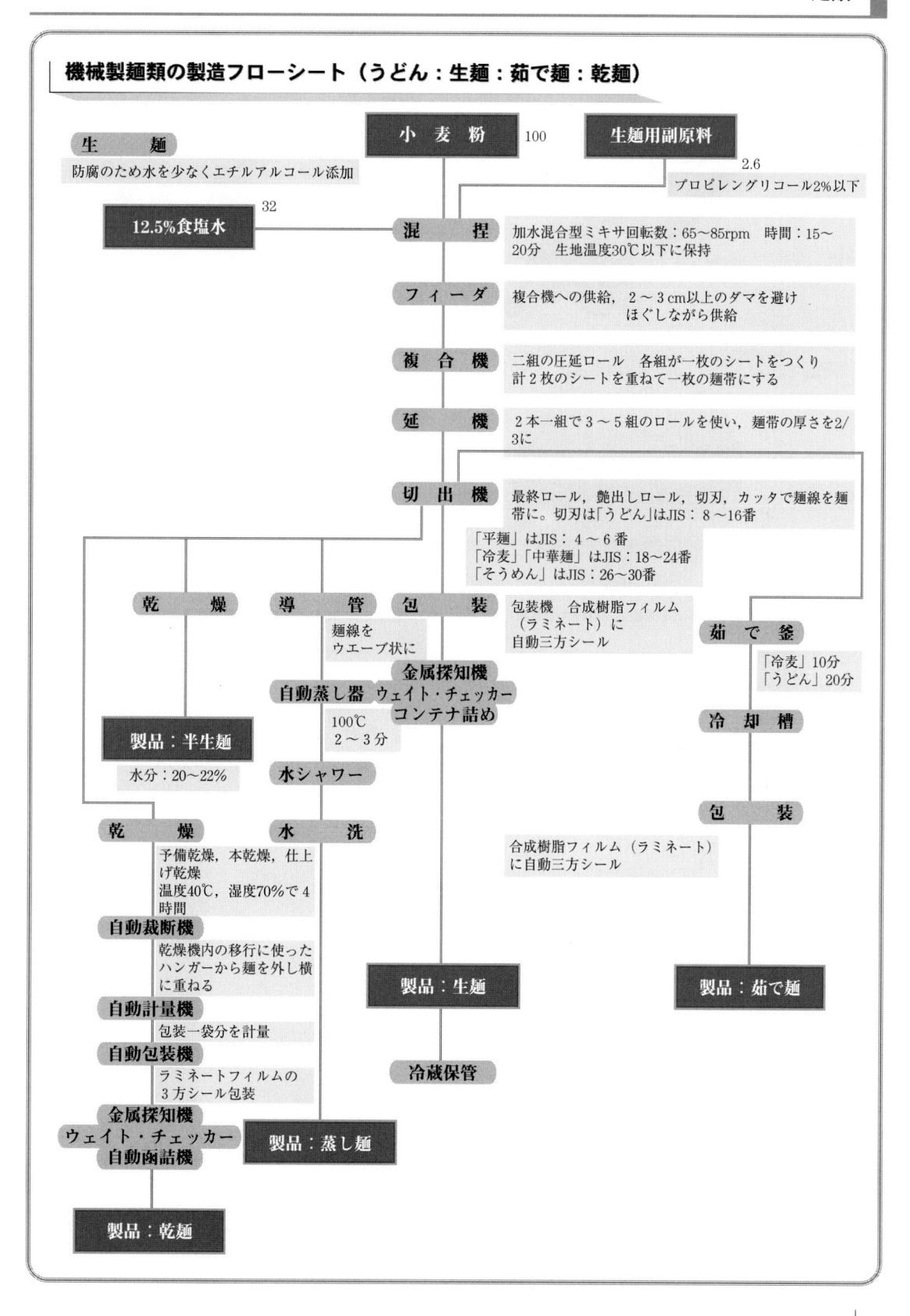

機械製麺類の製造フローシート（うどん：生麺：茹で麺：乾麺）

小麦粉 100 → **生麺用副原料** 2.6　プロピレングリコール2％以下

生麺：防腐のため水を少なくエチルアルコール添加

12.5％食塩水 32

混捏：加水混合型ミキサ回転数：65〜85rpm　時間：15〜20分　生地温度30℃以下に保持

フィーダ：複合機への供給，2〜3cm以上のダマを避けほぐしながら供給

複合機：二組の圧延ロール　各組が一枚のシートをつくり計2枚のシートを重ねて一枚の麺帯にする

延機：2本一組で3〜5組のロールを使い，麺帯の厚さを2/3に

切出機：最終ロール，艶出しロール，切刃，カッタで麺線を麺帯に。切刃は「うどん」はJIS：8〜16番
- 「平麺」はJIS：4〜6番
- 「冷麦」「中華麺」はJIS：18〜24番
- 「そうめん」はJIS：26〜30番

乾燥 ／ **導管**：麺線をウエーブ状に ／ **包装**：包装機　合成樹脂フィルム（ラミネート）に自動三方シール ／ **茹で釜**：「冷麦」10分　「うどん」20分

自動蒸し器：100℃ 2〜3分　**金属探知機 ウェイト・チェッカー コンテナ詰め**　**冷却槽**

製品：半生麺　水分：20〜22％

水シャワー

乾燥：予備乾燥，本乾燥，仕上げ乾燥　温度40℃，湿度70％で4時間

水洗

包装：合成樹脂フィルム（ラミネート）に自動三方シール

自動裁断機：乾燥機内の移行に使ったハンガーから麺を外し横に重ねる

自動計量機：包装一袋分を計量

自動包装機：ラミネートフィルムの3方シール包装

金属探知機 ウェイト・チェッカー 自動函詰機

製品：蒸し麺

製品：生麺　　冷蔵保管

製品：茹で麺

製品：乾麺

CHAPTER 2　小麦粉加工品

図2.2.7　切れ刃ロール（写真提供：(株)大竹麺機）

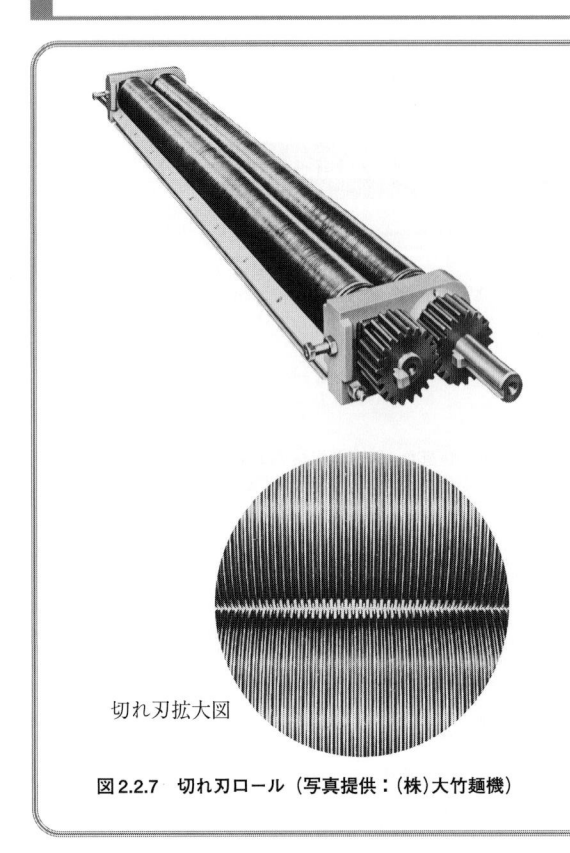

図2.2.8　麺帯連続圧延装置（写真提供：(株)大竹麺機）

図2.2.9　麺の乾燥室（写真提供：(株)大竹麺機）

している。さらに規模の大きい製麺工場では**図2.2.4**のような連続式自動混合ミキサが使われている。

混捏した生地はロールで延ばし薄い帯状に成形する（**図2.2.5**参照）。これが圧延工程であるが、この操作で成形と同時に麺帯がロールを通過すると、ロールと接触する麺帯表面部分と中の部分では生地の伸びにずれが生じ混捏効果もある。

次に麺帯を2枚重ねてロールを通す、この操作を「複合」という。**図2.2.6**にその複合の様子を図で解説した。製麺機の大，中，小に分けて混合，圧延，複合，切出しの様子を示した。古い資料のため8寸（242.4mm）ロール，4寸（121.2mm）ロールの言葉があるが、カッコ内に書かれたmm単位の数字でイメージが掴めると思う。

圧延の後，切り出しロールで麺線にする。その太さはJISで定められており，一番太い「きしめん」で4.5～6.5mm，「うどん」で1.8～3.8mm，「ひやむぎ」で1.2～1.7mm，「そうめん」で1.2mm以下である。

パスタ類

小麦粉加工品 ― Flour processed food ―

パスタとはイタリア語で広義には「練り物，練り粉」の意味で，マカロニ，スパゲティ類の総称です。12世紀頃イタリア南部でつくられ始め，16世紀には押出成形機が登場しています。原料はデュラム小麦のセモリナが中心で，つるつる噛まずに飲み込む日本のうどんと異なり，噛む食感を楽しむ「噛んで味わう麺」といえます。太さ2.5mm以上のものをマカロニといい，太さ1.2mm以上の棒状，または2.5mm未満の管状の物をスパゲティといいます。
イタリアではパスタ製品の原料は，デュラム小麦のセモリナかセモラートでなければならないことになっています。

製品・原料について

「パスタ（伊：Pasta-alimentare）」とは広義には「練り物，練り粉」の意味で，一般的にはマカロニ，スパゲティ類の総称である。

マカロニ類にはマカロニ，スパゲティ，ショートがあり，マカロニ類は東洋の麺類に対する西洋の麺類であり，明治の開国により外来した代表的な食品といえる。

マカロニ類とは「マカロニ類の日本農林規格」によれば，次のように定められている。

①デュラム小麦のセモリナもしくは普通小麦粉，または強力小麦のファリナもしくは普通小麦粉に水を加え，これに卵，野菜などを加えまたは加えないで練り合わせ，マカロニ類成形機から高圧で押し出した後，切断し，および熟成乾燥したもの。

②①に掲げるものにビタミン，ミネラル，必須アミノ酸などの栄養成分を加えたもの。

そして，さらにマカロニとは，マカロニ類のうち2.5mm以上の太さの管状またはそのほかの形状（棒状または帯状のものを除く）に成形したものをいう。

スパゲティとはマカロニ類のうち，1.2mm以上の太さの棒状または2.5mm未満の太さの管状に成形したものをいう。

ヌードルとは「マカロニ類のうち，帯状に成形したものをいう」と定義されている。

日本農林規格では，現在，パスタという言葉はなくマカロニ類で統一されている。なお，イタリアでは国内市場でのパスタ製品に対してはデュラム小麦のセモリナかデュラム小麦のセモラートが原料でなければならず，また種々の材料（肉，卵など）を含む特殊パスタは農林水産省，厚生労働省および経済産業省の許可を受けたものでなければならないと規制されている。

パスタの起源はギリシャや中国など諸説があるが定かではない。一般には12世紀頃イタリア南部のカンパーニャ地方でつくられたのが最初とされている。

14世紀にはパスタの専門メーカーも現れ，16世紀には押出成形機が出現した。18世紀に始まった産業革命によって，それまで人力，畜力が機械に置き換えられ，19世紀後半には乾燥機が発明されて，次第に装置産業の形態を整えた。今世紀に入りパスタの連続式自動製造設備が完成して一気に量産できるようになった。

それまで永年，ほとんどイタリア国内の消費のみにとどまっていたものが，これら一連の製造方式の進歩と相まって，19世紀後半からのイタリア人のアメリカ大陸移住などで次第に世界的に普及した。

日本でも明治の後半から輸入され始めたことが文献にも載っている。国産のパスタが登場したのは大正に入ってからである。新潟県加茂市の石附吉治氏が外国人が好んで食べることに興味を抱き，苦労の末，製造装置の国産第一号機を世に出し，これが契機となって大正，昭和にかけていくつかのパスタ工場が各地に誕生した。

CHAPTER 2　小麦粉加工品

スパゲティの製造フローシート

```
    水  23        デュラム粉 100
  温度：30〜40℃
        │
        ▼
     貯　蔵    サイロ
        │
        ▼
     篩　分    ダマほぐし，ダマ取り
        │
        ▼
     計　量
        │
        ▼
     混　錬    生地水分30%前後
        │
        ▼
     脱　気    真空ミキサ
        │
        ▼
     成　形    押出成形機シリンダ直径80〜140mm
太さ：1〜2.5mm   100〜105kg/cm²で生地をスクリュで混錬しながら
                      ダイスから押し出す
        │
        ▼
    予備乾燥   水分30→20%　温度：50〜60℃　湿度：45〜50%
               ステッキに掛けトンネル乾燥　時間：40〜50分
        │
        ▼
  水分分散均質化  ロットスティック　テルハエレベータ
                  75℃×30分
        │
        ▼
     本乾燥    水分20→13%　温度：40〜50℃
ステッキに掛けトンネル乾燥  高温部から5℃刻みに3段階で調整
                           湿度は60〜70%に調湿
                           時間：9時間/段×3段＝27時間
        │
        ▼
     切　断    切断機
               長さ255mmに切断
        │
        ▼
     貯　蔵    ナイトストッカー
               製品の冷却と水分の均一化
        │
        ▼
     包　装    自動計量包装機
        │
        ▼
  製品：スパゲティ  太さ：1〜2.5mm　長さ：255mm
                   水分：13%以下
                   細いものからカッペリーニ，フェデリーニ
                   ベルミチェリースパゲティー，スパゲトーニなどと呼ばれる
```

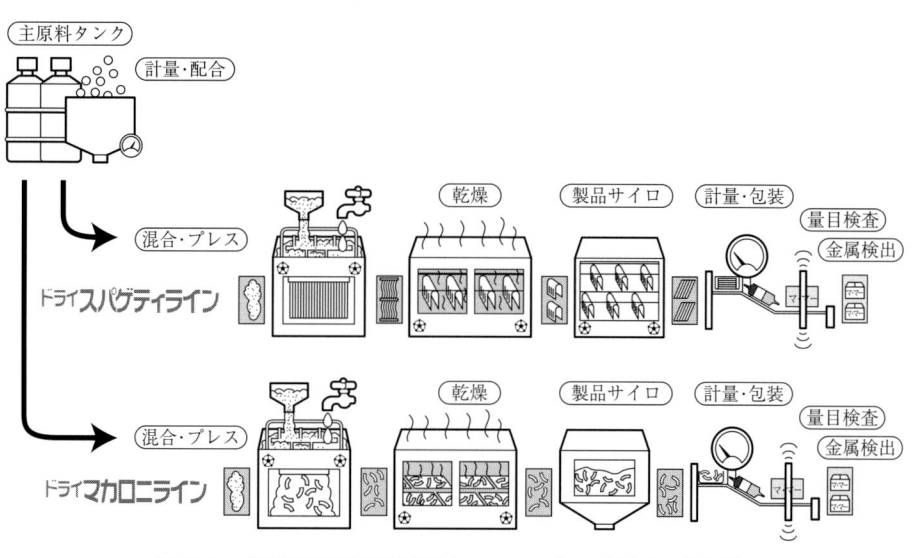

図2.3.1　パスタ製造工程の概略図（マ・マーマカロニ㈱カタログより）

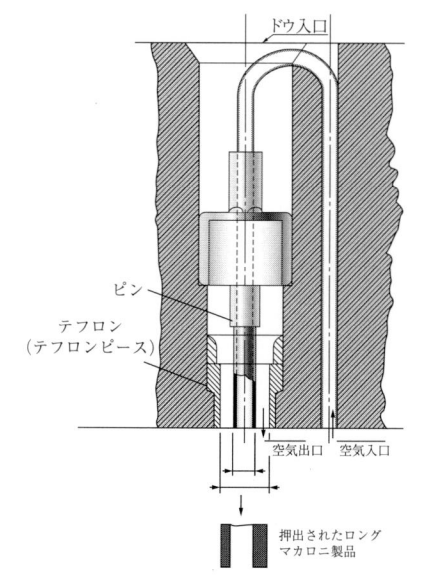

図2.3.2　中空のマカロニ用成形ダイス[35]

図2.3.3　マカロニに穴をあける方法

CHAPTER 2　小麦粉加工品

図2.3.4　原料サイロの外観
タンクローリによって運ばれた原料はサイロに空気輸送され，貯蔵される。製造ラインに供給される際には，製品種類別に配合・計量が自動で行われる。

スパゲティ（ロングプレス機）

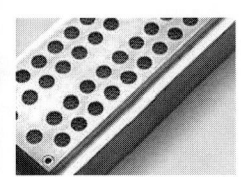

スパゲティ用ダイス

マカロニ用ダイス

図2.3.5　スパゲティ（ロングライン）の混合・プレス工程
約30％程度の水を加えられた原料は，混練・脱気し生地としたのち，写真のような押出成形機で押し出すことで成形される。押出機出口に取りつけられた「ダイス」の孔形状を変えることで，いろいろな種類の製品が成形できる。下のはマカロニ用のダイス。

図2.3.6　製品サイロ内に貯蔵されたスパゲティ
押出成形されたスパゲティはステッキに掛けられ，温湿度を一定に保った乾燥機で充分に熟成乾燥される。乾燥された製品は，ステッキに掛けられたままサイロに貯蔵される。

ステッキに掛けられたスパゲティ

図2.3.7　ステッキから外され切断されるスパゲティ
製品サイロに貯蔵されたスパゲティは，ステッキに掛けられたまま切断装置に送られ，適当な長さに切り揃えられる（中央後方がサイロ）。そののち包装，出荷となる。

図2.3.8　自動計量器へ流れるマカロニ

（写真提供：マ・マーマカロニ㈱）

（本書の内容はあくまで一般的工程を解説したものであり，写真提供企業の製造工程を示すものではありません。）

パスタ類

日本の食糧庁の統計資料では，麺類を「生麺，乾麺，即席麺，マカロニ類」の4種類に大別しているのでマカロニ類，すなわちパスタは麺類の一種であるが，一般的な「麺類」と若干異なるのは「噛んで味わう麺」である点と考えられる。日本の代表的な麺，「讃岐うどん」は「こし」があるが正式な食べ方は噛まずに飲み込むといわれており，かなりイメージが異なる。

このマカロニ類は日本でも昭和の初期頃から生産され始めたが，中でもスパゲティが多く（約70％）生産されている。技術，設備は独特で製造機器はビューラー社，ブライバンテ社，パパン社など海外設備が多い。製品ブランドも海外ブランドが著名で，最近高級志向に乗って海外ブランド社との提携生産が増加している。

日本ではマカロニ，スパゲティ，バーミセリー，ヌードルの4つに分類される。主原料はセモリナ，ファリナなど，高タンパクの小麦粉が使用される。

パスタの製造工程

ここでは代表として，**フローシート**に日本での生産量の最も多いスパゲティの製造工程を示した。原料はデュラム小麦のセモリナ（粗粒粉）とフラワー（粉状に挽いたもの）である。日本では強力粉のファリナ（粗粒粉）と普通粉が用いられる。

原料粉に水分30％くらいになるよう水を加え，良く練り，脱気し，生地とする。これを押出成形機のダイスから圧力$80 \sim 150 Kg/cm^2$で押し出して成形する。ダイスの孔をいろいろに変えることで，マカロニ類やスパゲティ類を成形する。その後，**図2.3.1**の工程概略図のように予備乾燥，本乾燥を経て，切断しスパゲッティが製造される。

マカロニの場合はダイスの出口にカミソリのような切刃が回転しており，この刃の回転の速さでマカロニの長さが加減できる。

スパゲティはフローシートのように$100 \sim 105 kg/cm^2$で押出成形後，ステッキにかけ，温度$50 \sim 60℃$のトンネル乾燥機で$40 \sim 50$分予備乾燥で水分を30％から20％まで乾燥後，75℃のテルハエレベータ内で30分間保持し，製品水分の分散均質化をはかり，その後ステッキにかけたまま$40 \sim 50℃$のトンネル乾燥機で27時間かけて水分13％まで乾燥する。

その後，長さ255mmに切断して，包装し製品とする。スパゲティは細い方からカッペリーニ，フェデリーニ，ベルミチェリースパゲティ，スパゲトーニなどと呼ばれる。

図2.3.2～3は中空のマカロニの成形に使うダイスで中心部から空気を吹きこみダイスと空気の圧力で中空にする。また**図2.3.4～8**に，大規模工場におけるパスタ製造の様子を示した。

第 3 章

肉製品
Processed meat

ハム ― Processed meat ― 肉製品

ハムといえばサンドイッチを思い出しますね。ヨーロッパなど，海外ではハムは日本の漬け物と同じようにホームメードの食品です。サンドイッチはトランプ好きのサンドイッチ卿がつくらせたようですが，便利な食べ物という点では梅干しの入った「おむすび」と雰囲気が似ていますね。1856年に下田に着任したハリスが日本製のハムを食べていたらしいとの記録も残っています。

1872年頃からハム・ソーセージは日本でも本格的につくり始められ，三法と言われる鎌倉流，北海道流，森田流に発展しました。東海道線の大船駅の名物「ハムサンド」を販売したのは鎌倉ハムの創業者です。そのハムの作り方をご紹介しましょう。

豚の家畜化は古く，紀元前7000年頃といわれている。伝説では中近東のバビロニアやエジプト，古代中国，ネイティブアメリカンもハム・ソーセージのようなものをつくっていた。文献上の最古のソーセージは，今から3000年前のホメロスの「オデッセイア」に出てくる「脂身と血を詰めたヤギの胃袋」であろう。ローマが滅んだ後，ハム・ソーセージは十字軍の手によってヨーロッパ各地にもたらされた。一方，中国では10世紀頃にハムの一種「金華火腿（きんかほうとい）」がつくり出された。

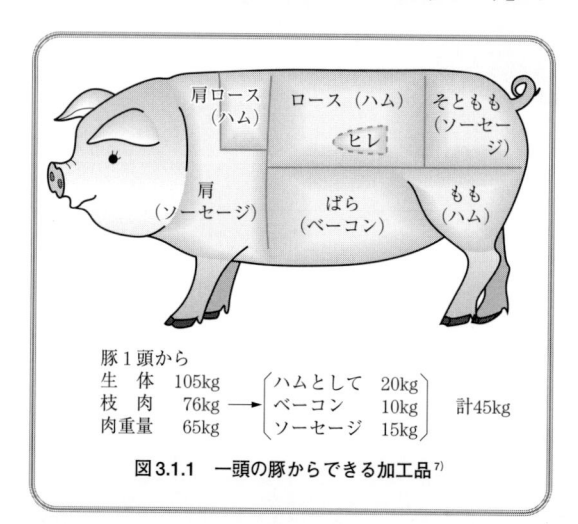

ハム・ソーセージは日本の漬物と同様ホームメードの食品であり，商品化は19世紀になってからである。ソーセージはドイツで，ハムはイギリスで事業化された。

日本におけるハム・ソーセージ製造の歴史を探ると，鎖国時代の長崎のオランダ屋敷，唐人屋敷などで畜肉加工品がつくられたようで，長崎名勝図絵の「猪の臘干（らかん）唐人の俗語には火腿（ほうとい）と云ふ」などの記述から，ハム・ソーセージの存在が読みとれる。安政3年（1856年）下田に着任したハリスの日記（12月20日）に「私たちは野豚のハム，若干の鹿肉……供給されている」との記載があり，日本のどこかでハムが製造されたことを示唆している。

明治28年（1895年）第4回勧業博覧会に出品した長崎市大浦の片岡伊右衛門の開業沿革には，「明治5年（1872年），長崎来遊の米国人Pensonより伝習を受け，同年十一月に至り製造の業を創む……販路を拡め以て今日に至る」とあり，1872年には日本人の手でハムがつくられたことを示している。

ハム・ソーセージの製法には三法あり，鎌倉流，北海道流，森田流がこれにあたる。

イギリス人William Curtisが明治9年（1876年）神奈川県戸塚郊外で外国人相手にホテルを経営する傍ら，ハム・ベーコンを製造し販売した。その技法を伝授された斉藤満平が1886年，日本で最初のハム製造を開始，益田直蔵もハム製造に着手した。彼らが独自の工夫と試作を重ね鎌倉ハムの基礎を築いた。

同じ頃，北海道開拓使庁の事業としてハムの製造が試みられ1874年，真駒内牧場七重分場でハム製造，1878年のパリ万国博覧会に豚肉燻製一点を出品した。これが北海道流である。

豚1頭から
生体 105kg
枝肉 76kg → ハムとして 20kg
肉重量 65kg　ベーコン 10kg　計45kg
　　　　　　ソーセージ 15kg

図3.1.1　一頭の豚からできる加工品[7]

ハムの製造フローシート

JASの塩漬剤制限による業界自主基準
〈加熱ハム〉
  食塩：肉に対し2％以上
  糖類：主として砂糖
  発色剤：$NaNO_2$として200ppm以上
  抗酸化剤：800ppm以上
  結着補強剤：0.3％以下
  結着剤/乳化安定剤：合わせて1％以下
  注入率：最大25％

豚 肉
↓
整 形 — 枝肉の分類，骨抜き
↓
塩 漬 curing
ピックル注入器で塩漬剤を筋肉に注入
(picle injector)
塩漬剤は肉重量の10％前後
↓
熟 成 — 2〜5℃の冷蔵庫
10日間程度
↓
水 洗 い — 流水で塩抜き
↓
巻 締 め ／ 充 填 — 布で巻く
↓
燻 煙 ／ 燻 煙 ／ 燻 煙 — 桜，樫，楢などのチップで燻煙
↓
蒸 煮 ／ 蒸 煮 ／ 蒸 煮 — 加熱殺菌
約75℃で2時間
↓
冷 却 ／ 冷 却 ／ 冷 却 ／ 乾燥・熟成
↓
　　　　　　　　　　　　　　冷 却
↓
包 装 ／ 包 装 ／ 包 装 ／ 包 装

骨付きハム ／ ボーンレスハム ／ ロースハム ／ 非加熱骨付きハム，ラックスハム

肉製品

ハム

CHAPTER 3　肉製品

表3.1.1　ピックル液配合例（肉1kg当たり）

原　　料	量
食塩	30g
砂糖	6g
酸化防止剤	4g
ミートミックス（塩漬剤）	20g（日本食研の商品）
ローレル	0.5g
ハーブミックス	0.5g
水	300cc

1880年には千葉県，県立食肉製造所で森田竜之助によってハム製造が行われたが，これが森田流である。

1899年，東海道線大船駅で名物「ハムサンド」を売り出した富岡周蔵が鎌倉ハムに目を付け，1900年に大船軒のハム製造部門を独立して鎌倉ハム富岡商会を開業した。大正3年（1914年）大木市蔵はソーセージの日本最初の専門店を東京・銀座に開いた。昭和7年（1932年）には富岡商会が初めてソーセージの缶詰をつくった。

以降発展して昭和18年には228企業にもなった。1997年には2158工場となっている。

豚の部分肉または部分肉から切り出し，整形した肉塊を塩漬，燻製，乾燥，加熱などの工程を経てつくるのがハム（ham）やベーコン（bacon）といわれる。次に，食肉を細切した，いわゆる挽肉を主原料としたものがソーセージ（sausage）である。肉塊の加工方法はいろいろあるが，ここで論じているハム・ソーセージは半乾燥製品（semi-dry meat products／smoked meat products）と呼ばれ，肉塊でつくられるものの総称がベーコンである。

これらの製法は

　　塩漬→熟成→水洗→乾燥（燻煙）

が基本で，JASではハムとベーコンの違いを，ケーシングに入れるもの（骨付きハムを除く）をハム，入れないものをベーコンとしている。

ハムの製造工程

一頭の豚は，頭，内臓，皮，足端などを除き，背骨に沿って2つに分けられ「半丸枝肉」にされる。「半丸枝肉」は肩，もも，背，脇腹に大きく分けられる。図3.1.1に豚の部分肉の名称を示した。通常，一頭の豚から骨付きハム，ボーンレスハム，ロースハム，ベーコンなどの製品の原料が取られ，残った肉はプレスハム，ソーセージの原料となる。ハムの種類は次のようなものがある。

①**骨付きハム**：豚のもも肉を骨付きのまま成形し，加工したもの。
②**ボーンレスハム**：豚のもも肉を，そのまま，または分割して，整形，塩漬け，骨抜き，ケーシングなどで包装後，加工したもの。
③**ロースハム**：豚のロース肉を整形，塩漬け，ケーシングなどで包装後，加工したもの。
④**ショルダーハム**：豚の肩肉を整形，塩漬け，ケーシングなどで包装後，加工したもの。
⑤**ベリーハム**：豚のバラ肉を整形，塩漬け，ケーシングなどで包装後，加工したもの。
⑥**ラックスハム**：豚の肩肉，ロース肉またはもも肉を整形，塩漬け，ケーシングなどで包装後，加工したもの。

フローシートにある整形工程では，分割した部分肉から余分な脂肪，肉を切り落とす。脂肪は目的に応じた量を残して形を整える。

食塩，発色剤を原料肉に充分馴染むまですり込んで血搾りする。塩漬けは肉の貯蔵性，保水性を改善し，発色を良くするために行う。湿塩漬法（ピックルインジェクタ法）と乾塩漬法があるが，最近は，肉に塩漬剤をピックルインジェクタといわれる多針型の自動注射機でピックル液を注入する湿塩漬法が多い。表3.1.1にピックル液の配合例を示した。湿塩漬法は，この液に原料肉を漬け込む方法で，ボーンレスハム，ロースハムに利用される。

漬け込み時間は，冷蔵庫で5〜7日間で，途中3〜4日おきに上下の肉を入れ換える。非加熱食肉製品では食肉製品規格基準で食塩濃度15％以上，亜硝酸ナトリウム200ppm以上のピックル液を用い，5℃以下で行うよう義務付けられている。

塩漬けの終了した原料肉は流水で水洗する。これを「塩抜き」，または「塩出し」という。水洗時間は原料肉1kg当たり10分程度が標準である。非加熱製品では，5℃以下の水を用いることが義務付けられている。

ボーンレスハム用のもも肉は，骨抜きの跡の空洞を埋めるため，綿布で肉塊を円筒状に強く包み，形を整えるために綿糸で固く巻き締める。

燻煙工程では製品に好ましい芳香と色沢を与え，煙中の成分で保存性を高める。燻煙材はカシ，ナラ，サクラなどの堅木が用いられる。燻煙はまず，50～60℃で30～60分で肉表面の乾燥と同時に，燻煙臭を付けた後，60～70℃で30～120分燻煙する。非加熱食肉製品で燻煙するときは20℃以下の低温で半日～2日間燻煙する。

燻煙が終わったら，燻煙装置内に蒸気を吹きこみ70～80℃で蒸煮するか，70～80℃の湯に漬けて湯煮する。

加熱食肉製品では，中心温度が少なくとも63℃で30分以上保つよう義務付けられている。

一方，非加熱製品は乾燥により製造する。乾燥は微生物の増殖を避けるため，20℃以下か50℃以上で行うよう義務付けられている。また，最終製品の水分活性が0.95以上のものは4℃以下で保管・流通しなければならない。この水分活性が0.95未満でも，非加熱製品は保管・流通は10℃以下に保持しなければならない。

加熱処理した製品は，冷水中で中心温度が30℃以下になるよう予備冷却し，製品冷却室で5℃以下に冷却する。図3.1.2～5に小規模でのハム加工の様子を示した。

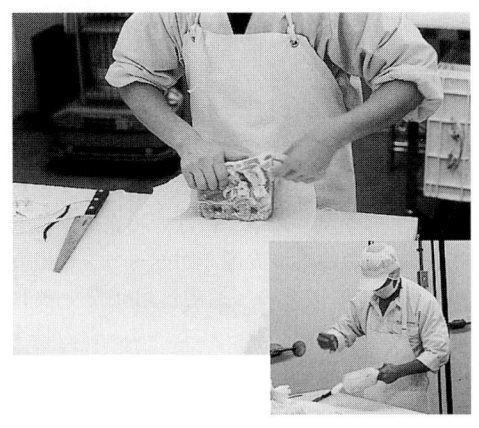

図3.1.2 整形・巻締めの様子（(社)農山漁村文化協会「地域資源活用 食品加工総覧」第6巻（2002年）より。写真の所有者・本文執筆者：(財)南アルプスふるさと活性化財団・岸本明年）

図3.1.3 原料肉の塩漬けの様子（(社)農山漁村文化協会，「地域資源活用 食品加工総覧」第6巻（2002年）より。小倉隆人カメラマン撮影）

図3.1.4 熱湯による煮熟の様子（(社)農山漁村文化協会「地域資源活用 食品加工総覧」第6巻（2002年）より。写真の所有者・本文執筆者：美味工房ウィマム・上野美知子）

図3.1.5 燻煙室の様子（(社)農山漁村文化協会「地域資源活用 食品加工総覧」第6巻（2002年）より。写真の所有者・本文執筆者：(財)南アルプスふるさと活性化財団・岸本明年）

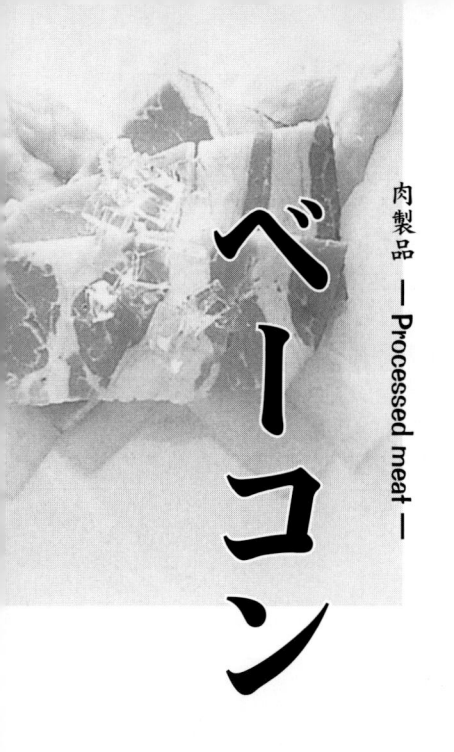

肉製品 — Processed meat —
ベーコン

ベーコンは豚のバラ肉を塩漬けにしてから薫製にしたもので，あの脂身が何とも言えない味わいです。冷暗所に吊しておけば1～2年はもつといわれており，そのまま醤油で食べるもよし。ベーコンスープの出汁にしてもよし。

日本では明治13年頃からつくられ始めたようですが，ここではその作り方を調べてみましょう。

ベーコン（bacon）は，豚のバラ肉を塩漬けして燻製にした加工品で，保存性が良く，冷暗所では1～2年もつといわれている。製法はハムと似ているが，塩漬け方法が異なる。原料肉の表面に直接塩をふりかけたり，すり込む乾塩法である。

日本におけるベーコンの加工は明治に入ってからであり，明治14年（1881年）の農業雑誌7月号に「ハム・ベーコンを買う時の心得」という記事が記載され，ベーコンが食卓に登場するきっかけとなっている。

明治13年（1884年）には，横浜の雨宮敬次郎が千葉産のハム・ベーコンをウラジオストックに輸出して好評を博したといわれており，ベーコンの製造が始まって間もない頃，その技術が，すでに一定の水準に達していたことが想像される。

明治23年（1890年）の第三回国内勧業博覧会には，神奈川県の八木浜吉，長崎県の松本辰五郎らがベーコンを出展している。1895年刊行の「通俗日用化学全書」にはベーコンの製法が記載されており，その日本における製法が確立されていたと考えられる。

ベーコンの原料肉は豚のバラ肉を用いる。脇ばら肉に付いている骨を取り除き，ももに近い方をやや広く整形する。ハムと同様に血搾りを行い，乾塩漬法で塩漬けにする。ほかの肉に比べ厚みがないので塩漬剤の浸透が早く，塩漬けは冷蔵庫内で5日間が標準とされている。最近はハム類と同じく，ピックルインジェクタ法（61ページ参照）に代わってきている。

ハム類と同様に水洗い後，「ベーコンピン」というベーコンをつり下げるピンをももに近い方に通して，燻煙室につり下げ，乾燥・燻煙する。一般に25～50℃で10時間以上燻煙する。最終加熱温度は75℃程度に上げ，食品衛生法で決められている中心温度63℃で30分以上保持できるようにする。その後，冷却室で5℃以下に冷却し，スライス，ブロックなどに加工，包装して冷蔵庫に保管し出荷する。

ベーコンの製造工程はハム類と似ているので割愛し，**表3.2.1**にベーコンの種類と定義を示した。

表3.2.1　ベーコンの種類と定義

種類	定義
ベーコン	1）豚のばら肉（骨付きのものを含む）を整形し，塩漬および燻煙したもの 2）ミドルベーコンはサイドベーコンのばら肉（骨付きのものを含む）を切り取り，整形したもの 3）1）または2）をブロックに切断し，または薄切りしたもの
ショルダーベーコン	1）豚の肩肉（骨付きのものを含む）を整形し，塩漬，および燻煙したもの 2）サイドベーコンの肩肉（骨付きのものを含む）を切り取り，整形したもの 3）1）または2）をブロックに切断し，または薄切りしたもの
ミドルベーコン	1）豚の胴体を塩漬し，および燻煙したもの 2）サイドベーコンの胴肉を切り取り，整形したもの
サイドベーコン	豚の半丸枝肉を塩漬，および燻煙したもの

ベーコンの製造フローシート

```
豚　肉
  │
整　形 ── 豚バラ肉，骨抜き
  │
塩　漬 ── curing
         乾塩漬法
  │
熟　成 ── 2～5℃の冷蔵庫
         7日間程度
  │
水 洗 い ── 流水で塩抜き
           15分程度
  │
ピン打ち ── S字クリップ
  │
乾燥・燻煙 ── 桜，楢，樫などのチップで燻煙
  │
冷　却 ── 冷却室
         5℃以下に冷却
  │
包　装 ── 真空パック
  │
製品：ベーコン
```

肉製品 — Processed meat — ソーセージ

ソーセージといえば、ウインナーソーセージ、フランクフルトソーセージ、サラミソーセージくらいしか、思い浮かばないのが普通です。ソーセージ（sausage）とは英語ですが、ソーセージの本場ドイツではヴルスト（Wirst）と呼ばれ、なんと1500種類もあるというから驚きます。ドイツ料理のレストランでソーセージ攻めに会った人もいるかもしれません。

このソーセージも、その製法で分けると、大きくは4種類。保存性や、美味しく食べるための工夫がこらされた、スモークドソーセージ、クックドソーセージ、ドライソーセージ、セミドライソーセージなどがあります。

　ソーセージの語源はSalsusで、塩漬けした肉、または貯蔵した肉という意味がある。ドイツ語ではヴルスト（Wurst），英語Sausageである。ドイツのヴルストは1,500種類にもおよび、大別すると腸に詰めてから加熱するブリューヴルスト、詰める前に材料を加熱するコッホヴルスト、タンパク質の酸凝固を利用したサラミに代表されるローヴルストの3つになる。

　日本におけるソーセージの歴史は鎖国時代の長崎名勝図絵に「火腿（ほうとい）」の字が見られることから、ソーセージの製造もハムと同じ時期に始まったと考えられる。ソーセージの主な種類を図3.3.1に示した。

ソーセージの製造工程

　フローシートには主なソーセージの製造工程を示した。またソーセージの定量充填機の一例を図3.3.2に、主な製造工程の様子を図3.3.3～7に示した。

　原料肉は、主に豚肉、牛肉を使用し、羊肉、馬肉を加えることもある。さらに、鶏肉や魚肉を加えることもある。魚肉は主にスケトウダラのすり身を使う。また、肝臓、舌、血液などを主原料とするクックドソーセージのようなものもある。

　塩漬けは、原料肉を骨抜きし、小肉片に分割して塩漬剤を加え冷蔵庫に保管する方法と細切り、混捏の際に塩漬剤を添加する方法がある。前者は風味を重視する場合は3日間以上、冷蔵庫で塩漬けする。後者はカッターキュアリングという。次に原料肉をチョッパーで3 mmの挽肉にし、カッターに挽肉、副原料、添加物、氷を入れて細切り、混捏する。氷は混捏の際の品温の上昇を抑えるために加える。このようにして均一に混捏されたものを「ミート・エマルジョン」という。

　このミート・エマルジョンを充填機でケーシングに充填する。ケーシングは天然腸のほか、コラーゲンケーシング、セルロースケーシング、合成樹脂ケーシングなどがある。充填後は金属クリップや綿糸などで両端を結紮（けっさつ）する。天然腸を使用したウインナーソーセージやフランクフルトソーセージでは両端をねじることで結紮する。充填したソーセージはハムと同様に燻煙するもの、しないものなど、その製品のコンセプトに応じて処理する。

　加熱処理は適度の弾力、硬さを与え、食味を良くする。また微生物を殺菌し、衛生的かつ保存性を高めるために行う。このため食品衛生法では肉の中心温度が63℃で30分間以上保たれることを要求している。

　蒸煮や湯煮で加熱処理後、飲用適の水で品温を30℃以下まで冷却し、製品冷却室で中心温度が10℃以下になるまで冷却する。

　ウインナーソーセージ、フランクフルトソーセージなどは一本ずつ切り離してから真空包装、普通包装、ガス置換包装などで包装され出荷される。

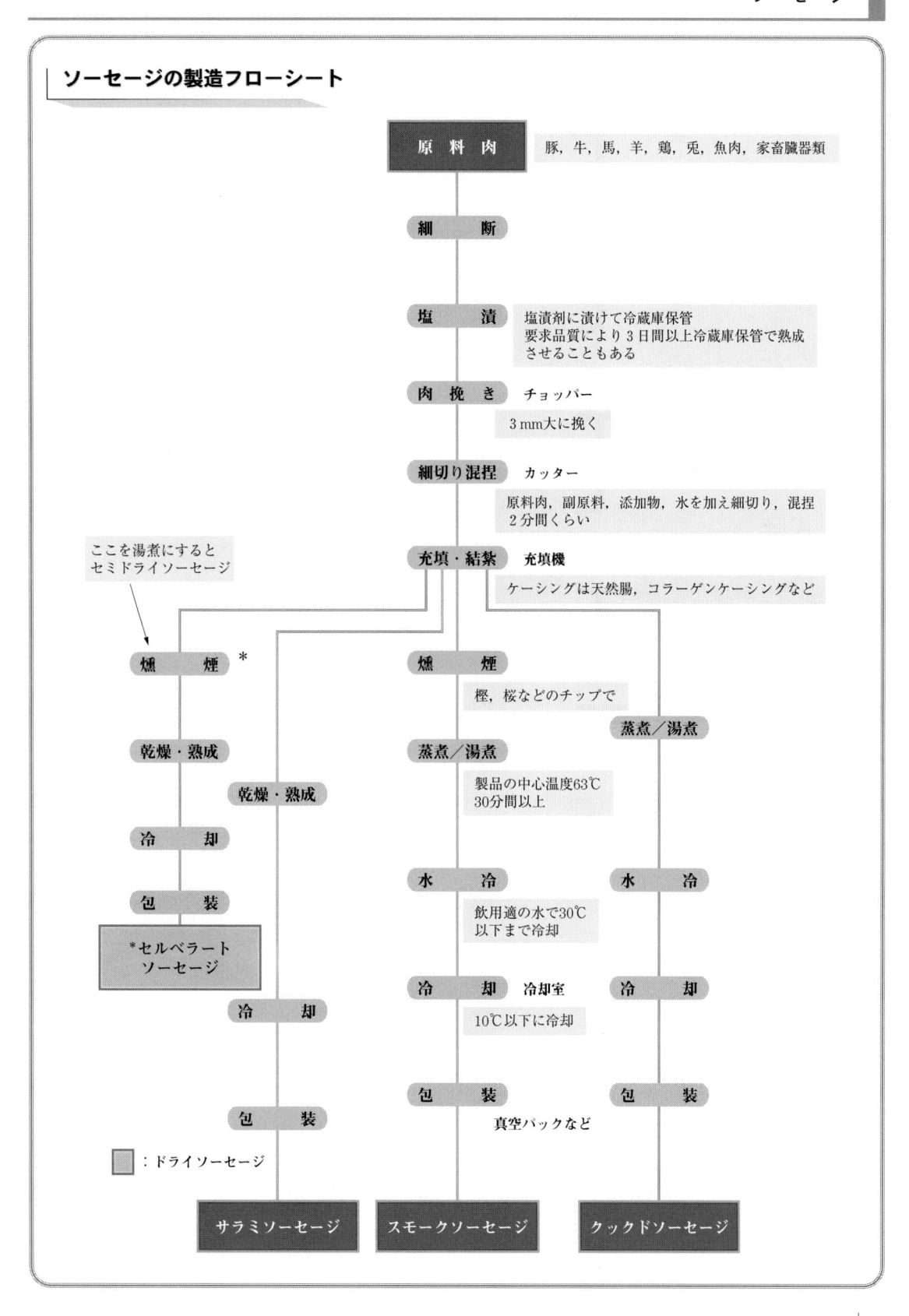

ソーセージ

ソーセージの製造フローシート

```
原料肉 ── 豚,牛,馬,羊,鶏,兎,魚肉,家畜臓器類
  │
  細断
  │
  塩漬 ── 塩漬剤に漬けて冷蔵庫保管
         要求品質により3日間以上冷蔵庫保管で熟成
         させることもある
  │
  肉挽き ── チョッパー
           3mm大に挽く
  │
  細切り混捏 ── カッター
             原料肉,副原料,添加物,氷を加え細切り,混捏
             2分間くらい
  │
  充填・結紮 ── 充填機
             ケーシングは天然腸,コラーゲンケーシングなど
```

ここを湯煮にすると セミドライソーセージ

燻煙 *	燻煙	
	樫,桜などのチップで	
乾燥・熟成	蒸煮/湯煮	蒸煮/湯煮
	製品の中心温度63℃	
	30分間以上	
乾燥・熟成		
冷却	水冷	水冷
	飲用適の水で30℃	
	以下まで冷却	
包装		
*セルベラート ソーセージ	冷却 冷却室	冷却
	10℃以下に冷却	
冷却		
包装	包装	包装
	真空パックなど	

▢:ドライソーセージ

サラミソーセージ / **スモークソーセージ** / **クックドソーセージ**

肉製品

CHAPTER 3　肉製品

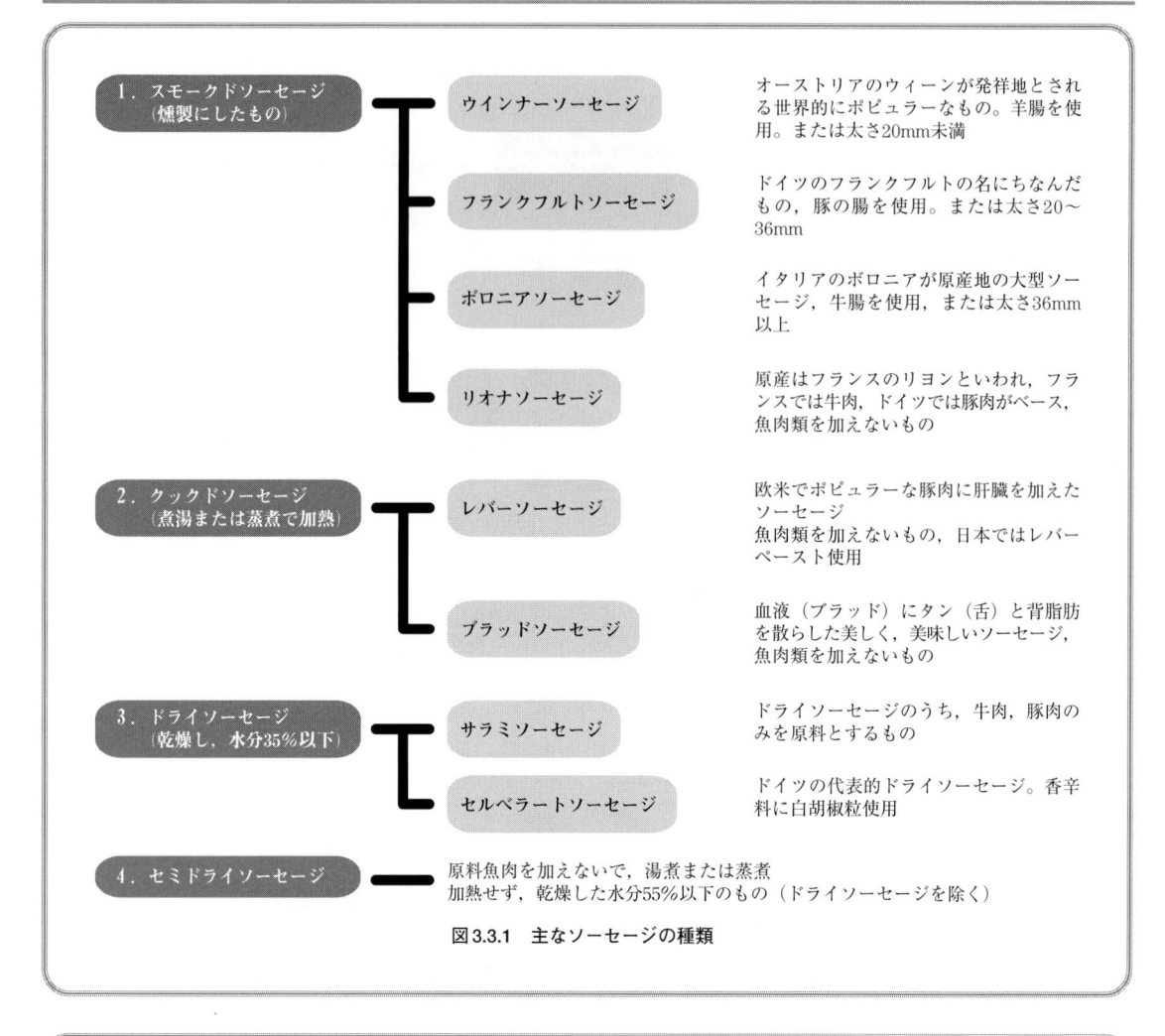

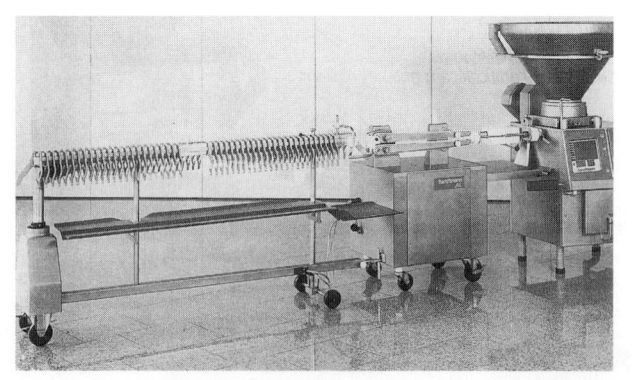

種類	名称	説明
1. スモークドソーセージ（燻製にしたもの）	ウインナーソーセージ	オーストリアのウィーンが発祥地とされる世界的にポピュラーなもの。羊腸を使用。または太さ20mm未満
	フランクフルトソーセージ	ドイツのフランクフルトの名にちなんだもの，豚の腸を使用。または太さ20～36mm
	ボロニアソーセージ	イタリアのボロニアが原産地の大型ソーセージ，牛腸を使用，または太さ36mm以上
	リオナソーセージ	原産はフランスのリヨンといわれ，フランスでは牛肉，ドイツでは豚肉がベース，魚肉類を加えないもの
2. クックドソーセージ（煮湯または蒸煮で加熱）	レバーソーセージ	欧米でポピュラーな豚肉に肝臓を加えたソーセージ　魚肉類を加えないもの，日本ではレバーペースト使用
	ブラッドソーセージ	血液（ブラッド）にタン（舌）と背脂肪を散らした美しく，美味しいソーセージ，魚肉類を加えないもの
3. ドライソーセージ（乾燥し，水分35%以下）	サラミソーセージ	ドライソーセージのうち，牛肉，豚肉のみを原料とするもの
	セルベラートソーセージ	ドイツの代表的ドライソーセージ。香辛料に白胡椒粒使用
4. セミドライソーセージ		原料魚肉を加えないで，湯煮または蒸煮加熱せず，乾燥した水分55%以下のもの（ドライソーセージを除く）

図3.3.1　主なソーセージの種類

図3.3.2　ソーセージの定寸・定量充填システムの一例（テラダ・トレーディング㈱カタログより）
挽肉，副原料，添加物，氷などを混ぜた「ミート・エマルジョン」をノズルから供給し，予めセットされたケーシング（天然腸，コラーゲン，セルロース）に定量充填する装置。写真右上のノズル部でケーシングへの充填が行われた後，右下のようにソーセージをスモーク傘に均一にかけるところまでが自動で行える。またスモーク傘にかける際に，結紮機を取りつけておくことで両端の結紮も行える。

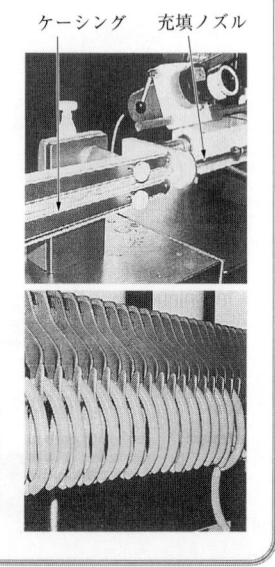

ソーセージ

図3.3.3　原料肉の骨抜き，整形の様子

図3.3.4　原料肉をミートチョッパーで挽き，塩漬けタンクへ

図3.3.5　定量充填機によるケーシングへの充填

図3.3.6　スモークハウスでの加熱・燻煙の様子

図3.3.7　ロータリーカッターによる切断

（写真提供：日本ハム㈱）

（本書の内容はあくまで一般的工程を解説したものであり，写真提供企業の製造工程を示すものではありません。）

生ハム ― 肉製品 ― Processed meat ―

生ハムはドイツ、中国、フランスなどで作られますが、なんといってもユニークなのは中国浙江省金華地区や雲南省の金華火腿（金華ハム）でしょう。広東料理の味のベースになっており、正月に向かって値上がりするくらいの中国の正月必需品となっています。熟成中の外観はカビが生えており、気の弱い人には口にできないでしょう。しかし、そのスープは収斂味があり、一度味わうと、きっととりこになる人が多いと思います。さあ、その作り方を覗いてみましょう。

世界各地でつくられている生ハムのうち、主なもの5つをを紹介すると次のようなものがある。

1．ヌスシンケン（ドイツ）：
　豚のもも肉でヌス（木の実の意味）と呼ばれる部位でつくられる、燻煙工程を経て製造される楕円形の生ハム。

2．ラックスシンケン（ドイツ）：
　豚のロース肉を、塩漬け、整形、乾燥後、2～3日間、燻煙して製造する。

3．ジャンボン・ドウ・クリュ（フランス）：
　豚の骨付きもも肉を用い、燻煙せず熟成で製造。赤ワインや唐辛子、バジリコ、マヨナラなどの香辛料を加えて塩漬けを3週間、熟成期間の日持ちを良くするために、粗挽き胡椒を全面に塗り込む。

4．火腿（ほうとい）（中国）：
　中国浙江省金華地区の金華火腿（金華ハム）が有名。豚のもも肉を塩漬けし、天日干し後、風通しの良い熟成庫で熟成させる。熟成後の外観はカビが生え、食するには勇気が要る。味は収斂味があり、スープの味は絶品である。

5．プロシュート（イタリア）：
　豚の骨付きもも肉を、塩漬け後、燻煙せず、乾燥のみで仕上げる。途中表面の乾燥を抑えるため切断面にラードと小麦粉を混ぜたパテを塗る。

　生ハムは、できるだけ新鮮な肉を使う。そのため、と殺後4℃以下で輸送し、pH6.0以下の原料を使う。
　筋や脂肪を丁寧に取り除き整形し、ただちに塩漬けする。調味料を加え、5℃で7日間冷蔵庫内で熟成させ、塩を馴染ませ、さらに塩を加えて7日間熟成させる。その後、流水で洗浄、塩抜きして燻煙する。燻煙は20℃の冷燻を5～6時間行い、これを7～15日間繰り返す。
　温度17～18℃、湿度80～85％RH熟成し、製

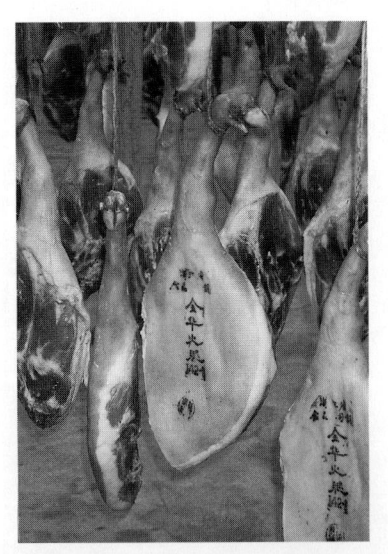

図3.4.1　検査を経て押される「金華火腿」の焼き印（写真提供：新光貿易(株)）
蹄を上にしてぶら下げ販売される。写真の商品は、表面を覆ったカビをふき取った後の状態のもの。切り口は生肉に近い色が保たれている。

図3.4.2　金華豚の子豚
金華豚は中国・浙江省の金華地区を中心に飼育される在来品種。小型ながら肉質に優れ，また発育が遅いために筋繊維が細かく，柔らかい霜降り肉となることなどが特徴。日本でも静岡の御殿場などごく一部で飼育されている。

図3.4.4　熟成庫の様子

図3.4.3　金華ハムの天日干し

（写真提供：新光貿易(株)）

図3.4.5　熟成度のチェック

品とする。熟成期間がポイントで早いもので2～3ヶ月，長いもので18～30ヶ月かかる。**図3.4.1**に火腿の製品を，**図3.4.2～5**に製造過程の様子を紹介した。火腿は，先にも紹介したように浙江省金華地区産や雲南省産が有名であるが，浙江省の省都杭州では金華猪と呼ぶ金華火腿の加工に向いた豚を飼育するほどである。写真のように，蹄を上にしてぶら下げて販売している。包丁で切ると，切り口は生肉に近い色が保たれている。

CHAPTER 3　肉製品

生ハムの製造フローシート

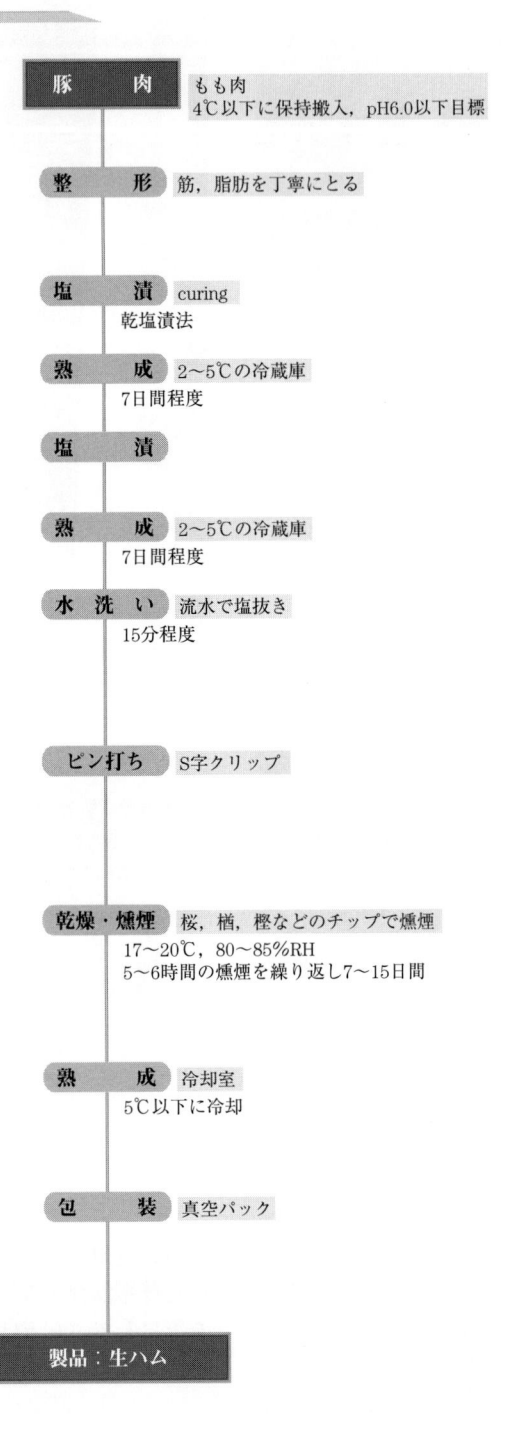

```
豚　　肉 ── もも肉
           4℃以下に保持搬入，pH6.0以下目標
   │
整　　形 ── 筋，脂肪を丁寧にとる
   │
塩　　漬 ── curing
           乾塩漬法
   │
熟　　成 ── 2～5℃の冷蔵庫
           7日間程度
   │
塩　　漬
   │
熟　　成 ── 2～5℃の冷蔵庫
           7日間程度
   │
水  洗  い ── 流水で塩抜き
             15分程度
   │
ピン打ち ── S字クリップ
   │
乾燥・燻煙 ── 桜，楢，樫などのチップで燻煙
             17～20℃，80～85%RH
             5～6時間の燻煙を繰り返し7～15日間
   │
熟　　成 ── 冷却室
           5℃以下に冷却
   │
包　　装 ── 真空パック
   │
製品：生ハム
```

肉製品 — Processed meat —
ハンバーグ・ミートボール

子供が好きなおかずの一種で,子供の弁当の定番的存在でもあるのが「ハンバーグ」と「ミートボール」。挽肉に植物タンパク,野菜のみじん切り,卵などを混ぜ合わせて成形したもので,小判型のものがハンバーグ,球形のものがミートボールです。レトルト食品と調理冷凍食品がありますが,ここでは後者について,そのつくり方を学んでみましょう。その製造方法は品質管理の視点から食肉製品,水産食品などの品質管理の仕組みである「HACCP」のモデルに取り上げられることもあります。

日本農林規格では,ハンバーグは
①食肉の挽肉,またはこれに魚肉の細切り,磨り潰したもの(食肉の量より少ないこと)もしくは肉様植物タンパク質を加えたもの
②野菜のみじん切り,調味料,結着補強剤などを加え,または加えないで練り合わせた後,楕円形状などに成形したもの
③またはこれを焙焼し蒸煮し,または食用油で揚げるなどの加熱処理したもの,またはこれらにソースを加えたもの

と定義されている。ミートボールは「球形に成形する」という部分が異なるだけで,それ以外はまったく同じである。そこで,ここではハンバーグについて解説することにする。

製品の種類は
①畜肉系
ビーフ,ポーク,チキンハンバーグ
②魚肉系
エビ,イカ,カニを加えたフィッシュハンバーグ
③植物系
豆腐,ゴボウ,キャベツハンバーグ
このほか,調理方法により,焼き・蒸し・揚げハンバーグとソースやタレの有無,真空包装した「ボイル・イン・バッグハンバーグ」,電子レンジ調理可能なハンバーグなどがある。

ハンバーグの製造はまず,原料の前処理から始まる。肉,魚類は半解凍で粗切りした原料を金属検知器で検知し,細切りにする。原料肉類の解凍工程は大変重要である。過解凍は変敗やタンパク質の変性を引き起こし,解凍不足は細切り処理に支障を来たす。解凍方法には常温・低温での静止または送風空気解凍,真水・塩水での止水・散水・流水解凍,高周波誘電・マイクロ波誘電による電気解凍が一般的であるが,それぞれ長所,短所があるので組み合わせて使われる。

タマネギの製造工場での剥皮作業は,品質管理上問題が多いので,納入業者に剥皮し,変敗を防ぐため充分冷却して納入してもらう。この剥きタマネギを冷水で洗浄し,カッターでダイス状に細切りする。ダイス切りしたタマネギはそのまま使う場合と,歩留まり70〜80%まで炒めて水分蒸発させ,甘味と加熱フレーバーを付けて使用する場合がある。

植物タンパク質の乳化機能とゲル形成機能を利用して,水と油脂と一緒に高速カッターで混合しカード(植物タンパク質の凝固物。硬い豆腐のようなもの)をつくりながら混合するのが一般的である。

前処理を終えた食肉,野菜,植物タンパク質にパン粉,調味料,香辛料を加え混合する。手順は,まず,ミキサに食肉を投入し,食塩や塩分の多い調味料を加え,5分程度混合して塩溶性タンパク質を溶出させて保水性・結着性を持たせる。その後,調味料,香辛料,植物タンパク質,野菜,パン粉などを順に投入混合する。それをミートワゴ

CHAPTER 3　肉製品

ン，ミートポンプとパイプなどで成型機に搬送する。これをハンバーグ成形機で成形する。成形機はドラム式と成形板方式がある。ドラム式はドラムとモールド（抜き型）の組み合わせで，ホッパから混合肉を押し込み，打ち出す。成形板方式はプラスチックなどの成形板が往復運動し，それに混合肉を押し込み成形する。

成形されたハンバーグは生ハンバーグ以外は加熱処理し，加熱殺菌と食味，外観など食品として好ましい状態にする，という2つの目的を持って加熱処理される。この工程は*HACCPのCCPに当たり，中心温度70℃以上で1分間の保持が要求される。

加熱処理には次のような方法がある。
①蒸煮装置：
蒸気を当てて加熱する方法。
②湯煮装置：
魚肉系フィッシュボールに用いられる湯煮。
③オーブン：
ガスや電気を熱源に熱風を当てる対流式と輻射式がある。
④焙焼機：加熱した鉄板などに乗せ，伝導熱で加熱する。
⑤フライヤー：ガス，電気が熱源で，主にミートボールの加熱用。

加熱工程を終えたハンバーグは予備冷却後，冷凍工程に送られる。凍結後，包装して製品化される。

図3.5.1に混合機，図3.5.2に原料処理ミンチ，図3.5.3にハンバーグ成形機，図3.5.4にコンベヤ式急速冷凍装置を示した。冷凍装置は製品を螺旋状のコンベヤが移動する間に，液体窒素を吹きこむか，-30～-40℃の冷風を3～6 m/secで吹き付けるエアブラストにより凍結する。

HACCP：Hazard Analysis Critical Control Pointの頭文字をとった，アメリカで開発された品質管理プログラム「危害分析・重要管理点」の日本語。ハンバーグの「中心温度を70℃，1分間保持」は加熱温度と加熱時間，ハンバーグの厚みを一定に保てば達成できる。温度，時間，ハンバーグ厚みが一定であった証拠を残せば，品質が全数保証できるという仕組みを作り品質管理すること。

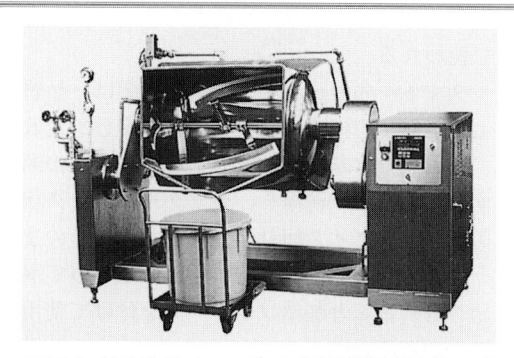

図3.5.1　混合機（レオニーダー）（写真提供：㈱カジワラ）

図3.5.2　原料処理用ミンチ（ミートチョッパー）（写真提供：ワタナベフーマック(株)）

図3.5.3　ハンバーグ成形機（写真提供：(株)イズミフードマシナリー）

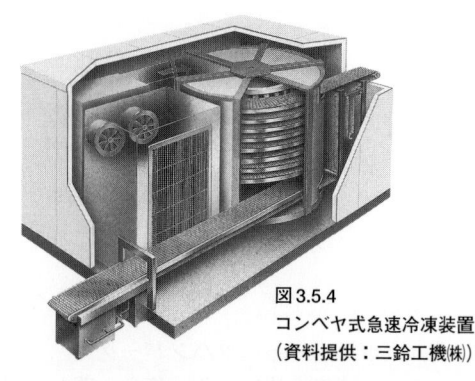

図3.5.4　コンベヤ式急速冷凍装置（資料提供：三鈴工機㈱）

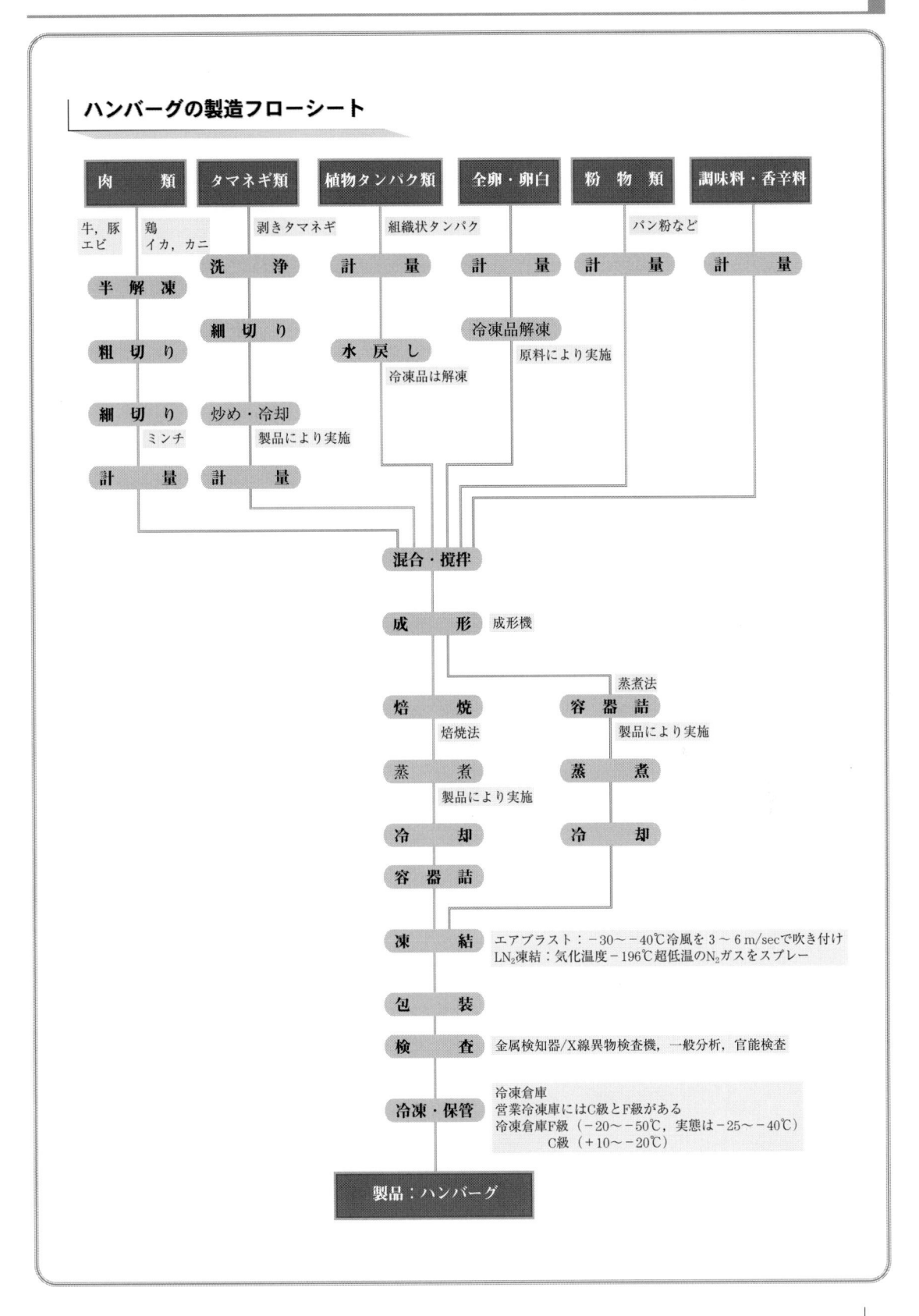

ハンバーグ・ミートボール

ハンバーグの製造フローシート

```
肉類              タマネギ類      植物タンパク類     全卵・卵白      粉物類         調味料・香辛料
牛,豚  鶏          剥きタマネギ    組織状タンパク                   パン粉など
エビ  イカ,カニ
  │                │              │              │              │              │
 洗浄              計量           計量           計量           計量           計量
  │                │              │              │
 半解凍           細切り                       冷凍品解凍
  │                │              │            原料により実施
 粗切り          水戻し
  │            冷凍品は解凍
 細切り          炒め・冷却
  ミンチ         製品により実施
  │                │
 計量             計量
                   │
              混合・撹拌
                   │
                 成形  成形機
                   │
         ┌─────────┴─────────┐
                              蒸煮法
        焙焼               容器詰
        焙焼法            製品により実施
         │                  │
        蒸煮               蒸煮
      製品により実施
         │                  │
        冷却               冷却
         │
       容器詰
         │
        凍結   エアブラスト：−30〜−40℃冷風を3〜6 m/secで吹き付け
               LN₂凍結：気化温度−196℃超低温のN₂ガスをスプレー
         │
        包装
         │
        検査   金属検知器/X線異物検査機,一般分析,官能検査
         │
       冷凍・保管   冷凍倉庫
                    営業冷凍庫にはC級とF級がある
                    冷凍倉庫F級（−20〜−50℃,実態は−25〜−40℃）
                          C級（+10〜−20℃）
         │
     製品：ハンバーグ
```

肉製品

第4章

魚介製品
Marine products

魚介製品 — Marine-products —
かまぼこ

筆者は子供の頃，おせち料理の重箱の中の紅白の「かまぼこ」が好きで，よく食べたものです。
グチ，イサキ，ムツなど，相模湾で取れる魚の肉を水晒しといって脂肪分，血液，魚臭さなどを，丹沢を水源とする井戸水で丹念に洗い流した魚の白身100％の伝統の味が「小田原かまぼこ」です。低脂肪，高タンパクのまさにダイエット食品です。本文の製造フローでは粉原料と澱粉も使っていますが，筆者自ら見学した「小田原かまぼこ」の老舗，鈴廣の「かまぼこ」は魚の白身100％の伝統的手法で，子供の頃から忘れられないあの食感を思い出させてくれました。

「かまぼこ」の名は「雍州府志」（1684年）に，魚肉に塩を加えてすり，竹串に塗って焼いて食べるが，これを「蒲鉾」というのは，その形が蒲（がま）の鉾（ほこ）に似ているからだという記載がある。創生期時代の「かまぼこ」は今日の「ちくわ」ということになる。

水産練り製品は生産量の多い順に「揚げかまぼこ」，「焼きちくわ」，「かまぼこ」，「魚肉ハム・ソーセージ」，「風味かまぼこ」，「包装かまぼこ」，「ゆでかまぼこ」がある。「かまぼこ」は日本特有の魚肉加工品だが，「揚げかまぼこ」のルーツは中国の福建省やヴェトナム南部との説がある。鹿児島名物の「ツケアゲ」は琉球の「チキャーギ」に由来する。関東で「さつまあげ」と呼び，関西では「てんぷら」になる。韓国や中国の東北地方に日本の統治時代の「かまぼこ」の技法が残っており，台湾，フィリピン，香港，タイ，マレーシアなどには中国人による，ゆであげのフィッシュボールがつくられている。

「かまぼこ」の起源は，一説では永久3年（1115年），関白右大臣藤原忠実の祝宴における「かまぼこ」の絵（図4.1.1はそれをもとに復元された模型）が最古の資料とされている。室町から安土・桃山時代には「かまぼこ」の字が「宗五大草紙」（1528年）に見られる。江戸時代になると初の料理専門書「料理物語」（1643年）の中に鯛，鱧，鮪，烏賊，鰈，鮑などいろいろな魚から「かまぼこ」がつくられていたことが紹介されている。

図4.1.2〜9に「板付きかまぼこ」の製造の様子を示した。

製品・原料について

「かまぼこ」など，魚肉練り製品の製造原理は，魚肉を加熱すると硬くはなるが水を分離し弾力のあるゲルにはならない。魚肉に食塩を混ぜすり潰して粘稠な肉糊，すり身にかえ，これを加熱すると液汁の分離は起こらず，弾力のあるゲル，練り製品ができる。

練り製品のしなやかな弾力性に富んだテクスチャは「足」と呼ばれ，この良否が製品の食感だけでなく全体の品質に大きく影響する。したがって，魚肉練り製品の製造の基本は，①原料魚から肉を分離，②水晒しで精製，③食塩を加え擂潰し，繊

図4.1.1 最古のかまぼこの模型
（写真提供：（株）鈴廣蒲鉾本店）

かまぼこの製造フローシート

```
原料魚 ── 鮮魚（スケトウダラ，キグチ，シログチ，ハモ）
          または冷凍魚

調 理 ── 魚洗機で洗浄，鱗などを除去

採 肉 ── 魚体採肉機（ロール式／スタンプ式）
          魚体採肉機で精肉と皮，骨部に分離

水 晒 ── 血液や汚染肉の大部分除去

脱 水 ── スクリュープレス                    （冷凍すり身使用時）
                                              冷凍すり身

裏漉し ── 裏漉し機
          魚肉を裏漉しする

擂潰（らいかい）── 擂潰機　食塩添加量：2.5〜3.5%　pH＝6.5〜7.0
   杵回転数：60〜80rpm　魚肉繊維をすり潰して食塩の作用で筋原タンパクを溶出
```

- 粉体原料（澱粉など）
- 調味料（旨味調味料など）
- 補助調味料・甘味料
- 防腐剤（ソルビン酸カリ）・着色料

```
副原料混和

ちくわ成型       さつま揚げ成型    板付け成型　2色板付け成型機    ゆで成型
（焼きちくわ）   （揚げかまぼこ）  「坐り」が起こらないよう     （はんぺん，つみれ）
                                   手早く成形する

                                  生包装　防湿セロファンで被覆

                                  坐 り　すり身を放置すると粘稠性を失いゲル化することを「坐り」
                                         低温坐り：10℃以下，18〜30時間放置
                                         中温坐り：13〜18℃以下，18時間放置
                                         高温坐り：40〜45℃以下，1〜2時間放置

                                  蒸 し
                                  80〜95℃

   坐 り               冷 却
   40〜45℃に冷却
   焼 き　加熱トンネル   包 装
   冷 却
   包 装

製品：蒸焼きかまぼこ     製品：板付き蒸しかまぼこ
```

CHAPTER 4　魚介製品

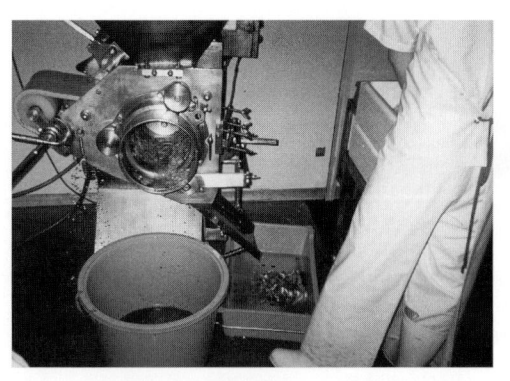

図4.1.2　採肉機による作業の様子。この装置は孔の開いた金属板やロールの上で身を圧迫し，柔らかい肉だけを孔から通す仕組み。手前から魚肉が取り出され，右側からは骨と皮が排出される。

図4.1.3　水晒しの様子。採肉機で得られた身は魚臭が強いので，水でよく洗う。またこの水晒しは微量のカルシウムやマグネシウムイオンを含む特殊な水で行われ，弾力に富んだかまぼこ特有の食感をつくりだす点でも非常に大きな役割を果たす。

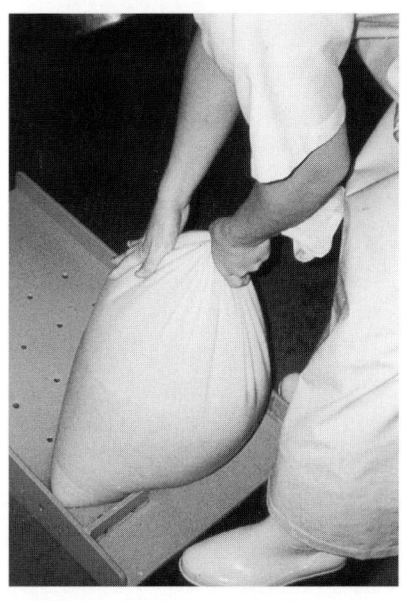

図4.1.4　晒した魚肉を木綿の袋で脱水

図4.1.5　脱水した水晒し魚肉。脂肪分と血液が除去されて，白くパサパサした状態に仕上がる。

（写真提供：(株)鈴廣蒲鉾本店）

維タンパク質の溶出，副原料の混和，④製品に合わせ成形，⑤加熱して網状構造を形成「足」をつくり，同時に殺菌する，である。

かまぼこの製造工程

原料魚は15℃以下に保ったまま，魚洗機で洗浄し，表面の粘液質，鱗を除去する。その後，頭，内臓を除去する。この際，腹腔内の黒膜，背骨下面の腎臓などを丁寧に除去しないと製品の色が悪くなる。腹肉，胸ひれ近くの肉は脂肪が多いので，高級品の製造では除去して，普通品の原料とする。高級品の製造では魚体を二枚または三枚におろす。このように調理した魚体は図4.1.2のような採肉機にかける。採肉機は3～4 mmの孔の開いた金属板またはロールの上で圧迫して，軟らかい肉だけ孔を通し，骨や皮を採肉板の上に残す。採肉機の圧迫機構にはスタンプ式，網目ロール式，キャタピラー式などがある。

採肉機で得られた身は皮下脂肪，血液，血合い肉などで着色し，魚臭が強いので，水で良く洗っ

図4.1.6 擂潰機による作業の様子。この作業は温度を10℃以下に保つため，石臼の擂潰機が用いられる。

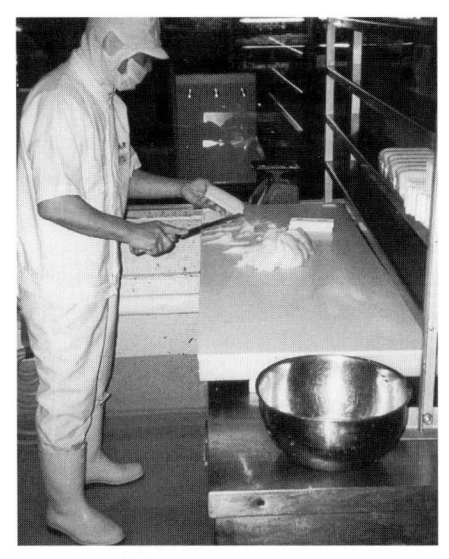

図4.1.7 職人による板付け

図4.1.8 板付けされたかまぼこを水蒸気で蒸している様子

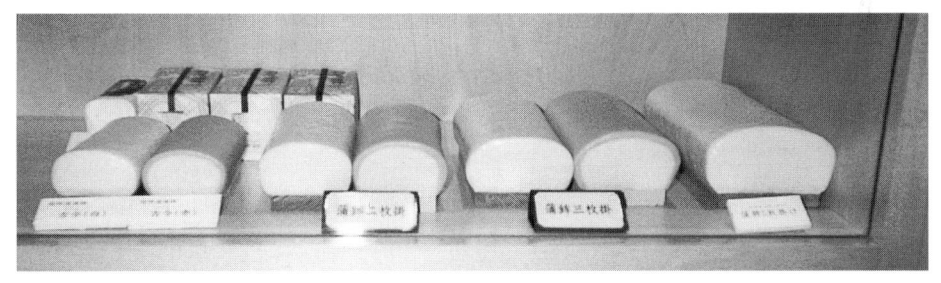

図4.1.9 製品かまぼこ

（写真提供：(株) 鈴廣蒲鉾本店）

（本書の内容はあくまで一般工程を解説したものであり，写真提供企業の製造工程を示すものではありません。）

て精製する。これを「水晒し」という（図4.1.3）。この水晒しは色，魚臭の改善だけでなく，製品の「足」の改善に効果がある。特にゲル形成能力の弱い原料には顕著な効果がある。水晒しには，身の5～10倍量の水を加えて撹拌，静置して上澄みを除く操作を数回繰り返して行うバッチ式が古くから行われているが，最近では連続式水晒し装置が開発され，使われている。

「かまぼこ」工場の晒し水は20～50ppmのCaやMgイオンを含んでいる。これは繰り返しを行

っても肉が膨潤せず，脱水が容易で，「足」の強い「かまぼこ」ができるからである。水道水のような軟水では肉が膨潤し，沈降しにくく，脱水が充分できず，「足」が弱くなる。

軟水には食塩か塩化マグネシウムを0.1〜0.3％加えると良い。水晒しにはpHも影響する。pH7以上の魚肉は水中で膨潤しやすいので，酸を加えpH6.5くらいに調節する。魚の筋原繊維タンパク質は熱に不安定なので，晒し水の温度は10℃付近に調節する。

水晒し後の脱水は油圧式圧搾機，遠心脱水機，スクリュープレスなどが使われる。油圧式圧搾機は手間がかかるので高級品の工場以外は使われなくなった。遠心脱水機は1800rpm程度で回転する無孔回転体に晒し水と一緒に魚体を投入して沈降分離する。スクリュープレスは連続水晒し機とセットで使われることが多い。

小田原地方では塩揉りした魚肉を網目の大きさ1mmの裏漉し機にかけて小骨や筋を除去する。冷凍すり身などでは抵抗が大きいので1.5〜1.7mmの網を使う。

次に擂潰工程に移る。擂潰では魚肉組織を潰し，食塩で筋原繊維タンパク質を溶出させ，調味料などの副原料を混和する（図4.1.6）。

擂潰操作は空ずり，荒ずり，本ずりからなる。空ずりは魚肉組織をほぐしてタンパク質が溶出しやすくする。荒ずりは食塩を加えて塩溶性の筋原繊維タンパク質を水和，溶出させる操作で，肉は粘稠な肉糊，すり身となる。筋原繊維タンパク質は食塩濃度3〜10％で完全に溶解するが，実際の練り製品の製造の食塩量は2〜3.5％でその加減に相当する。

「足」はpHが関係し，pH6.5〜7.3が最も足が強くなる。擂潰中の魚肉の温度は10℃以下が望ましく，このため冷房室ですり潰したり，冷却式擂潰機を使う。擂潰時間は「小田原かまぼこ」では空ずり10〜15分，荒ずり20〜30分，本ずり10〜15分である。

擂潰の終わったすり身は製品に応じて成形される。「かまぼこ」の代表の「板付きかまぼこ」では職人が包丁で図4.1.7のように行うが，大量生産では専用の成型機が開発されて使われている。

魚肉タンパク質の熱凝固の起こらない40℃以下の低温で放置すると，すり身は弾力の強いゲルを形成することが多く，これを「坐り」と呼ぶ。このため擂潰の終わったすり身は手早く成形する必要がある。

加熱工程は，食品衛生法の魚肉製品製造基準により，10℃以下で保存流通する一般製品では製品の中心温度を75℃以上，特殊包装かまぼこでは80℃で，それぞれ20分間以上，加熱しなければならない。このため蒸しかまぼこでは85〜100℃の水蒸気で加熱し（図4.1.8），焼きかまぼこではいったん蒸した後，焼き色を付けるため，あぶり焼きする。熱源はガスバーナ，電熱などが用いられる。

揚げかまぼこでは，表面が焦げないように，製品の形を小さくしたり，扁平にして120〜140℃で予備加熱後，180℃で仕上げ加熱する。油は大豆油が多いが，西日本では菜種油がよく使われる。加熱後，冷却し，包装して，出荷まで−2〜2℃で低温保管される。

昆布

魚介製品 ― Marine products ―

子供の頃，駄菓子屋さんで酢昆布を買ってオヤツにした記憶のあるのは筆者のような年輩者ではないでしょうか。お祝いごとには昆布は付きものですが，これも若い人に馴染みがないかも知れませんね。でも出汁としての昆布は知らない人はいないでしょう。おでんの出汁，鍋の出汁など，美味しさの素です。台湾で，ベジタリアンを中心に「昆布だし」が人気があるとも聞きました。昆布といえば北海道に代表されるように産地は北ですが，美味しさに地域差はないようです。

ところで昆布の加工品の代表としては「とろろ昆布」ですが，そのとろろ昆布について，作り方を紹介しましょう。

昆布は，古くは大和朝廷成立（3〜5世紀）頃から，神話・神饌に海藻として取り上げられていた。蝦夷の酋長が朝廷に献上したり，奥羽・陸奥（青森県）では租税として指定され，納められたり，祭りや法会で使われ，神社，仏寺へ奉納された。仏教信仰の下で精進料理とともに全国に広まった。

製品・原料について

昆布の主な産地は北海道，東北地方であるが，北海道産で主な昆布は次の4種類がある。

①真昆布（マコンブ）：
松前白神岬から函館，恵山岬を経て室蘭東部に至る沿岸で採取される。上品な味わいで清澄な出汁が取れる。高級塩昆布やおぼろ昆布の材料として好まれる。

②利尻昆布（リシリコンブ）：
採取される場所により「利尻産」「稚内産」「天塩産」がある。黒褐色で真昆布より硬い。高級おぼろ昆布，とろろ昆布にも向いている。特有の香りがある。

③日高昆布（ヒダカコンブ）：
日高門別から襟裳岬を経て，広尾にかけて採取される。濃緑，黒褐色で葉筋が軟らかく煮上がりが早い。煮昆布，昆布の佃煮，家庭用出汁昆布に向いている。

④羅臼昆布（ラウスコンブ）：
知床半島の南側の羅臼町沿岸でのみ採取される。オホーツク海側では採取されない。肉薄のものが良質とされている。出汁は濁るが黄色みをおび風味が濃い，コクのある出汁が取れる。香り，口当たりも良く真昆布より高級品となっている。

昆布製品には出汁昆布，とろろ昆布，おぼろ昆布，塩昆布，酢昆布，昆布巻き，漉き昆布，結び昆布，刻み昆布，昆布飴，おでん昆布，早煮昆布，乾燥塩昆布，ばってら用昆布，おやつ昆布など種類が多い。

とろろ昆布の製造工程

製造方法については代表して「おぼろ昆布」，「とろろ昆布」について解説する。また図4.2.1〜5にとろろ昆布の製造工程を紹介した。原料には真昆布か利尻昆布を用いる。

図4.2.1 漬け前の様子。昆布を醸造酢に3〜5分間浸漬し，昆布を柔軟にして加工しやすくする。また酢を用いることで保存性，風味とも向上する。（写真提供：田老町漁業協同組合）

CHAPTER 4　魚介製品

図4.2.2　耳裁ち成型の様子

図4.2.3　熟成工程。　熟成によって漬け前処理の際の酢を飛ばし，加工品に酸っぱさが残らないようにする。

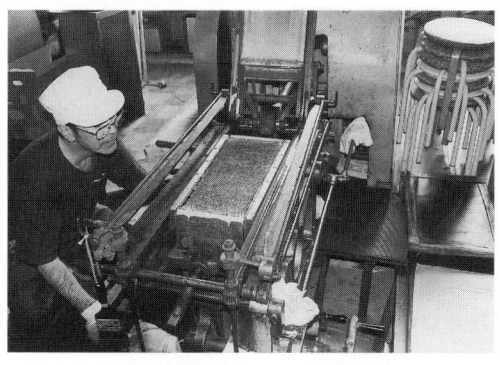

図4.2.4　「とろろ機械」による削り工程。昆布を引っ張って伸ばしながら削り，とろろ昆布にする。

図4.2.5　計量・包装工程の様子

（写真提供：田老町漁業協同組合）

　フローシートのように，まず，醸造酢溶液に3〜5分間浸漬（「漬け前」という）し，昆布を柔軟にしてその後の加工を容易にする（図4.2.1）。酢によって保存性が高まり，風味も向上する。次にブラシをかけ（「掃き前」という），3日間ねかす。一般には，漬け前で柔軟にした昆布を巻き取ってしわを伸ばし（「巻き前」という），その後掃き前を行う。次に，苦味のある表面の黒い部分をとる（「さらえ」という）。また，このさらえで黒いとろろが得られる。原料により「耳裁ち」と称する成形を行う（図4.2.2）。15日間ほど熟成させ，漬け前処理の酢を飛ばし，加工品に酸っぱさが残らないようにする（図4.2.3）。再度，ブラシをかけ（掃き前），成形された昆布の一端を固定し，他端を引っ張って伸ばし，図4.2.4のようなとろろ機械，あるいは昆布包丁で薄く削る（「削り」）。

　おぼろ昆布ととろろ昆布の違いは，この削りに使う刃物の違いで，おぼろ用の包丁は刃が平らだが，とろろ用の包丁は刃に小さなギザギザがついている。

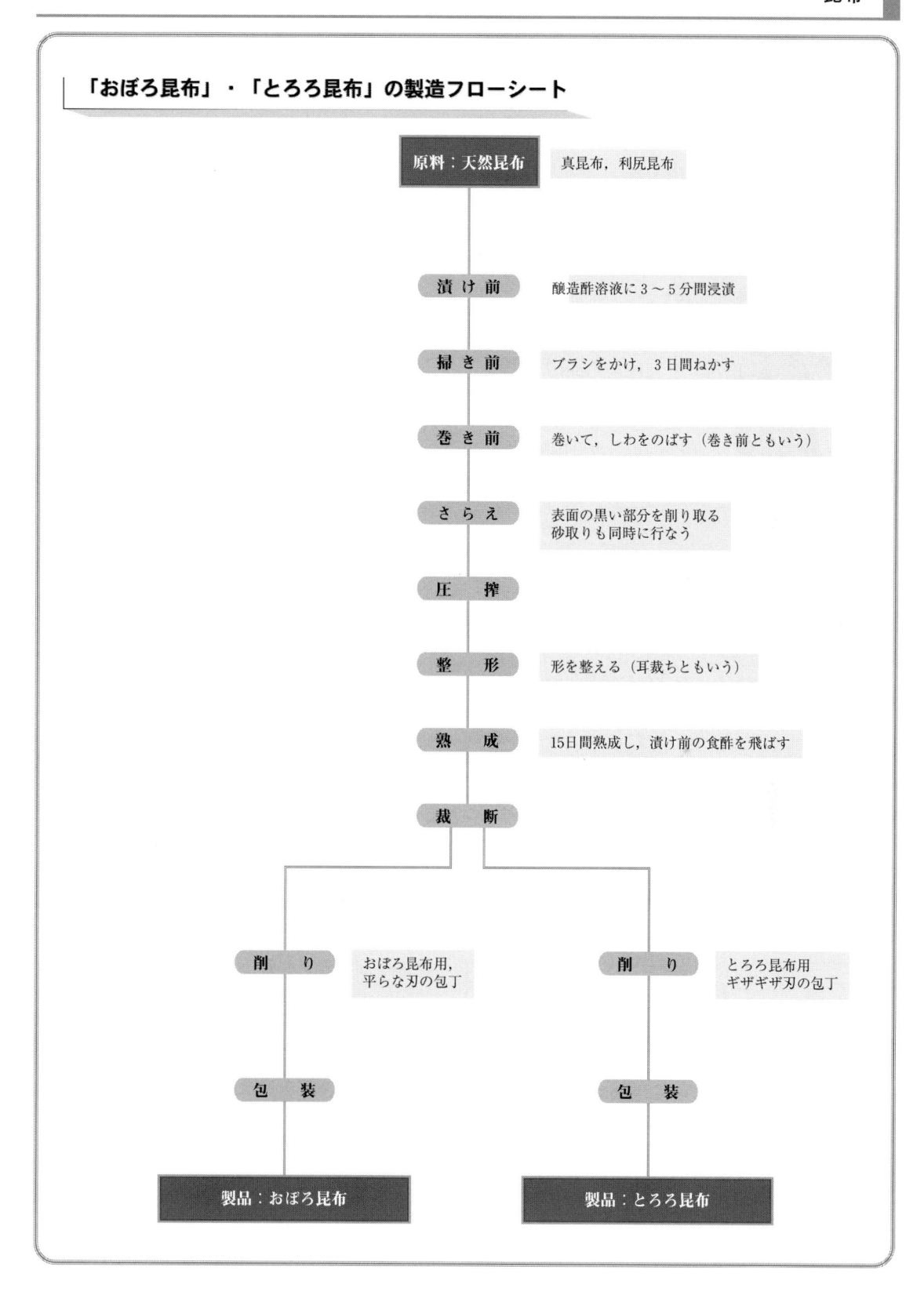

「おぼろ昆布」・「とろろ昆布」の製造フローシート

原料：天然昆布 — 真昆布，利尻昆布

↓

漬け前 — 醸造酢溶液に3～5分間浸漬

↓

掃き前 — ブラシをかけ，3日間ねかす

↓

巻き前 — 巻いて，しわをのばす（巻き前ともいう）

↓

さらえ — 表面の黒い部分を削り取る
砂取りも同時に行なう

↓

圧搾

↓

整形 — 形を整える（耳裁ちともいう）

↓

熟成 — 15日間熟成し，漬け前の食酢を飛ばす

↓

裁断

├─ **削り** — おぼろ昆布用，平らな刃の包丁 → **包装** → **製品：おぼろ昆布**

└─ **削り** — とろろ昆布用，ギザギザ刃の包丁 → **包装** → **製品：とろろ昆布**

魚介製品

魚介製品 —Marine-products—

かつお節

かつお節は縄文，弥生時代から食されている日本の最も古い伝統的な食品です。でも，大昔は今の品質と異なり干し魚程度の品質であったと考えられます。それが1674年紀州の甚太郎という人が土佐で「燻乾法」をあみだし，今日の「かつお節」製造法の原形ができたと考えられています。

原料の魚，かつおは黒潮に乗って日本の太平洋沿岸付近を北上する回遊魚です。日本近海に現れる頃は餌をたっぷり食べて肥満し，生で食べると油がのって美味しいのですが，節にすると身の締まりが悪く美味しくありません。かつお節には脂肪1〜3％の南海海域で取れるものが良いのです。品質の良いかつお節はその製造条件の管理の良さが決め手です。

かつお節に代表される節類には，かつお節（本かつお），宗田節（メジカ節ともいう），さば節，ムロアジ節などがあり，全体的に節類と呼んでいる。本かつお節は，吸い物，みそ汁，煮物など，日本料理に欠かせないが，そばつゆは，なぜか宗田節やさば節が合っている。本かつお節と宗田節をかつお節といい，そのほかのさば節，ムロアジ節などを雑節と呼んでいる。

考古学者などの定説では，かつお節の食用史は縄文，弥生時代においてすでに食されていたことが貝塚遺跡によって証明されている。一般食品が生食から干物食の順に進化したのに対し，かつおだけは「干物が生食より先」であった。

しかしかつお節と呼ばれるようになったのは350年前の江戸時代に入ってからである。かつお節に関する最初の文字は1270年前の日本最古の文献「古事記」で，雄略天皇が河内に行幸されたときに「堅魚」という名称が用いられている。歴史的背景から「堅魚」とは生かつおを干して固めた素干品か煮干品程度と考えられ，刺身として食膳に上ったのは聖武天皇の天平9年悪疫流行し，太政官から生魚禁止令が出たが，かつおに関しては「堅魚之類煎否皆好（かつおは煮ても，生でもよろしい）」と記された文献から見て奈良朝中期以後生食もされたようだ。今日のかつお節と呼ばれる品質のものは徳川四代将軍家綱の延宝2年（A.D.1674年）土佐の宇佐浦（高知県土佐市宇佐）で紀州（和歌山県）の甚太郎があみだした「燻乾法」によるものである。甚太郎は長期保存を主眼に，従来の火乾に用いた「藁」を薪（なら，かし）に代えて，その煙と火熱で，できるだけ水分を抜く工夫をしたもので，多少改良はあったが製法原理として今日まで300年以上受け継がれている。

当時，甚太郎の燻乾法は秘伝として，二代目甚太郎が土佐清水の越浦（高知県土佐清水市）へ移住してから土佐清水に伝わり，前後して甚太郎の故郷紀州（和歌山県熊野印南浦）へ伝えられた程度で，この二地方では「浦の掟」として永年，他国へ公開されなかった。この間，土佐の佐之助がカビ付け法をあみだし，現在の本枯節の製法ができ上がった。

この100年後，甚太郎と同郷であった土佐の与市が，天明7年（1787年）から文化12年（1816年）房総千倉（千葉県千倉）で58歳で没する間，安房（千葉県），伊豆（静岡県）にその製法を伝

図4.3.1 江戸時代の鰹節製造（出典：「日本山海名産図会」）

本枯節の製造フローシート

本鰹
↓
解凍 — 10～25℃の水に浸漬 10～12時間
↓
生切り — 機械で頭部除去後，腹肉の一部「はらも」，内蔵除去。氷水中で血抜き。背皮（背びれ）除去後，上身，下身と背骨（中落ち）の3枚に卸す。

一匹のかつおを4本に割って製造した節を「**本かつお**」
背肉側を雄節，腹肉側を「**雌節**」
2.5kg以下の鰹は3枚にし2本の節とし，これを「**亀節**」

↓
籠たて — 身割り面を下にし，煮籠（昔は竹製，今はアルミニウムやプラスチック製）に頭部，尾部を交互に向け並べる
↓
煮熟 — 煮籠を数枚重ね煮釜で煮熟
90～98℃，60～90分（亀節は45～60分）
↓
籠離し・骨抜き — 煮熟後冷。水中で背肉，腹肉に割り肉に埋没した骨を抜く

雄節では頭部側2/3弱の表皮下脂肪を指で擦り取る
雌節では頭部側1/2弱の表皮下脂肪を指で擦り取る

↓
焙乾 — 骨抜き後再び身おろし面を下に煮籠に並べ，焙乾
一番火：庫内温度80℃，4時間焙乾後，庫外で翌日まで放冷
↓
修繕 — 前の工程でできた損傷を竹ヘラですり込んで整形
↓
焙乾 — 修繕後一番火と同様な焙乾。これを二番火という。以下徐々に昇温110～140℃で焙乾

普通4～5番火から焙乾を1日おき，7～8番火は2日おき10～12番火で終了（亀節は8～10番火）

↓
荒節 — 焙乾後の節は黒褐色で，これを荒節または鬼節という　歩留まり：原料の20%
↓
日乾 — 荒節を筵に並べ半日から一日天日乾燥
↓
削り — 樽や木箱に詰め，3～4日放置，表面が湿って柔らかくなるタールの付いた表皮とともに削り包丁で薄く削り取る

削り終わった節は表面が赤褐色で裸節と呼ばれる。

↓
カビ付け — 裸節を2～3日乾燥後，樽や木箱に詰め夏季で10日位保管
表面に青緑色のカビ。これをブラシ落とし再び箱詰め10～14日保管するとカビが付く

カビ付けを4回繰り返し水分が13～15% これを**本枯節**という

↓
製品：本枯節 — 水分：13～15%　歩留り：原料の16～17%

CHAPTER 4　魚介製品

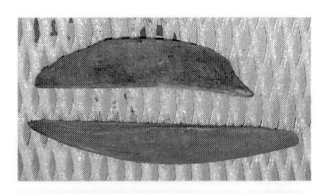

図4.3.2　本枯節（上が雌節，下が雄節）
（写真提供：㈱マルモ）

a) 凍結鰹の解凍

b) 鰹生切り

c) 煮熟

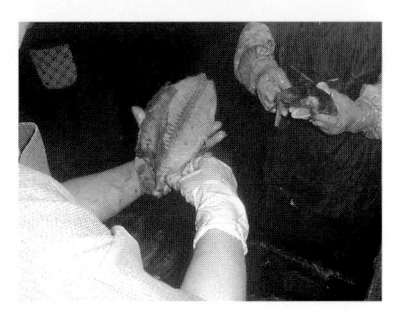

d) 骨抜き

d) 焙乾作業

図4.3.3　かつお節の製造風景
（写真提供：㈱マルモ）

えるなど，各地に，その製法を広く伝えた。

製品・原料について

　原料，本かつおは世界の温帯，熱帯地方の海に広く生息するが，回遊魚で日本近海では南方から黒潮に乗って北上し，2〜3月台湾以北先島群島付近，3〜4月沖縄周辺，5〜6月紀伊半島から伊豆半島沖，6〜7月犬吠埼沖，そして7〜9月東北海域へと餌の小魚を追って回遊する。回遊中にかつおは餌を食べて肥満し，脂肪含有量が高くなる。かつお節の製造には脂肪の多いかつおは向かず，香り，味とも落ちる。かつお節の原料としては脂肪含有量1〜3％程度が適している。したがって，一般には近海のかつおは生食用で，節の原料は南方海域で漁獲され，ブライン凍結して水揚げ港に運ばれる。したがって，昔から鹿児島県

の枕崎や山川，静岡県の焼津で良質のかつお節が生産されている。高知県の土佐清水は良質の宗田かつお節の生産で有名である。

本かつおはその魚体の大きさで2.5kg以下（2.5下），2.5～4.0kg，4.0kg以上の大物（4.0上）と分けられ，本節の原料は2.5～4.0kgが中心だ。一匹の魚を，中落ち（背骨を含む部分）を含めて3枚に下ろした片側をさらに縦に割り，背肉の方でつくったかつお節を雄節（背節）といい，腹肉の方でつくった節を雌節（腹節）という。2.5kg以下の小さな魚は3枚に下ろした片側を，そのまま節にし，亀節と呼ぶ。また，宗田かつおや鯖のように小さな魚は，3枚に下ろさず，頭を落として腸を出し，そのまま焙乾するので丸節と呼ぶ。4.0kg以上の大型魚は焙乾効率を考えて一匹を3枚に下ろし，4つ割にするだけでなくさらに，それらを2つに割る。しかし，魚体があまり大きすぎると，焙乾時に煙りが魚体に充分しみ込まないので品質の良い節はできにくい。

かつお節の製造工程

図4.3.2に本枯節の概観を，図4.3.3にかつお節製造の様子を，図4.3.4に急造庫の図を示した。急造庫は火床から1階の棚（格子状で煙が上昇できる構造）までは3mくらいで，以降1.5mくらいずつ階が上がり4階まである。

原料のかつおは冷凍魚として日本の南方海域から運ばれてくるので，専門家が漁業歴と冷凍魚の外観で判断し，購入する。購入した冷凍魚は図4.3.3(a)のように1tくらい入る鉄製角形タンクの中に10～25℃の水を張り，その中に10～12時間漬けて解凍する。

解凍が終わったら生切りに移り，機械で頭を落とした後，包丁で一匹ずつ内臓と腹肉の一部（はらも）を除去する。その後，上身，下身，背骨（中落ち）の3枚に卸す。これを「籠立て」といって，アルミニウムかプラスチックの1m角ほどの煮籠に20匹分ずつ乗せ，煮熟に移る。この時，頭部，尾部は交互に並べ生切り肉の身切り面を下にして並べるのが基本である。煮熟は90～98℃で60～90分間行う。煮熟後，籠離し・骨抜きと称して水中で背肉，腹肉に割り，背骨や肉に埋没した骨を丁寧に抜き取る。この段階で一匹の魚が4本のなまり節になったことになる。

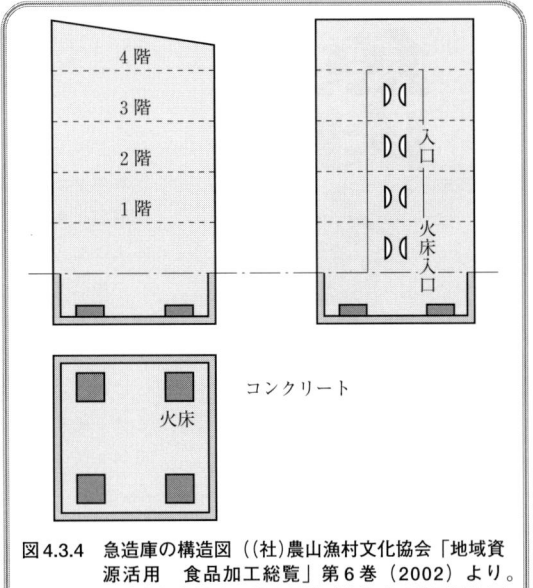

図4.3.4 急造庫の構造図（(社)農山漁村文化協会「地域資源活用　食品加工総覧」第6巻（2002）より。同書分担執筆者：鈴木敏博（執筆時は静岡県静岡工業技術センター，現在は静岡県水産試験場））

骨抜きが終わったら，籠立てと同じように身卸し面を下にして並べ急造庫に入れる。最初は一番火といい，庫内温度80℃で4時間，楢，樫などの薪を焚いてタップリ煙を送り込む。翌日，庫外に一度出し，放冷する。これを「あんじょう」と呼び，この焙乾方式を手火山式という。その後，竹ヘラで肉に付いた傷をすり込んで修正し，2番火に移る。2番火も1番火と同様の条件で焙乾する。この1～2番火で燻煙臭が付くので，ここで煙の付きが少ないと製品かつお節が生臭くなる。以降，徐々に温度を上げながら10～12番火で終了する。最後は110～140℃で焙乾する。

これでできた製品を「荒節」という。荒節を半日～1日天日乾燥し，木箱に詰めて3～4日放置すると表面が湿って軟らかくなる。そこでタールの付いた表皮を削り取る。この段階で節は表面が赤褐色で「裸節」と呼ばれる。

この裸節を2～3日天日乾燥後，樽や木箱に詰め密閉した倉庫に保管すると夏季は10日くらいで表面に青緑色のカビが付く，これを「一番カビ」といい，ブラシで落として，再び箱詰めにして，密閉した倉庫に10～14日保管するとまたカビが付く，この操作を4回くらい繰り返すと水分が18％くらいになり，これを天日干しにして，水分13～15％の本枯節を製造する。

魚肉ソーセージ —— 魚介製品 — Marine-products —

魚肉ソーセージは，学生仲間や職場の同僚と教室や会議室で文化祭など打ち上げをやる際に必ずといって良いくらい出てきます。安いし，ビールに結構，合っています。畜肉のソーセージがやや油っぽいのに対して，あっさりしており，なかなか美味しいのも魅力です。香辛料が上手くマッチしていて原料を考えない限り魚肉とは思えません。今，すり身が欧米人の間でダイエットフードとして人気があり，その一つが魚肉ソーセージです。最近TVでは欧米でも「すり身」と呼ばれていることが紹介されていました。

　魚肉を用いてハムやソーセージ風の食品をつくろうという試みは，大正時代から日本各地の水産試験場で行われていた。しかし，製品として初めて世の中に出たのは昭和10年（1935年）頃，水産講習所教授の清水亘氏が夏場のマグロの値下がり対策としてマグロを使いプレスハム様のツナハムを試作販売したのが最初である。

　昭和22年（1947年），戦前から清水教授の指導した焼津の南興食品㈱の後を継ぎ設立された昭和水産工業㈱で生産が再開された。昭和24年（1949年）頃，日本水産㈱戸畑工場でも魚肉ソーセージの試作が行われた。昭和30年代（1955年～）スケソウダラのすり身の開発が進み，これが魚肉ソーセージの原料の座を占めるようになり魚肉ソーセージの生産が急速に伸びた。

　魚肉ソーセージの製造工程は基本的には「かまぼこ」と同様の工程を経て行われる。「かまぼこ」に比べ大量生産が多く，原料魚の調理，採肉，水晒し，脱水，砕肉といった原料処理をすませた「冷凍すり身」を原料とすることが多い。

　「かまぼこ」の擂潰（らいかい）に相当する工程は，魚肉ソーセージでは図4.4.1のようなサイレントカッターが使われる。水平に回転するU字型の溝の肉皿に入れた魚肉を750～1,500rpmの高速で回転するナイフで細切する。高速回転でかなり発熱するが，原料に冷凍すり身を使用すれば，この発熱が解凍に利用でき，擂潰時間は15分前後で擂潰機よりはるかに短い。擂潰後の品温も10℃以下に抑えられる。

　擂潰後の魚肉はコラーゲンケーシング，セルロースケーシング，合成樹脂ケーシングなどに充填される。

　充填後，加熱工程に移るが，魚肉ソーセージでは食品衛生法の規定で製品の中心温度を80℃，45分間以上保持するよう加熱しなければならない。また常温流通する魚肉ソーセージではpHが

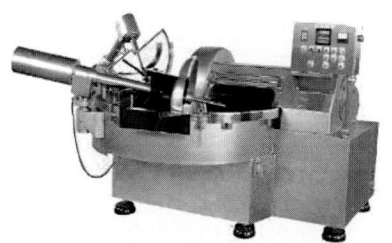

図4.4.1　サイレントカッター外観（写真提供：㈱ヤナギヤ）

図4.4.2　レトルト殺菌釜（写真提供：㈱日阪製作所）

魚肉ソーセージ

魚肉ソーセージの製造フローシート

```
澱粉  食塩  調味料  冷凍すり身  香辛料  脂肪  食用色素
                      │
                      ▼
                  擂 潰 ── サイレントカッター
   ↑         ↑         ↑         ↑        ↑
植物性タンパク室  調味料   つなぎ肉／塩漬固形肉  酸化防止剤  保存料
卵白など結着料
                      │
                      ▼
                  ケーシング ── コラーゲンケーシング，セルローズケーシング
                              合成樹脂ケーシングなど
                      │
                      ▼
                  結 紮 ── 綿糸やアルミニウムワイヤで結紮
                      │
                      ▼
                  加 熱 ── レトルト釜
                           中心温度：120℃，4分以上
                           PH5.5以下，水分活性0.94以下は80℃，45分以上でも良い
                      │
                      ▼
                  冷 却 ── 冷却槽
                      │
                      ▼
                  乾 燥
                      │
                      ▼
                  ピンホール検出
                      │
                      ▼
                  日 付
                      │
                      ▼
                  セロハン外装
                      │
                      ▼
                  外 函 詰
                      │
                      ▼
太さ2cm，長さ15～8cm    製品：魚肉ソーセージ    植物性タンパク質20%以下，
重量100g程度の丸棒状                        澱粉10%以下，魚肉量：50%以上，
                                          脂肪含有量：2%以上
```

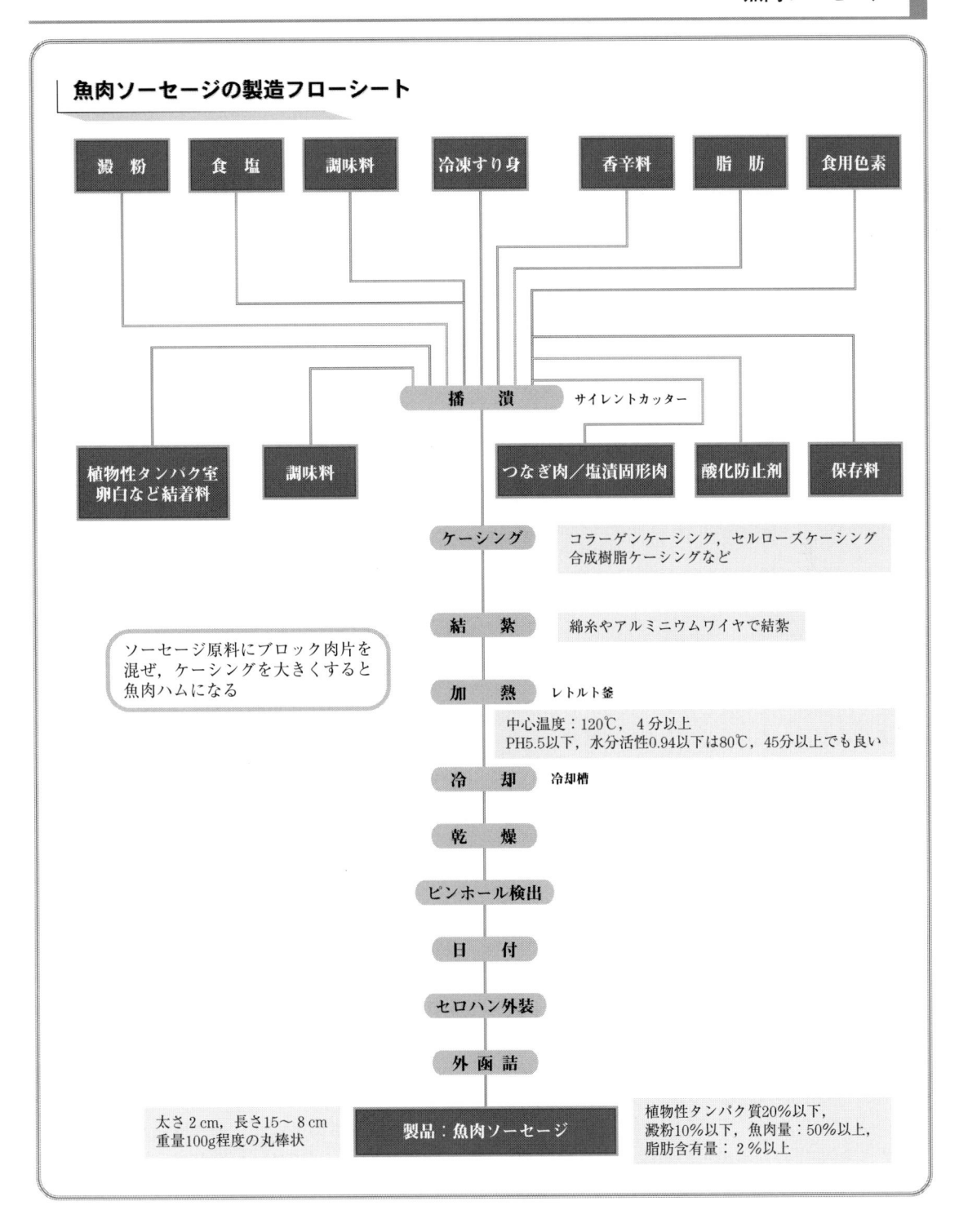

※ソーセージ原料にブロック肉片を混ぜ，ケーシングを大きくすると魚肉ハムになる

5.5以下，あるいは水分活性Awが0.94以下でない限り，中心温度が120℃，4分以上になるように加熱しなければならない。そのため80℃の条件では蒸煮，湯煮で行うが，魚肉ソーセージでは主に円筒形の耐圧釜（レトルト）を用い，120～135℃の加圧高温熱水中で湯煮する（図4.4.2）。その後，冷却し，包装して製品とする。

海苔

魚介製品 ― Marine products ―

おにぎり，海苔巻き，海苔弁と日本人にとって乾燥海苔は弁当の材料として欠かせない存在です。海苔そのものは縄文前期の古代から食べられていたようですが，英語でブラックペーパーといわれる乾燥海苔が考案されたのは，意外に新しく天和年間（1681～1683年）です。

野口六郎右衛門が浅草で紙漉きにヒントを得て考案しました。だから乾燥海苔を浅草海苔ともいいます。海苔の養殖もほぼ同じ時期で六郎右衛門二代目が考案しました。生海苔を摘み取ってからブラックペーパーになるまでの工程を追いかけて見ましょう。

人が海苔を採取したのは縄文前期（貝塚時代），沿岸に人類が住むようになったときからである。貝類とともに食べていたと考えられる。貝類が棲息する環境では，浅草海苔や青海苔が繁殖したという見方が強い。歴史上の記録では日本最初の成文法典，大宝律令（天武天皇・大宝元年，西暦701年完成，翌2年公布）の賦役令（租税と役務に関する法律）に指定されている施行日が，2月6日「海苔の日」の根拠となっている。

海苔が文献に初めて現れたのは常陸，風土記（和銅6年，西暦713年）で，これには各地の歴史と地誌が載っており，「……倭武の天皇（やまとたけるすめらみこと）海辺に巡り幸して乗浜（のりはま）に行き至りましき時に浜浦の上に多く海苔「俗乃理（くにひとのり）という」を乾せりき是によりて能理波麻（のりはま）の村と名のつく……」とある。

また王朝時代の日本最古の小説「宇津保物語」（987年）の中に，海苔は「甘海苔」などと記載され，貴重な高級食品として扱われている。

その後，天和年間（1681～1683年），江戸堀の内の百姓，野口六郎右衛門が，浅草で紙の漉法をみて考案したのが現在の乾海苔（浅草海苔）につながった。

さらに粗朶ヒビを建てこみ海苔の養殖が始まったのは天和2年以降で，六郎右衛門二代目の創案による。ヒビとは，貯魚に用いた日々網から出た名であるが，粗朶ヒビも木から竹へ，また網へと変転した。海苔の付着層が発見され水平ヒビに代わってから急速に地域拡大し生産性の向上が見られた。本場乾海苔の名称は大正11年，東京上野公園での平和博覧会の時，この名称が用いられてからである。元禄の頃から浅草雷門に永楽屋（正喜四郎左右衛門）という幕府御用達の海苔商人が，この名称を用いた。乾海苔の流通は日本橋界隈の問屋が主導権を握り，各地に広まった。マル梅・山本海苔店は嘉永3年の創業，山形屋はその前からといわれている。

海苔の製造工程

海苔の製造は9月下旬から10月上旬，水温が23℃以下になった頃から人工培養された海苔の胞子を網に付ける「種付け」作業を行い，網についた胞子はすぐ発芽する。順調に生育すると11月中旬にはつみ取りが開始される。つみ取りは長さ12～15cmくらいに伸びたものが良く20cm以上に伸ばすと収穫量は増すが品質は低下する。第一回目のつみ取りは採苗して30～50日前後が良く，その後10～15日毎につみ取るのが一般的である。

フローシートのように，摘み取った生海苔は傷まないように，アイスノンなどですぐ冷やし乾燥海苔加工工場に運ぶ。生海苔は冷たい海水で洗い，さらに真水で丹念に洗って砂などの異物を除去する。その後，水を切り，チョッパーで切断し，抄製しやすいよう濃度を調製して，全自動海苔すき機にかける。2000～3000枚/時間の早さで簀（す）の上に漉いていく。昔のような手作業はなく，脱

海苔

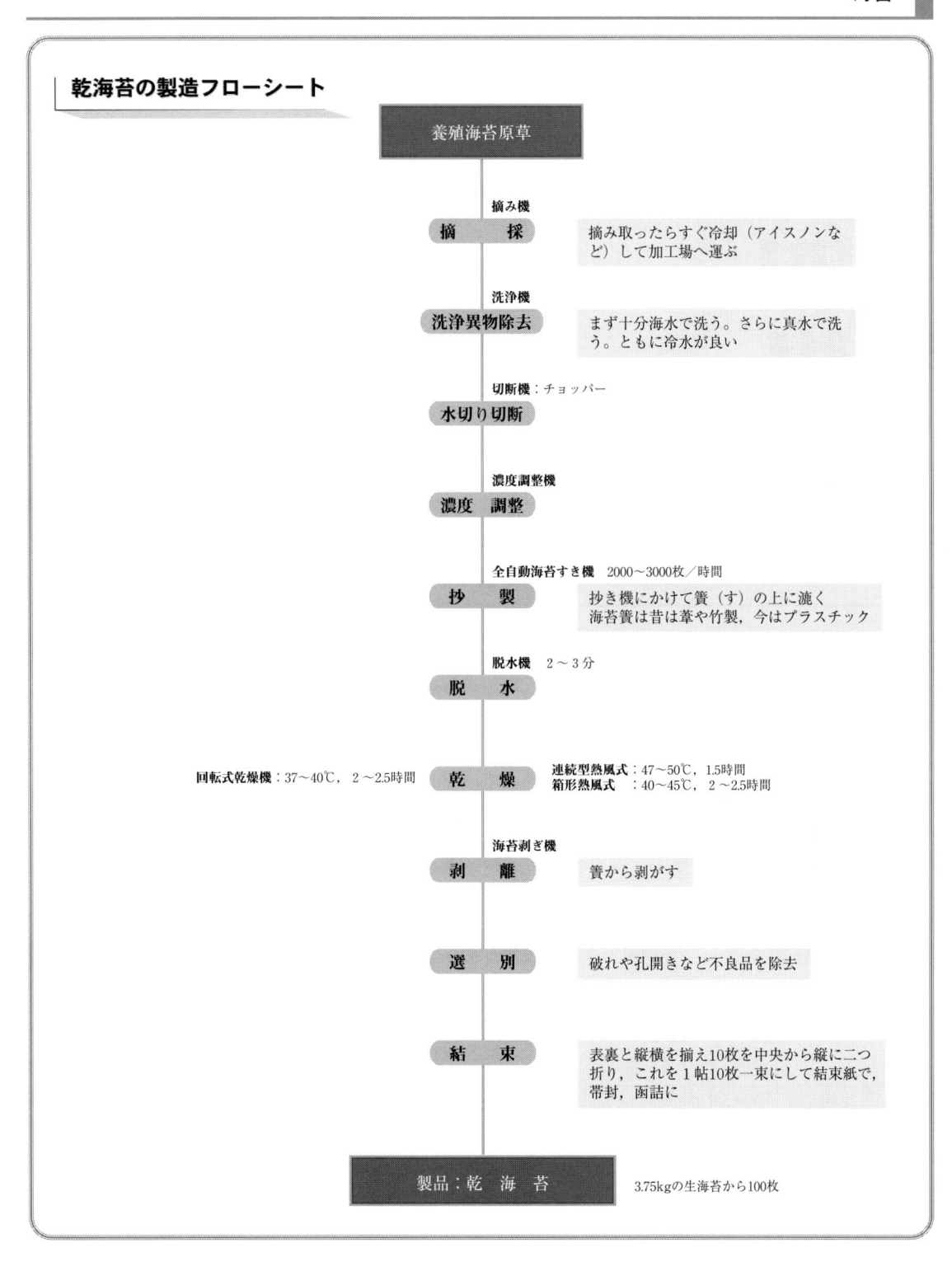

乾海苔の製造フローシート

養殖海苔原草
↓
摘採 — 摘み機
摘み取ったらすぐ冷却（アイスノンなど）して加工場へ運ぶ
↓
洗浄異物除去 — 洗浄機
まず十分海水で洗う。さらに真水で洗う。ともに冷水が良い
↓
水切り切断 — 切断機：チョッパー
↓
濃度調整 — 濃度調整機
↓
抄製 — 全自動海苔すき機　2000〜3000枚／時間
抄き機にかけて簀（す）の上に漉く
海苔簀は昔は葦や竹製，今はプラスチック
↓
脱水 — 脱水機　2〜3分
↓
乾燥 — 回転式乾燥機：37〜40℃，2〜2.5時間
連続型熱風式：47〜50℃，1.5時間
箱形熱風式　：40〜45℃，2〜2.5時間
↓
剥離 — 海苔剥ぎ機
簀から剥がす
↓
選別
破れや孔開きなど不良品を除去
↓
結束
表裏と縦横を揃え10枚を中央から縦に二つ折り，これを1帖10枚一束にして結束紙で，帯封，函詰に
↓
製品：乾海苔　3.75kgの生海苔から100枚

水，乾燥，剥離まで機械化されている。

塩蔵品（魚卵）

魚介製品 ── Marine-products ──

魚卵といえば世界三大珍味の一つといわれるキャビア，台湾のカラスミ，日本のカズノコなどがあります。いずれも漁獲高により値段が左右されます。

日本の正月の食卓を賑わすカズノコも高価ですが，最近，不漁のキャビアに至っては30gで12,000円もするそうです。日本ではチョウザメの卵が「キャビア」で鮭の卵が「イクラ」ですが，ロシアでは両方とも「イクラ」と呼び，欧米では両方とも「キャビア」と呼ぶので注意が必要です。しかし，私達庶民にとっては，町の魚屋さんでも手に入る「イクラ」が身近です。そこで本稿では「イクラ」について説明しましょう。

　魚介類を食塩を用いて保存することは古くから行われており，紀元前1600年頃フェニキア人が魚の塩蔵品をつくっていたといわれている。日本でも1000年以上の歴史があり，中国から朝鮮半島を経て伝えられたと考えられる。食塩には殺菌力はなく，10％以上の濃度では細菌の増殖を抑える静菌作用がある。しかし，一般に球菌は桿菌より食塩に対する抵抗力が強く，濃度15％でも増殖する菌が多いので注意が必要だ。

　塩蔵法には食塩を直接魚体に振りかける「撒塩漬け（drysalting）」と，濃厚食塩水に魚体を浸漬する「立塩漬け（brine-salting）」がある。

　塩蔵に用いられる食塩の不純物にはMg，K，Ca，SO_4があり，MgやCaなどのアルカリ土類金属は食塩の魚体への浸透圧を弱めるが，肉面の塩荒れを防ぐ効果があり，開きなどの塩蔵では食塩中に0.15～0.35％含まれる方が良いともいわれている。製品の味などに与える影響を考えると純度は高く，粒度400～700μmのものが適当であるが，コストも考え並塩が多い。しかし「すじこ」や「イクラ」の製造には上質の食塩が使われ，ときには精製塩が使われる。代表的な塩蔵品と食塩濃度を表4.6.1に示した。

　塩蔵魚卵の代表として「イクラ」について解説する。「キャビア」は魚卵を意味するトルコ語に由来し，ロシア語では「イクラ」という。日本ではチョウザメの卵の製品を「キャビア」といい，鮭の卵を「イクラ」と呼んで明確に区別している。しかしイランとともに「キャビア」の主産地であるロシアではチョウザメの卵を「チョールヌイイクラ」（黒いイクラ），鮭の卵を「クラスナヤイクラ」（赤いイクラ）と呼び，どちらも同じ「イ

表4.6.1　魚類の塩蔵品と食塩使用量の関係

原　料	食塩使用量
サケ・マス，サバ，イワシ類	15～25％
スケトウダラ卵巣（めんたいこ）	12～30％
サケ・マス卵巣（筋子）	3～4％（飽和食塩水に30～40分浸漬）
サケ・マス分離卵（イクラ）	飽和食塩水に10～20分浸漬
ニシン卵巣（カズノコ）	25～30％
チョウザメ分離卵（キャビア）	約10％

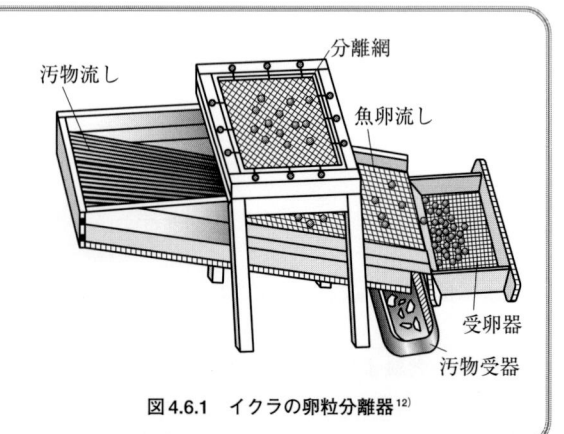

図4.6.1　イクラの卵粒分離器[12]

塩蔵品（魚卵）

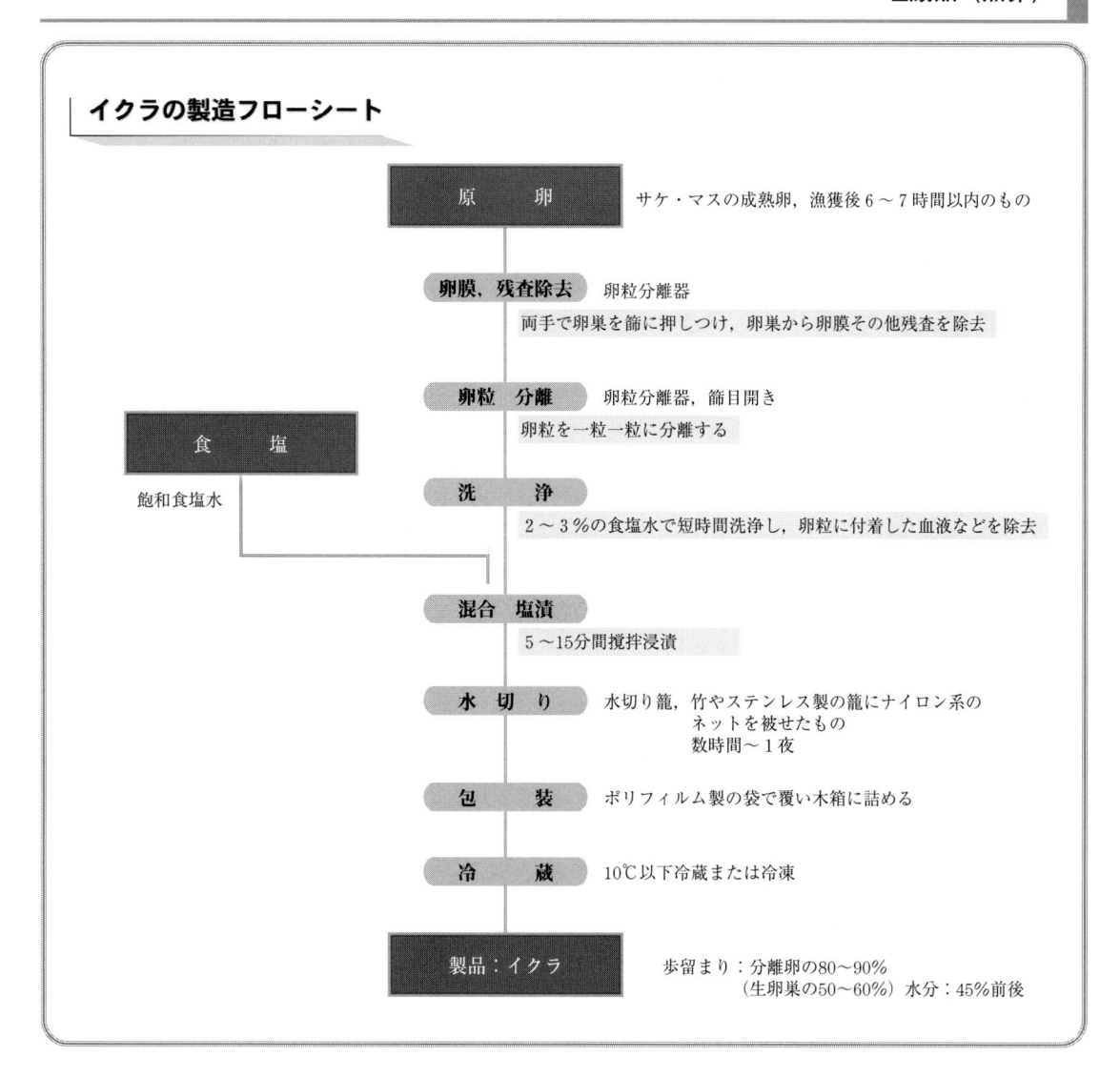

イクラの製造フローシート

```
原　卵  ── サケ・マスの成熟卵，漁獲後6～7時間以内のもの
　│
卵膜，残査除去 ── 卵粒分離器
　│           両手で卵巣を篩に押しつけ，卵巣から卵膜その他残査を除去
　│
卵粒 分離 ── 卵粒分離器，篩目開き
　│         卵粒を一粒一粒に分離する
　│
食塩（飽和食塩水）─→ 洗　浄 ── 2～3％の食塩水で短時間洗浄し，卵粒に付着した血液などを除去
　│
混合 塩漬 ── 5～15分間撹拌浸漬
　│
水 切 り ── 水切り籠，竹やステンレス製の籠にナイロン系の
　│         ネットを被せたもの
　│         数時間～1夜
　│
包　装 ── ポリフィルム製の袋で覆い木箱に詰める
　│
冷　蔵 ── 10℃以下冷蔵または冷凍
　│
製品：イクラ  歩留まり：分離卵の80～90％
              （生卵巣の50～60％）　水分：45％前後
```

クラ」と呼んでいる。一方，欧米では魚卵の塩蔵品をどれも「キャビア」と呼ぶことが多く，チョウザメのほかコイ，タラ，鮭の卵などが対象だ。鮭の卵の塩蔵品をアメリカではレッドキャビアと呼ぶが，日本では「キャビア」といえばチョウザメの卵であり，「イクラ」は鮭の卵である。

塩蔵品の製造工程

製法は図4.6.1に示したような卵粒分離器で両手で軽く押して卵巣から卵膜，そのほか残査を取り除き卵粒を一粒一粒にする。分離網から落ちた卵粒は付着する血液などを除くため2～3％の食塩水で短時間洗浄後水切りする。塩漬けでは，撹拌機で飽和食塩水（10ℓ当たり約3.8kgの食塩を溶解し，煮沸，冷却したもの）とその半量前後の卵粒を入れ，5～15分間撹拌浸漬する。その後，すくい上げて水切りする。水切りは卵粒を水切り籠に入れ，飽和食塩水で絞ったさらし布またはポリシートで覆い，乾燥を防ぐ。水切り籠は竹やステンレス製の籠にナイロン系のネットをかぶせたものが用いられる。水切り時間は数時間から1夜行う。水切り後，不良卵を除去する。水切りした卵はさらし布などで包み，さらにポリフィルム製の袋で覆い，木箱に詰める。製品の歩留まりは分離卵の80～90％，塩イクラの塩分は2～3％，水分は45％前後である。貯蔵は塩分が低いため，10℃以下の冷蔵または冷凍が必要になる。

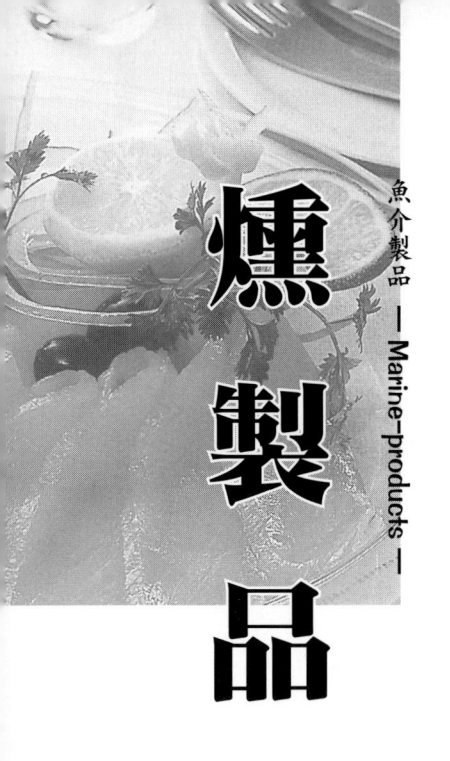

燻製品 — Marine-products — 魚介製品

燻製品といえば，お酒のつまみのいかの燻製やスモークサーモンが思い浮かびます。年輩の筆者は「いかくん」（なぜかいかの燻製をいかくんと呼んだ）で学生の頃から仲間とビールを酌み交わした記憶が蘇ります。宴会に女性が加わると，ちょっと酒落てスモークサーモンをメニューに加えました。

最近の若い人は，いかくんよりむしろスモークサーモンが当たり前かも知れませんね。それでは，そのスモークサーモンの作り方をのぞいてみましょう。

香辛料が使われ，その探索と獲得が大航海時代（15世紀末から16世紀）発展の基盤となった。

燻煙処理は保存性の向上だけでなく肉や魚の風味を良くする効果がある。日本でヨーロッパ式の鮭の燻製が試みられたのは明治4～5年頃から10年くらいである。

明治の末から大正の初期にかけて，水産物の燻製品を製造する技術が確立された。珍味としての燻製品は1956年に北海道の函館地方でイカの味付燻製が開発され，爆発的な売れ行きで一時，9,000t近く生産された。

燻製品の歴史は古く，魚肉や獣肉を煙で燻して貯蔵する方法は，おそらく人類が火を使い出した頃から行われているのではなかろうか。ヨーロッパで燻製食品がつくられたのは12世紀頃といわれている。畜肉を多く食べる民族にとって，肉の保存方法や悪臭のある肉の料理方法の一つとして

燻製法を大別すると

1．冷燻法（cold smoking）：

15～30℃で1～3週間，水分が40％程度で保存性（1ヶ月以上）は良いが風味は温燻製法に及ばない。

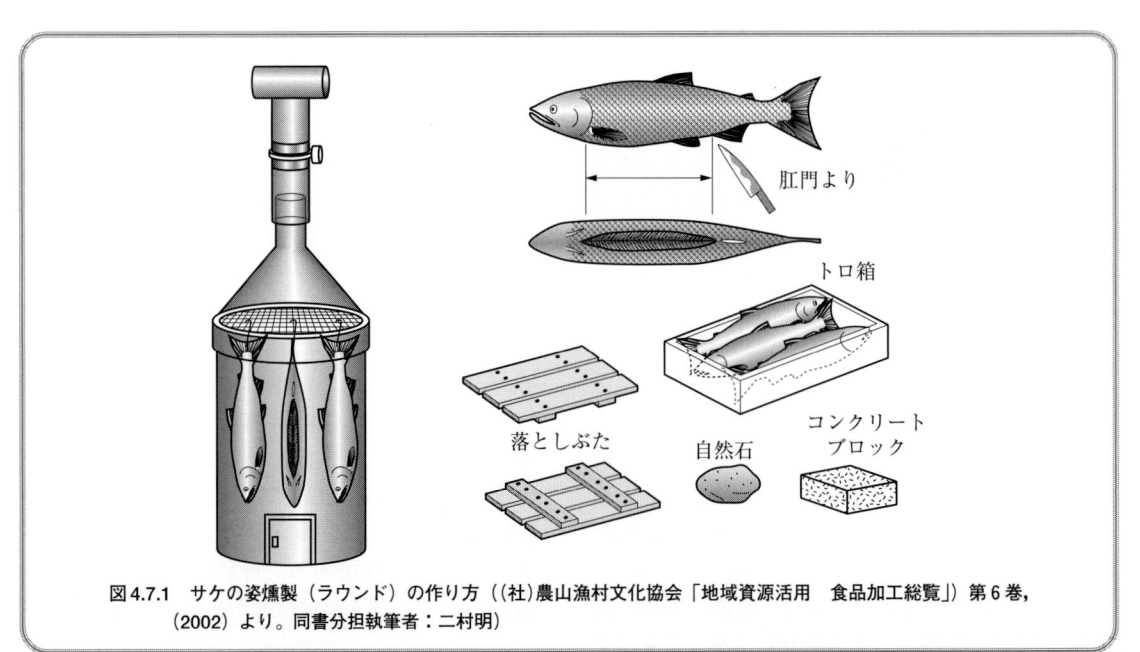

図4.7.1　サケの姿燻製（ラウンド）の作り方（（社）農山漁村文化協会「地域資源活用　食品加工総覧」）第6巻，(2002)より。同書分担執筆者：二村明）

スモークサーモンの製造フローシート

```
原料魚：サケ  ── 鮮魚
                （冷凍品, 塩蔵品も使える）
    ↓
  裁 割  ── 鰓を除き内臓を除去, 頭を除き背開きにすることもある
            ラウンドの場合は肛門から胸鰭まで開き, 内臓を除く,
            特に腎臓を除去
    ↓
  洗 浄
    ↓
  塩 漬  ── 飽和食塩水に漬け込む, 2日毎に手返しをして魚体が
            パンパンに硬くなるまで, おおよそ14日間くらい漬け込む
    ↓
  処 理  ── 腹腔に細木をさし入れて, 密着を防ぐ
    ↓
  塩抜き ── 5～7日くらい水に漬ける。1日2回換水, 塩抜きの程度をチェック
    ↓
  風 乾  ── 尾部を細ひもで縛り, ハラスに割り箸をあてて風乾
            風乾は水切り程度で良い
    ↓
  燻 煙  ── 燻材は桜, 樫, 楢, ブナなどの大鋸屑やチップ
            20～25℃の冷燻法で20～30日間
              米国式燻製の場合, キングサーモン（マスノスケ）を原料に
              温燻（50℃, 17時間または, 80℃, 2～3時間）
    ↓
  あん蒸 ── ビニール袋に入れて3日間くらいねかせる
    ↓
  磨 き  ── 食用油で表面をぬぐう
    ↓
製品：スモークサーモン
```

2．温燻法（hotsmoking）：

50～80℃で2～12時間, 水分50％以上で保存性は良くないが味はきわめて良好である。

3．熱燻法：

ドイツで良く行われる。120～140℃で2～4時間, 水分は高く, 保存性は良くない。

があるが, 日本では温燻法が一般的である。

フローシートではスモークサーモンを紹介している。また図4.7.1に, 鮭の姿燻製の作り方を示した。鮮魚で入荷した鮭を鰓を取り, 内臓を除去する。ひらきにしないラウンドの場合は肛門から胸鰭まで開き, 内臓を除去する。特に腎臓の除去に注意する。

これを洗浄して, 飽和食塩水に漬け込む, 2日毎に手返しをして魚体がパンパンになるまで, おおよそ14日間漬け込む。腹腔に細木をさして密着を防ぎ, 5～7日間水に漬ける。1日2回換水して, 塩抜きの程度をチェックする。程良く塩抜きができたところで, 尾部を細紐で縛り, ハラスに割り箸をあて風乾する。風乾は水切り程度で良い。

次に, 桜, 楢, 樫, ブナなどの大鋸屑またはチップを使って燻煙する。燻煙は20～25℃の冷燻で20～30日間行う。その後「あんじょう」と称して, ビニール袋に入れて3日間ねかせ, 最後に, 表面に食用油を塗る磨きを行って製品とする。

佃煮 — 魚介製品 — Marine products —

お正月のおせち料理にはフナの甘露煮が付きものですね。代表的な佃煮です。佃煮といえば東京の築地の佃島が創生地で，今も佃煮屋さんが多いところです。筆者も元祖は東京，築地の佃島と思っていましたので，近辺を通る度に確かにそうだな，と頷いていました。佃煮屋さんが多いです。元祖は確かに東京の築地，佃島ですが，インターネットで見ると日本全国に佃煮の名産があるのはびっくりです。筆者は子供の頃から佃煮が好きで，良く食べます。その佃煮の製造方法には二通りあるそうです。この本を執筆するに当たって調査して始めて知りました。それでは，その佃煮の作り方を，ご紹介しましょう。

佃煮類は魚介藻類を醤油，砂糖，水飴，旨味調味料などで調味煮熟した加工食品であり，佃煮，しぐれ（時雨）煮，飴煮，大和煮，でんぶ，魚味噌などがこれに属する。主要原料は干しするめ，昆布，コウナゴ，タラ，アミ，海苔など乾燥原料と，アサリ，アカガイ，ハマグリ，ハゼ，ワカサギ，フナなど生鮮原料がある。ここでは代表して「ワカサギの佃煮」と「昆布の佃煮」製造工程の例をフローシートに示した。

「ワカサギの佃煮」は原料魚の夾雑物を除去し，選別して魚体の不揃いをなくする。それを水洗し，煮熟する。煮熟の方法は「煎り付け煮」と「浮かし煮」がある。「煎り付け煮」の例は，水4ℓに寒天260gを入れて加熱溶解し，これに醤油12ℓ，水飴32kg，砂糖5kgを加え良くかき混ぜ，煮沸した調味液をつくる。

次に直径70cmくらいの平釜に，先に用意した調味液5.5ℓを入れ，沸騰させ，これに水洗した原料魚5kgを入れ，焦げ付かないように撹拌しながら10～15分間，煎り付け煮する。残液がなくなるまで煮た後釜から出し冷却台に広げて速やかに冷却する。

「昆布の佃煮」は原料を糸状，角形，短冊形に切り，砂落とし機で荒砂を落とし，水洗して細かい砂や夾雑物を除去，ただちにザルに揚げて水切りする。水切りの際に希酢酸液で処理すると品質や香味が向上する。例として，水切りした原料15kgを樽に入れ，醤油またはアミノ酸液13.5kg，カラメル50gを入れ一夜静置し，翌朝これを釜に入れて，砂糖1.87kgを加え，最初は強火で昆布が軟らかくなるまで充分煮熟する。その後，火をやや弱めて2時間焦げ付かないように煮込む。煮熟終了，約30分前に水飴370gを入れ，ゆっくり煮上げる。約18.75kgの製品になる。図4.8.1は佃煮の煮釜の例を示した。

図4.8.1 佃煮の煮釜の例（（株）サムソンカタログより）

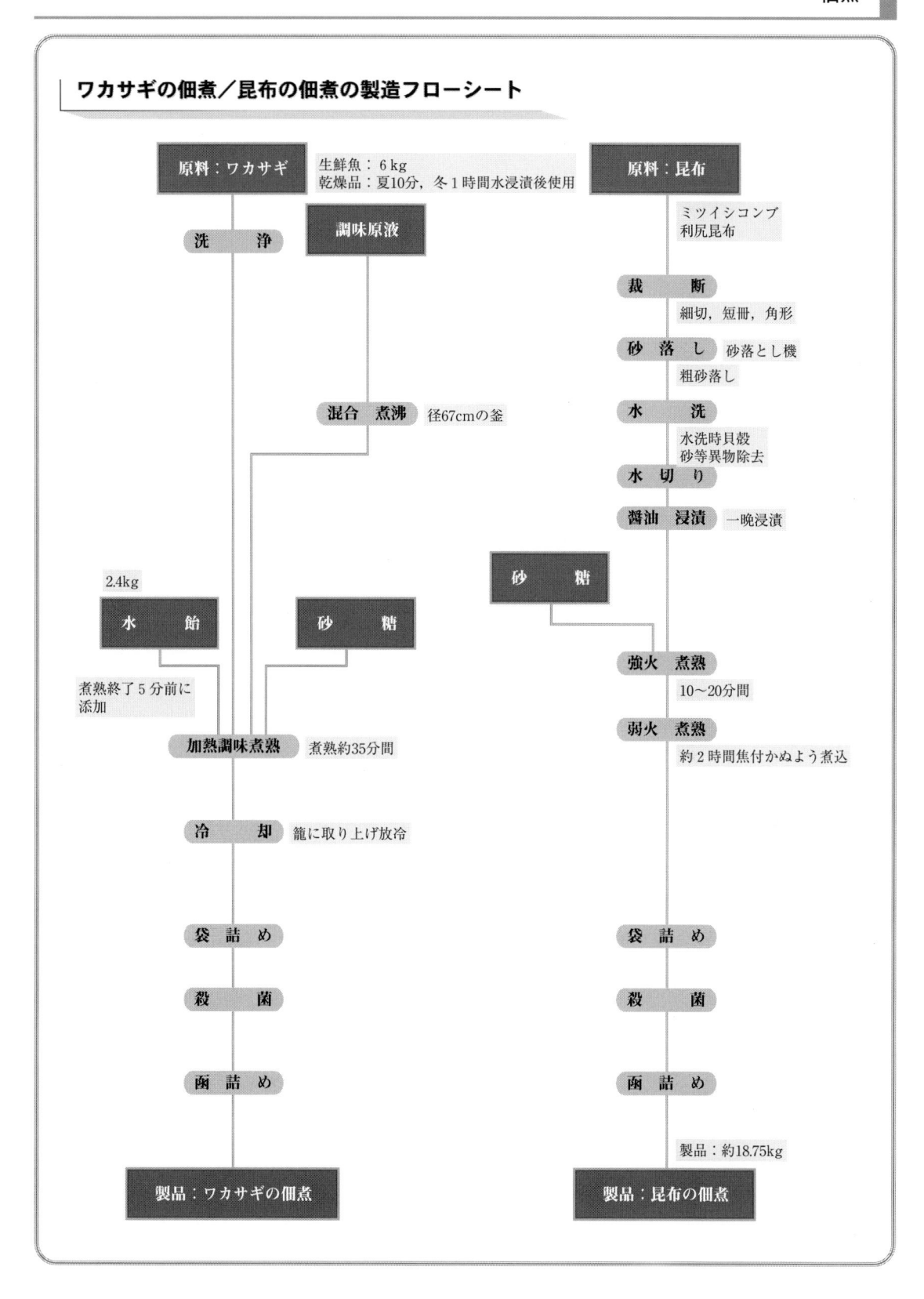

ワカサギの佃煮／昆布の佃煮の製造フローシート

ワカサギの佃煮

原料：ワカサギ
- 生鮮魚：6 kg
- 乾燥品：夏10分，冬1時間水浸漬後使用

↓

洗　浄

調味原液

↓

混合　煮沸　径67cmの釜

水　飴　2.4kg
煮熟終了5分前に添加

砂　糖

↓

加熱調味煮熟　煮熟約35分間

↓

冷　却　籠に取り上げ放冷

↓

袋詰め

↓

殺　菌

↓

函詰め

↓

製品：ワカサギの佃煮

昆布の佃煮

原料：昆布
- ミツイシコンブ
- 利尻昆布

↓

裁　断　細切，短冊，角形

↓

砂落し　砂落とし機、粗砂落し

↓

水　洗　水洗時貝殻、砂等異物除去

↓

水切り

↓

醤油浸漬　一晩浸漬

砂　糖

↓

強火煮熟　10～20分間

↓

弱火煮熟　約2時間焦付かぬよう煮込

↓

袋詰め

↓

殺　菌

↓

函詰め

製品：約18.75kg

↓

製品：昆布の佃煮

第5章

乳製品
Dairy products

発酵乳

乳製品 — Dairy products —

発酵乳，いわゆるヨーグルトの歴史は古く，お釈迦様の時代から存在したといわれています。日本では明治の終わりから大正のはじめにかけて製造販売されるようになりました。フルーツヨーグルトとプレーンヨーグルトの分類もありますが，製法的な特徴からはソフトヨーグルトとハードヨーグルトに分けられます。そこでソフトヨーグルトとハードヨーグルトの製法の違いについて見てみましょう。

発酵乳は栄養食品としての価値が認められ，その風味が日本人，特に若年層の嗜好にあっており生産量は毎年伸びている。発酵乳は動物の乳を乳酸菌などで発酵させたものであるが，厚生労働省令で「無脂乳固形分が8％以上で，乳酸菌数または酵母数が1ml当たり1,000万以上含まれているもの」と規定されているので，該当する食品はヨーグルトになる。ちなみに，無脂乳固形分が3％以上8％未満のものは「乳製品乳酸菌飲料」，3％未満のものは「乳酸菌飲料」と呼ばれている。

ヨーグルトの歴史は古く，正確な記録はないが，乳を乳酸菌で発酵さたものとしては紀元前五千年頃との説もある。お釈迦様の生誕地ネパールでは古くから発酵乳がつくられており，涅槃経に「牛より乳を出し，乳より酪を出し，酪より生蘇を出し，生蘇より熟蘇を出し，熟蘇より醍醐を出すが如し」とある。醍醐はヨーグルトの極上品のことであるから，お釈迦様の時代にはヨーグルトが確かに存在していたと考えられる。

日本では乳牛が輸入され牛乳の販売が始まったのは明治に入ってからであり，明治27年頃，売れ残った牛乳の処理手段として，牛乳を発酵させた「凝乳」が売り出された。これが日本最初のヨーグルトといわれている。明治44年に東京の愛光社がヨーグルトを発売し，明治45年には東京の阪川牛乳店が「滋養霊品ケフィール」という乳酸飲料を発売した。

大正3年ミツワ石鹸の三輪善兵衛氏が「ヨーグルト」の名称で製造販売した。大正4年には蒙古から帰国した三島海雲氏が「醍醐味」という乳酸菌食品を製造販売した。これが後の「カルピス」である。

工業的生産はヨーロッパではダノンによって行われ，日本では昭和25年，明治乳業が東京の両国工場で本格的にヨーグルトの製造を開始した。これが日本におけるヨーグルトの工業生産の始まりである。

ヨーグルトは全乳または脱脂乳を乳酸発酵によってカスタード状に凝固させた食品だが，乳酸発酵によって生じた乳酸とアセトアルデヒドにより特有の風味を有する。そのため嗜好性を改善するため，原料に糖類，硬化剤，香料などを添加することが多い。また，天然果汁，果肉，着色料を加えたフルーツヨーグルトが多く出回っている。近年は健康上の見地から乳固形分，脂肪率が高く，添加物のないプレーンヨーグルト（無糖タイプ）が1973年から市場に出た。

製品・原料について

日本のヨーグルト需要は伸びているが，それでもオランダ，スイス，フランスなど酪農先進国の1/3程度である。イギリスとは同程度でアメリカより多い。

アメリカではフルーツヨーグルトが多く，国民の嗜好性の一端が伺える。

市販のヨーグルト類の無脂乳固形分（SNF）は約10％の製品が主体で，原料の組成を，濃縮または粉乳の添加で調製する。欧米では限外濾過で牛乳を濃縮している所が多いが，日本ではコスト

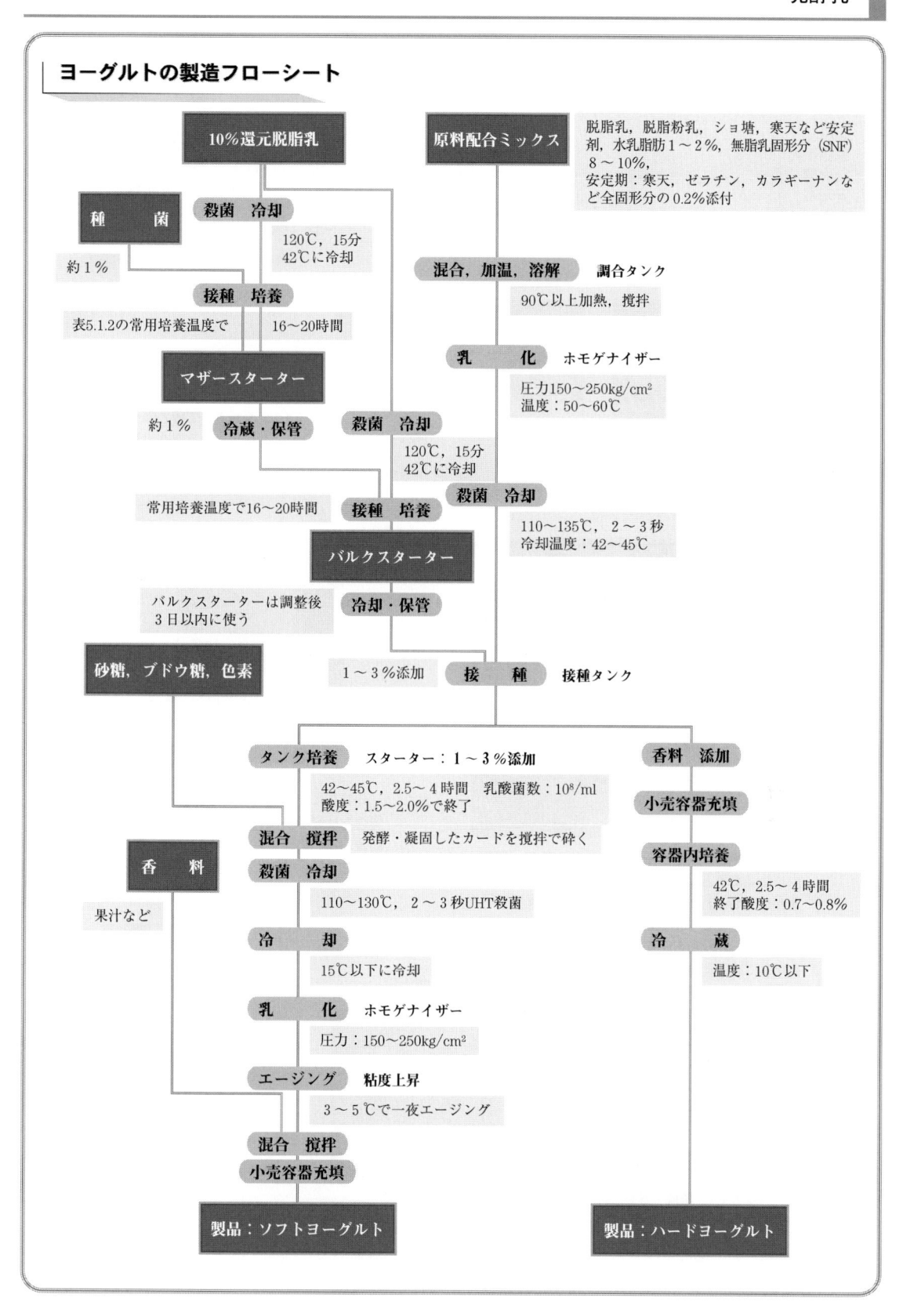

ヨーグルトの製造フローシート

左系列（スターター調製）

10%還元脱脂乳

- **殺菌　冷却**：120℃，15分　42℃に冷却
- **種菌**：約1%
- **接種　培養**：表5.1.2の常用培養温度で　16〜20時間
- **マザースターター**
- **冷蔵・保管**：約1%
- **接種　培養**：常用培養温度で16〜20時間
- **バルクスターター**
- **冷却・保管**：バルクスターターは調整後3日以内に使う
- 1〜3%添加

右系列（原料配合ミックス）

原料配合ミックス：脱脂乳，脱脂粉乳，ショ糖，寒天など安定剤，水乳脂肪1〜2%，無脂乳固形分（SNF）8〜10%，安定期：寒天，ゼラチン，カラギーナンなど全固形分の0.2%添付

- **混合，加温，溶解**　調合タンク：90℃以上加熱，撹拌
- **乳化**　ホモゲナイザー：圧力150〜250kg/cm²　温度：50〜60℃
- **殺菌　冷却**：110〜135℃，2〜3秒　冷却温度：42〜45℃
- **接種**　接種タンク

中央（タンク培養以降）

砂糖，ブドウ糖，色素

- **タンク培養**　スターター：1〜3%添加　42〜45℃，2.5〜4時間　乳酸菌数：10^8/ml　酸度：1.5〜2.0%で終了
- **混合　撹拌**：発酵・凝固したカードを撹拌で砕く
- **殺菌　冷却**：110〜130℃，2〜3秒UHT殺菌
- **冷却**：15℃以下に冷却
- **乳化**　ホモゲナイザー：圧力：150〜250kg/cm²
- **エージング**　粘度上昇：3〜5℃で一夜エージング

香料：果汁など

- **混合　撹拌**
- **小売容器充填**

製品：ソフトヨーグルト

右下（ハードヨーグルト系列）

- **香料　添加**
- **小売容器充填**
- **容器内培養**：42℃，2.5〜4時間　終了酸度：0.7〜0.8%
- **冷蔵**：温度：10℃以下

製品：ハードヨーグルト

CHAPTER 5　乳製品

表5.1.1　ヨーグルトミックス配合例

原材料	無脂乳固形分	全固形分
脱脂乳	7.3%	7.3%
脱脂粉乳	2.7	2.7
ショ糖		10.0
安定剤		0.2

表5.1.2　主要なスターター乳酸菌

種　名	形状	常用培養温度	用　途
Str. lacties	球	30℃	チーズ，発酵乳，バター
Str. thermophilus	球	37〜43	チーズ，発酵乳
Leuc. cremoris	球	20〜25	バター，発酵乳
L. bulgaricus	桿	37〜43	発酵乳，乳酸菌飲料
L. helveticus	桿	37〜43	チーズ，発酵乳，乳酸菌飲料
L. acidophilus	桿	37〜43	乳酸菌飲料

図5.1.1　原料混合工程と混合機（ブレンダー）による混合の様子（写真提供：森永乳業㈱）

図5.1.2　均質化に用いられるホモゲナイザーの外観。均質化とは発酵が均質に行われるように，牛乳の脂肪分や原料の大きさを揃えること。高圧で乳化させることにより行う（写真提供：㈱イズミフードマシナリ）

図5.1.3　殺菌・冷却に使われるプレート熱交換器。装置内は高温蒸気と製品が流れる流路がプレートで何層かに仕切られている。製品がこの装置を通るとプレートを通して蒸気の熱が伝わり，瞬時に加熱殺菌される。冷却も同様の仕組みで行われる。（写真提供：森永乳業㈱）

図5.1.4　接種・混合工程（写真提供：森永乳業㈱）

図5.1.5　フレーバリング工程。写真のようなフレーバタンクで，ソフトヨーグルトの香り付けを行う。（写真提供：森永乳業㈱）

（本書の内容はあくまで一般的工程を解説したものであり，写真提供企業の製造工程を示すものではありません。また写真は個別に提供されたものであり，各企業の関係を示すものではないことをお断りしておきます。）

図5.1.6 充填工程。ソフトヨーグルトのようにタンク内で発酵後に容器に充填する「撹拌型（前発酵ヨーグルト）」と、容器充填後に発酵させる「静置型（後発酵ヨーグルト）」があるが、充填の方法はどちらも同じように行われる。（写真提供：森永乳業㈱）

図5.1.7 発酵工程。ハードヨーグルトのような後発酵ヨーグルトでは、容器に入れられた原料を、乳酸菌が活動しやすい暖かい温度の部屋に一定時間置き、容器包装の状態で発酵させる。（写真提供：森永乳業㈱）

が高くつくので、牛乳、脱脂乳、脱脂粉乳、ショ糖などの原料を混合する。

ヨーグルトミックスの配合例を**表5.1.1**に示した。

ヨーグルトに使われる安定剤としては、寒天、ゼラチン、カラギーナン、グアガム、ローカストビーンガム、高メトキシペクチン、低メトキシペクチンなどがある。

発酵乳の製造工程

発酵乳の製造方法は、容器に充填後、発酵冷却する静置型（プレーンおよびハードヨーグルトに適用）と、タンク内で発酵し、冷却後容器に充填する撹拌型（ソフトおよびドリンクタイプヨーグルトに適用）がある。発酵乳はまず、乳酸菌およびそのほかの[※1]スターターの調製から始まる。ヨーグルトの製造のスターターに使う乳酸菌は**表5.1.2**のようなものがある。

マザースターターは、種菌から製造用のバルクスターターを調製するまでの中間規模のスターターで、製造量により、さらに中間のスターターを設けることがある。10％還元脱脂粉乳を120℃、15分で加圧滅菌し、種菌を1％接種、常用培養温度で16〜20時間培養し、使用時まで冷蔵保管する。[※2]バルクスターターは同様に殺菌冷却した培地にマザースターターを1％接種して、同様に培養して冷却する。バルクスターターは調整後3日以内に使うことが望ましい。

次に、表5.1.1に示したような原料配合ミックス（ヨーグルトミックス）を、加熱溶解、乳化、殺菌、冷却した原料にバルクスターターを1〜3％添加して発酵する。ハードヨーグルトは小売り容器に充填後42〜45℃で2.5〜4時間発酵し、終了酸度0.8％程度にする。一方、ソフトヨーグルトはタンクで同様の発酵を行い、[※3]UHTで殺菌冷却後、乳化、エージングを経てから小売り容器に充填する。

ヨーグルトの主な工程を説明すると、まず原料混合でヨーグルトミックスを混合し（図5.1.1）、この原料液を高圧で乳化して発酵が均質に行われるようにする（図5.1.2）。この乳化液を図5.1.3のようなプレート熱交換機を用いて殺菌・冷却する。この殺菌された原料液を図5.1.4のような発酵タンクで乳酸菌を接種混合して、発酵後に容器に充填包装するとソフトヨーグルトができる。図5.1.6は充填包装工程の写真である。また図5.1.4のタンクで原料液に乳酸菌を接種・混合後、すぐ容器に詰めて容器包装の状態で発酵室に保管（図5.1.7）するとハードヨーグルトができる。

[※1]スターター：乳製品の発酵開始時に原料液に接種する乳酸菌などの種菌のこと。

[※2]バルクスターター：膨大な量の原料液に種菌（スターター）を接種しても能率良く発酵することができないので、少量の原料液に種菌を1％量接種し、中間規模のスターターを調整する。これをマザースターターという。このマザースターターを1％量接種して調整するスターターをバルクスターターといい、乳製品の発酵は、このバルクスターターを1〜10％接種して本発酵を行う。

[※3]UHT：Ultra High Temperatureの略で日本語では超高温短時間殺菌といわれ135〜150℃、2〜6秒間で牛乳やケチャップの完全滅菌に使われる。これに対しHTST（High Temperature Short Time）高温短時間殺菌がある。72〜90℃、15〜30秒間で主に生乳の殺菌に使われる。これらに対し従来、牛乳などで行われていた62〜65℃、30分間の殺菌を低温殺菌という。

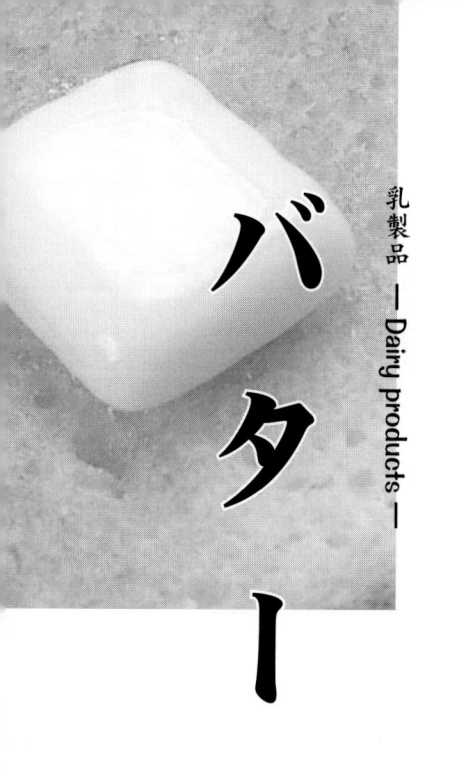

乳製品 ― Dairy products ―
バター

バターは紀元前から存在していましたが、食用としてつくられるようになったのは12～13世紀頃からです。加塩バター、無塩バター、発酵バター、甘性バターの4種類があり、ヨーロッパはクリームを乳酸菌発酵する風味豊かな発酵バターが主流です。日本では乳酸菌発酵を行わない甘性バターがほとんどです。

パンを朝食にする人には欠かせないものですが、ここでは伝統のあるヨーロッパのバターとして発酵バターの製造方法について解説します。

ターはサワーバターとも呼ばれ、クリームを乳酸菌で発酵してつくるバターで独特の香りと風味があり、ヨーロッパではこのタイプが多い。甘性バターは乳酸菌発酵を行わないでクリームからつくるバターで、日本のバターのほとんどが甘性バターである。このほか、形態や製法により、ソフトバター、ハードバター、ホイップドバター、粉末バター、ポーションバターなど、さまざまな形態で販売されている。

バターの製造工程

バターの最古の文献は紀元前15～20世紀頃のインドの経典とされ、ヨーロッパでは紀元前5世紀にギリシャの歴史家ヘロドトスが今日のバターの製法のクリームを分離する工程に相当する加工について記述している。当時、バターはギリシャやローマでは塗り薬であり、食用としてバターがつくられるようになったのは12～13世紀頃からといわれている。

パンは数千年前から食べられていたが、バターを付けるようになったのは数百年前と考えられている。日本にバターが伝えられたのは14～15世紀で、牛酪と呼ばれ、江戸時代中期に房州の嶺岡牧場で試作されたといわれている。

製品・原料について

バターは日本の乳等省令では「牛乳から得られた脂肪粒を練圧したもの」と定義され、成分規格は「乳脂肪分80.0％以上、水分17.0％以下、大腸菌群陰性」と定義されている。

バターには加塩バター、無塩バター、発酵バター、甘性バターがあり、市販の加塩バターの塩分は0.9～1.9％で、日本農林規格（JAS）では、加塩バターは乳脂肪分80.0％以上、無塩バターは乳脂肪分82.0％以上と定められている。発酵バ

代表的なバターの製造方法をフローシートに示した。このフローシートにしたがってバターの製造方法を解説する。

原料乳を30～40℃に加温し、図5.2.1のようなディスクタイプ遠心分離機でクリームと脱脂乳を分離する。逆鉢型の回転ボウル内に富士山の形をしたディスクが何枚も重なっており、上から原料乳を供給すると、比重の重い脱脂乳がボウルの側壁に沿って上昇し、ボウルの上の縁から排出される。逆に比重の軽いクリームは中心に止まり中央部を上昇し、上部のクリーム出口から排出され

図5.2.1　ディスク型クリーム遠心分離機（写真提供：森永乳業（株））

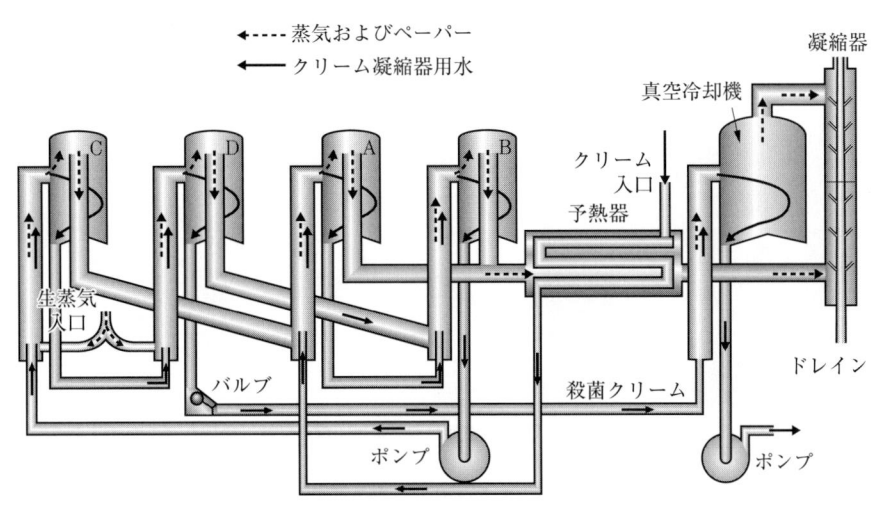

図 5.2.2　減圧脱臭・殺菌装置「バクリエーター」[3)]
風味に悪影響を及ぼす揮発性物質を除去させる。

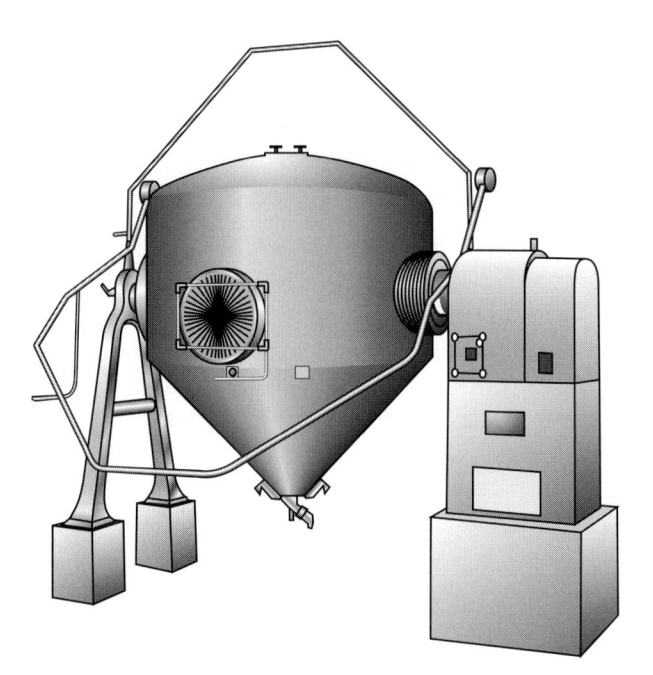

図 5.2.3　回転混合機「メタルチャーン」
クリームを撹拌することで，脂肪に衝撃を与え，「バター粒」と呼ばれる粒をつくる。チャーニングはバター粒が米粒大の大きさとなるまで，約1時間ほどかけて行われる。以前はチャーニングは「ウッドチャーン」を経て，図のような「メタルチャーン」での作業へと移り変わったが，現在は連続式バター製造機でほかの工程とともに行われる。

る。

　分離されたクリームに重曹10％溶液を分離直後のクリーム（35℃前後）に徐々に撹拌しながら加え，混和して乳酸を中和する。中和したクリームは120～130℃ 2～3秒のUHT*で殺菌する。また図5.2.2のような減圧脱臭装置（バクリエー

CHAPTER 5　乳製品

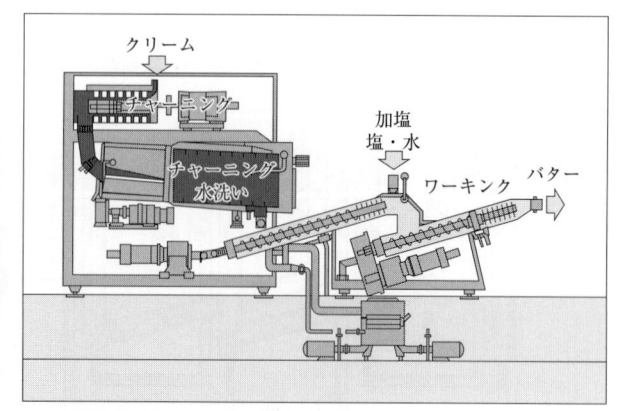

図5.2.4　連続式バター製造機（資料提供：森永乳業（株））
現在は，写真のような連続バター製造機で，「チャーニング」「水洗（バター粒の洗浄）」「加塩」「ワーキング（バター粒を練り合わせ，バター粒中の水分や塩分を均一にする工程）」などを連続して行う。一つの装置で連続して作ることで，効率・衛生度ともに向上した。

（本書の内容はあくまで一般的工程を解説したものであり，写真提供企業の製造工程を示すものではありません。）

ター）では風味に悪影響する揮発性物質を除去する機能を持つ。クリームは予備加熱後，チャンバーA，Bで脱臭され，C，Dで直接加熱により99℃の殺菌後，真空冷却され4～6℃まで冷却される。発酵はスターター菌の凍結乾燥粉末約1g全量を90～95℃，30分殺菌の脱脂乳（22℃まで冷却して）1～2ℓに加え，22℃，20～24時間培養する。2～3回，植え換えて活性を充分与えバルクスターターとしてクリームに5～10％加え，20～24℃，約12時間，クリームの酸度が0.3％程度になるまで培養する。

発酵後クリームを冷却してチャーニングするまでの保持操作を「エージング」という。その条件は4～11月の夏季3～10℃，12～3月の冬季3～13℃で8時間以上保持する。クリームに機械的衝撃を与え，脂肪球を粒状に合一させ，バターの小粒を生成させる操作を「チャーニング」という。小規模の製造では図5.2.3のような回転式混合機が使われていたが，最近，日本のバター製造の85％以上が図5.2.4に示したような連続バター製造機により，チャーニングから後で説明するワーキングまで一台でこなすようになっている。バッチのチャーンではフローシートのように長時間を要する。

連続製造機では，エージングが終了した脂肪率35～40％のクリームが第1チャーニングシリンダに入ると，クリームはシリンダ内のビーターと内壁との3～5 mmの間隙で1500～2000rpmの高速で急激に撹拌され，チャーニングを起こし，バター粒を形成する。バターミルクは第2チャーニングシリンダで分離され，ワーキング部に送られる。ワーキングはバターに適度の粘稠性を与え，加えた食塩の溶解を促進し，バターに均一に分散させるとともに，バター粒子中に水を練り込み，製品の水分調整を行う工程である。連続製造機のワーキング部第1，第2の間に減圧チャンバーがあり含気を減少させる機能もある。

※UHT：Ultra High Temperatureの略。日本語では超高温短時間殺菌といわれ135～150℃，2～6秒間で牛乳やケチャップの完全殺菌に使われる。

発酵バターの製造フローシート

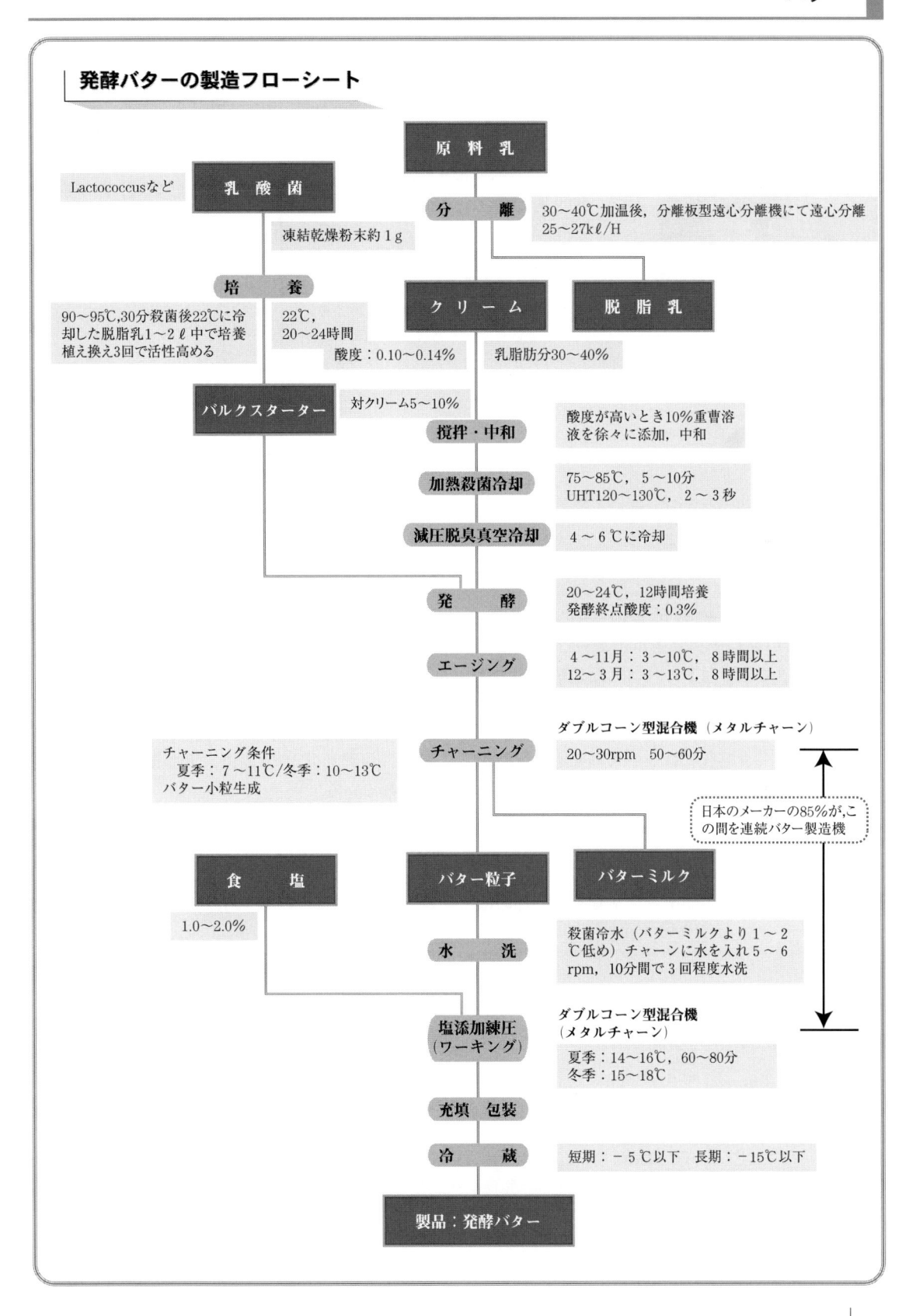

```
                                原料乳
                                 │
   乳酸菌 (Lactococcusなど)       分離 ── 30〜40℃加温後,分離板型遠心分離機にて遠心分離
        │                         │        25〜27kℓ/H
   凍結乾燥粉末約1g                │
        │                   ┌─────┴─────┐
       培養                クリーム      脱脂乳
   90〜95℃,30分殺菌後22℃に冷     22℃,
   却した脱脂乳1〜2ℓ中で培養    20〜24時間
   植え換え3回で活性高める     酸度:0.10〜0.14%    乳脂肪分30〜40%
        │
   バルクスターター ── 対クリーム5〜10%
                         │
                       撹拌・中和 ── 酸度が高いとき10%重曹溶
                         │           液を徐々に添加,中和
                       加熱殺菌冷却 ── 75〜85℃, 5〜10分
                         │            UHT120〜130℃, 2〜3秒
                       減圧脱臭真空冷却 ── 4〜6℃に冷却
                         │
                        発酵 ── 20〜24℃, 12時間培養
                         │      発酵終点酸度:0.3%
                       エージング ── 4〜11月:3〜10℃, 8時間以上
                         │           12〜3月:3〜13℃, 8時間以上
                                    ダブルコーン型混合機(メタルチャーン)
                      チャーニング ── 20〜30rpm 50〜60分
   チャーニング条件            │
   夏季:7〜11℃/冬季:10〜13℃   │          日本のメーカーの85%が,こ
   バター小粒生成              │          の間を連続バター製造機
                         ┌─────┴─────┐
     食塩              バター粒子   バターミルク
   1.0〜2.0%               │
                        水洗 ── 殺菌冷水(バターミルクより1〜2
        │                │      ℃低め)チャーンに水を入れ5〜6
        └────────────────┤      rpm, 10分間で3回度水洗
                         │    ダブルコーン型混合機
                       塩添加練圧  (メタルチャーン)
                       (ワーキング) 夏季:14〜16℃, 60〜80分
                         │         冬季:15〜18℃
                       充填包装
                         │
                        冷蔵 ── 短期:-5℃以下 長期:-15℃以下
                         │
                     製品:発酵バター
```

チーズ

乳製品 —Dairy products—

チーズは牧畜民族の保存食として8000年くらい前、チグリス川とユーフラテス川の間の「肥沃な三日月」と呼ばれた地帯（現イラク）でつくられ始めました。その基本製造技術を発展させたのは修道院と封建領主の荘園と考えられています。日本では明治に入ってから食されはじめ、ナチュラルチーズとプロセスチーズの2種類があります。

クリームを乳酸菌で発酵させ、レンネット酵素を加え、乳を凝固させた凝乳からホエイを除去し、固形状にしてつくります。

チーズは牧畜を営む民族の保存食として，8000年くらい前にチグリス川とユーフラテス川の間の「肥沃な三日月」と呼ばれた地帯（現イラク）で初めてつくられた，という説と，古代チーズの発祥地はアジアである，という説がある。いずれにせよローマ時代にはチーズの基本的な製法は確立していたと考えられる。中世においてチーズの製造技術を継承し，発展させたのは修道院と封建領主の荘園であったと考えられている。チーズの工場生産が行われたのはずっと遅く，19世紀半ばである。日本人がチーズを食べ始めたのは明治に入ってからであり，消費量が増大したのは1955年からである。

製品・原料について

チーズは日本の乳等省令では，ナチュラルチーズとプロセスチーズに分けられる。海外ではチーズといえばナチュラルチーズを指し，改めてナチュラルチーズと呼ぶことはほとんどない。FAO/WHOは，消費者の保護と取引の公正化のため世界規格を定めている。日本ではナチュラルチーズは「乳，バターミルクもしくはクリームを乳酸菌で発酵させ，または酵素を加えてできた凝乳から乳清（ホエイ）を除去し，固形状にしたもの，またはこれらを熟成したもの」と定義しているが個別にチーズの規格はない。これに対してプロセスチーズは「ナチュラルチーズを粉砕し，加熱溶解し，乳化したもの」で成分規格は「乳固形分40％以上，大腸菌群陰性」と定められている。

チーズの種類は世界的に見るときわめて多く，原料乳（牛乳，水牛乳，山羊乳，羊乳，そのほかの搾乳家畜の乳），凝乳方法，使用する微生物の種類，熟成の有無とその方式，成分（特に水分と

表5.3.1 主なナチュラルチーズの分類

分類	熟成	水分	主なチーズ名
軟質チーズ	非熟成	50～75%	カッテージ，クリーム，ヌーシャテル
	細菌で熟成		リンブルガー，ハント，リーデルクランツ
	白カビ熟成		カマンベール，ブリー，リンバーガー
半硬質チーズ	細菌で熟成	40～50%	ブリック，トラピスト，ミュンスター，アシアゴ
	青カビ熟成		ロックフォール，ゴルゴンゾラ，ブルースチルトン
硬質チーズ	乳酸発酵	30～45%	ゴーダ，エダム，チェダー
	プロピオン酸発酵		エメンタール，スイス，グリュイエール
超硬質チーズ	細菌熟成	30～35%	パルメザン，ロマノ，サブサゴ

ゴーダチーズの製造フローシート

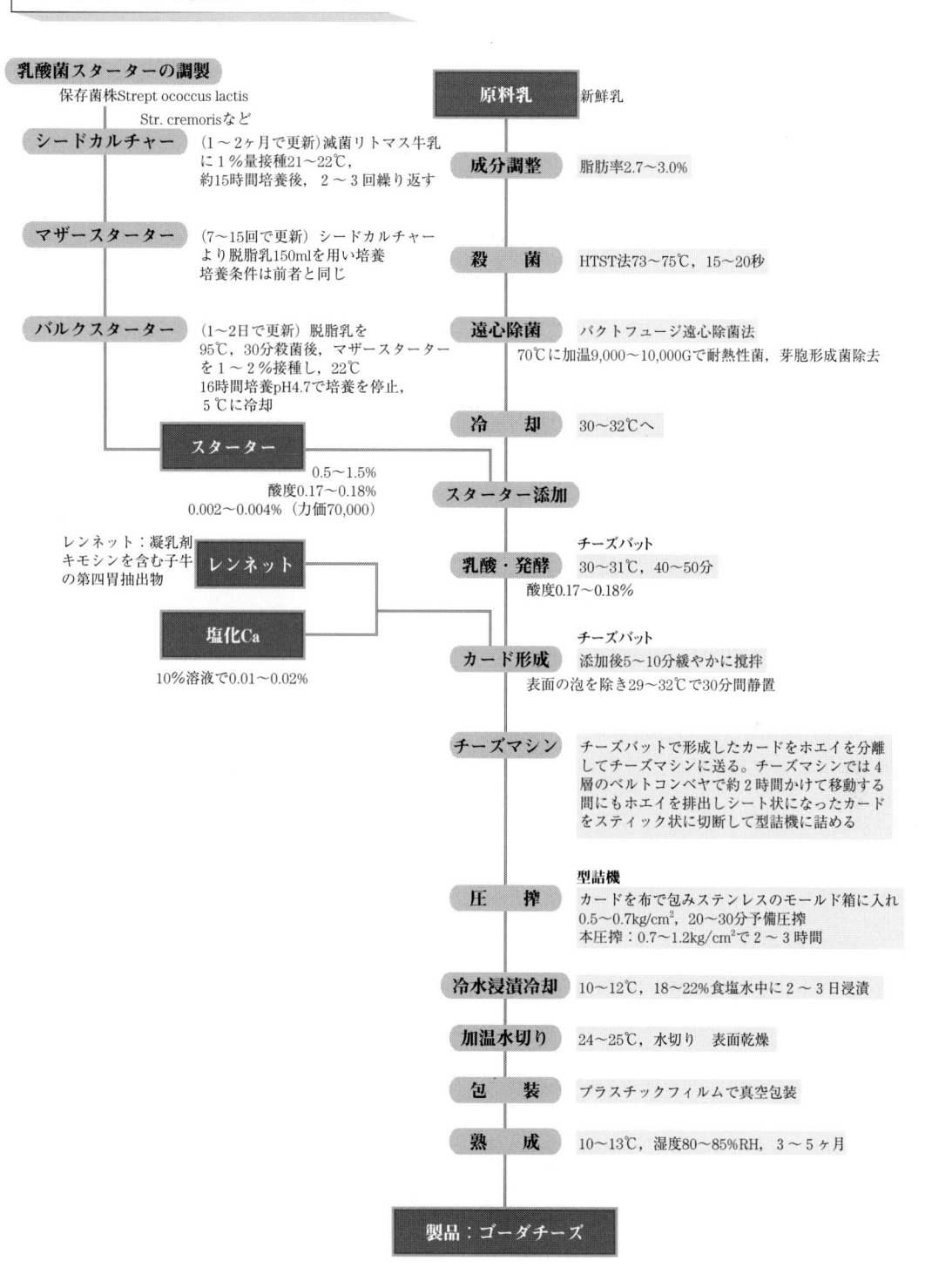

乳酸菌スターターの調製
保存菌株 Streptococcus lactis
Str. cremoris など

- **シードカルチャー**：（1〜2ヶ月で更新）滅菌リトマス牛乳に1％量接種21〜22℃，約15時間培養後，2〜3回繰り返す
- **マザースターター**：（7〜15回で更新）シードカルチャーより脱脂乳150mlを用い培養　培養条件は前者と同じ
- **バルクスターター**：（1〜2日で更新）脱脂乳を95℃，30分殺菌後，マザースターターを1〜2％接種し，22℃ 16時間培養pH4.7で培養を停止，5℃に冷却
- **スターター**：0.5〜1.5%　酸度0.17〜0.18%　0.002〜0.004%（力価70,000）

レンネット：凝乳剤キモシンを含む子牛の第四胃抽出物

塩化Ca：10%溶液で0.01〜0.02%

- **原料乳**：新鮮乳
- **成分調整**：脂肪率2.7〜3.0%
- **殺菌**：HTST法73〜75℃，15〜20秒
- **遠心除菌**：バクトフュージ遠心除菌法　70℃に加温9,000〜10,000Gで耐熱性菌，芽胞形成菌除去
- **冷却**：30〜32℃へ
- **スターター添加**
- **乳酸・発酵**：チーズバット　30〜31℃，40〜50分　酸度0.17〜0.18%
- **カード形成**：チーズバット　添加後5〜10分緩やかに撹拌　表面の泡を除き29〜32℃で30分間静置
- **チーズマシン**：チーズバットで形成したカードをホエイを分離してチーズマシンに送る。チーズマシンでは4層のベルトコンベヤで約2時間かけて移動する間にもホエイを排出しシート状になったカードをスティック状に切断して型詰機に詰める
- **圧搾**：型詰機　カードを布で包みステンレスのモールド箱に入れ0.5〜0.7kg/cm^2，20〜30分予備圧搾　本圧搾：0.7〜1.2kg/cm^{2}で2〜3時間
- **冷水浸漬冷却**：10〜12℃，18〜22%食塩水中に2〜3日浸漬
- **加温水切り**：24〜25℃，水切り　表面乾燥
- **包装**：プラスチックフィルムで真空包装
- **熟成**：10〜13℃，湿度80〜85%RH，3〜5ヶ月
- **製品：ゴーダチーズ**

表5.3.2 ナチュラルチーズ，プロセスチーズおよびチーズフードの規格

種類別名称		規　　格
チーズ	ナチュラルチーズ	乳（乳等省令のもの），クリーム，部分脱脂乳，バターミルク，またはこれらを混合したものを凝固させたあと，排水して得られる生鮮なものまたは熟成したもの。ただし， ・香り，味を付与する目的で，香辛料として乳に由来しない天然の風味物質を添加することができる
	プロセスチーズ	一種またはそれ以上のナチュラルチーズを用いて，食品衛生法に認められている添加物を添加するかまたは添加せず粉砕し，混合し，加熱溶解し，乳化して作られるもので，乳固形分が40％以上のもの。ただし， ・脂肪量の調整のためクリーム，バターまたはバターオイルを加えることができる。 ・香り，味を付与する目的で香辛料，調味料または食品を加える場合は，製品固形分の1/6以内とする。ただし，脱脂粉乳，全粉乳，ミルクカゼインまたは乳に由来しない脂肪，タンパク質または炭水化物を加えないものとする。
	チーズフード	一種またはそれ以上のナチュラルチーズまたはプロセスチーズを用いて，食品衛生法に認められている添加物を添加するかまたは添加せず粉砕し，混合し，加熱溶解し，乳化して作られるもので，製品中にチーズ分51％以上含むもの。ただし， ・香り，味を付与する目的で香辛料，調味料または食品を加える場合は，製品固形分の1/6以内とする。 ・乳に由来しない脂肪，タンパク質または炭水化物を加える場合は，最終製品重量の10％以内とする。

脂肪）含有量，硬さ，組成，外観形状，原産地，などにより分類される。主なナチュラルチーズの分類を**表5.3.1**に示した。日本におけるチーズの定義は厚生省令（昭和54年4月16日，17号および昭和60年7月8日，29号）があり，チーズ製品に関する公正競争規約によれば**表5.3.2**の規格がある。

ゴーダチーズはオランダ原産の半硬質チーズで，日本では熟成タイプチーズの代表的なものである。

チーズの製造工程

フローシートにそのゴーダチーズの製造工程を示した。またチーズの製造の様子を**図5.3.1～8**に紹介した。

原料乳は，製品の脂肪率（乾物の48％）を調整するため，その脂肪率を2.7～3.0％に調整し，殺菌，冷却後，混合スターターを原料乳の0.5～1.5％量，**図5.3.6**に示したチーズバットで添加する。スターターの構成菌株はStr. cremoris, Str. lactis, Str. diacetylactisまたはLeuc. cremorisを含む。スターターを添加，分散させた後，29～32℃で30～50分静置培養し，酸度が0.17～0.18％に達したら，塩化カルシウムの10％溶液を0.01～002％量，レンネット酵素（凝乳酵素キモシンを主成分とする牛乳凝固剤。子牛の第4胃から抽出したキモシンのほか，ケカビやイチジクなどの代替レンネットも使われる。ここでは2％食塩水溶液）を0.002～0.004％量添加し，軟かく凝固（「凝乳」という）させる。30～40分静置し，凝乳が適度の硬さになったとき，凝乳をカードナイフで0.6～5 cmの大きさに切る。カッティング後，10～15分間カードを撹拌する。このとき，ホエイの酸度は0.10～0.12％程度である。まず，ホエイ全量の約1/3を排出する（第一回ホエイ排出）。次に撹拌しながら80℃以上の熱湯を徐々に加えホエイ温度を35℃まで0.5℃/分の早さで加温する。残りのホエイの約1/3を排出し，さらに加温を続け，ホエイ温度が38～39℃になるまで約50分間，撹拌を繰り返す。

カードが加温によってさらに収縮し，手で押さえても元に復元するくらい弾力性が増し，ホエイ酸度が0.12～0.13％になるとカード層の上面までホエイを排出する。カードは**図5.3.7**の練り・型詰め機で型詰め圧搾される。

次にカードを型から水圧で押し出し，カードを

チーズ

図5.3.1　貯乳
牧場で朝早く搾乳した新鮮な牛乳を毎朝タンクローリーで運び、品質検査合格のものをサイロタンクに貯蔵する

図5.3.2　清浄化
高速で遠心分離する清浄機（クラリファイヤー）を使って牛乳を高速で回転させ、目に見えない小さなゴミを除去する。

図5.3.3　殺菌・冷却
ステンレスのうすい板でできたプレート式殺菌機で殺菌・冷却する。

図5.3.4　乳酸菌貯蔵タンク
牛乳を発酵させるためのスターターと呼ばれる乳酸菌を貯蔵するタンク。乳酸菌はチーズバットで添加発酵する。

チーズバット 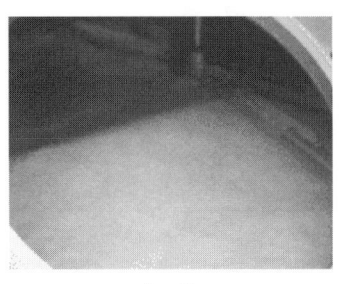　　　　　内　部

図5.3.5　酵素の添加
凝固酵素を加え静置するとタンパク質（カゼイン）が固まって豆腐のようになる。チーズバットの中の撹拌機の歯が回転してカットされる。この塊をカード、液体をホエイと呼ぶ。これを徐々に温めながら撹拌しホエイを抜く。ホエイを分離しカードだけがチーズマシンに運ばれる。

図5.3.6　チーズバット側面
ここではクリーンエアの部屋の中で機械の周りをさらにビニールのカーテンで覆い、中からクリーンエアを噴出して汚れた空気が入らないようにしている。

図5.3.7　型詰め機

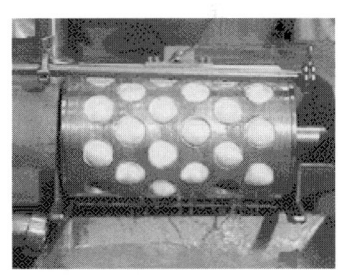

図5.3.8　成型・冷却

（写真提供：森永乳業（株））
（本書の内容はあくまで一般的工程を解説したものであり、写真提供企業の製造工程を示すものではありません。）

約10℃の水中に10時間以上浸漬しチーズ塊を冷却する（図5.3.8）。食塩水（Be' 18～22°、10～12℃）に2～3日間浸漬する。加温後、1日水切りし表面を乾燥させた後、プラスチックフィルムで真空包装し、10～13℃、80～85％RHで3～5ヶ月間熟成する。

粉乳

乳製品 — Dairy products —

粉乳には全粉乳，脱脂粉乳，調整粉乳，バターミルクパウダー，ホエイパウダーなどいろいろありますが，皆さんも赤ちゃんの頃からお世話になった調整粉乳について，そのつくり方をのぞいてみましょう。母乳はそれだけで乳幼児が育成できる，完全に栄養バランスの取れたものです。大正6年から始まった調製粉乳の開発製造は昭和に入ってからも研究が継続され，育児用粉乳は小児栄養学の進歩とともに発展，昭和53年には母乳に近い13％調乳濃度で充分栄養がとれるよう改良が進みました。母乳の持つ機能に近づいたのです。

厚生労働省によると，乳製品はバター，バターオイル，ナチュラルチーズ，プロセスチーズ，クリーム，アイスクリーム，アイスミルク，ラクトアイス，濃縮乳，脱脂濃縮乳，無糖練乳，無糖脱脂練乳，加糖練乳，加糖脱脂練乳，全粉乳，脱脂粉乳，クリームパウダー，ホエイパウダー，バターミルクパウダー，加糖粉乳，調製粉乳，発酵乳，乳酸菌飲料（無脂乳固形分3.0％以上のもの）および乳飲料などが対象になる。中でも種類の多いのが練乳と粉乳であるが，製造方法としては濃縮に加え，乾燥工程を伴う粉乳の方がプロセスが長いので，ここでは代表して粉乳を解説する。

粉乳は牛乳や脱脂乳，そのほかの液状乳を乾燥して粉末にしたもので，次のように分類される。

1．全粉乳（whole milk powder）：
牛乳をそのまま，または若干脂肪分を調製して乾燥し粉末化したもの。

2．脱脂粉乳（skim milk powder）：
牛乳から大部分の脂肪を分離後，乾燥して粉末化したもの。

3．調製粉乳（modified milk powder for infants）：
牛乳，脱脂乳や乳製品を主要原料として，乳幼児に必要な栄養素を加え粉末化した製品。

4．バターミルクパウダー（butter milk powder）：
バターの製造時の副産物バターミルクを粉末化したもので，主に製菓，アイスクリームの原料になる。

5．ホエイパウダー（whey powder）：
チーズやカゼイン製造時の副産物ホエイを粉末化したもので調製粉乳，製菓，製パン，飼料などの原料になる。

以上5品種のほか，クリームパウダー，加糖粉乳，アイスクリームミックスパウダーなどがある。ここでは粉乳を代表して調製粉乳について解説する。

粉乳の歴史的背景

母乳は，それだけで乳幼児が生育できる完全な栄養バランスの取れたものである。したがって母乳保育が理想であるが，それができない場合もあるので牛乳など代用母乳が必要になる。しかし牛乳は母乳と栄養バランスが異なるので，そのバランスを人間の母乳に近づけることが必要である。その目的で開発されたのが調製粉乳である。この調製粉乳は東京の和光堂が大正6年に東大弘田教授の創製で調製粉乳「キノミール」を製造したのが日本最初の育児用粉乳である。その後，日本製乳が大正8年に「オシドリコナミルク」を製造した。日本製乳は現在，森永乳業の子会社になっている。チョコレート製造に多量の粉乳が必要なことから大正9年に森永製菓煉乳部が三島工場でドラムドライヤーで「森永ドライミルク」を製造，大正13年にスプレードライヤーに切り換えた。

昭和2年には北海道煉乳が改称して大日本乳製品で「金太郎印コナミルク」を製造販売，昭和7年には房総煉乳が母乳代用として鈴木梅太郎博士創製のコナミルク「パトローゲン」を製造した。この2社は後に明治乳業となった。

粉乳

調製粉乳の製造フローシート

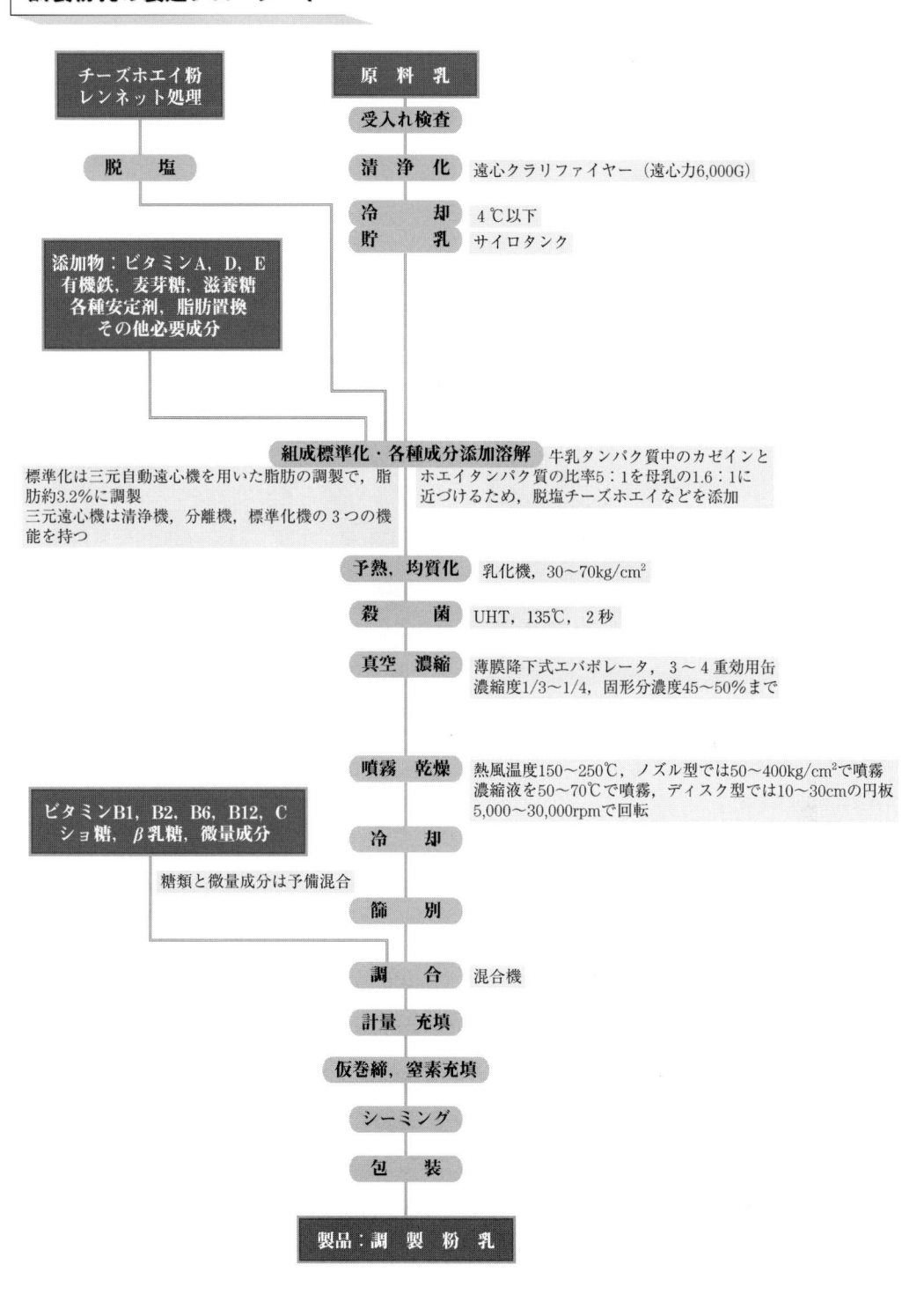

チーズホエイ粉 レンネット処理
↓
脱　塩

添加物：ビタミンA, D, E
有機鉄，麦芽糖，滋養糖
各種安定剤，脂肪置換
その他必要成分

原　料　乳
↓
受入れ検査
↓
清　浄　化　遠心クラリファイヤー（遠心力6,000G）
↓
冷　却　4℃以下
貯　乳　サイロタンク
↓
組成標準化・各種成分添加溶解　牛乳タンパク質中のカゼインとホエイタンパク質の比率5：1を母乳の1.6：1に近づけるため，脱塩チーズホエイなどを添加

標準化は三元自動遠心機を用いた脂肪の調製で，脂肪約3.2%に調製
三元遠心機は清浄機，分離機，標準化機の3つの機能を持つ

↓
予熱，均質化　乳化機，30〜70kg/cm^2
↓
殺　菌　UHT，135℃，2秒
↓
真空濃縮　薄膜降下式エバポレータ，3〜4重効用缶
濃縮度1/3〜1/4，固形分濃度45〜50%まで
↓
噴霧乾燥　熱風温度150〜250℃，ノズル型では50〜400kg/cm^{2}で噴霧
濃縮液を50〜70℃で噴霧，ディスク型では10〜30cmの円板
5,000〜30,000rpmで回転

ビタミンB1, B2, B6, B12, C ショ糖，β乳糖，微量成分

↓
冷　却
↓
糖類と微量成分は予備混合
↓
篩　別
↓
調　合　混合機
↓
計量充填
↓
仮巻締，窒素充填
↓
シーミング
↓
包　装
↓
製品：調製粉乳

CHAPTER 5　乳製品

図5.4.1　浄化工程
高速で遠心分離する清浄機（クラリファイヤー）を使用して、原料の牛乳に混入した微細な異物を除去する。

図5.4.2　分離工程
脂肪が水分より軽いことを利用して、遠心分離機により脂肪分の多いクリームと、脂肪分が少ない脱脂乳の2層に分離させる。

図5.4.3　均質化工程
クリームの脂肪が浮かないように、ホモゲナイザーにより脂肪を小さく、大きさを均一にする。

（写真提供：森永乳業㈱）

（本書の内容はあくまで一般的工程を解説したものであり、写真提供企業の製造工程を示すものではありません。）

図5.4.4　濃縮工程
気圧が低下すると沸点が低くなることを利用し、ほぼ真空に近い状態で熱をかけ、低い温度で水分を蒸発、濃縮させる。沸騰させることなく低温で濃縮することにより、品質が保たれる。

　昭和25年にはアメリカの調製粉乳にならってビタミンを強化した製品が窒素ガス充填技術も加えられ「森永ビタミン入りドライミルク」の発売をはじめ、明治、雪印、クロバーなどがこれに追随した。昭和28年には和光堂の*β乳糖添加にはじまる各社の乳糖改良、その後の牛乳タンパク質中のカゼインの一部をアルブミンで置換したり、リノール酸強化で脂肪の利用効果を高めるなど、育児用粉乳は小児栄養学の進歩とともに発展し昭和41年には単一調乳ミルクが出現、昭和53年には母乳に近い13％調乳濃度で充分栄養が取れるよう改良が進み、母乳の持つ機能に近づいた。

調製粉乳の製造工程

　この調製粉乳の製造方法は各社それぞれ独自の方法で行っており、詳細を示すことは難しいが、基本的な製造工程はフローシートで示すことができる。原料乳は生産者のバルクタンクから、4℃に冷却したものをミルクタンクローリーで製造工場に輸送する。工場に搬入された原料乳は品質検

※β乳糖：乳糖の結晶にはα形とβ形があり、普通常温ではα形一水和物で存在し弱い甘みがある。α形無水物もあるが、空気中では吸湿性が強く水分を吸ってすぐα形一水和物になる。93℃以上の高温ではβ形無水物結晶となり、高温で急速に乾燥するとβ形無水物になる。これはα形よりやや甘みが強い．しかし常温になると水分を吸ってα形一水和物に変わる。

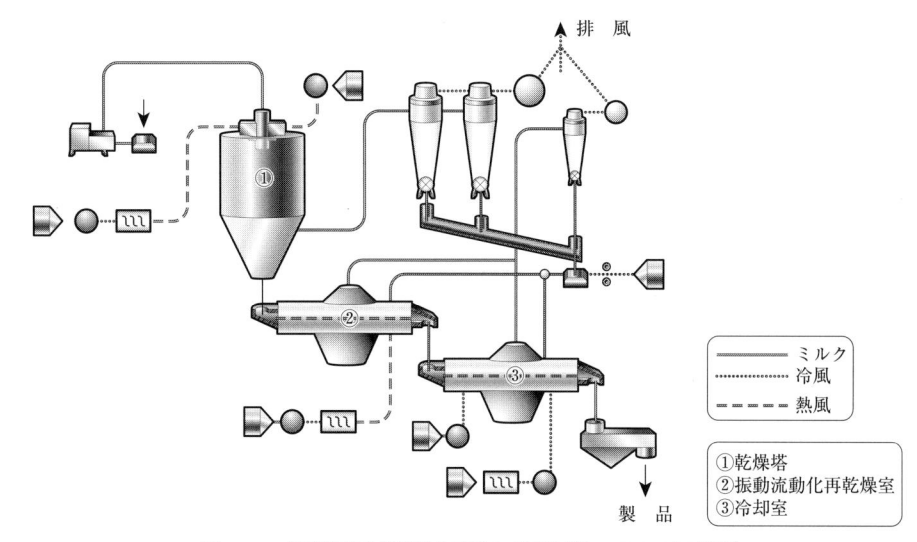

図5.4.5 振動乾燥冷却機付き粉乳の噴霧乾燥システムの概略図[3]

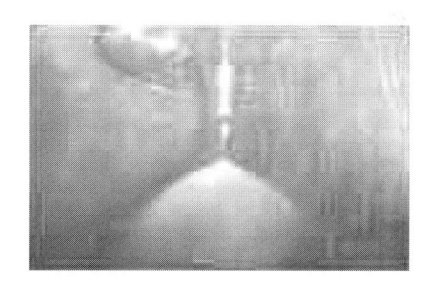

凡例：
― ミルク
― 冷風
--- 熱風

①乾燥塔
②振動流動化再乾燥室
③冷却室

図5.4.6 乾燥工程（写真提供：森永乳業㈱）
濃縮した液体を，装置内の，約200℃に近い高温の環境下で霧状に噴霧することで残留した水分を蒸発させ，粉末にする。またこれによりできた粉末は，粒の大きさを揃える「造粒」を行うことで溶解性が向上する。

査後，濾過（filtration）または清浄（clarification）を行い，原料乳中に混入した塵埃，その他異物を除去する。これはバター製造でのクリームの分離に使うような遠心分離機，遠心クラリファイヤーを用いて行う（図5.4.1）。遠心クラリファイヤーは乳温度4～10℃で8時間程度運転して，内壁に貯まった塵埃，その他異物（スライムという）をボタン操作により，自動排出する。

原料乳はまず，標準化で脂肪分を約3.2％に調整し（図5.4.2），母乳に合わせて必要成分を投入混合後，均質化（乳化）（図5.4.3），殺菌（135℃，2秒のUHT）後，真空濃縮される（図5.4.4）。濃縮では加熱面へのスケール発生防止のため，一段目の加熱温度は68～70℃が限度である。また微生物の増殖抑制の視点から最終段の温度は40～45℃に設定する。

このため利用できる温度差が少ないので，3～4段の多重効用缶のサーモコンプレッサ付きエバポレータが使われる。サーモコンプレッサは蒸気圧縮機でブースターとも呼ばれ，一段目で発生した蒸発蒸気を再圧縮して温度と圧力を上げ再度，加熱に利用するものである。

濃縮後，図5.4.5～6のような設備で噴霧乾燥された粉乳は35℃程度に冷却空気で冷却後，20～30メッシュの篩で，ダマ（集合粒）や焦粉などを除去し，母乳に合わせてビタミン類（B1，B2，B6，B12，Cなど），β乳糖などを補填混合して，包装容器（缶）に充填，窒素ガス封入後，シーミングされ，ケースに詰め製品化される。

アイスクリーム

乳製品 — Dairy products —

幕末に初めて太平洋を横断した咸臨丸の乗組員によって，アイスクリームはアメリカから伝えられました。日本ではじめてアイスクリームの店ができたのが明治2年5月です。これを記念して5月9日が「アイスクリームの日」になっています。ご存知でしたか？
「アイスクリーム」，「アイスミルク」，「ラクトアイス」の3種類があり，食品衛生法第7条で規定されています。原料を高圧で均質化し脂肪球を1～2μmに細分化，-2～-9℃まで冷却してつくります。

アイスクリームは広義には冷凍菓子（frozen dessert）の総称であるが，一般的には乳または乳製品を主原料とし，これに糖類・乳化剤・安定剤・香料などを加えて凍結した食品をいう。日本では食品衛生法第7条の規定に基づき「乳及び乳製品の成分規格などに関する省令」（乳等省令）により，「生乳・牛乳もしくは特別牛乳またはこれらを原料として製造した食品を加工し，または主要原料としたものを凍結させたものであって，乳固形分3.0％以上を含むもの（はっ酵乳は除く）」を「アイスクリーム類」として定義されている。アイスクリーム類にはアイスクリーム，アイスミルク，ラクトアイスの3種類がある。これらの成分的特徴を**表5.5.1**に，また原料配合例を**表5.5.2A，B，C**にそれぞれ示した。

アイスクリームは幕末の万延元年（1860年），日米通商条約使節の護衛として初めて太平洋を横断した咸臨丸の乗組員によって伝えられた。使節メンバーの柳川当晴の書いた日記によれば「又珍しきもの有。氷を色々に染め物の形を作。これを出す。味は至ってあまく口中に入れるとたちまち解けて誠に美味なり。これをアイスクリンという。」

明治2年5月（1869年），町田房造が横浜の常盤町5丁目でアイスクリーム店を開業した。これを記念して（社）日本アイスクリーム協会は5月9日を「アイスクリームの日」と定めている。

明治12年（1879年）銀座函館屋で販売。明治35年（1902年）に資生堂が販売。餡パン1個1銭の時代に1人前15銭と高価であった。大正10年（1921年）には三越の食堂のメニューにアイスクリームが登場した。

大正13年（1924年），東京菓子（現，明治製菓）が東京・京橋の仮工場で製造販売。昭和3年（1928年）には酪連（現，雪印乳業）が札幌で製造を開始した。

1906年村井弦齊著「食道楽」に，**図5.5.1**のような木桶と茶筒を使ったアイスクリームのつくり方が紹介されている。1907年頃，家庭で自家製アイスクリームをつくろうという動きがあり，西洋食器店で販売されたが，大工の手間賃が1円の時代に，4～5円もした高価なものであった。

図5.5.1 昔のアイスクリームづくり（「増補注釈食道楽」村井弦齊著，1906年）

アイスクリームの製造工程

アイスクリーム製造の基本フローは，混合タン

アイスクリーム

クで各原料を加温溶解後，この混合品（ミックス）を濾過し均質化する。これを殺菌後，香味料を添加して0〜5℃でエージングし，フリーザーで空気を混合しながら半凍結状態にする。これを容器に充填後硬化する方法と，充填硬化後包装する2法があり，これがいわゆる，ハードアイスクリームの製造工程のあらましである。

水・牛乳・脱脂乳など，固形分の少ない原料を先に100（小規模）〜2,000ℓ（大規模）のバットに入れ，続いてクリーム，練乳類を入れる。最後に粉乳・砂糖・安定剤などの粉体原料を撹拌しながら徐々に入れ，混合する。安定剤は溶けにくくママコ（細かい粉の軟らかい塊。周囲は濡れているが中味は乾いた粉で，水などの上に浮いてなかなか溶けないもの）になりやすいので個別に溶解後投入するか，3〜4倍量の砂糖と混合後，徐々に投入すると良い。この混合品を「アイスクリームミックス」といい，50〜60℃に加温して完全に混合溶解する。ミックス調整後，均質機にかける前に60〜100メッシュのステンレス製金網で濾過する。

均質化はミックス中の脂肪球を1〜2μm程度に細分し，クリーム層の形成を阻止して均一に乳化するのが狙いである。これはフリージング中の脂肪の凝集（チャーニング）の防止と，フリージングにおけるオーバーラン（空気混入による容積増加）を向上させる効果がある。均質機には高圧型，遠心型，超音波型などがあるが，一般には高

カゴ形偏芯ダッシャー

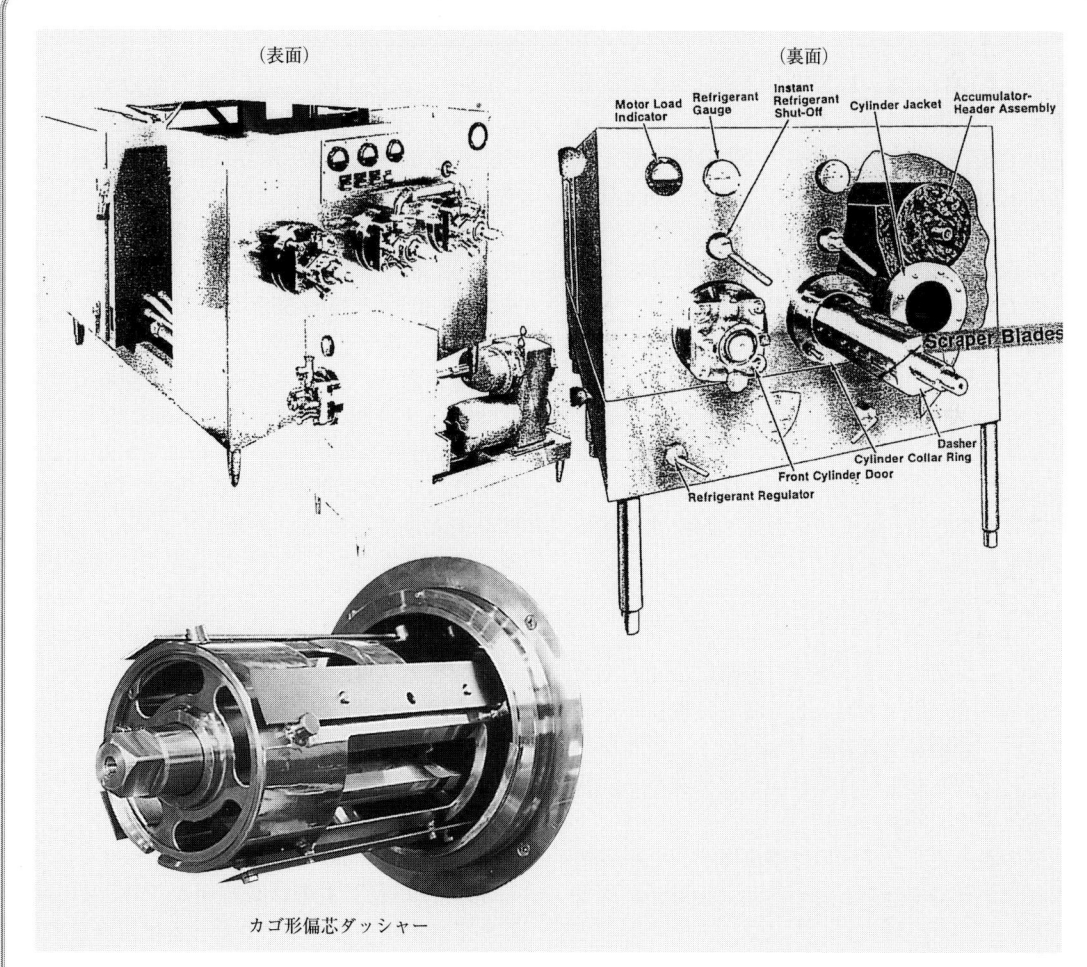

図5.5.2 連続フリーザー。JacketのついたCylinderの中に，Scraper Bladesと示したDasherが4枚，左下の図のようについている。これがCylinder内で激しく回転，Jacket内に冷媒が流れることで，アイスクリームミックスを冷却する。

CHAPTER 5　乳製品

図5.5.3　アイスクリーム調合設備
（写真提供：㈱イズミフードマシナリ）

図5.5.4　全自動型アイスクリームフリーザー
（写真提供：㈱イズミフードマシナリ）

圧型が良く使われる。均質圧力はミックスの成分や温度，均質機の構造により異なるが，通常，一段圧縮では100〜180kg/cm^2，二段の場合第1バルブで100kg/cm^2，第2バルブで40〜70kg/cm^{2}である。均質温度は50〜70℃が一般的である。

次の殺菌は乳等省令では，68℃，30分間以上の条件であればよいが，大量生産ではプレート熱交換機を用いHTST法で80〜85℃，20秒，UHT法で130℃前後，2〜3秒が一般的である。殺菌されたミックスは0〜5℃で3〜24時間貯蔵しエージングする。エージングには脂肪の固化，安定剤などのゲル化，ミックスの粘性増加などにより，滑らかな組織，適度の保形性・起泡性を保持する効果がある。香味料はエージング後，フレーバリングタンクでミックスを撹拌しながら投入する。

フリージングではミックスを急激に冷却して水分を凍結させ，空気を混入して激しく撹拌し，ミックス中に微細な空気の泡と氷の粒子，脂肪などを均一に分散させた半流動体のソフトクリーム状にする工程である。

空気の混入でミックスの容積が増す。この容積の増量をオーバーランといい，80〜100％が適当である。

フリーザーはフリージングチューブ（図5.5.2のCylinder）内でミックスをダッシャー（図5.5.2のDasher）で激しく撹拌し，空気を送り込み，Cylinder Jacket内の冷媒で熱を奪って，ミックスを凍結させる構造になっている。連続式とバッチ式があるが，大量生産では連続式である。処理能力は400〜2000ℓ/hでアイスクリームの品温により普通型（−2〜−5℃）と低温型（−6〜−9℃）がある。普通型でアイスクリームミックスを20〜30秒で35〜55％の水分が氷の結晶となり，品温−2〜−5℃のソフトアイスクリームができる。オーバーランが90％に達するまでのフリージング時間は連続フリーザーで24秒，バッチ式で7分（品温−2〜−4℃）である。また低温フリーザーでは水分凍結率が高く（70〜80％），結晶の大きさも微細（普通フリーザーの約40％減）にできるので，組織が滑らかで，緻密で堅い良質のアイスクリームができる。

フリージングで，できた半流動体のアイスクリームを容器（90mℓの市販用から1ℓの業務用まで）充填し−20〜−30℃に急冷して，一定の形を保つまで凍結する工程を硬化という。これによりハードアイスクリームができる。硬化は硬化室または硬化トンネルで行う。

硬化時間は−30℃の硬化室でカップもので20〜30分，バルクものは数時間から数十時間かかる。でき上がったアイスクリームは市場に出荷するまで−20〜−30℃の貯蔵庫で保管する。

図5.5.3にアイスクリーム調合設備，図5.5.4に全自動アイスクリームフリーザーを示した。

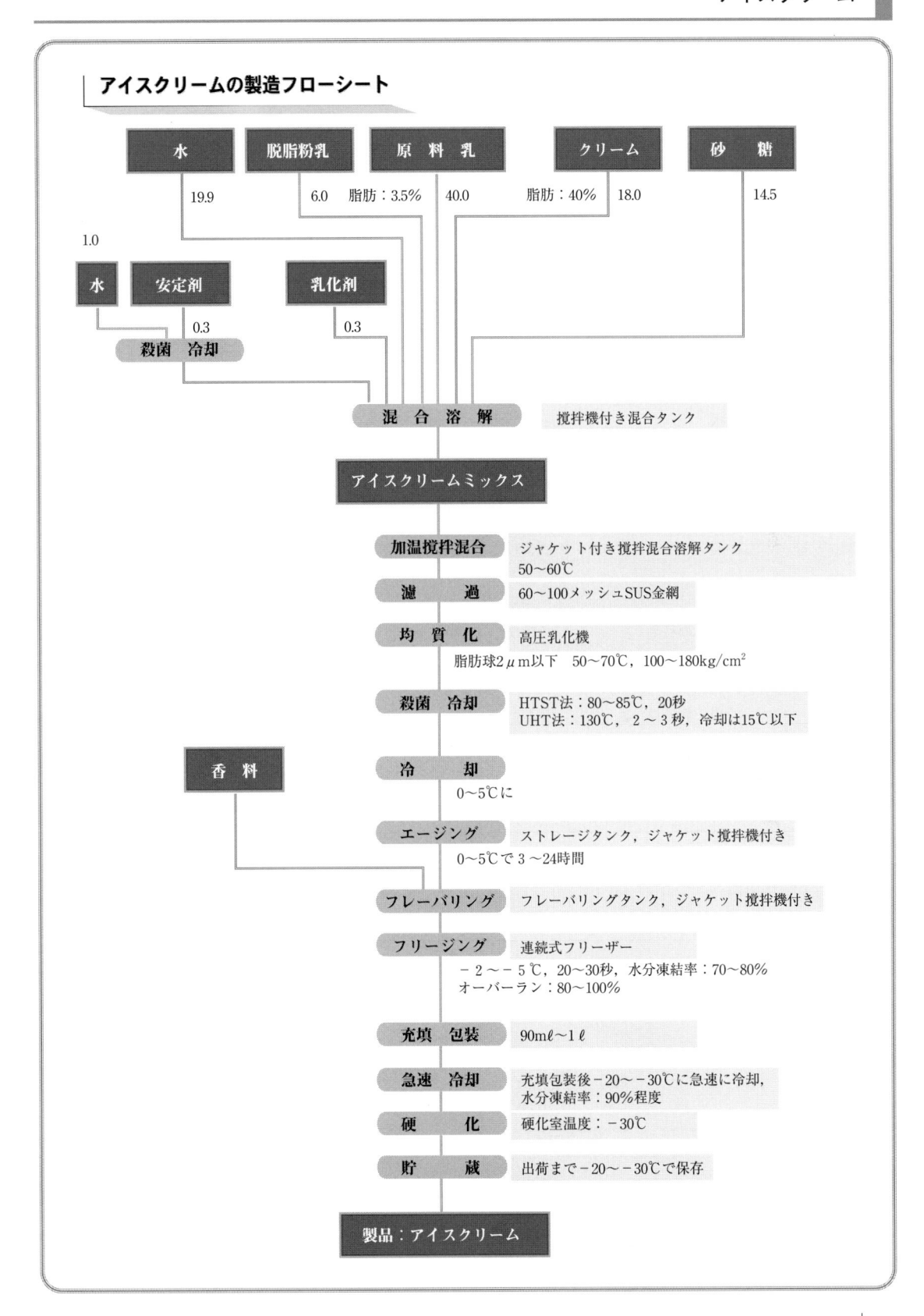

アイスクリーム

アイスクリームの製造フローシート

```
水 19.9    脱脂粉乳 6.0    原料乳 脂肪:3.5% 40.0    クリーム 脂肪:40% 18.0    砂糖 14.5

水 1.0    安定剤 0.3    乳化剤 0.3
         殺菌 冷却
                    ↓
               混合溶解 ← 撹拌機付き混合タンク
                    ↓
            アイスクリームミックス
                    ↓
         加温撹拌混合  ジャケット付き撹拌混合溶解タンク
                    50～60℃
         濾  過      60～100メッシュSUS金網
         均 質 化    高圧乳化機
                    脂肪球2μm以下 50～70℃, 100～180kg/cm²
         殺菌 冷却   HTST法:80～85℃, 20秒
                    UHT法:130℃, 2～3秒, 冷却は15℃以下
         冷  却      0～5℃に
         エージング   ストレージタンク, ジャケット撹拌機付き
                    0～5℃で3～24時間
   香料 → フレーバリング  フレーバリングタンク, ジャケット撹拌機付き
         フリージング  連続式フリーザー
                    －2～－5℃, 20～30秒, 水分凍結率:70～80%
                    オーバーラン:80～100%
         充填 包装   90mℓ～1ℓ
         急速 冷却   充填包装後－20～－30℃に急速に冷却,
                    水分凍結率:90%程度
         硬  化      硬化室温度:－30℃
         貯  蔵      出荷まで－20～－30℃で保存
                    ↓
              製品:アイスクリーム
```

乳製品

CHAPTER 5　乳製品

表5.5.1　アイスクリームの種類

	アイスクリーム	アイスミルク	ラクトアイス
乳固形分	15.0%以上	10.0%以上	3.0%以下
内乳脂肪分	8.0%以下	3.0%以上	—
細菌数	100,000個/g以下	50,000個/g以下	50,000個/g以下
大腸菌群	陰性	陰性	陰性

表5.5.2　A)　アイスクリーム

原料名	配合比	脂肪分	無脂乳固形分	全固形分
牛乳（脂肪3.5%）	40.0%	1.4%	3.3%	4.7%
クリーム（脂肪40%）	18.0	7.2	1.0	8.2
脱 脂 粉 乳	6.0	—	5.8	5.8
砂　　　糖	14.5	—	—	14.5
安 定 剤	0.3	—	—	0.3
乳 化 剤	0.3	—	—	0.3
水	20.9	—	—	—
合　　計	100.0	8.9	10.1	36.0

B)　アイスミルク

原料名	配合比	脂肪分	無脂乳固形分	全固形分
牛乳（脂肪3.5%）	76.8%	2.7%	6.5%	9.2%
クリーム（脂肪40%）	3.4	1.4	0.2	1.6
脱 脂 粉 乳	4.3	—	4.2	4.2
砂　　　糖	15.0	—	—	15.0
安 定 剤	0.3	—	—	0.3
乳 化 剤	0.2	—	—	0.2
合　　計	100.0	4.1	10.9	30.5

C)　ラクトアイス

原料名	配合比	脂肪分	無脂乳固形分	全固形分
バ　　タ　　ー	2.0%	1.6%	—	1.6%
加 糖 脱 脂 練 乳	15.0	—	4.1%	10.4＊
脱 脂 粉 乳	6.8	—	6.4	6.4
植 物 性 脂 肪	1.9	1.9	—	1.9
砂　　　糖	9.7	—	—	9.7
安 定 剤	0.4	—	—	0.4
乳 化 剤	0.3	—	—	0.3
水	63.9	—	—	—
合　　計	100.0	3.5	10.5	30.7

＊：糖分の6.3%を含む

第6章
大豆加工品
Soybeen processed food

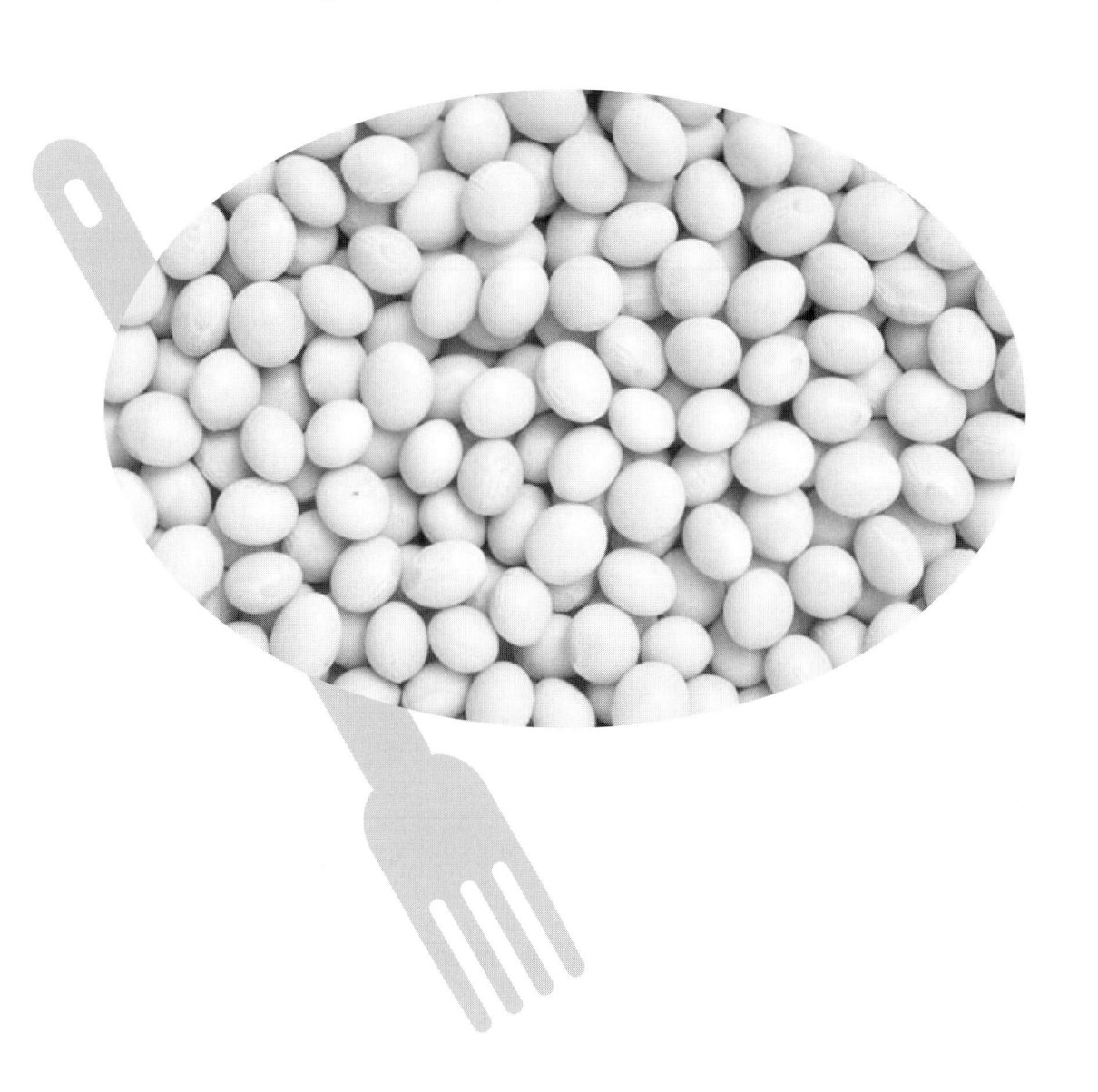

豆腐類

大豆加工食品 — Soybeen processed food —

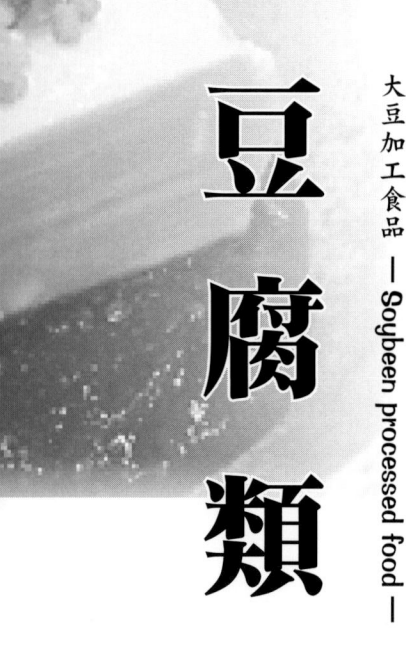

豆腐は紀元前150年頃中国で生まれ，日本へは奈良時代に仏教伝来とともに，その技法が伝わりました。道元禅師など僧侶によって武家の間にまで宣布した仏教の影響で精進料理が発展し，宮中でも精進料理が盛んで，豆腐が使われるようになったとのことです。

豆腐は大豆加工品として栄養学的にも重要な地位を占めており，今日でも大豆インフラボンは健康食品として注目されています。豆腐の種類は木綿豆腐，絹ごし豆腐，凍り豆腐などがあります。中でも室町時代の頃，天然の寒気を利用してつくられた凍り豆腐は日本独特の大豆食品で，その製造プロセスには興味深いものがあります。

豆腐類は古くから中国でつくられ，日本には奈良時代に遣唐使によって伝えられた歴史のある食品である。

中国での豆腐の歴史は古く，今から2000年も前に遡り，前漢の高祖の孫にあたる劉安（後の淮南王，紀元前122～172年）の創製にかかるといわれる。これは日本の古代弥生文化初期に当たる時期である。先にも述べたように，おおよそ1000年を経て奈良時代に唐の玄宗皇帝の頃，仏教伝来とともに豆腐の技法が日本に伝わった。殺傷を禁制とする仏教思想の影響で牛馬屠殺令（持統天皇，紀元741年）が発せられ，食肉が制限されて，栄養の補給の手段として植物タンパクが着目され，食肉の代用として大豆食品の利用が伸びたと考えられる。

王朝時代の食の文化は鎌倉，吉野時代に至り栄西，道元禅師など僧侶によって武家の間にまで宣布した仏教の影響で菜食主義が浸透し，精進料理が発展した。

この頃の古文書「盧南留別志」には，豆腐の日本伝来について「豊太閤朝鮮の陣の兵糧奉行岡部治部衛門なるもの覚え来りて云ふ。故にオカベとひ，チブ豆腐などともいふ」とあるが，これより以前，室町時代の宮廷風俗を記した庭訓往来，内裏仙洞，宗五大草紙などの書中には「豆腐をカベと云ふ」とか「豆腐羹」「卯の花料理（オカラ）」の記事があるから，すでに宮中では精進料理が盛んで，豆腐が多く使われていたと考えられる。

豆腐は大豆の加工品として栄養学的にも重要な地位を占めている。豆腐類には，木綿豆腐，絹ごし豆腐とその変形である充填豆腐，焼き豆腐，生揚げ（厚揚げ），がんもどき，凍り豆腐などが含まれる。

白山の堅豆腐は加賀藩で慶長10年（1605年）9月につくられたと加賀の「豆腐小文」に記されている。朝鮮の役の頃（1592～97年），加賀藩に渡来した永天斉という人が金沢に来て，七右衛門と名乗り，寛永3年（1626年）に豆腐の製造を始めた。この加賀藩の豆腐伝来の歴史的背景から，白山の堅豆腐は，そのつくり方を継承していると考えられる。堅豆腐は石豆腐，縄縛り豆腐，生搾り豆腐ともいわれる。縄縛り豆腐の名称はその名の通り縄で縛って，持ち歩けるほど，堅かった。白山堅豆腐の産地の中心は石川県の南西方向

図6.1.1 石川県白山麓の堅豆腐。その昔，子供が豆腐の角に頭を打ちけがをしたことにより，「石豆腐」などとも呼ばれる。（石川県ふるさと情報整備推進協議会ホームページより）

豆腐類

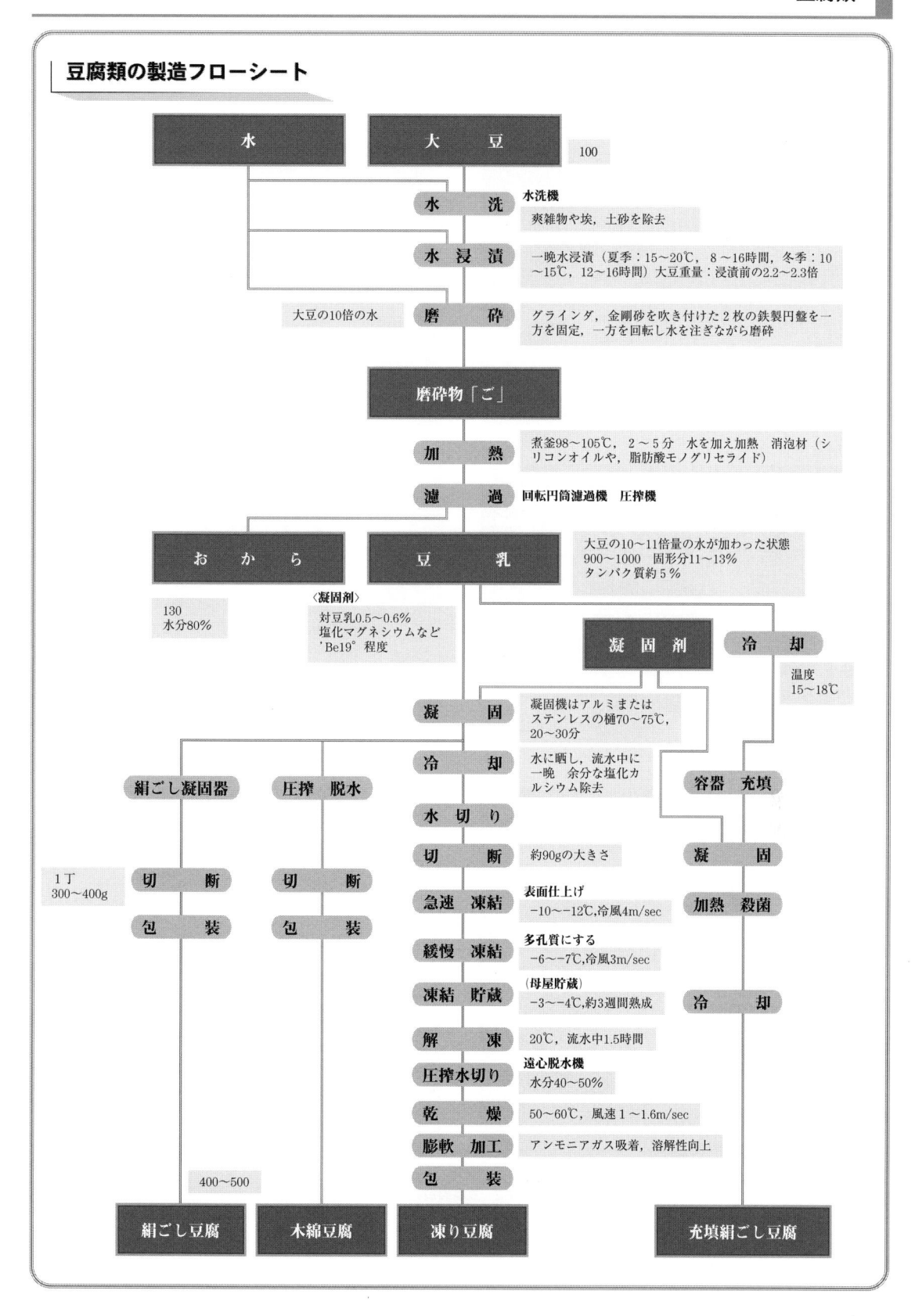

豆腐類の製造フローシート

```
水        大豆                              100
 │         │
 │         ▼
 │        水 洗      水洗機
 │         │        爽雑物や埃，土砂を除去
 │         ▼
 │        水 浸 漬   一晩水浸漬（夏季：15～20℃，8～16時間，冬季：10
 │         │        ～15℃，12～16時間）大豆重量：浸漬前の2.2～2.3倍
 │         ▼
大豆の10倍の水 → 磨 砕   グラインダ，金剛砂を吹き付けた2枚の鉄製円盤を一
           │            方を固定，一方を回転し水を注ぎながら磨砕
           ▼
        磨砕物「ご」
           │
           ▼
          加 熱    煮釜98～105℃，2～5分 水を加え加熱 消泡材（シ
           │      リコンオイルや，脂肪酸モノグリセライド）
           ▼
          濾 過    回転円筒濾過機  圧搾機
           │
    ┌──────┴──────┐
    ▼              ▼
  おから          豆 乳        大豆の10～11倍量の水が加わった状態
   130                         900～1000  固形分11～13%
  水分80%                      タンパク質約5%
              （凝固剤）
              対豆乳0.5～0.6%
              塩化マグネシウムなど
              ˚Be19°程度
                                 凝固剤         冷 却
                                                温度
                                                15～18℃
           ▼
          凝 固    凝固機はアルミまたは
           │      ステンレスの樋70～75℃，
           │      20～30分
           ▼
          冷 却    水に晒し，流水中に
           │      一晩 余分な塩化カ    容器 充填
           │      ルシウム除去
           ▼
          水切り                         凝 固
           │
           ▼
          切 断   約90gの大きさ         加熱 殺菌
   ┌───────┼──────┐
   ▼       ▼      ▼
絹ごし凝固器 圧搾脱水 急速凍結   表面仕上げ
   │       │      │         -10～-12℃,冷風4m/sec
1丁         │      ▼                       冷 却
300～400g  切 断  緩慢凍結   多孔質にする
   ▼       ▼      │         -6～-7℃,冷風3m/sec
  切 断   切 断   ▼
   ▼       ▼    凍結貯蔵   （母屋貯蔵）
  包 装   包 装   │         -3～-4℃,約3週間熟成
                 ▼
                解 凍      20℃，流水中1.5時間
                 ▼
                圧搾水切り  遠心脱水機
                 │         水分40～50%
                 ▼
                乾 燥      50～60℃，風速1～1.6m/sec
                 ▼
                膨軟加工   アンモニアガス吸着，溶解性向上
                 ▼
                包 装
  400～500
   ▼       ▼      ▼                      ▼
 絹ごし豆腐 木綿豆腐 凍り豆腐              充填絹ごし豆腐
```

CHAPTER 6　大豆加工食品

【浸漬】　【磨砕】

【加熱殺菌】 　【オカラ分離】

【凝固】 　【充填】

図 6.1.2　豆腐製造の様子

(写真提供：朝日食品工業㈱)

(本書の内容はあくまで一般工程を解説したものであり，写真提供企業の製造工程を示すものではありません。)

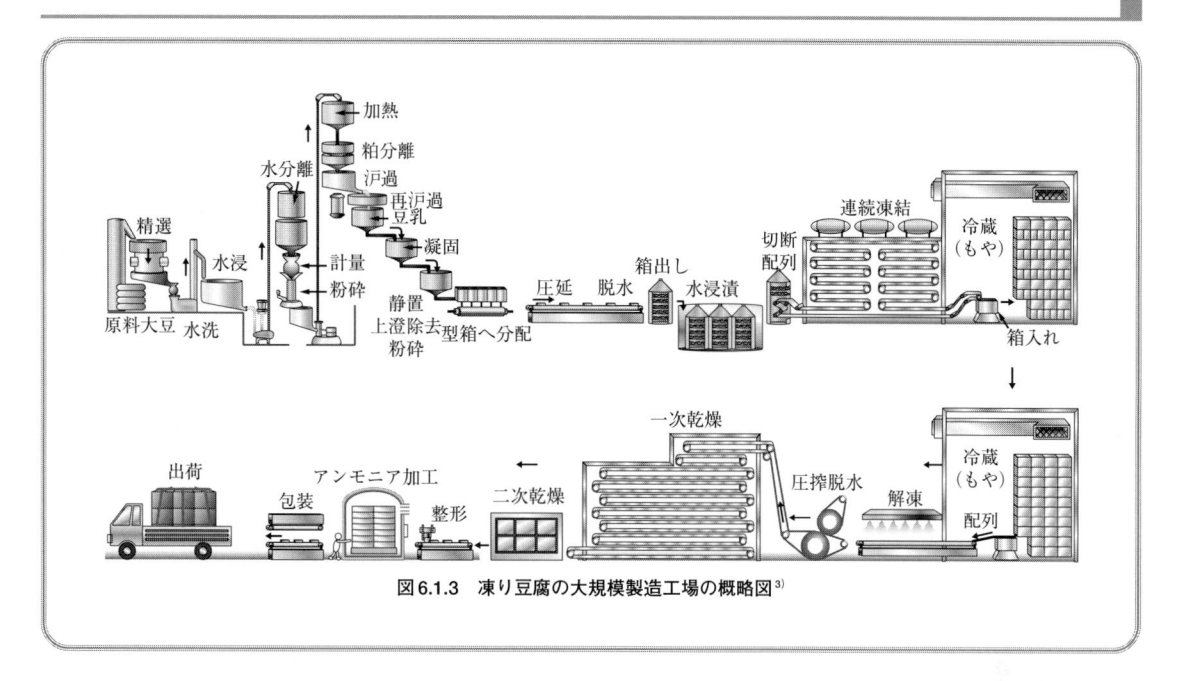

図6.1.3 凍り豆腐の大規模製造工場の概略図[3]

の山間地域，福井県境に通ずる石川郡白峰村付近と考えられる。

1945年頃，石川県桑島村では古典的な製法で堅豆腐がつくられており，当時，大豆2升で7～8寸四方，高さ5寸ほどの豆腐ができた。これを一箱と称し，半分を半箱，四つに切ったものをヒトスミまたはヒトマスと呼んだ。

図6.1.1は石川県白山麓の堅豆腐である。

製品・原料について

豆腐の主原料は大豆のほか，一部脱脂大豆も使われる。添加物は凝固剤だけである。凝固剤は硫酸カルシウム，塩化カルシウム，塩化マグネシウム，硫酸マグネシウム，グルコノデルタラクトンなどがあり，製造対象によって使い分けられる。豆腐類製造に当たっては特にタンパク質含量の多いことが望まれる。厳密にいえばタンパク質の内容，無機成分（特にリン），鮮度などが原料選択の対象になる。フローシートは絹ごし豆腐，木綿豆腐，凍り豆腐のものである。図6.1.2は大規模な豆腐の製造の様子を示した。

中でも凍り豆腐は日本独特の大豆食品で，室町中期の頃に天然の寒気を利用してつくられたのが始まりである。当時から高野山を中心に和歌山，奈良，大阪，兵庫などの農家でつくられ高野豆腐と呼ばれた。同様のものが長野，岐阜，東北地方でもつくられシミ豆腐と呼ばれた。

明治33年（1900年）天然寒気に代わり冷凍機による凍り豆腐がつくられ，次第に発展して1982年には凍り豆腐の製造工場が20近く存在するようになった。その代表例として図6.1.3に凍り豆腐製造工程の概略図を示した。

豆腐の製造工程

フローシートの流れで説明すると，大豆を精選，洗浄後，一晩水浸漬する。夏10時間，冬20時間程度で大豆は吸水して2.2～2.3倍の重量になる。これを金剛砂を吹き付けた円板が回転するグラインダで磨砕する。

磨砕した大豆を釜に入れシリコン樹脂などの消泡剤を加えて加熱，100℃近くで5分くらい保持後，濾過する。加熱は殺菌，青臭みの除去，ヘマグルチニンなどの生理的有害物質を破壊したり，大豆タンパク質を熱変性させ凍り豆腐の品質を向上させたりするためである。濾過は高速遠心分離機デカンタやスクリュープレスが使われる。濾過後の豆乳は大豆10kgから100～110kgくらいで，固形分4.5～5％程度が望ましい。

豆乳の温度が70～75℃くらいになったら，撹拌しながら塩化マグネシウム（にがり）溶液（ボーメ度19度くらい）を加え，凝固終了時の塩化マグネシウム濃度0.1％を目安にする。

CHAPTER 6　大豆加工食品

図6.1.4　凍り豆腐の連続凍結装置の出口の様子[35]

図6.1.5　凍り豆腐の連続解凍装置[35]

図6.1.6　凍り豆腐の連続圧搾脱水装置[35]

　凝固物をステンレス製多孔版でできた型箱に流し込み，成形する。できた豆腐は型箱から取り出し，流水中に一晩置き，余分な塩化マグネシウムを除去し，充分冷却する。この工程を「水晒し」という。水晒し後，豆腐を7.5×6×2 cmの大きさ（約90g）に切り，凍結する。凍結はまず，風速4 m/sec，−10〜−12℃で急速凍結を行い，表面をきれいに仕上げ，次いで3 m/sec，−6〜−7℃程度で緩慢凍結して内部を多孔質にする2段凍結法で行う。その後，−3〜−4℃で約3週間冷凍室で保持（熟成）し，続いて20℃の流水中で1.5時間かけ解凍する。解凍後，バスケット型遠心分離機で脱水し，水分40〜50％にする。これを風速1〜1.6m/sec，温度50〜60℃で乾燥し製品にする。

　大豆100kgから約1000kgの豆乳が得られ，それが水分80％程度の豆腐約230kgとなり，さらに水分10％前後の凍り豆腐50kgとなる。

　凍り豆腐は調理のとき，水を吸って大きくなるようにアンモニアガスを吸着させる膨軟加工，包装などの工程を経て製品化される。

　凍り豆腐の製造の様子を図6.1.4〜6に示した。

　凍り豆腐以外に豆腐はさらに加工（油で揚げる）され，「油揚げ」や「がんもどき」に加工される。

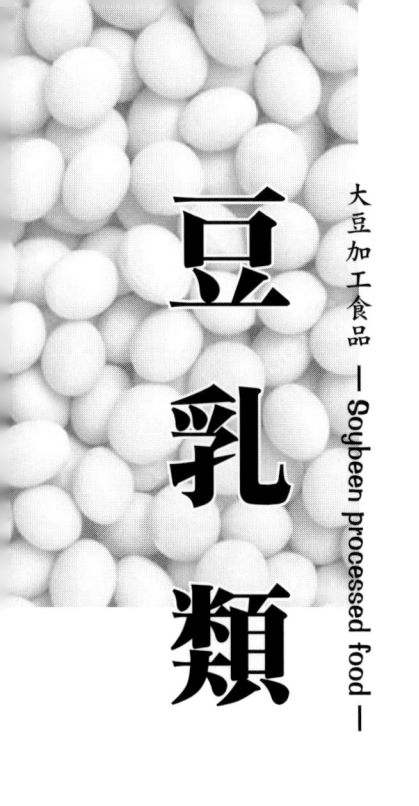

大豆加工食品 — Soybeen processed food —

豆乳類

筆者が今から49年ほど前，始めての海外出張でタイに行ったとき，タイ東北部の田舎で面談した現地の役人に勧められたのが豆乳でした。当時は本文に書きましたように1970年代の豆臭の除去研究がはじまる前で，牛乳の代用として飲まれており，中国系タイ人の多く住む町での出来事でした。同行した上司に「海外では逞しく，何でも飲食しないと生きて行けないぞ」と叱咤激励されましたが，筆者は少し口にしただけで，その強烈な生の大豆臭のために飲み干すことができませんでした。しかし最近では品質改良も進み，健康食品ブームにものせられ，筆者も抵抗なく豆乳が飲み干せます。その豆乳の品質改善がどのように進んだか調べてみましょう。

豆腐の項でも解説した，室町時代の宮廷風俗を記した庭訓往来，宗五大草紙などの書中の「豆腐羹」について，江戸時代に博覧強記で知られる伊勢貞丈（1717～1789年）は「羹はゴウと読むべし，汁のことを云うなり，カンと読めばヨウカン，ベッカンの事にて点心の事なり」と解説している。現代中国語で羹はgeng（ゴン）と発音して汁を意味し，点心はdianxin（ディエンシン）と発音し菓子の「おやつ」を意味する。この豆腐羹こそが日本の食品史上に残された唯一の豆乳の記録と考えられる。

しかし，豆乳の飲用の習慣は従来，中国文化圏に限られ，香港，シンガポール，タイ，台湾などの東南アジアの一部の中国系市民の食生活の中に定着していた。豆乳の豆臭が障害となり，あまり市場は拡大しなかったが，1970年代の始め，この豆臭の除去の研究が本格化した。豆臭の原因は大豆中のリポキシゲナーゼが大豆油と接触し，空気中の酸素による油の酸化により急速に不快臭を発生することによるが，これを防ぐ方法が開発された。

そのためには磨砕時に加温して酵素作用を抑制すればよく，工学的な方法として次の3つが試みられている。

①USDA方式（アメリカ農務省，北部研究所が開発）：

大豆を連続的に加圧加熱（extruder cooking）し，組織を破壊し，酵素を失活させる。これに水を加え強制分散させる方法である。

②コーネル大学方式：

水浸漬大豆を機械的に磨砕するとき，熱水を加えて温度を酵素失活点以上に保つ方法である。

③イリノイ大学方式：

水浸漬大豆を加熱して酵素を失活させる方式である。いわゆる水煮方式で，酵素が失活した後，これを磨砕し，250kg/cm^2の高圧ホモゲナイザーで強制分散させる方法である。

これらの方法では，熱で不溶化したタンパク質のザラツキ解消や酵素由来以外のフレーバーの問題などあり，現在はフィルム状に広げた豆乳を減圧下で処理するなど，種々の大豆臭軽減の研究が行われている。

現在，日本の市場に定着しつつある豆乳は，ほとんど丸大豆を原料としており，前述の脱臭方式を中心に改良が加えられたものである。

日本でも最近，健康食品志向から，豆乳の消費が急速に伸びている。無菌充填技術の発達で豆乳も超高温短時間殺菌で腐敗菌などの殺菌が可能となり，これを無菌的に殺菌容器に充填密封することにより冷蔵庫（5℃）で3ヶ月保存できる製品が生産されている。

豆乳には**表6.2.1**に示したようなJAS規格が定められており，豆乳，調整豆乳（砂糖，油脂など添加したもの），豆乳飲料（フレーバー果汁，ココアなど添加したもの）に分類され，これらの表示が義務付けられている。**表6.2.2**に各種豆乳の配合例を示した。

上表で（　）はココアまたは果汁を添加するという意味で，果汁のときはココアを添加しない。**図6.2.1**は豆乳製造工程の概略図である。豆乳の

CHAPTER 6　大豆加工食品

表 6.2.1　豆乳類の JAS 規格[20]

分類	種類	大豆固形分	大豆タンパク質含有率	原材料および食品添加物
豆乳	A：大豆豆乳液	8％以上	3.8％以上	大豆，レシチン，消泡剤
調整豆乳	A：大豆豆乳液	6％以上8％未満	3.0％以上	大豆，レシチン，消泡剤，脱脂加工大豆，植物油脂，調味料（糖類，食塩等），糊料，香料，抗酸化剤，トコフェロール，pH調整剤，品質改良剤，乳化剤
	B：調整豆乳液	6％以上	3.0％以上	
	C：調整脱脂大豆豆乳液	6％以上	3.0％以上	
豆乳飲料	B：調整豆乳液	4％以上6％未満	1.8％以上	大豆，脱脂加工大豆，粉末大豆タンパク，レシチン，消泡剤，植物油脂，調味料（糖類，食塩等），トコフェロール，香辛料，風味原料（果実の搾汁，野菜の搾汁，コーヒー，ココア，牛乳，粉乳，穀類粉末，抹茶並びに昆布の粉末および抽出濃縮物），糊料，着色料，着香料，pH調整剤，品質改良剤，乳化剤，化学調味料，呈味補助剤，酸味料，抗酸化剤，合成糊料
	C：調整脱脂大豆豆乳液	4％以上6％未満	1.8％以上	
	D：調整粉末大豆豆乳液	4％以上	1.8％以上	
	B，C，D ＋ ＊ ｛果実の搾汁，野菜の搾汁，乳または乳製品，穀類粉末または風味原料｝	4％以上	1.8％以上	
	B，C，D ＋ ＊＊ ｛果実の搾汁 5％以上10％未満｝	2％以上	0.9％以上	
大豆タンパク飲料	E：粉末大豆タンパク＋水		1.8％以上	粉末大豆タンパク，植物油脂，レシチン，調味料（糖類，食塩等），消泡剤，トコフェロール，香辛料，風味原料（果実の搾汁，野菜の搾汁，コーヒー，ココア，牛乳，粉乳，穀類粉末，抹茶並びに昆布の粉末および抽出濃縮物），糊料，着色料，着香料，pH調整剤，品質改良剤，乳化剤，化学調味料，呈味補助剤，酸味料，抗酸化剤，合成糊料
	E＋植物油脂，調味料または＊		1.8％以上	
	E＋植物油脂，調味料または＊＊		0.9％以上	

種類
A：大豆豆乳液　　　　：大豆（粉末状，脱脂大豆を除く）から熱水などでタンパク質その他の成分を溶出させ，繊維質を除去して得られた乳状の飲料
B：調整豆乳液　　　　：Aに植物油脂，調味料（糖類，食塩など）を加えた乳状の飲料
C：調整脱脂大豆豆乳液：脱脂加工大豆から熱水等でタンパク質その他の成分を溶出させ，繊維質を除去したものに，植物油脂，調味料（糖類，食塩など）を加えた乳状の飲料
D：調整粉末大豆豆乳液：BまたはCに粉末大豆タンパクを加えた乳状の飲料
E：粉末大豆タンパク　：A，B，Cを乾燥して粉末状にしたもの，または大豆を原料とした粉末状植物性タンパクのうち繊維質を除去して得られたもの

表 6.2.2　各種豆乳の配合例

原料		豆乳	調整豆乳	豆乳飲料
主原料	丸大豆	100kg	100kg	100kg
副原料	大豆油	—	13	9
	糖類	—	35	46
	食塩	—	0.1	—
	（果汁）	—	—	(100)
	ココア	—	—	27
	乳化剤	—	1.2	2
豆乳分大豆固形分		11％	6％	2〜4％
計	原料	100	148.3	144
	製品	600	1000	1000

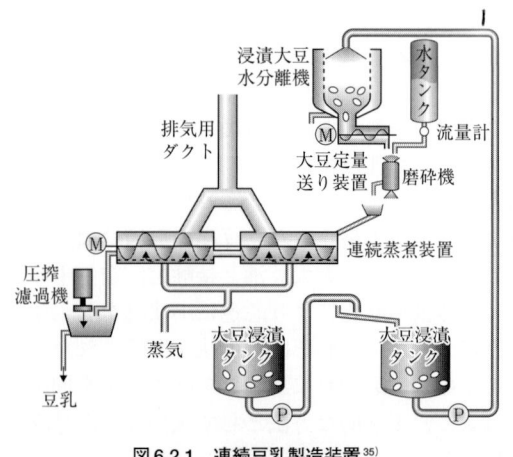

図 6.2.1　連続豆乳製造装置[35]

豆乳類

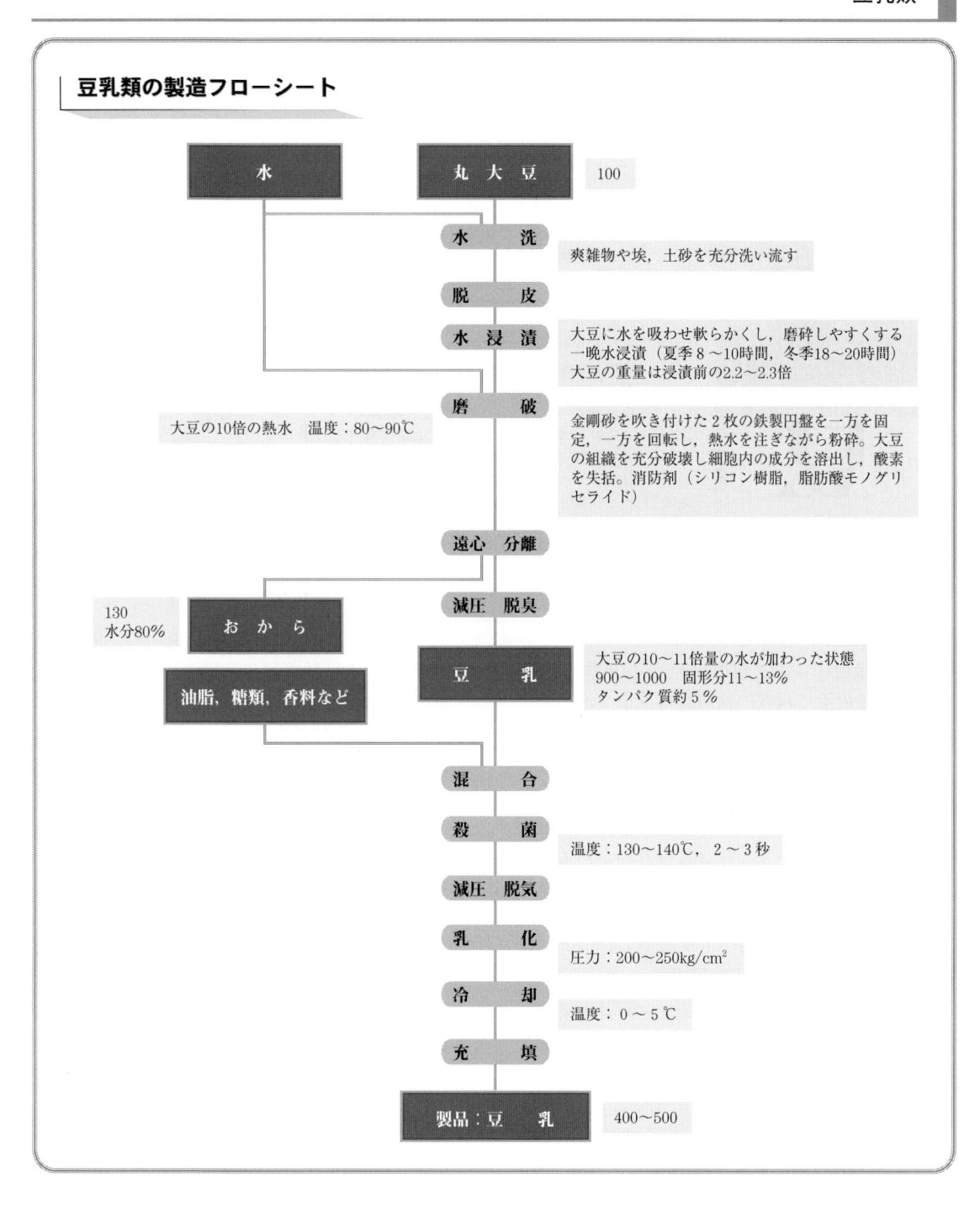

豆乳類の製造フローシート

```
水 ─────────────── 丸大豆  100
│                    │
│                   水 洗 ── 夾雑物や埃，土砂を充分洗い流す
│                    │
│                   脱 皮
│                    │
│                   水浸漬 ── 大豆に水を吸わせ軟らかくし，磨砕しやすくする
│                    │        一晩水浸漬（夏季8〜10時間，冬季18〜20時間）
│                    │        大豆の重量は浸漬前の2.2〜2.3倍
│                    │
└─ 大豆の10倍の熱水  磨 破 ── 金剛砂を吹き付けた2枚の鉄製円盤を一方を固
   温度：80〜90℃     │        定，一方を回転し，熱水を注ぎながら粉砕。大豆
                     │        の組織を充分破壊し細胞内の成分を溶出し，酸素
                     │        を失括。消防剤（シリコン樹脂，脂肪酸モノグリ
                     │        セライド）
                     │
                  遠心分離
                     │
   おから ─────── 減圧脱臭
   130              │
   水分80%          │
                    豆 乳 ── 大豆の10〜11倍量の水が加わった状態
                     │        900〜1000  固形分11〜13%
   油脂，糖類，      │        タンパク質約5%
   香料など ─────┐  │
                 └─ 混 合
                     │
                   殺 菌 ── 温度：130〜140℃，2〜3秒
                     │
                   減圧脱気
                     │
                   乳 化 ── 圧力：200〜250kg/cm²
                     │
                   冷 却 ── 温度：0〜5℃
                     │
                   充 填
                     │
                 製品：豆 乳  400〜500
```

製造はフローシートからも分かるように，「おから」を分離するまでは豆腐の製造に良く似ている。「おから」分離後，減圧状態で脱臭処理し，これに油脂，糖類，香料などを加え，UHTで130〜140℃，2〜3秒間殺菌後，高圧乳化機で200〜250Kg/cm²で乳化後冷却，容器充填包装される。

先にも述べたように豆乳の製造では，大豆独特の大豆臭をいかに取り除くかがポイントで，その製法の詳細は発表されていないため情報が少ない。図6.2.1の概略図では磨砕した大豆を「おから」分離前に蒸気で蒸煮して脱臭しており，前述のコーネル大学方式に近いと考えられる。

納豆 — Soybean processed food —

大豆加工食品

納豆といえば、あのネバネバと糸を引く食品を思い出すでしょう。豆腐、味噌と並んで大豆タンパク食品の代表格です。好きな人は毎朝でも食べますが、あの臭いが嫌で、そばで食べられても困るという人もいます。

大豆イソフラボンの血中コレステロール低下作用、骨粗鬆症の予防、更年期障害の軽減などの効果が注目されるほか、その酵素ナットウキナーゼによる血栓の溶解作用、病原性大腸菌O-157などの病原菌に対する抗菌作用も新たに認められ、健康食品として評価が高まっています。筆者もそれほど好きではないのですが、健康に良いと思うと食べる頻度が多くなったりもします。ここではその作り方を調べてみましょう。

養に成功しBacillus natto Sawamuraの学名が与えられた。

さらに大正時代に入り、北海道大学の応用菌学教授の半沢洵博士が、純粋培養の納豆製造の指導と普及に尽力し、今日の納豆発展の礎を築いた。

最近では従来から知られていた納豆の効用に加え、ナットウキナーゼ（酵素）による血栓の溶解作用、病原性大腸菌O-157などの病原菌に対する抗菌作用といった新たな効用が認められ、健康食品としての評価が高まった。

納豆は伝説によると西暦1087年、八幡太郎義家が後三年の役に現在の秋田県横手市金沢の砦を攻めたとき農民から徴集した食糧の中に納豆があり、これが後世に伝えられたという。納豆と呼ばれるものには二種類あり、一つは蒸煮大豆に焙煎し、粉砕した麦を混合して麹黴を生育させて食塩水に漬け込んだ塩納豆と呼ばれるものがある。もう一つは寺納豆と呼ばれる稲藁に包んで納豆菌を生育させた納豆がある。こちらは江戸納豆、一夜納豆、藁納豆、ネバ納豆などと呼ばれている。一般に納豆というと後者が頭に浮かぶ。このいわゆる糸引き納豆は、大豆栽培の始まった弥生時代に端を発するという説もある。日本古来の代表的な伝統食品として、江戸時代には庶民の食べ物として親しまれ、現在では「ご飯、味噌汁、お新香」それに「納豆」「卵」など、私たちの朝食の定番になった。

はじめは乾燥した稲藁に煮豆を包んで暖所で発酵させていたが、納豆の細菌学的研究が進み1920年代以降は稲藁から納豆菌を分離培養して、これを納豆菌のシードに使い工業的に生産されるようになった。

納豆生産菌の研究は明治の半ば頃から始まり、沢村真博士が1905年に新種の菌として分離、培

図6.3.1〜5に納豆製造工程の様子を示した。

原料大豆は国産の中粒〜小粒が使用されてきたが、最近では作付け面積の減少などから、輸入大豆が使われるようになった。米国産は風味などの点から納豆づくりには向かないので、中国産大豆が多い。大豆は小粒の方が吸水量が多く、煮えやすく、比表面積が大きいので納豆菌の成育に有利である。大豆は粒径4.5〜5.5mmが極小粒、5.5〜6.5mmが小粒、6.5〜7.3mmが中粒、7.3mm以上を大粒と呼び、商取引上の区分となっている。原料は夾雑物、未熟豆、砕け豆、虫食い豆などを精選機で除去した後、洗浄機で泥や埃を洗い流し、水浸漬する。吸水の適量は浸漬前の大豆の重量の2.0〜2.3倍である。浸漬時間は表6.3.1がおおよその目安である。

浸漬水は飲料水で鉄5ppm以下の軟水であることが要求される。浸漬が終わった大豆は加圧釜で1.0〜1.5kg／cm^{2}で20〜30分間加圧蒸煮する。蒸煮が終了した大豆は蒸煮釜から数回に分けて取り出し、納豆菌を接種する。納豆菌シードは1ml当たり1億個以上の納豆菌胞子を含み、大豆60kgに対し5〜10mℓを一度沸騰させた滅菌水で500〜1000倍に希釈して、大豆の品温が80〜90℃の熱いうちに散布し、品温が50℃以下に下

納豆

表6.3.1 大豆の種類と水温・浸漬時間

種　類	冬季（0～5℃）	夏季（18～25℃）	春秋季（10～15℃）
国産大豆	24～30時間	8～12時間	16～20時間
中国産	24～36	10～14	

図6.3.1　大豆洗浄の様子

図6.3.2　大豆を水浸漬する様子。浸漬水は鉄分5 ppm以下の軟水であることが要求される。

図6.3.3　大豆の蒸煮工程。浸漬が終わった大豆は加圧釜で1.0～1.5kg/cm^{2}で20～30分間加熱蒸煮される。この工程の終了直後、まだ熱いうちに取り出して納豆菌を接種する。

図6.3.4　納豆の包装の様子。納豆菌を接種した大豆、からしやタレなどの同梱物を充填後、発酵室での発酵工程に移る。

図6.3.5　発酵工程。発酵は35℃以上の発酵室で、段階によって温度をコントロールしながら16～18時間にわたり行われる。発酵後は2～5℃の冷蔵庫で一晩保管、品温を下げてから出荷される。

（写真提供：旭松食品㈱）

（本書の内容はあくまで一般的工程を解説したものであり、写真提供企業の製造工程を示すものではありません。）

がらないうちに容器に包装する。包装が終了したら発酵室で発酵する。発酵室は塩化ビニール製の発泡板の両面をFRPを積層したパネルの3.5×2.4×22mの大きさを標準とし、天井中央部に送風ファンを設け、加熱、冷却、換気をすべてタイマーで制御できるように設計されている。標準仕込み量は100g包装で3000～4000個である。発酵終了後、そのまま温度を5℃以下に下げ冷蔵庫で製品を保管する。製品はこの発酵室兼冷蔵庫で2～5℃で一晩以上保管し、熟成させてから出荷する。

CHAPTER 6　大豆加工食品

納豆の製造フローシート

原料　大豆
- 国産大豆：中粒～小粒
- 中国産大豆：旧満州，黒竜江産の茶目，白目の選別大豆（粒径5.5～6.3mm）
- 米国産大豆：過去は納豆に向いていなかったが，最近は納豆用大豆が栽培，輸入されている

関東では小粒が好まれ関西，九州は中粒以上が好まれる

精　選　選別機
夾雑物，未熟豆，砕け豆，虫食い豆の除去

洗　浄　洗浄機

浸　漬　鉄分5ppm以下の軟水
浸漬後，処理前の重量の2～3倍

水切り

蒸　煮　加圧釜
1.0～1.5kg/cm² 蒸気で20～30分　50～100kg/B

蒸煮大豆　　**納豆菌**

1億/mℓ以上の納豆菌胞子
大豆60kgに対し5～10mℓを煮沸滅菌水で500～1,000倍に薄めて散布

接　種
蒸煮大豆の品温：80～90℃の熱いうちに納豆菌散布

包　装
蒸煮大豆の品温が50℃以下にならないように充填包装

発　酵　発酵室
入庫品温は50℃以上だが，発酵中は4時間くらいから品温を35℃以下にしないよう注意，100g包装品（包材：ポリエチレン容器など）で3,000～4,000個，温度35～40℃，相対湿度85～90%RH，発酵時間：16～18時間，発酵最盛期は8～12時間目，品温50℃まで上昇したら50～52℃に保持するのが品質管理のポイント

冷却・保管　冷蔵庫
2～5℃で一晩以上保管後出荷
品温は必ず5℃以下に下げてから出荷

製品：納豆

第 7 章

調味料
Seasoning

調味料 — Seasoning —

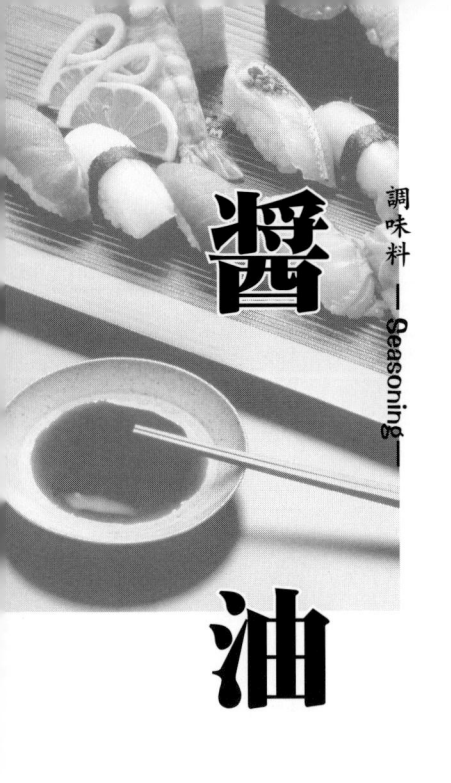

醤油

醤油も味噌と同じく，日本人の食生活から切り離せないものです。しかし地域性は味噌ほど多くはなく，関東以北の濃口，関西の薄口，中京地区の溜まり醤油の三種類が代表的です。また九州などでは甘口醤油が使われています。刺身に醤油は付きものですが，九州で刺身を食べる時，関東人の筆者は甘い刺身は我慢できず，濃口醤油を持参します。

近年，米国でも醤油の味が人気があり，日本の醤油メーカーが米国で工場を稼働させています。

醤油の原料は大豆と小麦ですが，東南アジアには小魚を原料にした魚醤があります。この魚醤に対し，日本の醤油は穀醤と呼ばれます。ここでは醤油を代表して濃口醤油について解説します。

醤油の種類には濃口，淡口，溜，再仕込，白などがある。ほかに生揚，減塩，粉末醤油がある。これらはそれぞれ特級，上級，標準の規格が定められている。白醤油以外は全窒素分とエキス分の多いものが等級が高い。

醤油の需要は，一人当たりの年間消費量で1928年の13ℓをピークに，食生活の洋風化に伴い10ℓ程度に減少している。最近では，食品の機能より嗜好やファッション性が重視され，醤油も安心さ，便利さが要求され，香り，色，味の調和した基本調味料を2次加工した「めんつゆ」，「焼き肉のたれ」，「味付ポン酢」などが好まれている。包装材料も公害防止，持ち運びの便利さなどが要求されている。

現在，通常の醤油よりナトリウム含量を50％減らした減塩醤油の市場が伸びているが，減塩醤油は栄養改善法12条の「特殊栄養食品」で，病者用特別用途食品として低ナトリウム食品の許可基準にしたがって製造されたものである。

醤油も味噌も中国の醤や鼓が起源とされている。醤は鼓より古く，中国で約3000年前の「周礼」に醤の字が見られ，それ以前につくられていたと考えられる。その醤は動物性の肉醤であった。

大豆の発酵食品は後漢時代の許慎が「説文解字」（100～200年頃）に鼓について記しているのが最初といわれている。400～450年頃書かれた最古の農業書「斉民要術」では，醤は米や麦，雑穀を麹にし，それを大豆に添加して発酵させたもので，鼓は大豆そのものを麹で発酵させたものと考えられる。

日本には1254年に信州の禅僧，覚心が中国（宋）から金山寺味噌の製法を紀州湯浅村に伝えた。桶の底に溜まる液，「溜」の偶然の発見が，日本の醤油の始まりといわれている。

足利時代に発達した割烹料理術では，溜のような調味料が秘伝となっていた。当時，茶道とともに普及した懐石料理の影響で，溜はさらに改良され日本独特の醤油として発展した。天正時代（1573年～）に播州竜野・紀州湯浅・小豆島などで造り醤油業者が出現した。江戸時代には，大消費地近くの野田・銚子・土浦・佐原・成田で多くの醸造家が開業し関東人の嗜好に適した濃口醤油がつくられだした。

製品・原料について

原料の大豆は国内産もあるが，主に米国，ブラジル，中国からの輸入品である。脱脂大豆の形が多いが，最近では丸大豆を原料とするものも見られる。大豆原料は醤油の窒素成分の3/4の供給源である。

一方の原料小麦は米国，ロシア，カナダ，オーストラリアからの輸入品が多く醤油の窒素成分の1/4の供給源である。

フローシートには濃口醤油の製造工程を示した。図7.1.1は昔の醤油づくりの様子を示した。この図からも醤油という食品の伝統が感じられる。

図7.1.2は脱脂大豆の連続蒸煮装置である。図7.1.3は回転式製麹装置の例である。図7.1.4はそ

醤油

本醸造方式による濃口醤油の製造フローシート

丸大豆
- 精　選　　篩分機，風力分級機
  - 夾雑物除去
- 洗　浄
- 水浸漬　　冷水10時間
- 水切り　　1〜3時間

脱脂大豆
- 精　選　　夾雑物除去
- 散　水
- 蒸　煮　　1.5〜2.0kg/cm², 3〜5分
- 冷　却　　40℃に冷却

熱　水　85℃
　　丸大豆の130%

小　麦
- 精　選
- 炒熬（シャゴウ）　砂と混ぜ回転円筒内で160〜180℃　約40秒
- 砂分離

焙煎小麦
- 冷　却　　容積：生小麦の145%　食塩水冷却0〜5℃
- 割　砕　　30メッシュ以下微粉20%以上　一粒を4〜5つ

小麦，裸麦，砕米など

麹菌：Aspergillus oryzae
　　　Aspergillus sojae

種麹原料
- 散水　蒸煮　水分45〜55%
- 種麹　培養　25〜30℃，3〜4日

食塩水（汲水）
濃度23〜25%
温度：5℃以下
食塩：硫酸カルシウム・塩化マグネシウムの合計1%以下

原料比率は大豆：小麦＝5：5〜6：4

- 盛込み　　原料層20〜40cm　水分：40〜50%
- 製　麹　　通風機械製麹装置（製麹室）調湿清浄空気通風
  　　一番手入れまで28〜30℃の通風
  　　二番手入れ後，品温25℃目標で管理
  　　16〜18時間後混合締まりをほぐす（一番手入れ）
  　　22〜26時間後2番手入れ　製麹時間42〜45時間

原料処理前容量の1.1〜1.3倍の食塩水量

- 仕込み　　合成樹脂製発酵タンクなど　温度20℃以下
- 発酵熟成

もろみ
初期もろみ温度15℃以下で15〜30日間保持
その後25℃目標に加温　食塩濃度17〜18%
発酵熟成時間：180日以上

- 圧　搾　　ナイロン製濾布で一夜自重濾過　約70%の生醤油
  　　1.3m角のナイロン濾布を張った濾枠を360枚以上積み
  　　80t予圧プレス2日間圧搾　3日目600t最終圧搾
- 油分分離・濾過　タンクで油分分離後，セライトなどで濾過

- オリ引き　　清澄槽　10〜10℃，数日間静置

製品：生揚げ醤油
業務用：BIB（Bag in Box）
タンクローリーで供給

- 脱格調整　酸味料，甘味料で味調製
- 火入れ　　85℃，10〜20分
- オリ引き　60〜65℃数日間静置
  　　防腐剤としてアルコールを火入れ前に少量添付
- 包　装　　製品アルコール濃度2〜3%とする
  　　BIB（Bag in Box）
  　　樽詰　ビン詰
  　　家庭用：ポリエチレンテレフタレート（PET）ボトル
  　　卓上用：瓶詰

製品：濃口醤油

調味料

CHAPTER 7　調味料

①豆をいる図（左下）
②いりたる豆をむしろにひろげさます図（右下）
③いりたる豆とむしたる麦と交花（まぜはな）を付けたる図（上）
④花の付いたるをもみほぐす図（上）

①かきまわし具の図　3寸5分位，壱寸板にてつくる（右下）
②醤油をまぜる図（下）
③竹籠を入，中にたまりたる醤油をくみとる図（上）

図7.1.1　昔の醤油づくりの様子（「公益国産考」日本農書全集，（社）農山漁村文化協会，より）

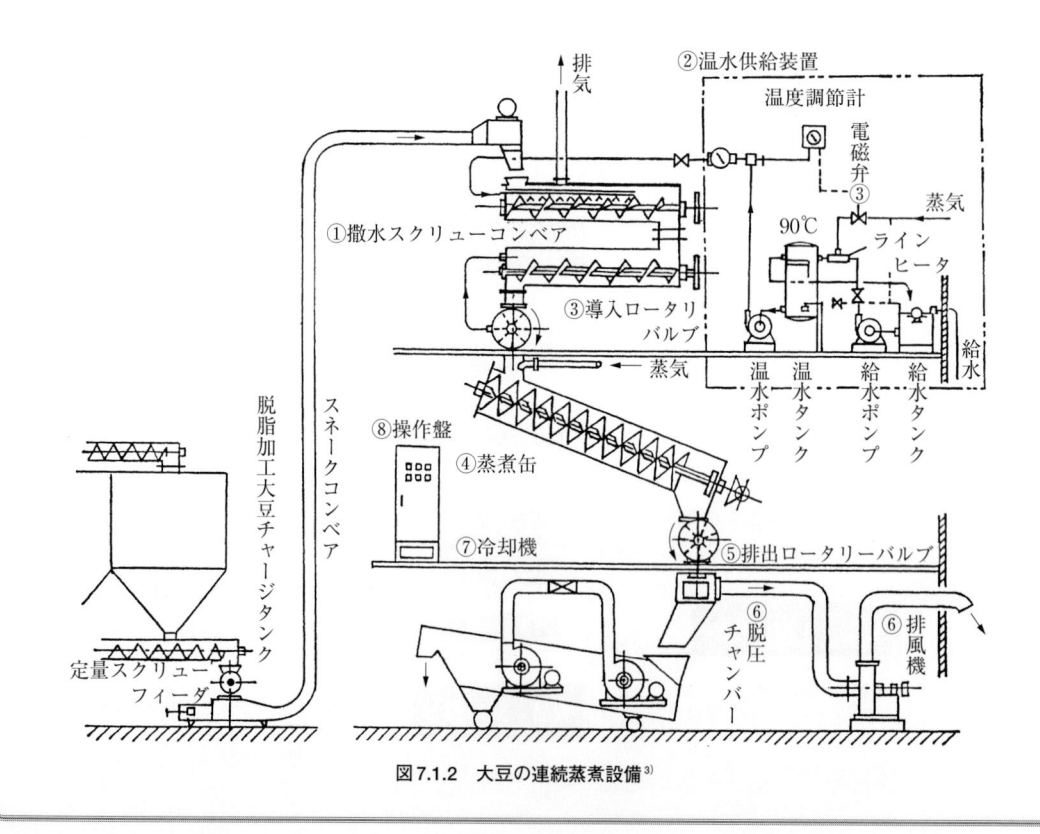

図7.1.2　大豆の連続蒸煮設備[3]

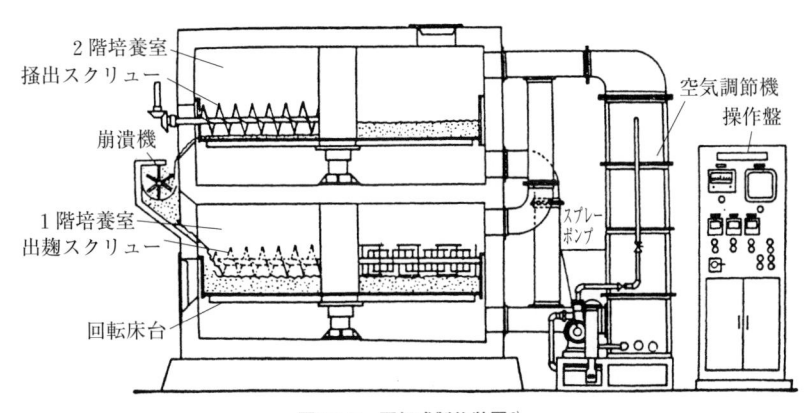

図7.1.3 回転式製麹装置[3]

図7.1.4 回転式製麹装置の内部の様子（写真提供：ヤマサ醤油㈱）

の内部の様子を示した。図7.1.5は強制通風式製麹装置である。図7.1.6は小麦の炒熬に使う砂浴式回転円筒型麦炒機，図7.1.7は小麦割砕機の構造をそれぞれ示した。図7.1.8は醤油の発酵槽の外観を示した。図7.1.9は醤油の圧搾装置を示した。

醤油の製造工程

フローシートにしたがって説明すると，まず，原料丸大豆は精選機で夾雑物を除去し，水で洗浄後，水浸漬を行う。水浸漬は冷水で10時間，40℃温水浸漬で3時間程度で良い。

次に蒸煮工程に移る。大豆の蒸煮は加圧型蒸煮缶を用い，回転しながら冷水を原料の重量の120～130％撒布し，蒸気で缶内の空気を排出した後，蒸気圧を上げ，$0.9 \sim 1.0 kg/cm^2$（117～120℃）に達してから40～60分間保持する。この間1.5分に1回の割合で蒸煮缶を回転させる。蒸煮終了後，25分以内に常圧に下げ，ジェットコンデンサを作動させ，減圧下で急速に冷却する。

大型工場では図7.1.2のような連続蒸煮装置を用い，高温短時間処理を行う。蒸気圧$2 kg/cm^2$前後では原料はスクリューを内蔵した蒸煮缶内に約3分間滞留し，ロータリバルブで減圧室に移され，短時間で冷却される。

小麦を図7.1.6のような装置で炒ることを「炒熬（シャゴウ）」といい，小麦と砂の混合物を直火の上の回転円筒内で160～180℃，約40秒間，均一に炒ったのち，小麦と砂は金網で篩別する。小麦は殺菌され，キツネ色に着色し，容量が生のときの約45％増になる。この炒熬小麦のα化度は0.60～0.65である。

炒熬小麦は冷却後，割砕機（図7.1.7）で一粒を4～5つに割砕する。30メッシュより細かい

CHAPTER 7　調味料

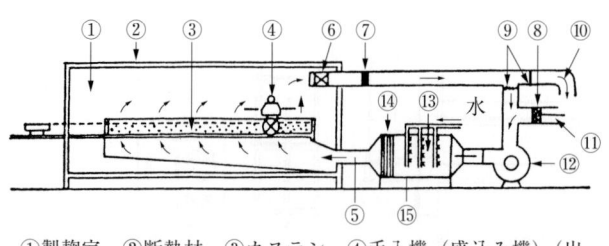

①製麹室　②断熱材　③カステン　④手入機（盛込み機）（出麹機）　⑤送風機ダクト　⑥リターンダクト　⑦⑧フィルタ　⑨ダンパ　⑩排気口　⑪空気取り入れ口　⑫ファン　⑬空調室　⑭エリミネータ　⑮水槽　矢印は空気の通過方向を示す

図7.1.5　強制通風式製麹装置[3]

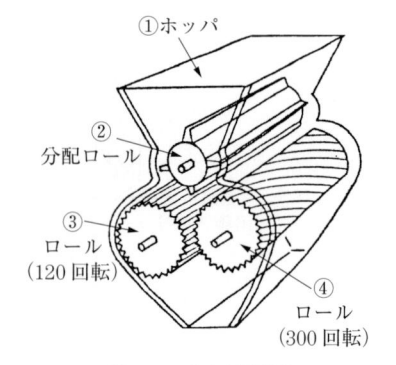

①ホッパ　②分配ロール　③ロール（120回転）　④ロール（300回転）

図7.1.7　小麦割砕機[3]

図7.1.6　小麦の炒熬用砂浴式回転円筒型麦炒機[3]

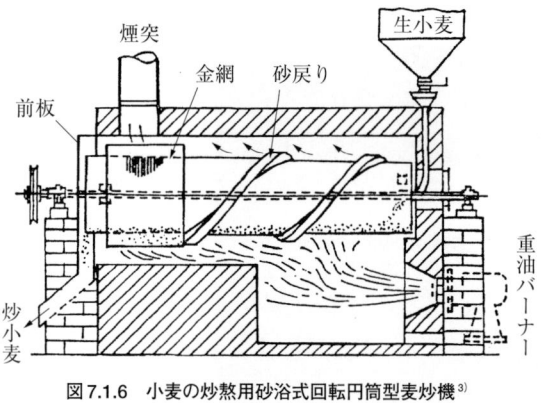

図7.1.8　醤油の大型発酵槽
（写真提供：ヤマサ醤油㈱）

（本書の内容はあくまで一般的工程を解説したものであり，写真提供企業の製造工程を示すものではありません。）

微粉末が20％以上生ずる必要がある。この微粉が蒸煮大豆の表面を被覆し，水分を低下させ，雑菌の増殖や大豆相互の粘着を防ぎ，製麹を容易にする。

麹菌は Aspergillus oryzae か Aspergillus sojae を使う。種麹は市販のものか優良菌株を選択し純粋培養株から種麹をつくる。種麹の製造は原料に小麦麩・精白押麦・小麦・裸麦・砕米などを用いるほかは，基本は醤油麹と同じである。

種麹原料に水を45～55％撒布，蒸煮・殺菌する。これに元種を加えて，麹蓋に盛込み，製麹室の棚に積んで25～30℃で培養する。途中撹拌して3～4日間培養を続け，多量の胞子を着生させる。濃口醤油では丸大豆などタンパク原料と小麦など澱粉原料の配合比率は5：5～6：4である。蒸煮処理した丸大豆などは40℃に冷却後，種麹を撒布して炒熬割砕小麦と充分に混合して製麹室に入れる。これを「盛込み」という。

通風機械製麹法には強制通風式と表面通風式があるが，一般には図7.1.5に示した床上強制通風式である。製麹室の床に多孔板を持つカステン内に，種麹と混和した原料を20～40cmの高さに堆積させ，下部から温度・湿度を調節した清浄な空気を強制的に送る。

製麹開始16～18時間後になると麹菌菌糸が伸び，原料が固まる「締まり」が現れる。そこで手入機（撹拌機）で原料全体を撹拌し，麹層上下を均一に混和する。製麹開始22～26時間後，同様に2番手入れをする。

麹層全体の水分は40～50％が適当であるが，製麹中の発熱で出麹時には25～35％になる。このようにして3～4日で製麹するが初期通風温度は28～30℃とし，2番手入れ以降は品温が約25℃の低温になるように通風温度を調節する。

多種の酵素類を充分に生産した麹は高濃度の食塩水と混和して「もろみ」とし，タンクに仕込む。

図7.1.9 醤油の圧搾装置（写真提供：ヤマサ醤油㈱）

もろみの食塩濃度が17〜18％の環境下で良く成育・発酵する醤油乳酸菌・醤油酵母の活動によってもろみの熟成が進む。この酵素作用と醤油微生物の活動とが醤油特有の味・香り・色の基本を醸成する。

18％純食塩水のAwは0.88であるが，もろみ液汁のAwは仕込み直後0.88付近であり，原料成分の溶出により次第に低下，熟成もろみでは0.80となる。乳酸菌の成育温度は20〜42℃の範囲で，至適成育温度は25〜30℃である。醤油もろみは20℃以下で仕込み，25〜30℃で発酵・熟成するので，もろみの温度経過に対応して醤油乳酸菌の生育・発酵が旺盛になる。

仕込みに用いる食塩水は予め23〜25％濃度に調製する。この食塩水を「汲水（クミミズ）」ともいう。この食塩水は大豆と小麦の原料処理前の全容量kl当たり1.1〜1.3kl用いる。これを11〜13水の仕込みという。

仕込み容器は杉材の桶や耐酸性コンクリートタンク，ホーロー引き鉄製タンク，合成樹脂製大型タンク（図7.1.8）などが用いられる。

品質の良いといわれる低温仕込みでは，5℃以下の冷却食塩水と麹とを混和して，タンクに入れ，もろみ品温を15℃以下で15〜30日間保持する。その後，もろみ品温を25℃目標に徐々に上昇させると，乳酸菌・酵母の生育・発酵が順調に起こる。発酵熟成には180日以上要する。

もろみ熟成後，ナイロン製濾布に充填して，一夜，自重で醤油分を濾過・分離する，すなわち自然垂れを行う。これで約70％のもろみ液汁（生醤油）が取れる。その後，圧搾して醤油を搾るが，最近は図7.1.9のような自動もろみ充填機・ケージ内圧搾・自動加圧装置が使われる。

1.3m四方のナイロン製濾布をケージ上面に広げ，これにもろみ30ℓを自動もろみ充填機で均一に分配する。濾布の4辺を1m角に折り，上蓋の布で覆う。この作業を繰り返し，1ケージに360枚以上も積み重ねる。一夜，自然垂れを行い，翌朝，濾布の詰まった下部ケージを台車ごと80t予圧プレス内に入れ，自動加圧装置で一昼夜圧搾する。第3日目の朝，80t予圧プレスの圧力を抜き，裸の予圧完了もろみを台車のまま600tプレス内に入れる。自動加圧装置で一昼夜，最終的な圧搾をする。圧搾を初めてから正味3日間で終える。

取れた生醤油を規格に合わせ味を調整後，85℃で10〜20分加熱（火入れ）し，生き残った酵素を失活させ，60〜65℃に冷却後，清潔なタンクに移して数日間放置する。これを「火入オリ引き」という。

アルコールはもろみ発酵熟成中にも2〜4％生成するが，防腐剤として火入れ前に少量添加し，製品のアルコール濃度が2〜3％になるように調製する。最後に家庭用のPETボトルなどに詰めて製品濃口醤油とする。

味噌

調味料 — Seasoning —

ご飯と味噌汁というくらい，味噌は日本人の食卓から切っても切り離せない存在です。日本の味噌造りは飛鳥時代（AD600年代）に朝鮮半島から伝わったと考えられています。

1625年に三州（愛知県）で工業生産が開始され，以降各地で生産されるようになりましたが，味噌くらい地方色の強い食品はないでしょう。白味噌といえば信州味噌，赤い仙台味噌に，硬い愛知の八丁味噌など，個性豊かです。味噌は元々自家醸造味噌としての歴史が長く「手前味噌」というくらい，わが家の味自慢が残っています。家庭でもつくれる味噌ですが，さすがに最近では近代的な工場で製造されています。それをのぞいてみましょう。

味噌は日本独自の調味料である。ご飯と味噌汁（御実御汁食：オミオツケ）は，日本人の食事の原点であり，洋風化が進む今日でも「おふくろの味，故郷の味」が感じられる。大豆を原料とした味噌は栄養的価値も高く，近年，成人病やガンの予防効果も認められている。

味噌の歴史は古く，醬油の項でも説明したが，大豆の発酵食品を後漢時代の許慎が「説文解字」（100～200年頃）に豉について記している。これは大豆あるいは類似の豆類を原料にした発酵食品で，今日の寺納豆（浜納豆）に類するものと考えられる。この豉は紀元前200年頃の馬王堆一号墓の出土品中に，豆豉姜として発見されている。これらの製法を記述したのが斉民要術（400～450年）と称する世界最古の農業技術書である。それには，今日の麦味噌に似たもののつくり方が記されている。

日本の味噌づくりは，AD600年代（飛鳥時代）に朝鮮半島から渡ってきた高麗人（コマジン）が尾張，美濃，近江近辺で，大豆だけを使う豆味噌の製法を伝えたのが始まりとされている。一方，大宝令（701年）の大膳職に属する医院で，初めて醬，豉と未醬という新規発酵食品が登場している。味噌の噌の文字は日本でつくられ「日本三大実録」（901年）に初めて現れる。

当初，これらの発酵食品は寺院や貴族の間のみの贅沢な食品として製造されたが，奈良時代には常食の必需品とされ，室町時代には広く一般庶民の間にも普及した。平安朝後期からは米類を使って短期間に醸造できる米味噌が全国に普及し，以来各地で原料事情，気候風土，食習慣などにより各地で独自の味噌が作られ，伝承されて多くの銘柄が生まれた。ことに自家醸造味噌では「手前味噌」という，わが家の味噌の自慢言葉が残った。

工業的に生産されるようになったのは17世紀からで，1645年に仙台伊達藩の「御塩味蔵」と

表7.2.1 味噌の種類と分類

種類	麹割合	塩分%	味	熟成期間	色	主な銘柄（産地）
米味噌	米麹多目	5～7	甘味噌	5～20日	白	西京味噌（京都）
		5～7	甘味噌	5～20日	赤	江戸味噌（東京）
	米麹中	7～11	甘口味噌	20日～3ヶ月	淡色	相白味噌（静岡）
		10～12	甘口味噌	20日～3ヶ月	赤	御膳味噌（徳島）
	米麹少目	11～13	辛口味噌	3～12ヶ月	淡色	信州味噌（長野）
		12～14	辛口味噌	3～12ヶ月	赤	仙台味噌（宮城）
麦味噌	麦麹	9～11	甘口味噌	1～3ヶ月	淡色	九州四国中国
		11～13	甘口味噌	1～3ヶ月	赤	九州埼玉栃木
豆味噌	豆麹	10～12	辛口味噌	5～20ヶ月	赤褐色	八丁味噌（愛知）

味噌

称する蔵で，専門の労働者の手によって製造されるようになった。

また，これより早く1625年に三州（愛知県）で豆鼓（豆味噌）の工業生産が開始された。その後，味噌蔵も次第に数を増し，江戸末期には5000件を越したといわれている。味噌は普通味噌と嘗め味噌に大別されるが，本稿で取り上げるのは普通味噌であり，このものは原料の種類により「米味噌」「麦味噌」「豆味噌」の3種類がある。

味噌の原料大豆は日本産，中国産，米国産が主であるが，味噌用としての適性は日本産＞中国産＞米国産の順である。味噌用大豆は黄色種が使われる。タンパク質35％脂質20％で（粒の大きい1000粒250g以上）のものがよい。**表7.2.1**に味噌の種類と分類を示した。

米の種類には日本型（Japonica）とインド型（Indica）に大別される。さらに陸稲，水稲に，粳米，糯米に分けられ，味噌には一般にJaponicaの粳米が用いられる。

麦は種皮が子実と密着し，容易に剥がれない皮麦（大麦）と容易に脱皮する裸麦に分けられる。裸麦は大麦の一種であるが，大麦が東海地方から東北地方の太平洋側に対し，裸麦は瀬戸内海沿岸および九州地方で栽培される。味噌の原料としては皮の占める割合の低いものが良く，大麦は淡黄色で光沢に富み，全粒が同一の光沢を有するものや，裸麦は淡黄色で光沢の良いものが良いとされている。

塩は国内産の並塩がよく，不純物として鉄や銅の少ないものが良い。水は飲用適であって醸造用としては少し厳しい基準があり，鉄とマンガンは0.02ppm以下，銅は0.01ppm以下の基準となっている。

製品味噌の種類別生産量はおおよそ，米味噌80％，麦味噌12％，豆味噌と調合味噌で8％の比率になっている。そこで，米味噌を代表として製造工程を**フローシート**に示した。

味噌の製造は大別すると，製麹工程，大豆処理

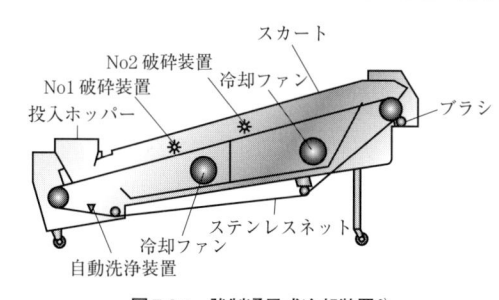

図7.2.1　強制通風式冷却装置[3]

図7.2.2　米麹の投入（写真提供：みそ健康づくり委員会）

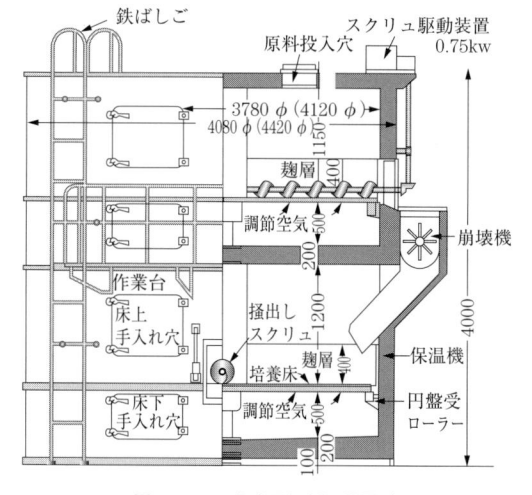

図7.2.3　2段式回転製麹装置[18]

図7.2.4　回転製麹装置の内部の様子（写真提供：マルコメ㈱）

CHAPTER 7　調味料

工程，混合発酵工程，調整工程の4つになる。

まず，製麹であるが，米を精白する。白味噌では，赤味噌より精白度を上げ，色調を明るくする。精白歩留まりは米で90〜93％，大麦で70〜80％である。

米は洗浄して，糠，塵埃，その他異物を除去する。続いて15℃くらいの水に一夜浸漬し，米を吸水させ，蒸しやすくする。麦は15℃では3〜4時間浸漬し，10℃以下では4〜6時間，20〜23℃で1〜2時間のイメージである。浸漬した米，麦は水切りをする。米の澱粉を糊化させ，酵素の作用を促進するため米を蒸す。蒸しは蒸気が米の全面に吹き抜けてから15〜20分くらい蒸す。吸水性の悪い米や硬質米では2度蒸しも行うが，蒸し上がりの砕米の水分は41〜42％，丸米で36〜37％，麦で38％である。工業的にはベルト式連続蒸米機を用いる。蒸米は種付け適温の30℃（麦はやや低め）まで，図7.2.1に示したような通風冷却機で金網ベルトの上に蒸米を乗せ，移動しながら送風して強制通風冷却する。種麹の有効胞子数は1g中に5×10^8程度で，その使用量は経験的に原料米1/1000が標準である。

種麹の混合は図7.2.2に示したような混合機の中で混合するが，種麹の均一な分散を助けるため炭酸カルシウムなどの乾燥粉末を混合しておくと良い。種付け後，麹は約3時間後に発芽する。発芽は35℃が適温であるが，雑菌の増殖を抑制するため28〜30℃程度で培養する。培養時間は40〜48時間である。製麹装置は図7.2.3〜4に示したような2段式回転製麹装置が使われる。

次に大豆の処理であるが，米と同様に精選，洗浄された大豆を水浸漬する。15℃以上の水で浸漬すると急速に吸水し，15時間程度で飽和状態になる。重量は元の大豆の2倍以上で，この吸水率の高いほど良質の大豆といえる。

水浸漬後，図7.2.5のような加圧釜や図7.2.6の連続式丸大豆蒸煮装置で蒸煮する。加圧条件は原料により多少異なるが，$0.7 \sim 0.8 kg/cm^2$で20〜30分程度である。連続蒸煮装置では$1.3 \sim 1.5 kg/cm^2$程度で処理される。

蒸煮大豆は米と同様に図7.2.1の強制通風冷却装置で冷却する。回分式では蒸煮缶から取り出した大豆を冷却し塩切麹，食塩，スターター，ビタミン類を加えた種水を混合してチョッパーにかけて潰し，発酵，熟成工程の発酵容器に詰める。発酵，熟成工程の様子を図7.2.7〜10に示した。

図7.2.5　加圧式大豆蒸煮釜から蒸煮大豆を取り出す様子
（写真提供：味噌健康づくり委員会）

（本書の内容はあくまで一般的工程を解説したものであり，写真提供企業の製造工程を示すものではありません。また写真は個別に提供されたものであり，各企業の関係を示すものでないことをお断りしておきます。）

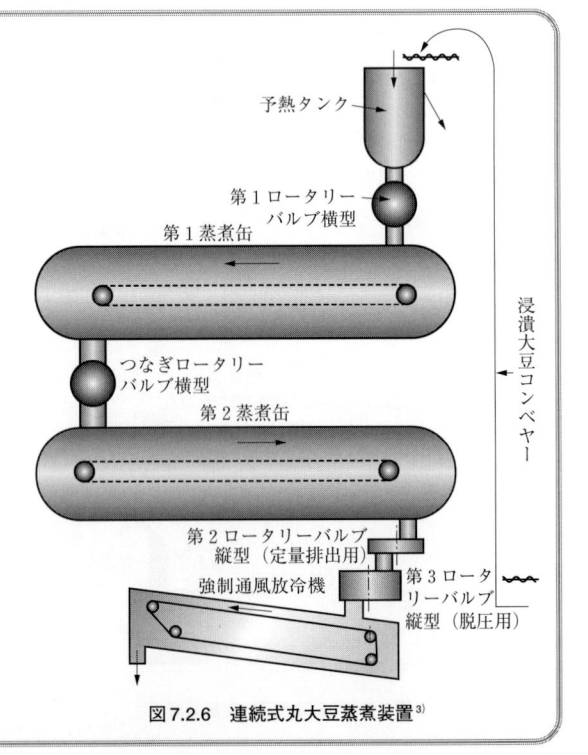

図7.2.6　連続式丸大豆蒸煮装置[3]

味噌

スターターとは味噌の発酵を促進する微生物のことで, 酵母と細菌がある。酵母はSaccharomyces rouxiiが主でこれにTorulopsisversatilisを追加することもある。これは後熟成酵母といわれ, 熟成の後段で増殖してフレーバー物質をつくる作用がある。添加量は10^5/gが標準である。乳酸菌スターターはPediococcus halophilusかStreptococcusfaecalisで添加量は10^6/g程度がよい。加水分解酵素の反応は仕込み後20日間程度で大半は完了する。

発酵は温度, 撹拌方法, 回数, 時期, 重石の重量などにより異なるが, 食塩12%以上の辛味噌で長期熟成型は春先に仕込み, 夏に発酵させ, 秋に熟成完了させるのが常法である。いずれにしても発酵が盛んになった頃, 味噌を切り返し, 味噌を均質化させることは発酵微生物の活性化に役立つ。切り返しは少なくとも1回, 品種によっては2〜3回行う。味噌を仕込んだら, 表面に清潔なビニールシートを乗せ, その上に押蓋を置き, さらに重石を乗せる。発酵の進行で味噌溜まりが浮上し, 味噌の表面を覆って味噌表面の酸化を防止する。

小規模の生産では樽に仕込み上部より50〜80cmまでポリシートを差し込み, さらにもう一枚ポリシートをその上に重ね, 押蓋をしないで直接重石を乗せる。重量は味噌の5〜10%が良い。温度は仕込み直後は25℃とし, 30℃を基準に管理する。熟成期間は表7.2.1に示したように品種により異なる。

熟成が完了した味噌は, 掘り起こし, 必要に応じて品質調整のため2種以上をブレンドし, そのまま粒味噌として製品化することもある。大部分は漉味噌として出荷するので1〜2mmφの孔の味噌専用のチョッパーで漉して製品化する。必要に応じて, 酒精か保存料（ソルビン酸かそのカリウム塩）を添加して包装する。包装形態はダンボールバラ詰め, ポリ樽もあるが, 0.6〜1.0kgの小袋詰めが多い。

図7.2.11は味噌の酵素を失活させ, 小袋が膨らむトラブルを解消するため味噌を加熱処理する味噌加熱冷却装置の外観である。若い頃, 筆者が研究開発し基本設計の方法を決めた装置である。

図7.2.7　蒸煮大豆の冷却（写真提供：みそ健康づくり委員会）

図7.2.8　蒸し煮大豆をつぶす（写真提供：みそ健康づくり委員会）

図7.2.9　塩の投入（写真提供：みそ健康づくり委員会）

図7.2.10　仕込みの熟成（写真提供：みそ健康づくり委員会）

図7.2.11　味噌の加熱機（写真提供：マルコメ㈱）

CHAPTER 7　調味料

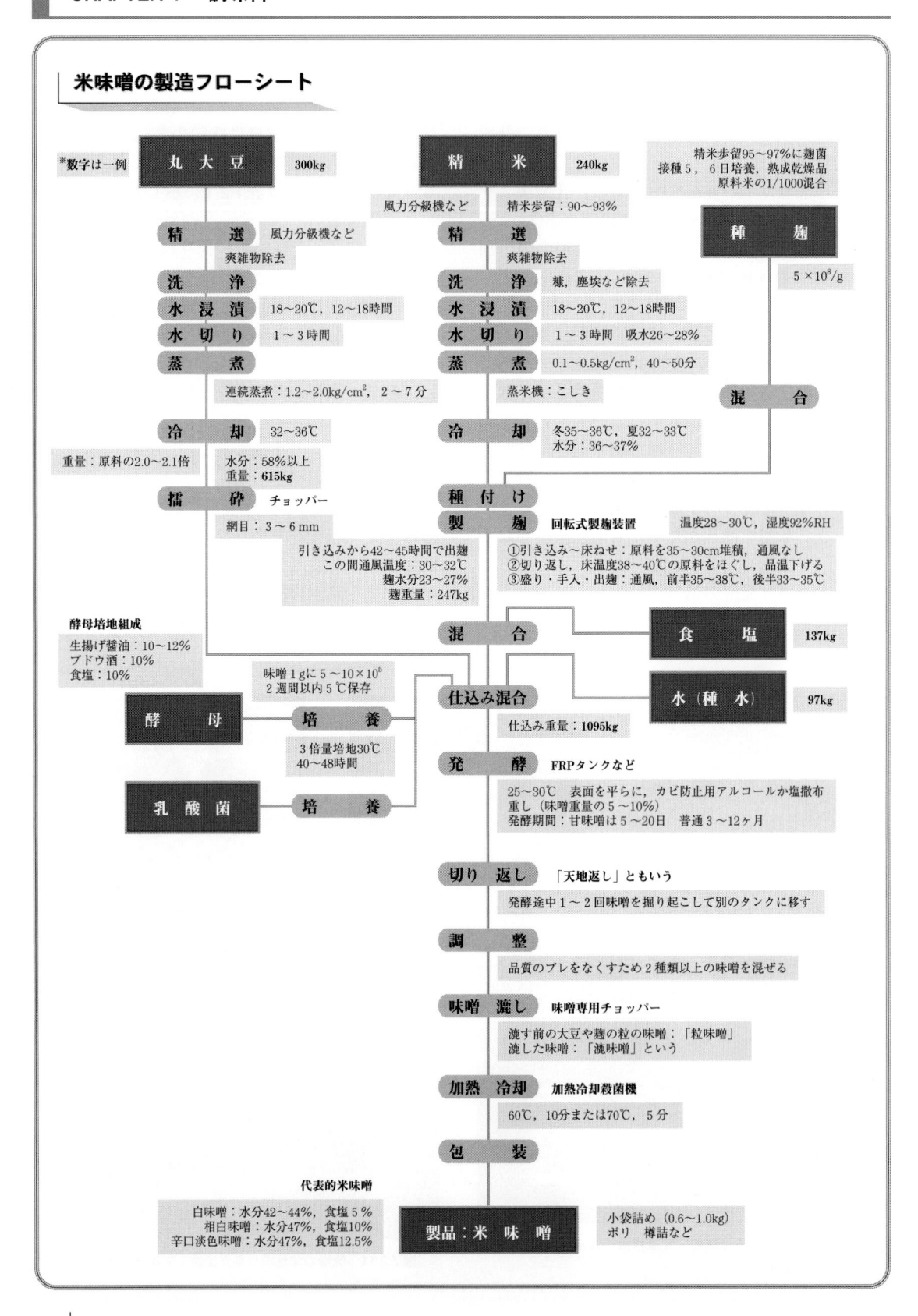

米味噌の製造フローシート

※数字は一例

丸大豆 300kg　　　　　　　　　**精　米** 240kg

精米歩留95〜97%に麹菌接種5，6日培養，熟成乾燥品　原料米の1/1000混合

- 精　選　風力分級機など　爽雑物除去
- 精米歩留：90〜93%　風力分級機など
- 精　選　爽雑物除去
- **種　麹**　$5×10^8$/g

- 洗　浄
- 洗　浄　糠，塵埃など除去
- 水浸漬　18〜20℃，12〜18時間
- 水浸漬　18〜20℃，12〜18時間
- 水切り　1〜3時間
- 水切り　1〜3時間　吸水26〜28%
- 蒸　煮　連続蒸煮：1.2〜2.0kg/cm²，2〜7分
- 蒸　煮　0.1〜0.5kg/cm²，40〜50分　蒸米機：こしき
- 混　合
- 冷　却　32〜36℃
- 冷　却　冬35〜36℃，夏32〜33℃　水分：36〜37%

重量：原料の2.0〜2.1倍　水分：58%以上　重量：615kg

- 搗　砕　チョッパー　網目：3〜6mm
- 種付け
- 製　麹　回転式製麹装置　温度28〜30℃，湿度92%RH

引き込みから42〜45時間で出麹　この間通風温度：30〜32℃　麹水分23〜27%　麹重量：247kg

①引き込み〜床ねせ：原料を35〜30cm堆積，通風なし
②切り返し，床温度38〜40℃の原料をほぐし，品温下げる
③盛り・手入・出麹：通風，前半35〜38℃，後半33〜35℃

酵母培地組成
- 生揚げ醤油：10〜12%
- ブドウ酒：10%
- 食塩：10%

- 混　合　　　　**食　塩** 137kg
- 味噌1gに5〜10×10⁵　2週間以内5℃保存
- 仕込み混合　　**水（種水）** 97kg
- 仕込み重量：1095kg

- **酵　母** ─ 培　養　3倍量培地30℃　40〜48時間
- **乳酸菌** ─ 培　養

- 発　酵　FRPタンクなど
25〜30℃　表面を平らに，カビ防止用アルコールか塩撒布
重し（味噌重量の5〜10%）
発酵期間：甘味噌は5〜20日　普通3〜12ヶ月

- 切り返し　「天地返し」ともいう
発酵途中1〜2回味噌を掘り起こして別のタンクに移す

- 調　整
品質のブレをなくすため2種類以上の味噌を混ぜる

- 味噌漉し　味噌専用チョッパー
漉す前の大豆や麹の粒の味噌：「粒味噌」
漉した味噌：「漉味噌」という

- 加熱冷却　加熱冷却殺菌機
60℃，10分または70℃，5分

- 包　装

代表的米味噌
- 白味噌：水分42〜44%，食塩5%
- 相白味噌：水分47%，食塩10%
- 辛口淡色味噌：水分47%，食塩12.5%

製品：米味噌

小袋詰め（0.6〜1.0kg）　ポリ　樽詰など

食酢 ― 調味料 ― Seasoning ― 黒酢

調味料として最も古いのは生理的にも必要な塩ですが、塩は天然に存在したもので、人間がつくり出した調味料としては食酢が最も古い調味料の一つです。食酢は「減塩増酸」といわれ、ひと頃、減塩が話題になり始めた頃から健康食品としても注目されています。

2002年度の健康食品の売れ筋素材として黒酢など健康酢が上位3位に食い込む勢いでした。このいわゆる醸造酢には、米酢、麦芽酢、酒粕酢、果実酢類など種類はいろいろありますが、ここでは米酢についてその作り方を学んでみましょう。

食酢は糖類や澱粉類を含むいろいろな原料を微生物により発酵させ、アルコール発酵、酢酸発酵を経て製造された酢酸を主体とした酸性液体調味料であり、「醸造酢」と呼ばれる。

「醸造酢」は単純に酢酸を水で薄めたものと異なり、揮発酸、不揮発酸、糖類、アミノ酸類、エステル類などを含み、原料由来の特有の旨味、芳香を有する。

一方、エチレンやアセチレンから有機化学合成された氷酢酸を原料とした合成酢もあるが、発酵食品ということから、本稿では「醸造酢」に限定して解説することにする。

調味料として、一番古いものは、もちろん人間が生理的にも必要な塩であるが、これは天然に存在したもので、一方、食酢は人間がつくり出した調味料としては最も古いものの一つである。

今から3500年前、紀元前1450年にイスラエルの指導者モーゼの言葉を記したものの中に「旧約聖書〈ルツ記2章14節〉の中で麦畑で働いているルツが、姑によく仕えるのを感謝され、親類で金持ちのボアスから酢で作ったおいしくて冷たい飲み物をもらう話がある」で酢という言葉が出ている。

2000年以上前のBC69～30、クレオパトラはマーク・アントニーと「一回の食事で全財産をなくすことができるか」と賭けをして「真珠を酢で溶かして飲めばできる」といったと伝えられている。

日本で酢がつくられたのも古く、文献では西暦369～404年の応神天皇の頃に中国大陸から渡来した記録がある。和泉の国でつくられていたので「いずみ酢」という言葉が残っている。大化の改新（645年）の大宝律令では、造酢司という官職が決められ食酢をつくるのが仕事になっていた。奈良時代になると万葉集に「醤酢に蒜つきかてて鯛食らうわれにな見せそ水葱のあつもの」とある。平安時代の「延喜式」には酢のつくり方が書いてあり、室町時代の記録には合え酢が姿を現し、酢みそ、わさび酢、からし酢などが出ている。江戸時代になると大量生産の食酢づくりが確立し、原理的に、ほとんど現在と同様のつくり方まで発達した。

製品・原料について

この食酢、いわゆる、醸造酢に属するものとしてアルコール酢、米酢、酒粕酢、麦芽酢、りんご、ブドウ糖からつくられる果実酢類がある。

ブドウ糖から酢酸を生成する理論計算をすると

$$C_6H_{12}O_6 = 2C_2H_5OH + 2CO_2$$
ブドウ糖　　　エチルアルコール
180　　　　　　2×46

$$C_2H_5OH + O_2 = CH_3COOH + H_2O + 114.6 kcal$$
　　　　　　　　　　酢酸
46　　　　　　　60

この式によれば理論的にブドウ糖1 kgから酢酸667gが得られる。またアルコール1 kgから酢酸1.304kgが得られる。また、アルコール1ℓから酢酸1.036kgと水310gができ、1,978kcalの熱を出す。実際には糖質原料の一部が酵母の生育やア

CHAPTER 7　調味料

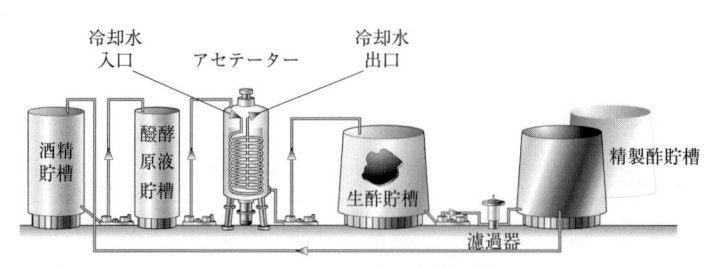

図7.3.1　深部発酵（全面発酵法）による食酢製造工程概略図[18]

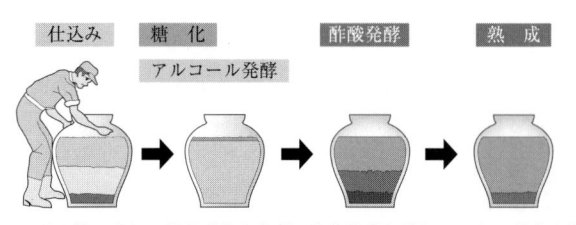

図7.3.3　くろずの天然発酵工程（表面発酵法）
（資料提供：坂元醸造㈱）

図7.3.2　食酢発酵用アセテーターの外観[18]

ルコール以外の物質を生成するために使われるのでアルコール1gから酢酸1gができると計算される。フローシートに醸造酢の代表として米酢の製造工程を示した。図7.3.1は深部発酵食酢生産工程の概略図を示した。図7.3.2は食酢発酵槽の外観である。図7.3.3は「くろず」の天然発酵の過程を説明した図である。

食酢の製造工程

醸造酢の製造方法には①表面発酵法，②速醸法，③全面発酵法，④連続全面発酵法の4つがあるが，①の表面発酵法が古くから行われている方法で，現在でも広く用いられている方法である。③の全面発酵法は1964年頃，日本に導入され大規模工場に広く普及している。そこで①と③について解説する。

①の表面発酵法は静置発酵法とも呼ばれ，設備費が少なく，小規模製造が可能であり，古くから利用されている。

どの発酵法でも，まず原料に適した優良な酢酸菌を多く培養した種酢が必要である。種酢は予め選定した菌株をフラスコで培養し，これを種酢とする。種酢の培地は清酒，麹汁，酒粕浸出液，合成培地などでつくる。一例としてアルコール16％の清酒4容，温水4容，殺菌した既製の食酢6容（酸度6）を混和し，フラスコで培養した種菌1容を加えると，アルコール4％，酸度約2％のもろみができる。通気できるように軽く蓋をして35～40℃に保てば2～3日で薄い菌膜を生じ，10～20日で酸度5％くらいの食酢ができる。これを種酢として用いる。

米酢の例で説明すると，仕込みの基準は，蒸米に対し麹30％を使用し，汲水量は総米量の2～3倍，種酢の使用量は総米量の8～20％，汲水量の4～9％である。発酵はまず，種酢を入れる前に，蒸米と米麹でアルコール発酵を行い，続いて種酢を入れ酢酸発酵を行う。米と麹と温水で60℃に仕込み40℃（冬季は45℃）で糖化した後，15～20℃（冬季は20～30℃）に温度を下げ，酒母または圧搾酵母を加えアルコール発酵させ

醸造酢の製造フローシート

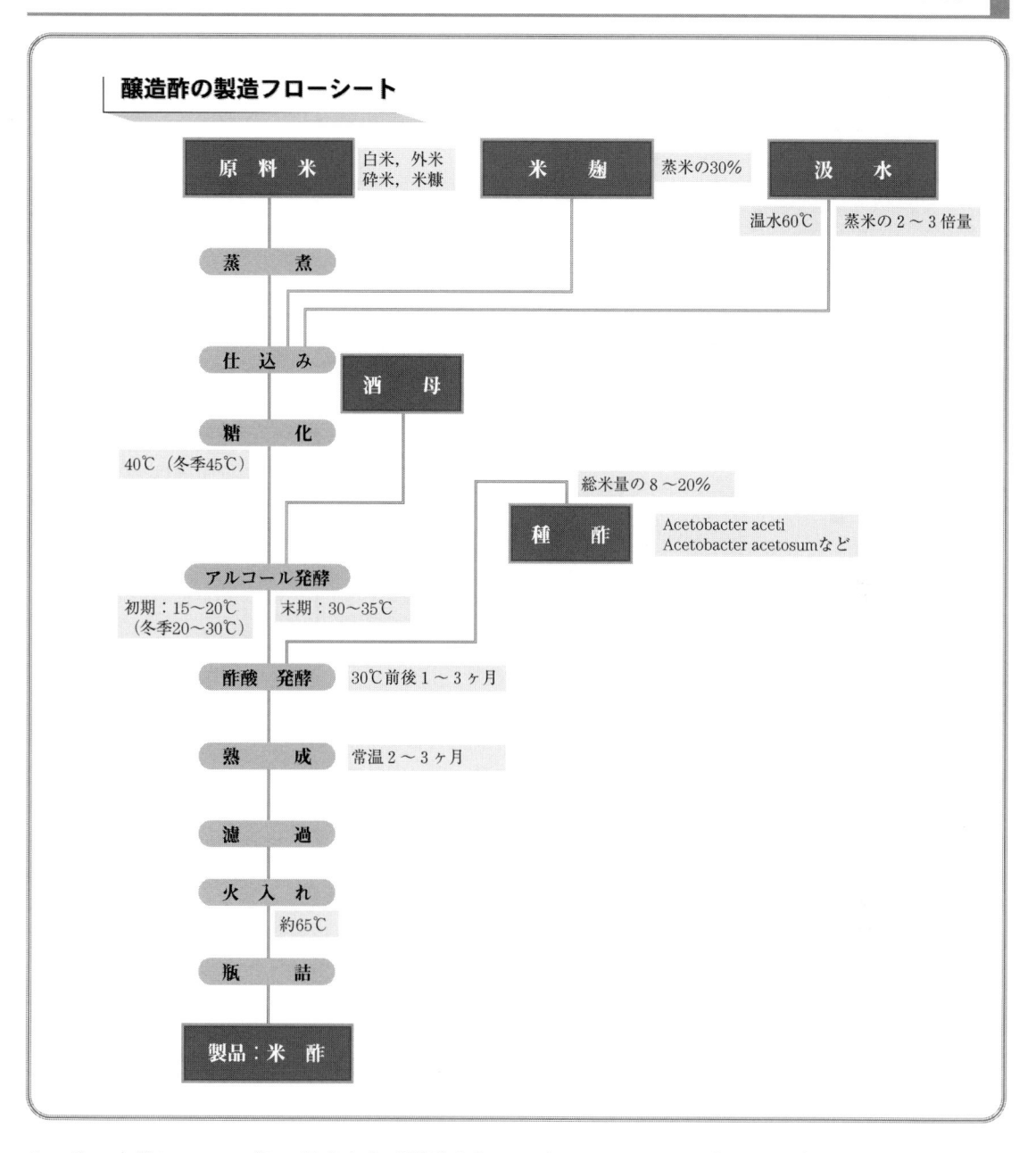

```
原料米 ── 白米, 外米, 砕米, 米糠       米麹 ── 蒸米の30%       汲水 ── 温水60℃, 蒸米の2～3倍量
  │
  蒸 煮
  │
  仕込み ── 酒母
  │
  糖 化
  40℃（冬季45℃）
  │                                  種酢 ── 総米量の8～20%
  │                                         Acetobacter aceti
  │                                         Acetobacter acetosum など
  アルコール発酵
  初期：15～20℃   末期：30～35℃
  （冬季20～30℃）
  │
  酢酸発酵 ── 30℃前後 1～3ヶ月
  │
  熟 成 ── 常温 2～3ヶ月
  │
  濾 過
  │
  火入れ ── 約65℃
  │
  瓶 詰
  │
  製品：米 酢
```

る。その末期に30～35℃に温度を上げ種酢を加える。米酢の場合，酒母をつくり，初添，中添，留添と清酒仕込みを行えば，原料米の利用率も良く，芳香を持ったもろみとなり，製品の品質も一段と向上する。静置発酵で1～3ヶ月で発酵が終わる。さらに2～3ヶ月熟成させると円熟した米酢が得られる。

これに対し全面発酵法は深部発酵法とも呼ばれ，原料液と酢酸菌の混合物に空気を通じ，激しく撹拌しながら急速に液内全体を酢化するもので ある。ステンレス製タンク内でアルコール含有培地に酢酸菌を浮遊懸濁させ通気し，原料液全体に微細な空気の泡を発生させ，菌と空気とを直接接触させる。発酵は小型アセテーター（発酵槽）で30℃で5～10日間菌の培養を行い，これを大型装置に移して本格発酵を行う。大型装置では接種後4～5日目から発酵が開始され，1日に2.5～3.5%の割合で酸度が増加し，もろみの酸度が7%前後から11～12%に達するのに約2日間かかる。

味醂 ― 調味料 ― Seasoning

日本に1600年ごろ登場した"味醂"。今でこそ「そばつゆ」や「煮物のダシ」の隠し味に欠かせない調味料ですが，当時はなんと，甘味飲料であったといわれています。その後江戸時代に入って製造技術が発展するとともに，現在のような形が整っていきます。

ひとロに味醂といっても，その内容はピンからキリまで。筆者は最近までスーパーマーケットで手に入る味醂の味しか知りませんでしたが，先日，ある食品会社の研究室で味見した5種の味醂の中に，高級酒に近い，コクのあるものを見つけることができました。

試飲させてくれた研究者によると，「床の間に置くレベル」の味醂だとか。今回はその味醂の製造メーカー，九重味淋に写真をお借りすることができました。

「味醂」という字は，1593年の「駒井日記」の「蜜醂酎」などから1600年前後に日本に登場したと考えられる。当時の味醂は，現在のものより薄く，主に甘味飲料となっていた。江戸時代になり，焼酎の防腐性を利用した甘い酒の製造技術が急速に進歩し，味醂のほか，本直し，白酒，忍冬酒，保命酒などの甘い酒がつくられ一般的になった。この頃より飲料としての本直し，調味料としての味醂の分離が始まり，明治になってそれぞれ生産量が増加した。

製品・原料について

味醂は蒸糯米と米麹を15〜20％程度のアルコール存在下で一定期間熟成する方法で醸造される。味醂の仕込み配合例を**表7.4.1**に示した。

調味料といいながら味醂は日本の酒税法の「酒類」にあたる。**表7.4.2**の分類の清酒，合成清酒，焼酎，味醂，ビール，果実酒類，ウィスキー類，スピリッツ類，リキュール類，雑酒の10種類の中に含まれ，「アルコール分1度以上の飲料」の範疇に入っている。

味醂は，蒸糯米と米麹を15〜20％程度のアルコール存在下で一定期間熟成する方法で醸造される。この醸造期間中，米麹中のアミラーゼやプロテアーゼなどの酵素により原料糯米や米麹中の澱粉やタンパクが消化され，種々の可溶性呈味成分，特にグルコースが多量につくられる。味醂の主原料は糯米，粳米（麹用），アルコールまたは焼酎であるが，このほかに，政令でブドウ糖，水飴，タンパク質分解物，有機酸，アミノ酸塩，トウモロコシ，清酒粕なども認められている。

味醂の製造工程

小工場では2〜3月，または10〜11月頃仕込み，冬季や夏季は品質上の問題が多く，避けられる。大工場では室温を20℃前後に調節し，年間を通して製造される。糯米，粳米の精白は15〜20％くらいで，糯米の水浸漬は数時間，粳米はやや長くする。比較的気温の高い時期は浸漬時間を短くし雑菌の繁殖を抑える。蒸し時間は25〜50分程度であるが，加圧蒸しでは110℃，20分，130℃，10分のような条件である。

仕込みは蒸糯米を適温まで放冷したものに麹を混ぜ，アルコールでもろみタンクまでポンプ輸送する。タンクでアルコールを分離して，アルコールは循環使用する。仕込み温度は通常30℃前後である。仕込み後5〜7日経過すると，もろみ液

表7.4.1 味醂仕込配合例

	I	II	III
糯米 [kg]	2,500	2,700	1,800
麹米 [kg]	500	500	270
澱粉加水分解物 [kg]			720
酵素剤アミラーゼ [g]		500	500
プロテアーゼ [g]		500	500
アルコール [ℓ] (%)	1,800 (40)	1,950 (36.9)	2,400 (32.2)

味醂

図7.4.1 蒸米機の排出の様子

図7.4.2 仕込みの様子

図7.4.3 櫂入れの様子

図7.4.4 糖化・熟成の様子

図7.4.5 味醂の圧搾
（左：圧搾の様子，右：実際に使用される伝統的な味醂の圧搾機）

図7.4.6 貯蔵熟成の様子

（図7.4.1〜6の写真提供：九重味淋（株））

（本書の内容はあくまで一般的工程を解説したものであり，写真提供企業の製造工程を示すものではありません。）

調味料

CHAPTER 7　調味料

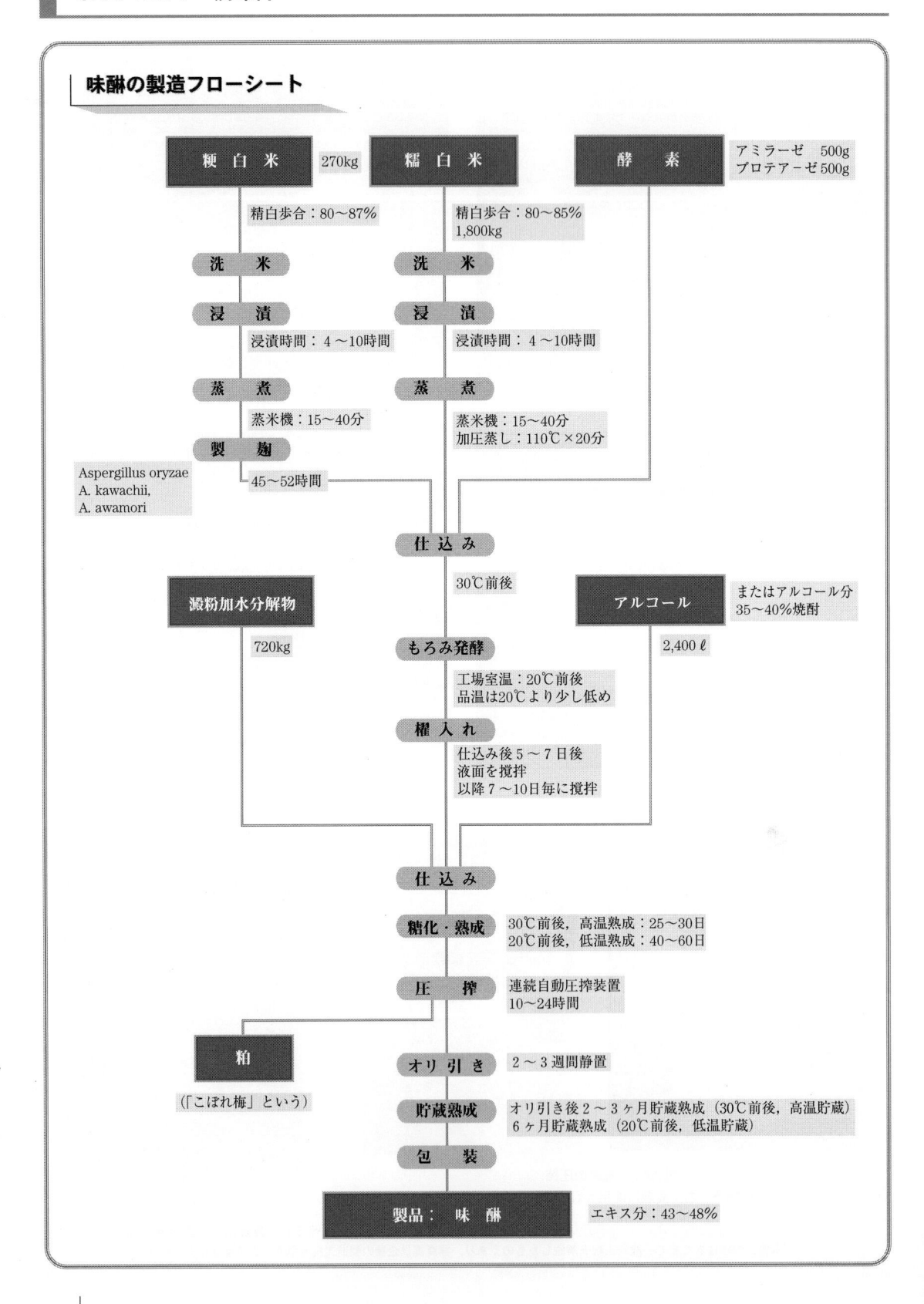

味醂の製造フローシート

```
粳白米 270kg          糯白米              酵素  アミラーゼ 500g
                                              プロテアーゼ 500g
    │ 精白歩合：80～87%    │ 精白歩合：80～85%
    │                    │ 1,800kg
   洗米                  洗米
    │                    │
   浸漬                  浸漬
    │ 浸漬時間：4～10時間   │ 浸漬時間：4～10時間
    │                    │
   蒸煮                  蒸煮
    │ 蒸米機：15～40分     │ 蒸米機：15～40分
    │                    │ 加圧蒸し：110℃×20分
   製麹
    │ 45～52時間
Aspergillus oryzae
A. kawachii,
A. awamori
                    仕込み
                      │ 30℃前後
澱粉加水分解物                          アルコール  またはアルコール分
                                               35～40%焼酎
    │ 720kg         もろみ発酵           │ 2,400ℓ
                      │ 工場室温：20℃前後
                      │ 品温は20℃より少し低め
                    櫂入れ
                      │ 仕込み後5～7日後
                      │ 液面を撹拌
                      │ 以降7～10日毎に撹拌
                    仕込み
                      │
                    糖化・熟成
                      │ 30℃前後, 高温熟成：25～30日
                      │ 20℃前後, 低温熟成：40～60日
                    圧搾
                      │ 連続自動圧搾装置
                      │ 10～24時間
   粕                  │
 (「こぼれ梅」という)   オリ引き
                      │ 2～3週間静置
                    貯蔵熟成
                      │ オリ引き後2～3ヶ月貯蔵熟成（30℃前後, 高温貯蔵）
                      │ 6ヶ月貯蔵熟成（20℃前後, 低温貯蔵）
                    包装
                      │
                    製品：味醂   エキス分：43～48%
```

表7.4.2 酒税法上の種類の分類

種類	品目	級別	酒税法上の定義	製造上の分類
清酒		特級 1級 2級	米・米麹を原料として発酵させ濾したもの（級別は酒類審議会の審査による）	醸造酒
合成清酒			アルコール，焼酎，清酒，ブドウ酒を原料として製造した清酒に類似するもの	混成酒
焼酎	甲類		アルコール含有物を蒸留したもので，連続式蒸留機によるアルコール分36度未満	蒸留酒
	乙類		同上で，単式蒸留機によるアルコール分45度以下	
味醂	本みりん		米・米麹に焼酎またはアルコール等を加えて濾したもので，エキス分16度以上	混成酒
	本直し		本みりん以外のもの	
ビール			麦芽，ホップ，水を原料として発酵させたもの	醸造酒
果実酒	果実酒		果実または果実と水を原料として発酵させたもので，エキス分21度未満のもの	醸造酒
	甘味果実酒		上記果実酒以外の果実酒	

　層表面が乾燥するのでスコップなどで撹拌し，表面がアルコールで湿った状態にする。これを「櫂入れ」といい，以降7～10日おきに櫂入れを行う。櫂入れ撹拌後は常にタンクに目張りを行う。

　熟成に要する日数は原料配合，原料処理，仕込み操作，品温などによりかなり異なるが，加圧蒸煮で酵素剤を使用し高温熟成の場合は25～30日，酵素剤を使用せず，低温熟成の場合は40～60日要する。

　低温熟成，無圧蒸しの場合，ボーメ度19度，糖濃度32～33％を越えたら香味成分が整ったところで早めに上槽する。加圧蒸し，高温熟成の場合は，成分にかかわらず原料利用率と香味を調べ上槽する。上槽は清酒工場と同じように袋に入れ槽の中に積んで圧搾する。袋布は清酒より荒めのものを使う。大工場では連続圧搾機を使う。上槽した味醂は，オリ引きタンクで2～3週間静置し，オリと上澄みを分離して貯蔵タンクに移す。高温貯蔵の場合オリ引き後2～3ヶ月，低温貯蔵の場合6ヶ月くらい熟成を行ってから出荷する。

　図7.4.1に蒸米機の排出の様子，図7.4.2に仕込みの様子，図7.4.3に櫂入れの様子，図7.4.4に糖化熟成の様子，図7.4.5に圧搾の様子，図7.4.6に貯蔵熟成の様子を示した。

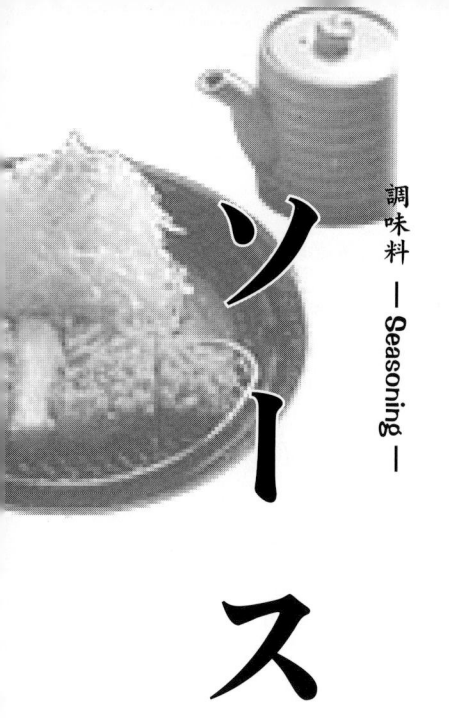

調味料 —Seasoning—
ソース

ソースといえば何を思い出しますか。筆者は子供の頃，トンカツやコロッケにトンカツソースをかけて食べた，美味しいお昼ご飯を思い出します。今の子供達は嗜好が変わって，トマトケチャップの方が親しみやすいかも知れません。

ソースの歴史を紐解くと，発祥地はインドで，今日のウスターソースは1835年にイギリスのウスター市で誕生し，現在もリー・アンド・ペリン社がウスター市で操業しています。日本では，明治30年（1897年）頃現在のソース製造会社が操業を開始しています。そのウスターソースの作り方を調べてみましょう。

ソースは広義にはソイソース（醤油），マヨネーズソース，トマトケチャップなども含む液体調味料で，数百種類がある。狭義には本稿で解説するウスターソースを意味する。

1835年，イギリスの貴族M. Sandy卿が，インドのベンガル州総督時代に知ったソースの処方を，ウスター市に帰郷して地元の薬局経営者J. LeeとPerrinsに伝えてできたのが，ウスターソースの名称の由来にもなったリー・ペリン（Lee & Perrins）ソースである。現在もウスター市で盛業中のリー・アンド・ペリン社がある。日本には江戸時代末期に伝来したという説もあるが，その味が知られたのは明治初期と考えられる。

輸入当初はソースを「西洋醤油」とも呼んだ。国産ソースのはじまりについてはヤマサ醤油株式会社の7代目，浜口儀兵衛氏の話が伝えられている。彼は明治18年にニューヨークで客死したが，通訳で随行した高島小金治氏が製造方法を習得して帰国し，8代目浜口儀兵衛氏の下で1888年（明治21年）にミカドソースのブランドで発売したのが最初である。同氏は，このソースを「新味醤油」として1885年（明治18年）に特許出願している。しかし新味醤油は一般の人に味が馴染まれないまま，わずか1年で製造は中止されてしまった。

ミカドソースの製造中止後7年たった明治27年に関西の三ツ矢ソース本舗越後屋から「三ツ矢ソース」が発売され，明治29年には「錨印ソース」（現イカリソース）がイギリス人デビス氏の指導を受けて「洋醤」と名付けて発売された。さらには明治31年に野村洋食料品製造所が「白玉ソース」を製造・販売している。

関東では東京の伊藤胡蝶園が「矢車ソース」を明治30年に販売している。関東で本格的にソー

表7.5.1　ウスターソース類のJAS規格抜粋

項　目	ウスターソース		中濃ソース		濃厚ソース	
	特級	標準	特級	標準	特級	標準
1．無塩可溶性	25W/V%以上	20W/V%以上	28W/V%以上	23W/V%以上	28W/V%以上	23W/V%以上
2．食塩分	12%以下		9%以下		9%以下	
3．酸度	1.8W/V%以上	1.5W/V%以上	1.3W/V%以上	1.0W/V%以上	1.3W/V%以上	1.0W/V%以上
4．不溶性固形分	―					
5．粘度	100cps未満		400以上 1,500cps未満		1,500cps以上	

スが製造され始めたのは関西よりも10年近く遅く，明治38年，小島沖三郎氏による「ブルドックソース」，翌明治39年，大町信氏による「MT大町ソース」，明治45年には荒井長治郎氏による「スワンソース（現チキンソース）」が発売された。中部地区では明治41年，蟹江一太郎氏が「カゴメソース」発売するなど，明治後半には多種多様なソースが登場して，日本のソース業が勃興した。

製品・原料について

ソースの品質は原料の野菜，果物の種類と量に左右される。野菜類としてはトマト，ニンジン，タマネギ，ニンニクのほか生姜，セロリ，マシュルームなどが使われる。最近はトマトペースト，ニンジン，タマネギ，ニンニクなどのピュレーを用いることが多い。

特に「タマネギ」は収穫期と端境期では価格が数倍異なるため，収穫期に大量に買い付け貯蔵して年間の必要量を確保する。

果物類で「りんご」が一般的であるが，ソース原料に適した紅玉，国光は生産量が少なく入手難のため，一般品種はピュレーなど加工品を使う。

原料としてはそのほか，醸造酢，砂糖，異性化糖などの糖類，ローレル，タイム，セージ，胡椒，シナモン，フェネル，唐辛子，ナツメグ，クローブ，セルリーシード，オールスパイス，コリアンダー，カルダモン，クミンなどの香辛料を組み合わせて使う。

ウスターソース類にはウスターソース，中濃ソース，濃厚ソースの3種類があり，品質は**表7.5.1**ようなJAS規格が定められている。

ソースの製造工程

フローシートにウスターソースの製造工程を示した。

製造工程は野菜，果実，食塩，唐辛子などの香辛料を蒸煮して，野菜，果実のエキス分を抽出する。条件は加圧型蒸煮釜（**図7.5.3**）では 1 kg/cm^2，10～30分である。

蒸煮後，90～95℃に冷却し，100メッシュ程度の**図7.5.1**のチョッパー・パルパーや**図7.5.2**のフィニッシャーで蒸煮粕を除去して調味する。中濃および濃厚ソース製造においては95℃以上の液温時にコーンスターチを加える（液温90℃以下では澱粉の液化状態が不良になる）。食酢は

図7.5.1 チョッパー・パルパー。このような装置で原料の野菜の荒びき，すりつぶしなどが行われる（写真提供：(株)カジワラ）

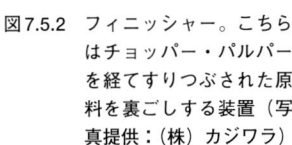

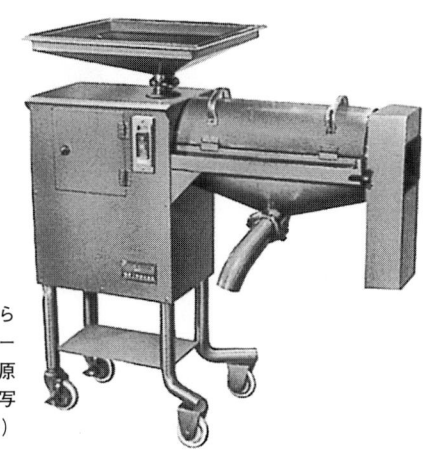

図7.5.2 フィニッシャー。こちらはチョッパー・パルパーを経てすりつぶされた原料を裏ごしする装置（写真提供：(株)カジワラ）

CHAPTER 7　調味料

図7.5.3　蒸煮工程。洗浄された野菜や果実は食塩，唐辛子などの香辛料とともに蒸気で高温処理され，エキス分が抽出される

図7.5.4　コミトロール。チョッパー・パルパーやフィニッシャーを経て送られてきた原料が，この工程でさらに微粉砕，均質化される。液状ソースの製造ではさらに篩い分けがされる

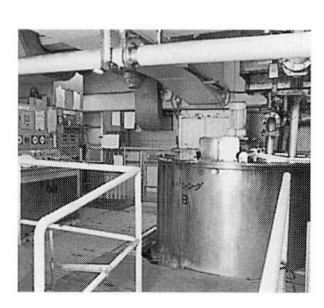

図7.5.5　ミキシングタンク。自動計量された液糖にソース母液を加え，食塩を溶かしてソース原液がつくられる

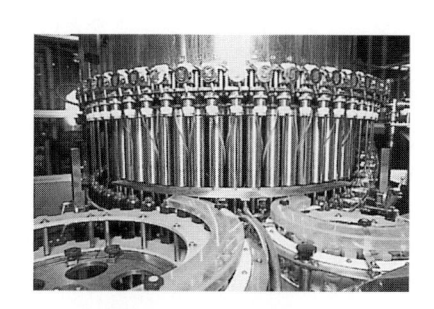

図7.5.6　貯蔵タンク。スパイスや調味料の添加，プレート熱交換機による冷却，醸造酢の添加などを終えたソース原液はここで貯蔵，熟成される。

図7.5.7　充填・包装工程

（写真提供：ブルドックソース（株））
（本書の内容はあくまで一般的工程を解説したものであり，写真提供企業の製造工程を示すものではありません。また写真は個別に提供されたものであり，各企業の関係を示すものではないことをお断りしておきます。）

酢酸が揮発しやすいので最後に加え，良く撹拌して濃度を調整する。

　最終的にホモゲナイザーで処理するとパルプ質が微細になり，テクスチャも改善される。さらに長期間貯蔵して熟成するとまろやかな風味が醸し出される。貯蔵タンクに空気を小気泡にして送入すると，ソースの熟成は促進される。

　容器への充填は殺菌後80℃以上の温度でホットパックすると容器自体の殺菌もでき有効である。容器が大きいときはホットパック後の冷却に工夫を要する。

　図7.5.1にチョッパー・パルパー，図7.5.2にフィニッシャー，図7.5.3に加圧型蒸煮釜，**図7.5.4**にコミトロール，**図7.5.5**にミキシングタンク，**図7.5.6**に貯蔵熟成タンク，**図7.5.7**に充填・包装工程をそれぞれ示した。

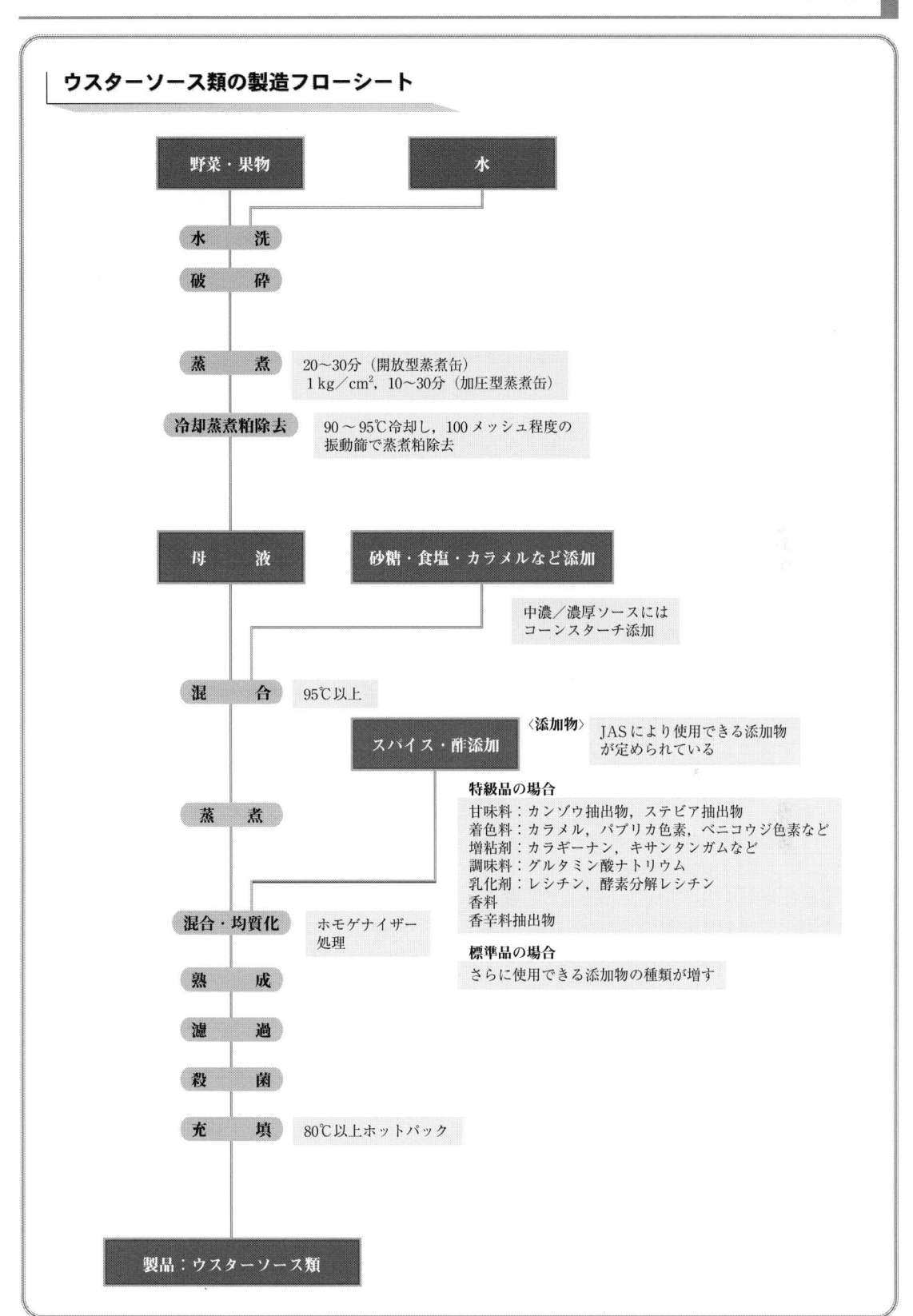

ウスターソース類の製造フローシート

```
野菜・果物      水
     │         │
     └────┬────┘
          ▼
        水　洗
          │
          ▼
        破　砕
          │
          ▼
        蒸　煮  ── 20〜30分（開放型蒸煮缶）
          │       1 kg／cm²，10〜30分（加圧型蒸煮缶）
          ▼
    冷却蒸煮粕除去 ── 90〜95℃冷却し，100メッシュ程度の
          │          振動篩で蒸煮粕除去
          ▼
        母　液      砂糖・食塩・カラメルなど添加
                          │
                    中濃／濃厚ソースには
                    コーンスターチ添加
          │         │
          ▼
        混　合 ── 95℃以上
                    スパイス・酢添加   〈添加物〉 JASにより使用できる添加物
                                              が定められている
          ▼
        蒸　煮
```

特級品の場合
甘味料：カンゾウ抽出物，ステビア抽出物
着色料：カラメル，パプリカ色素，ベニコウジ色素など
増粘剤：カラギーナン，キサンタンガムなど
調味料：グルタミン酸ナトリウム
乳化剤：レシチン，酵素分解レシチン
香料
香辛料抽出物

```
          ▼
     混合・均質化 ── ホモゲナイザー
          │         処理
          ▼
        熟　成
          │
          ▼
        濾　過
          │
          ▼
        殺　菌
          │
          ▼
        充　填 ── 80℃以上ホットパック
          │
          ▼
   製品：ウスターソース類
```

標準品の場合
さらに使用できる添加物の種類が増す

調味料 —Seasoning—
マヨネーズ

マヨネーズといえば野菜サラダを思い出すのではないでしょうか。最近は健康志向からかドレッシングが多く見られますが，若い人には好きな人が多く，お好み焼きや焼きそば，たこ焼きにもかけて食べる人がいます。マヨネーズは植物油，食酢，卵黄などからなる「水中油滴乳化物」と呼ばれるもので，技術的には乳化技術が重要な位置を占めています。

また，マヨネーズの製造工程には殺菌工程もなく，合成保存料や殺菌料類も使わないのに腐敗しないのです。不思議ですね。その謎をひも解いてみましょう。

日本では大正14年3月に初めてキューピー・マヨネーズの製造販売が行われ，その後一般に知られるようになった。

製品・原料について

マヨネーズの定義は平成6年改訂の日本農林規格（JAS）によれば，マヨネーズは「ドレッシングの中の半固体ドレッシングの一つであって，卵黄または全卵を使用し，かつ必須原材料（食用植物油脂および食酢もしくは柑橘類の果汁），卵黄，卵白，蛋白加水分解物，食塩，糖類，香辛料，調味料および酸味料以外の原料を使用していないものをいい，水分30％以下，脂肪分65％以上」と規定されている。

マヨネーズという言葉の起源は諸説があるが，確からしそうなのはフランスの日刊紙LeMondeが1970年5月17日付けで記載した記事であろう。これは「マヨネーズという言葉は西地中海のミノルカ島（現スペイン領Menorca）の首都マオン（Mahön）という港町が，フランスの政治家リシュリュー公爵（三銃士で有名な大宰相リシュリュー公はこの人の伯父にあたる）によって1756年占領された記念とし，この港町の名前を取ったもので，当時はマオネーズ（Mahonnaise）と発音されたものが，19世紀になってマヨネーズ（Mayonnaise）といわれるようになった」というものである。

マヨネーズは植物油，食酢，卵黄などからなる水中油滴型乳化物であり，これに調味料，香辛料の加わったものである。最後に製品に適度な粘度と安定性を持たせ，独自の風味を与えるとともに細菌の繁殖を抑えるため，原料の配合に一定のバランスを持たせなければならない。各メーカーによって独自の配合になっているが，基本的には表7.6.1の配合例があげられる。

一般的に油の量が増すと粘度は増加し，食酢の量が増すと粘度は低下する。また全卵より卵黄の方が粘度の高いマヨネーズをつくりやすい。さらに食塩が多いと粘度は高くなり，食酢中の酢酸％が高いほど，粘度は高くなる。辛子粉など粉末成分は粘度を高め，砂糖の添加は製品の色を透明化する。

マヨネーズの製造工程

製造方法としては卵黄，食酢，調味料，香辛料をミキサに入れて数分間撹拌したら，さらに撹拌を続けながら油を徐々に加え，油を加え終わ

表7.6.1 マヨネーズの配合例（単位％）

成分＼例	卵黄タイプ A	卵黄タイプ B	卵黄タイプ C	全卵タイプ
植物油	65.0	70.0	78.0	80.0
卵黄または全卵	17.0	15.0	9.5	13.5
食酢・水	14.5	12.5	10.5	3.6
調味料・香辛料	3.5	2.5	2.0	2.9
計	100.0	100.0	100.0	100.0

マヨネーズ

ったら数分間高速撹拌し，製品を充填機に送る。乳化を安定させるためには油滴は小さいほうが良く，45年くらい前からコロイドミル（図7.6.5）を通して仕上げ乳化を行うようになった。

マヨネーズの製造工程には殺菌工程もなく，食品衛生法で認められている合成保存料，殺菌料類はない。また天然物であっても保存料の使用はJASによって認められていない。それなのにマヨネーズが腐らないのは成分中の食酢と食塩によるもので，これに加え油脂を70％くらい含むので水相中の酸度が1.3～2.1％，食塩が4～7％となり，大部分の微生物の繁殖を抑えている。

しかし卵を経由して鶏から汚染する危険のあるサルモネラ・エンテリティディスという食中毒菌

図7.6.1 マヨネーズ製造工程の概略図
（資料提供：味の素㈱）

マヨネーズの製造工程は，原料となる食酢，卵黄，調味料，香辛料をミキサに入れて撹拌し，その後油を徐々に加えながら撹拌を続け，最後に高速撹拌，充填機に送る，というものである。近年は図7.6.5のようなコロイドミルを仕上げ乳化に使用する工程が入るのが一般的だ。

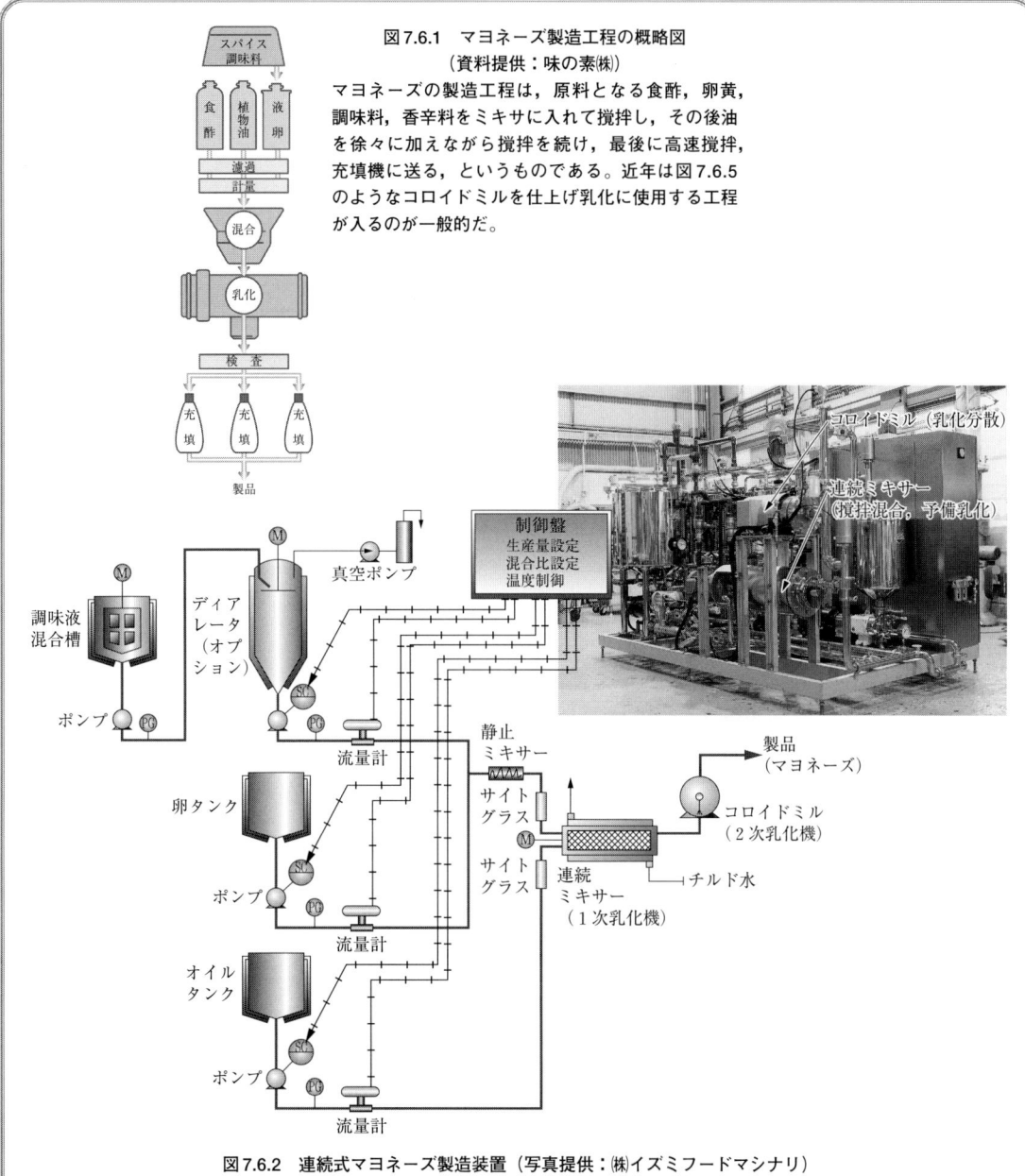

図7.6.2 連続式マヨネーズ製造装置（写真提供：㈱イズミフードマシナリ）
（本書の内容はあくまで一般的工程を解説したものであり，資料提供企業の製造工程を示すものではありません。また写真は個別に提供されたものであり，各企業の関係を示すものではないことをお断りしておきます。）

CHAPTER 7　調味料

には注意が必要だ。商業的製品は使用する卵黄を殺菌するので食中毒の事故例はないが，家庭で作られる自家製マヨネーズは卵黄殺菌がないので卵にこの食中毒菌が存在すれば危険である。

フローシートにマヨネーズの製造工程を，**図7.6.1**にマヨネーズ製造工程の概略図を示した。

図7.6.2には連続式マヨネーズ製造装置を示したが，この装置は**図7.6.3**の連続ミキサー（撹拌混合）と**図7.6.4**のコロイドミル（乳化）を中核となすものである。また，図7.6.5に単体の小型コロイドミル，**図7.6.6**に割卵分離機，**図7.6.7**にマヨネーズの充填包装の様子をそれぞれ示した。

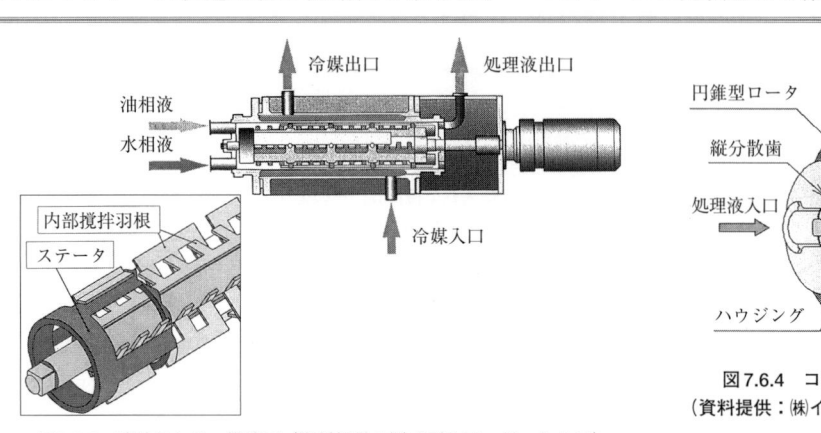

図7.6.3　連続ミキサー構造図（資料提供：㈱イズミフードマシナリ）

図7.6.4　コロイドミル構造図（資料提供：㈱イズミフードマシナリ）

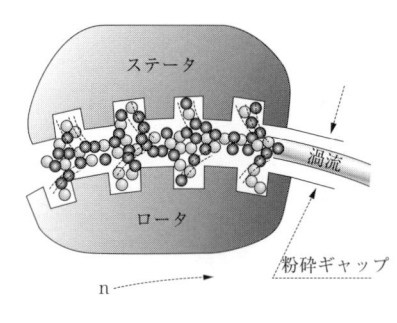

図7.6.5　小型コロイドミル（日本ボールバルブ㈱カタログより）

図7.6.6　割卵分離機（『マヨネーズ・ドレッシングの知識』（今井忠平著　幸書房）P91．写真5.18より）

図7.6.7　マヨネーズの充填包装の様子（『マヨネーズ・ドレッシングの知識』（今井忠平著　幸書房）P112．写真6.12より）

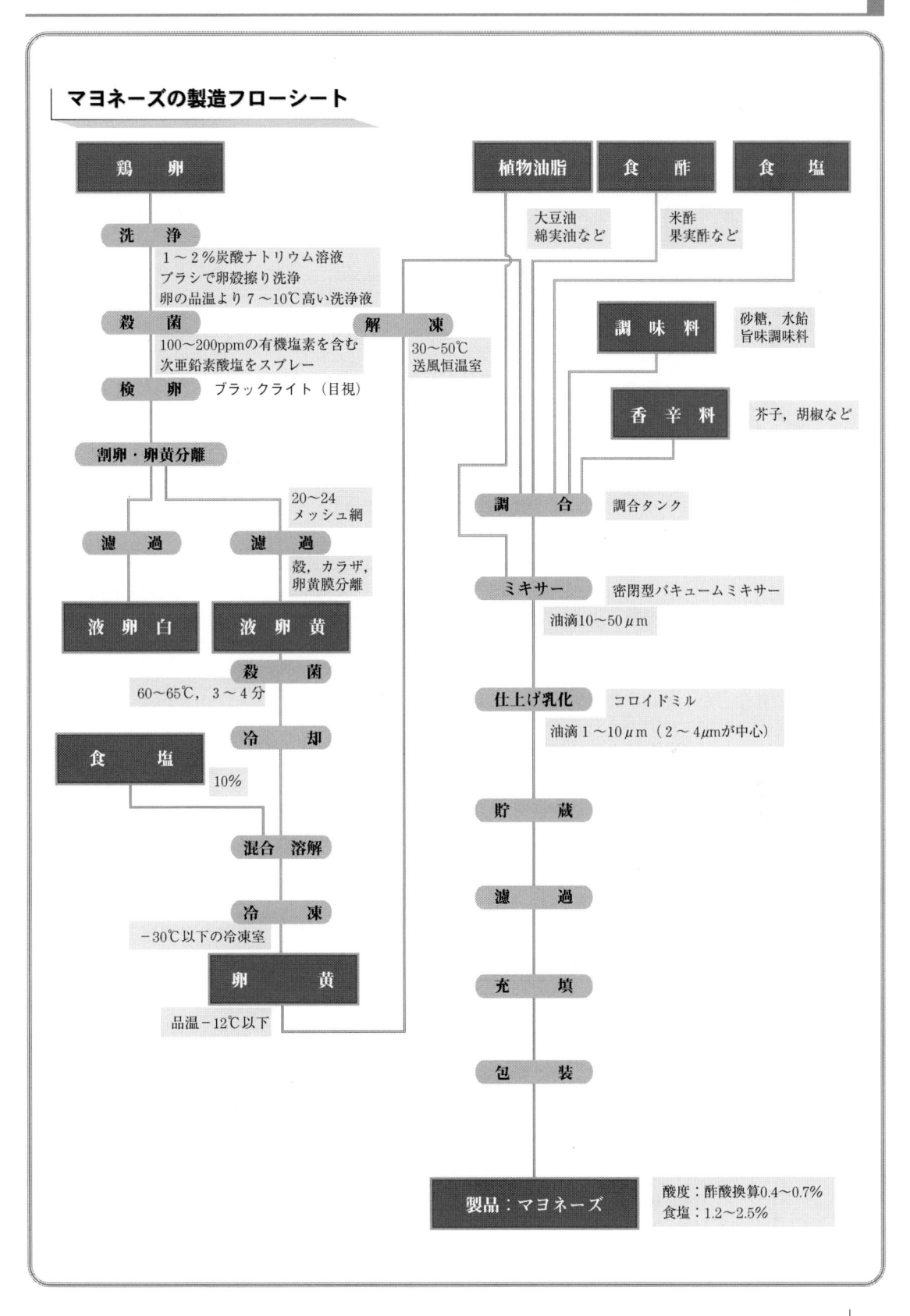

マヨネーズ

マヨネーズの製造フローシート

```
鶏卵
 ↓
洗浄 ── 1～2％炭酸ナトリウム溶液
       ブラシで卵殻擦り洗浄
       卵の品温より7～10℃高い洗浄液
 ↓
殺菌 ── 100～200ppmの有機塩素を含む
       次亜鉛素酸塩をスプレー
 ↓
検卵 ── ブラックライト（目視）
 ↓
割卵・卵黄分離
 ↓
濾過／濾過 ── 20～24メッシュ網
              殻，カラザ，卵黄膜分離
 ↓
液卵白／液卵黄
           ↓
         殺菌 ── 60～65℃，3～4分
           ↓
         冷却
食塩 ─ 10％ →
           ↓
         混合溶解
           ↓
         冷凍 ── -30℃以下の冷凍室
           ↓
         卵黄 ── 品温-12℃以下
```

植物油脂（大豆油，綿実油など）
食酢（米酢，果実酢など）
食塩

解凍 ── 30～50℃ 送風恒温室

調味料 ── 砂糖，水飴，旨味調味料
香辛料 ── 芥子，胡椒など

調合 ── 調合タンク
 ↓
ミキサー ── 密閉型バキュームミキサー
          油滴10～50μm
 ↓
仕上げ乳化 ── コロイドミル
            油滴1～10μm（2～4μmが中心）
 ↓
貯蔵
 ↓
濾過
 ↓
充填
 ↓
包装
 ↓
製品：マヨネーズ
酸度：酢酸換算0.4～0.7％
食塩：1.2～2.5％

調味料

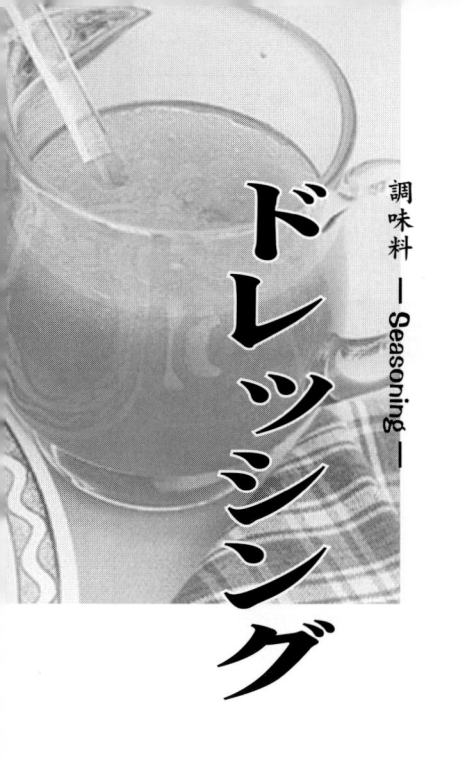

調味料 —Seasoning—
ドレッシング

マヨネーズはドレッシングの分類の中で粘度30,000CP以上の半固体ドレッシングに分類されています。ご存じでしたか。筆者はてっきりドレッシングはマヨネーズのヘルシーバージョンとばかり思っていました。

歴史的に見ると，マヨネーズの言葉が出てきたのは19世紀で，その前の18世紀初頭には料理の中に「ドレッシング」という言葉が出てきます。以前は野菜サラダといえばマヨネーズでしたが，最近ではレストランでもサラダの調味料はドレッシングが圧倒的に多いです。健康志向の影響でしょうか，若い女性はドレッシングがお好みのようですね。

その製造工程はいたってシンプルです。

ドレッシングとはJASの定義によると「ドレッシングとは，食用植物油脂及び食酢もしくは，柑橘果汁に食塩，糖類，香辛料などを加えて調整し，水中油滴型に乳化した半固体状若しくは乳化液状の調味料，または分離液状の調味料を言う。これに酢漬け野菜の細片等加えたものも含む」となっており，表7.7.1のように分類される。

ドレッシングについては紀元前3世紀頃の戯曲に「酸っぱいレタス」の話があり，この酸味の素はドレッシングではないかと推定されている。酢は紀元前10世紀頃「モーゼ5書」や「旧約聖書」にその存在が記載されており，植物油も「旧約聖書」にオリーブ油の記載があることから，その酸味の素がドレッシングではないかとの仮説もある。

料理の中に「ドレッシング」という言葉が見られるのは18世紀初頭である。ドレッシングはサラダときわめて関連が深いが，サラダは紀元前のギリシャやローマ時代に野生の草や薬草を摘んで食べたのが始まりとされており，サラダの語源は薬草に塩（ラテン語でサル（sal））をかけて食べたことによると推定されている。

ドレッシングは欧米の家庭料理の中から育ち，簡便性のニーズから商品化された伝統的な調味料である。日本ではメーカーが商品を市販して，使い方を消費者に教育する，メーカー先行型の商品である。

昭和33年キユーピーがフレンチドレッシング（赤）を発売したのが最初で，昭和38年には食酢の大手，ミツカンがドレッシング・ビネガーを発売した。昭和46年にはライオン食品がマコーミックブランドでセパレートタイプを発売した。昭和50年代になると商品も多様化しカロリーを抑えた健康食品としてのドレッシングも登場した。昭和60年代に入ると醤油系の和風ドレッシング

表7.7.1　ドレッシングの分類

- ドレッシング
  - 半固体ドレッシング（30,000CP以上）
    - マヨネーズ：水分30％以下，油脂65％以上
    - サラダドレッシング：水分65％以下，油脂30％以上
    - 半固体状ドレッシング：水分65％以下，油脂30％以上
  - 乳化液状ドレッシング
    - フレンチドレッシング（乳化）：水分65％以下，油脂35％以上
    - 乳化液状ドレッシング：水分65％以下，油脂35％以上
  - 分離液状ドレッシング
    - フレンチドレッシング（分離）：水分65％以下，油脂35％以上
    - 分離液状ドレッシング：水分65％以下，油脂35％以上

ドッレシング

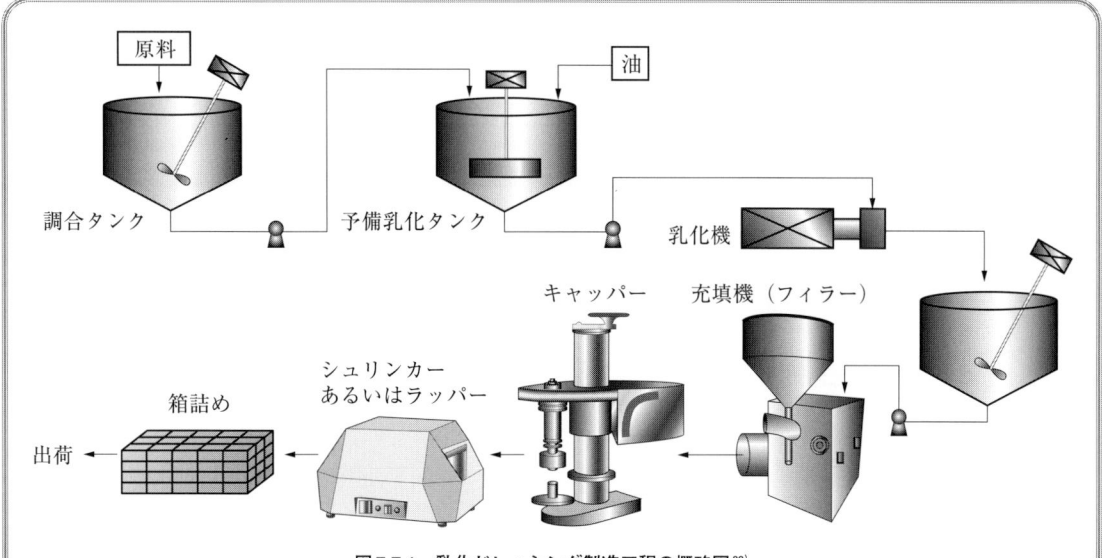

図7.7.1　乳化ドレッシング製造工程の概略図[39]

　食酢，香辛料，調味料，乳化安定剤を混合したものに植物油を混合して水中油滴状に乳化する。サラダドレッシングの場合にはこれに澱粉溶液を添加して半固形状にする。

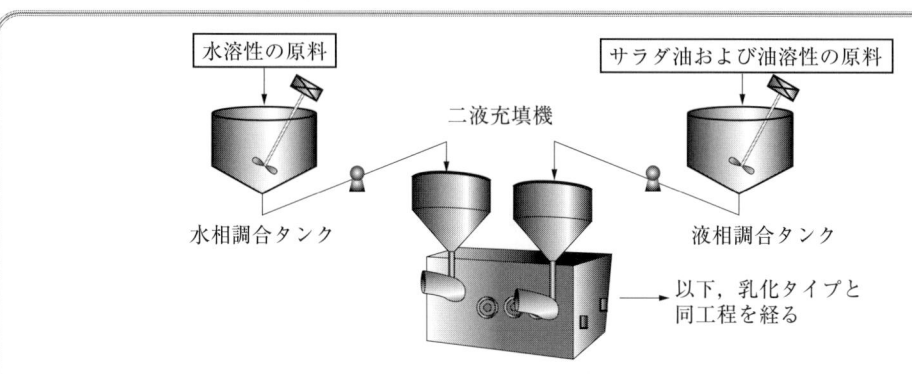

図7.7.2　分離ドレッシング製造工程の概略図[39]

　分離状ドレッシングの場合には乳化を行わず，調味酢など水溶性の原料と，サラダ油や油溶性の原料がそれぞれのタンクから1つの充填機に送られ，同じ容器に別々に充填する。

図7.7.3　ドレッシングの混合工程写真
（写真提供：㈱イズミフードマシナリ）

図7.7.4　ドレッシング乳化のための高圧ホモゲナイザー
（写真提供：㈱イズミフードマシナリ）

CHAPTER 7　調味料

ドレッシングの製造フローシート

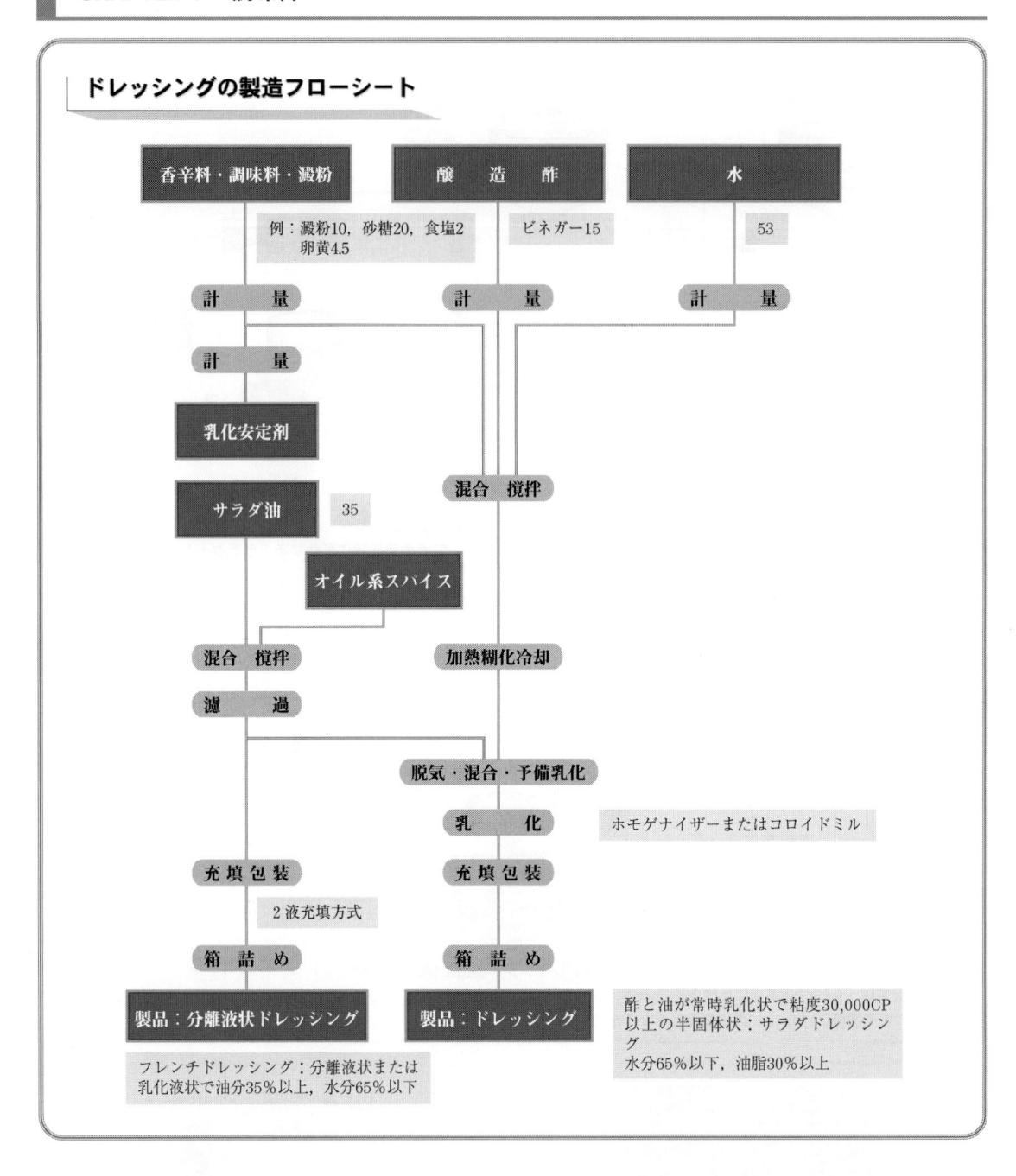

```
香辛料・調味料・澱粉            醸　造　酢              水
例：澱粉10, 砂糖20, 食塩2     ビネガー15           53
    卵黄4.5
    計　量                    計　量              計　量
    計　量
  乳化安定剤
                              混合　撹拌
  サラダ油   35
  オイル系スパイス
    混合　撹拌                 加熱糊化冷却
    濾　過
                              脱気・混合・予備乳化
                              乳　化          ホモゲナイザーまたはコロイドミル
    充填包装                  充填包装
    2液充填方式
    箱　詰め                  箱　詰め
  製品：分離液状ドレッシング   製品：ドレッシング
                                              酢と油が常時乳化状で粘度30,000CP
                                              以上の半固体状：サラダドレッシング
                                              水分65%以下，油脂30%以上
  フレンチドレッシング：分離液状または
  乳化液状で油分35%以上，水分65%以下
```

の伸びが顕著で，ノンオイルドレッシングの台頭が見られた。

ドレッシングの製造工程は非常に簡単で，フローシートのように食酢，香辛料，調味料，乳化安定剤を混合したものに食用植物油を混合乳化し，水中油滴型に乳化したものである。概略図も図7.7.1，7.7.2のように非常にシンプルである。要はドレッシングの製造方法は乳化状ドレッシングか分離状ドレッシングの二つに大別される。図7.7.3はドレッシングの混合工程，図7.7.4はドレッシング乳化のための高圧ホモゲナイザーを，それぞれ示した。

サラダドレッシングは，これに澱粉溶液を添加し，加熱撹拌して糊化，半固体状にする。また分離状ドレッシングは乳化を行わず，調味酢と食用植物油を同じ容器に別々に充填する。

調味料 —Seasoning— マーガリン

筆者のような年輩者で、子供の頃バターをパンにつけて食べた記憶のある人は、きっとお金持ちのお子さんでしょう。当時は学校の給食ではマーガリンもついていませんでした。パン屋さんでコッペパンにイチゴジャムを付けてもらう時、パンやの叔母さんがマーガリンをつけてくれたのを思い出します。このようにマーガリンは当初、バターの代用品として作られましたが、その後、技術の進歩で品質が向上し、今日では菓子、パンの原料に使われるなど生産量が1970年頃から大幅に伸びました。しかし、1988年の261,128tをピークに若干減少傾向にあります。ここでは、このマーガリンの作り方をご紹介します。

マーガリンはバターの代用品として出発した。1972年の7次改正のJASの定義によると、この規格において「マーガリン」とは"食用油に水などを加えて乳化した後、急冷、練り合せをし、または急冷、練り合せをしないでつくられた可塑性のもの、または流動状のものであって油脂含有率80％以上のものをいう"となっている。

原料油脂は、植物油脂（大豆油、綿実油、パーム油、やし油、米糠油など）と動物油脂（魚油、牛油、豚油など）と副原料は水のほか、食塩、乳製品、着色料、香料、乳化剤、保存料、酸化防止剤、ビタミン類などで、それ以外の添加物は認められていない。学校給食用の25g以下の小包装ものに限ってカルシウムの使用が認められている。近年、高級化や消費者の要求から植物油脂の使用が増加している。

マーガリンは1869年にフランスで発明され、アメリカ、イギリス、オランダなどに広がり、日本には明治20年代に始めて輸入され、1908年に横浜で製造されたのが最初である。1952年に厚生省令により類似乳製品として「マーガリン」の規格が公布された。

1954年にマーガリン、ショートニングのJASが制定された。**表7.8.1**にマーガリンのJAS、日本農林規格を示した。また、強化マーガリンの原料配合例を**表7.8.2**に示した。

マーガリンの製造工程を**フローシート**に示した。**図7.8.1**はマーガリンの調合と乳化工程の概略図である。

油脂原料は風味、可塑性、クリーミング性、栄養、そのほかの品質目標に基づき2～3種類を調合する。乳化剤、着色料、香料、ビタミン類は油脂に加え溶解する。牛乳、乳製品、食塩は水相に溶解する。W/O型マーガリンの場合は油相を60℃に温めて、これに予め殺菌した水相を少しづつ加えながら乳化する。融けた油脂を40～50℃から急冷すると、1～10μm程度の微結晶

表7.8.1　マーガリンの日本農林規格

基準	用途	油分	水分	融点	ビタミンA
強化マーガリン	家庭用	80％≦	16％≦	35℃≧	4,500IU（100g当り）
A級マーガリン	業務用	80％≦	17％≦		
B級マーガリン	業務用	75％≦	22％≦		

表7.8.2　強化マーガリンの原料配合例

原料	配合
原料油脂	80％
乳成分，水，食塩	16～18
	2～3
乳化剤	0.3～0.8
賦香剤	1～2 g/100kg
着色剤	0.6～1 g/kg
ビタミンA	20,000IU/450g

CHAPTER 7　調味料

となって析出する。これを練り合わせると，結晶しない液体油部分に微結晶がネットワークとなって分散した可塑性油脂の構造ができ上がる。これがマーガリン，ショートニング製造の基礎で，種々工夫され，現在，世界で採用されているのはクーリングドラム法と連続密閉法の2つであるが，ここでは一般的となっている後者について説明する。この連続密閉法は，密閉型の急冷捏和装置で米Girdler社のVotataor，独Schroder社のkombinatorなどがある。

図7.8.2のような外観の掻き取り伝熱式の熱交換機で構造を紹介すると，図7.8.6のようにシリンダの中のロータシャフトにスプリングでシリンダ内壁に押しつけられたスクレーパ（シャフトの周りに交互に付いた黒い板）が回転し，伝熱面の付着原料を掻き取る仕組みになっている。これにマーガリンエマルジョンが融けた状態で15〜20kg/cm²で圧入され，過冷却され結晶が出始め，同時に激しく捏和される。例としてローターシャフトの径が220mm，回転数355rpmで，エマルジョン入口温度40〜50℃，出口温度10〜20℃，液体アンモニアの直膨式で，エマルジョンは高圧下で撹拌され，凝固点以下でも流動状態を保つ。処理時間は30〜60秒である。この連続密閉法を分かりやすく説明するため，図7.8.3のようなマーガリン製造のテスト装置で説明する。図7.8.4はテスト装置に原料のエマルジョンを投入している様子，図7.8.5が，このテスト装置のAユニットとBユニットである。図7.8.6はAユニットのシャフトで，原料エマルジョンを冷却する掻取式熱交換機の掻取羽根のダッシャーが左右交互についている様子が分かる。図7.8.7はBユニットのシャフトを示しており，このシャフトの周りに付いたピンで冷却されたマーガリンの原料を激しく撹拌して図7.8.8に示したように仕上がったマーガリンとなって押出される。工業規模では，この後，容器に包装し，箱詰めして製品とする。

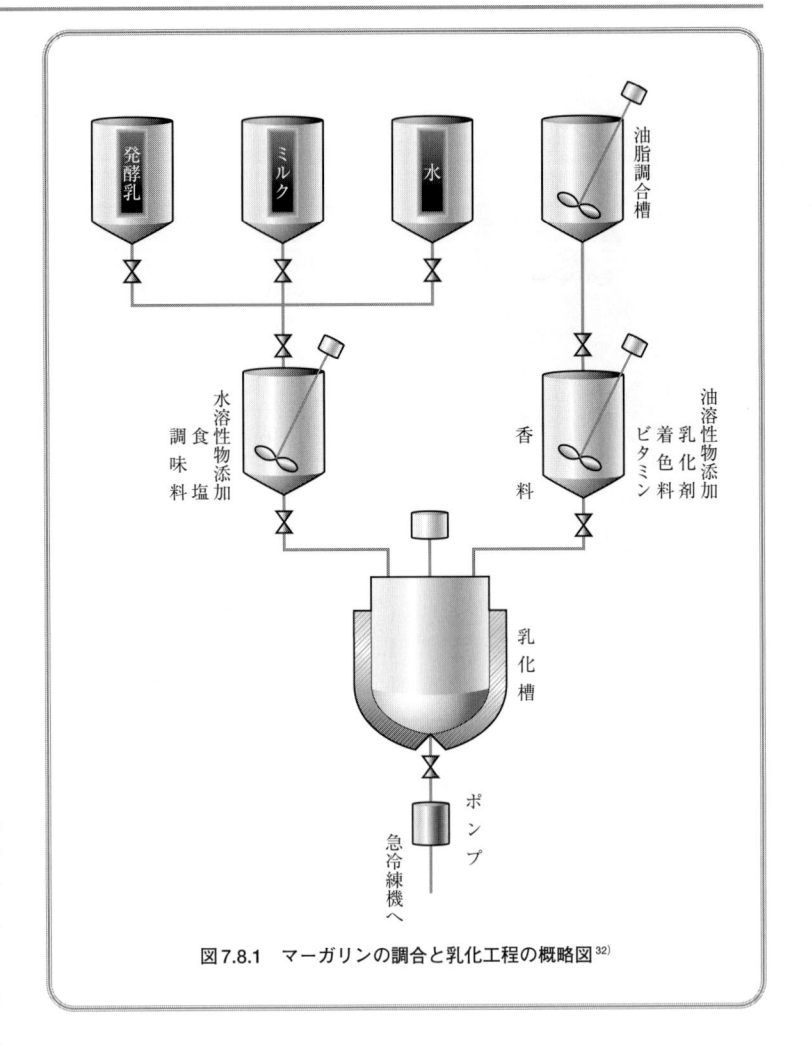

図7.8.1　マーガリンの調合と乳化工程の概略図[32)]

マーガリン

図7.8.2 掻き取り伝熱式の熱交換機

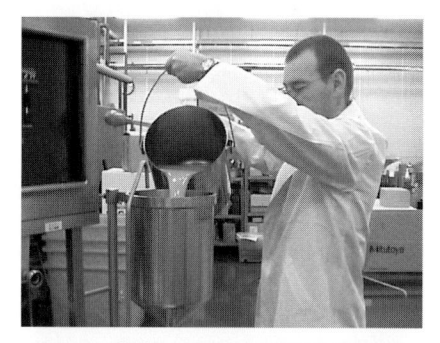

図7.8.4 原料のエマルジョンを投入する様子

図7.8.3 テスト用のマーガリン製造装置外観

図7.8.5 装置のAユニットとBユニット

図7.8.6 Aユニットシャフト。掻き取り式熱交換機の掻き取り羽根のダッシャーが左右交互についている様子が見て取れる。

図7.8.7 Bユニットシャフト。シャフトの周りのピンで，冷却されたマーガリンを撹拌，仕上がったマーガリンとして押し出す。

図7.8.8 仕上がって押し出されるマーガリン

（写真提供：パワーポイント・インターナショナル㈱）

調味料

CHAPTER 7　調味料

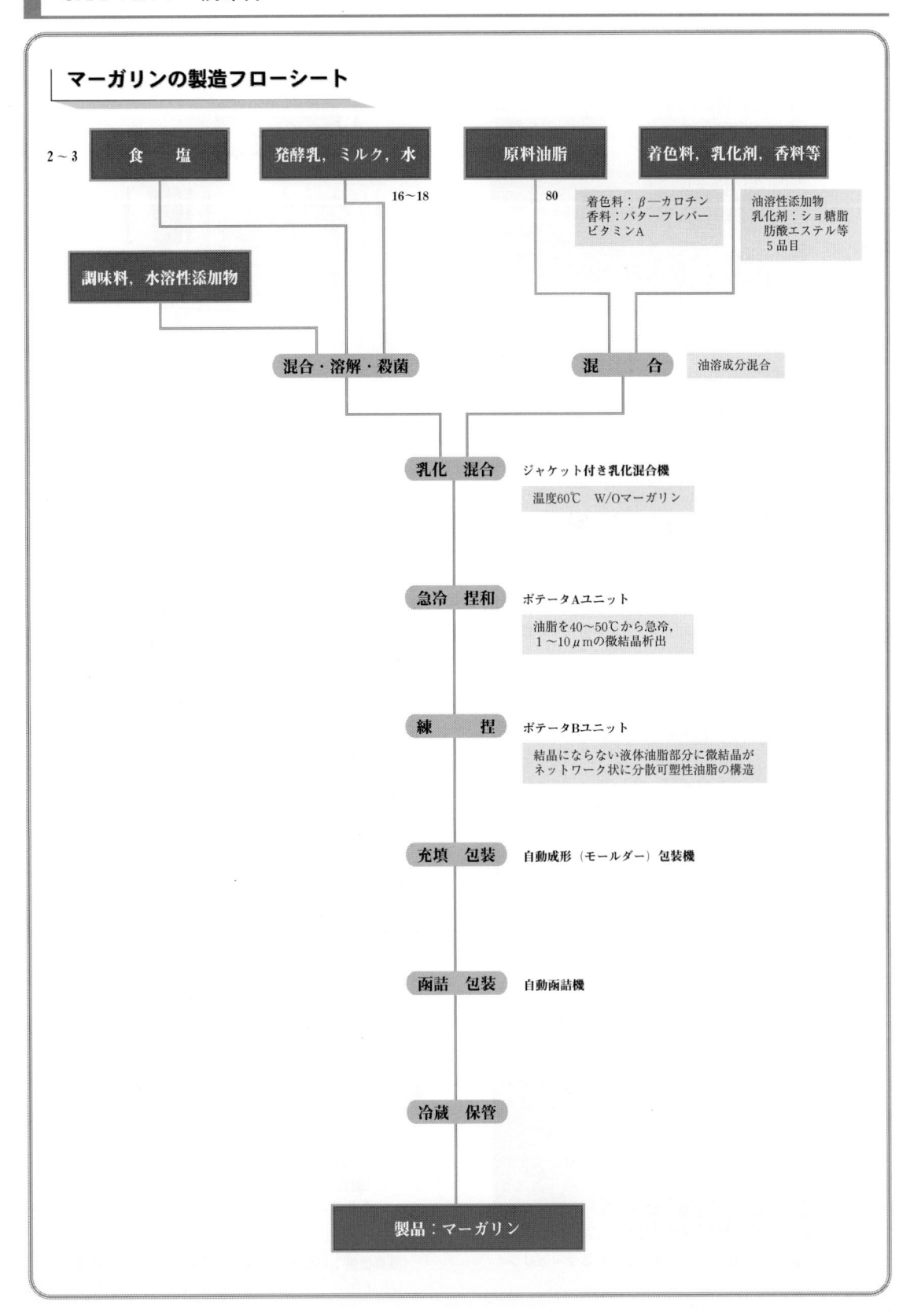

マーガリンの製造フローシート

```
2〜3    食　塩        発酵乳, ミルク, 水        原料油脂          着色料, 乳化剤, 香料等
                                  16〜18        80    着色料：β－カロチン    油溶性添加物
                                                      香料：バターフレバー    乳化剤：ショ糖脂
        調味料, 水溶性添加物                              ビタミンA              肪酸エステル等
                                                                             5品目

                    混合・溶解・殺菌              混　　合     油溶成分混合

                              乳化　混合    ジャケット付き乳化混合機
                                          温度60℃　W/Oマーガリン

                              急冷　捏和    ボテータAユニット
                                          油脂を40〜50℃から急冷,
                                          1〜10μmの微結晶析出

                              練　　捏      ボテータBユニット
                                          結晶にならない液体油脂部分に微結晶が
                                          ネットワーク状に分散可塑性油脂の構造

                              充填　包装    自動成形（モールダー）包装機

                              函詰　包装    自動函詰機

                              冷蔵　保管

                              製品：マーガリン
```

第8章

酒類
Liquor

酒類 — Liquor —
日本酒

正月，三三九度，お祝いごとに付きものの酒といえば，日本酒をおいてほかにはないでしょう。

女性が飯を噛んで発酵させた古代を除けば，奈良時代（700年代）から，米と米麹で酒はつくられていたようです。この日本酒の嗜好も時代とともに変化し，甘口からやや辛口に変化し，芳醇が好まれ，最近では淡麗辛口に変わってきています。

酒造好適米は山田錦，雄町，五百万石，たかね錦などが知られていますが，純米酒で精米歩留まり70％以下，純米大吟醸にいたっては精米歩留まり50％以下と，実はお酒は米を贅沢に使った製品でもあるのです。

日本では年中行事や人生儀礼には必ず神仏に酒や供物を供えて祭典を行う。正月，雛祭り，夏祭り，田植え，三々九度など数多くの行事に酒はつきものである。

日本の酒の起源は古く，稲の伝来に伴うとされている。平安時代の「延喜式」（927年）には神事に酒が使用されたことや，中世の「類従雑要抄」には古代から宮中や貴族階層の大饗料理に酒が使用された記録がある。

しかし古代から現在の製造法が確立されていたわけではなく，最も原始的な方法は麹に代わり，女性が飯を噛み，それを集めて発酵させる方法が「大隈国風土記逸文」（鎌倉中期）に記されている。米酒の原理は米澱粉を糖化させアルコール発酵させるものであるから，唾液中の澱粉糖化酵素を利用したものである。

しかし，「播磨国風土記」（713年以前）には麹を使用した醸造の記述があることから，すでに奈良時代（700年代）には米と米麹による酒造りが行われていたと考えられる。

927年の延喜式には朝廷で酒造りが記されており，次第に民間でもつくられるようになって，16世紀頃には三段仕込みや火入れ殺菌貯蔵法が行われた。江戸時代になると，精米，寒造りや澄み酒が一般化し，明治中期以降，欧米の科学技術が導入され，酒造技術が急速に改善され全国に普及し，今日いたるところで優良酒が製造されるようになった。

製品・原料について

清酒の品質の変遷を見ると戦後，糖分大の甘口に消費嗜好が推移したが，1968年頃から糖分小に逆行し，酸度も1960年頃から減少，1978年頃から再び甘口に転じる傾向が見られた。品質の消費者嗜好はいったん濃醇甘口の方向に進んだが，次第に淡麗甘口の方向に転じ，最近では辛口化の方向に急旋回している。

さらに，このような傾向ばかりでなく，1973年のオイルショック以来，消費者ニーズが個性化，多様化した結果，清酒の品質に対する要求も多様化し，**表8.1.1**に示したように各種のタイプの清酒が販売されるようになった。

また原料の酒造好適米は，農林水産大臣指定の山田錦（兵庫），雄町（岡山），五百万石（新潟），たかね錦（長野），八反（広島）など，30品種以上がある。

原料の玄米を精米して白米とし，糠を洗い去り，水浸漬で吸水させて蒸煮し，蒸米の約20％を麹とする。酵母の培養のために酒母をつくり，これを蒸米，麹，仕込み水の三つを順次増量しながら3回に分けて仕込み，もろみをつくる。これを「三段仕込み」という。約15℃で2～3週間発酵させる。そしてアルコール分が18～20％に達し，熟成したもろみを圧搾して新酒を得る。60～65℃に加熱殺菌（火入れ）して貯蔵する。原酒をブレンドして，甘辛など酒質を決め，アルコール分の規格調整をして製品とする。これが日本酒製造のあらましである。

酒造米の要件としては①タンパク質含有量が少

表 8.1.1　清酒の種類と名称[20]

タイプ	特定名称	使用原料	精米歩合	香味等の条件
吟醸酒	吟醸酒	米，米麹，醸造アルコール	60%以下	吟醸造り 固有の香味，色沢が良好
吟醸酒	大吟醸酒	米，米麹，醸造アルコール	50%以下	吟醸造り 固有の香味，色沢が特に良好
純米	純米酒	米，米麹	70%以下	香味，色沢が良好
純米	特別純米酒	米，米麹	60%以下または特別な製造方法（要説明表示）	香味，色沢が特に良好
純米吟醸	純米吟醸酒	米，米麹	60%以下	吟醸造り 固有の香味，色沢が良好
純米吟醸	純米大吟醸酒	米，米麹	50%以下	吟醸造り 固有の香味，色沢が良好
本醸造	本醸造酒	米，米麹 醸造アルコール	70%以下	香味，色沢が良好
本醸造	特別本醸造酒	米，米麹 醸造アルコール	60%以下または特別な製造方法（要説明表示）	香味，色沢が特に良好

表 8.1.2　清酒もろみの仕込配合例

	酒母	初添	仲添	留添	四段	合計
総米	70kg	140kg	270kg	450kg	70kg	1000kg
蒸米	50	100	210	370	70	800
麹米	20	40	60	80		200
汲水	80ℓ	130ℓ	330ℓ	660ℓ	100ℓ	1300ℓ

図 8.1.1　酒造米用竪型精米機（写真提供：村井醸造㈱）

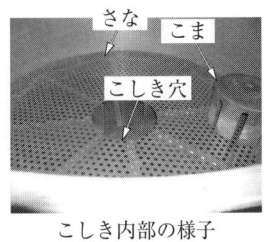

図 8.1.2　蒸米に使われる伝統的こしき（写真提供：村井醸造㈱）

こしき内部の様子

こしきで発生する蒸気を逃がす窓。昔から酒蔵では，こしきの上にこのような窓が設けられていた。

CHAPTER 8　酒類

図 8.1.3　連続蒸米機（左）と蒸米冷却機（右）。ともに金網のコンベアの上に白米をのせて移動させ，下から蒸気，あるいは冷気をあてる仕組み。連続蒸米機では約15分かけて米が蒸される（写真提供：村井醸造㈱）

ない，②玄米1000粒の重量が25g以上の大粒で，粒が揃っている，③粒の溝が少ない，④胴割れが少ない，などである。

酒造好適米としては山田錦（兵庫県），雄町（おまち，岡山県），五百万石（新潟県），たかね錦（長野県），八反（はったん，広島県）などが代表的で，農林水産大臣が指定し，各県毎に定められており，1982年時点で32品種が指定された。

酒造好適米は一般米より高価な粒の心白米（しんぱくまい；中心部が白く不透明な米）で，吸水が早く，蒸米が弾力に富み，麹菌がはぜ込みやすい，糖化されやすい，などの特徴がある。玄米は長さ5～6mm，幅2.8～3.2mm，厚さ1.9～2.3mmの範囲だが，酒造好適米はそれぞれ上限値に近く大粒である。

灘の宮水に代表されるように良水の湧き出る所に酒造家が多い。無色透明，無味無臭，鉄やマンガンが少ない，などが要件である。精米は図8.1.1のような構造の酒造米用竪型精米機が使われる。精米歩合75％くらいまで変化が大きく，タンパク質は約30％減少し，灰分の約80％，粗脂肪の約95％が除去される。一般の精米歩合は70～75％だが，吟醸酒は精米歩合50～60％の白米が使われ淡麗な芳香のある酒質が得られる。

日本酒の製造工程

白米の表面の糠を除くため洗米し，水浸漬する。白米の重量に対する吸水量，吸水歩合は27～30％が標準で，大粒は吸水が早く，小粒は遅い。浸漬時間は30分～3時間が普通である。白米の水分は13％くらいで，浸漬後30％くらいになり，蒸米後40％くらいになる。吟醸酒の50％精白米は水分が10％で，水浸漬で38％になり，蒸米で50％近くになる。

蒸煮は小規模では図8.1.2のような約1.5kℓの和釜で30～50分間蒸すが，大規模では図8.1.3のような連続蒸米機で20分くらいで蒸煮する。こしき（蒸米機）を出た米は製麹用は35℃内外，もろみかけ米は5～20℃に蒸米冷却機で冷却する。

米麹の役割は
①蒸米の溶解，糖化を行う諸酵素の供給源。
②清酒酵母の増殖，発酵を促進する栄養素を供給。
③清酒の香味形成に麹菌の代謝産物が寄与する，である。

製麹法には蓋麹法，箱麹法，床麹法，機械麹法があるが，ここでは機械麹法について説明する。図8.1.4のような自動製麹機を用いて，蒸米層に通風し，品温を調節しながら製麹する。図の回転式自動製麹装置の例では30℃の蒸米を厚さ30cmに平らに広げ，それに種麹を撒布して，温度32℃，相対湿度90～94％の通風をして品温を一定にして発酵する。約20時間後，切り返し（発酵で固まった蒸米層をほぐす）を行う。以降，25時間目に35℃，30時間目に38℃くらいと品温を順次上げる。湿度は30時間目頃から低下させ80％程度とし，品温38～40℃を維持し40時間目頃に出麹する。

酒母は清酒醸造におけるスターターで，優良な酵母を健全に発育させる元である。そのため別名「酛（もと）」といわれる。清酒醸造のような開放発酵では雑菌の侵入を防ぐため充分な乳酸量（酸性）が必要である。したがって，酒母の要件は優

良酵母だけが純粋に培養され，抗菌力として乳酸を充分提供することである。

清酒酵母はSaccharomyces cerevisiaeに属するもので，実用化されているものに「協会酵母」があり，6～11号や701号などがある。協会6，7号酵母は発酵力が強く，芳香を生成する代表的清酒酵母である。9，10号は低温性の吟醸用酵母である。

酒母は生酛系酒母と速醸系酒母に大別される。前者は育て酛ともいい，酒母に必要な乳酸を乳酸菌の繁殖を促して生成させる方法で，後者は予め乳酸を添加するもので速成酛ともいわれる。

古典的な生酛は山卸（やまおろし）といって，蒸米を磨り潰す複雑な操作を行っていたが，これを廃止した酵母づくりが開発され（1909年），これを山卸廃止酛，略して山廃酛，または山廃酒母という。

仕込配合は，酒母総米に対して，麹歩合30～33％，汲水歩合110％程度である。9～10℃で仕込み，蒸米は軟らかくして仕込む，仕込んでから10～12時間後に荒櫂（あらがい）といって，内容物を混合するため櫂入れを行う。以降2～3時間おきに2番櫂，3番櫂を入れ，均一化と品温の降下を図る。仕込み後5日目に昇温のための暖気（だき）を入れる（初暖気）。以降毎日暖気を入れ10～11日の前暖気期間が続く，この間，暖気入れで品温は2℃上昇，翌日までに1℃下がり鋸刃状に推移する。

徐々に品温を15～16℃に上昇させ，優良純粋培養酒母を添加して膨れ（CO_2の発生で原料層が膨れあがる）に誘導する。初暖気後15日くらいまで膨れが継続するようにする。膨れの品温は15～17℃が標準である。膨れ時の内容成分はボーメ度17～18，糖分26～28％，酸度5～6，アミノ酸度6～8である。膨れの最高から湧付き（わきつき；発酵が盛んになり発泡が多くなる）までほぼ1日，品温は19～21℃にする。

さらに品温を21～23℃にして2～3日間発酵する。この時期，発酵により品温は上昇するので暖気入れは行わないことから「湧付き休み」ともいう。

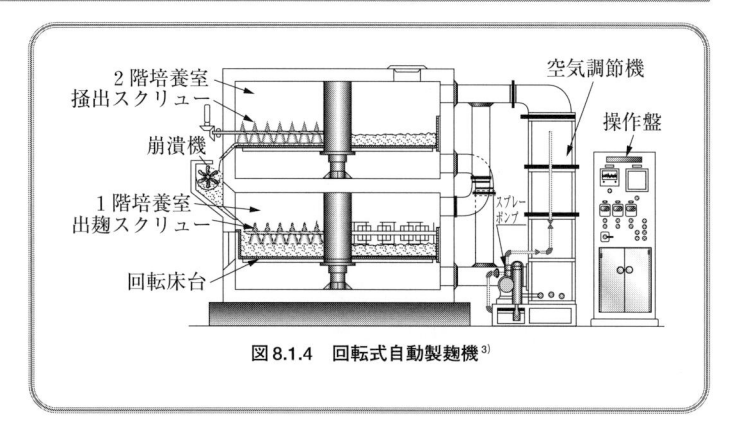

ボーメ度8～10，アルコール9～11％，酸度10.0～11.5で「酛分け」といって，酒母を半切桶などに小分けして冷却する。ホーロータンクで仕込んだ場合は保温マットを外すだけで良く，これを「丸冷し」という。半切桶に分割した酒母を冷却後元の容器に戻す操作を「酛戻し」という。その後，使用までの期間を「枯らし」といい，5～15日くらいである。酒母の使用時の成分はボーメ度5～8，酸度10～11，アルコール分10～13度が適当である。

清酒の仕込みは開放発酵のため雑菌汚染の心配があるので仕込みは酒母の量を3回に分けて逐次加え，前の仕込み量の2倍ずつ仕込む三段仕込みで行う。このことで酒母の酵母や酸が一度に薄められず，しかも「初添え（第一段仕込み）」の翌日の「踊り（仕込みを行わない）」で酵母増殖の機会が与えられ，酵母が10^7/mℓ以上で活性も良い。この段階で品温は12℃くらいで，二段，三段の仕込みによる酸の希釈を考え品温は10℃，7℃と下げ雑菌の繁殖を抑える。蒸米は麹の酵素により糖化され，酵母によって発酵される。もろみの内部ではこの2つの作用が並行して行われる。もろみで20％のアルコール分が生成されるためには40％近い糖分がいる。このような多量の糖分が一時にできては酵母が発酵できない。したがって，もろみの内部では蒸米から糖分が小出しにされ，その糖分を酵母が発酵する，並行複発酵が行われる。

仕込みの大きさは製造量300kℓくらいの小工場では総米1500～2000kg，1000kℓくらいでは3000kg仕込みが多い。

標準的な仕込み配合例を**表8.1.2**に示した。

図8.1.4　回転式自動製麹機[3]

CHAPTER 8　酒類

　麹歩合は総米重量の20～23％，汲水歩合は総米重量に対する汲水容量の百分率で通常125～130％である。

　三段仕込みでは蒸米の比率は普通，初添，中添，留添が1：2：3.5が標準である。初添は約1kℓのタンクに仕込み，中添のときに親桶に移す。しかし最近は「スッポン仕込み」といって，直接親桶に仕込むようになった。スッポン仕込みの温度は15℃が標準である。初添仕込みの翌日は酵母の増殖を促進するため1日仕込みを休む。これを「踊り」という。

　仕込み後30時間後，筋泡（すじあわ）といって直線上に並んだ泡が数本現れる。第3日目には初添の約2倍の水，麹，蒸米を投入して中添を行い，第4日目には留添を行う。仕込み温度は中添で10℃，留添で8℃と段々低くする。留添後，酵母の増殖は数日間で終わり，2×10^8/g程度になる。もろみの温度は発酵熱で上昇するが毎日1℃くらいが適当である。もろみの日数は20日くらいが普通である。もろみの温度は10日目前後で15～18℃である。

　留添3～4日後，カニの泡のような軽い泡が広がり（水泡），5日目頃，粘稠度の高い岩のような泡（岩泡）から高泡となる。この頃，果実様の芳香がする。高泡は数日続いた後，次第に低くなり（落泡），玉のような大きな泡に変わる（玉泡）。この頃がアルコール発酵の最盛期である。もろみの終期には泡はまったくなくなる。

　熟成したもろみの液部（清酒）と固形部（酒粕）を分離する操作を上槽（じょうそう）という。もろみを9ℓ入りの酒袋（化繊製）に5ℓくらい入れ，槽（ふね：木，コンクリート，ステンレス製など）の中に積み，最初は自然流下により，次第に圧力を高めて圧搾する。仕込み総米重量に対する酒粕の重量は20～25％くらいである。

　上槽したばかりの清酒はタンパク質や酵母が懸濁しており，乳白色に濁っている。この状態でタンクに10日間程度静置しておくとオリが沈殿する。このオリと清澄となった清酒を分離する操作をオリ引きという。

　清澄になった清酒は，目標の酒質に合わせるため調合を行う。調合は①アルコール分，日本酒度，酸度など分析値，②純米醸造酒，本醸造酒，吟醸酒などの製造方法，③特級酒，1級酒など認定希望予定，④色，味，香りなど官能評価を考慮して行う。

　オリ引き，濾過の終了した生酒は，殺菌，残存酵素の失活および香味の調熟を目的に60～64℃に加熱する。これを「火入れ」という。上槽から火入れまでの期間は普通40日程度で，この間を「生酒期間」という。火入れした清酒はアルコール分の揮発と火落菌の侵入を防止するため，密閉して貯蔵する。貯蔵は清酒の熟成が完成する重要な期間であり，通常15～25℃で貯蔵される。

　図8.1.5に清酒の発酵槽の例を示した。図8.1.6はもろみの泡の様子である。

注）ボーメ度：比重の表示方法の1つ。日本度量衡法では，15℃でボーメ度Beとすると，水より重い液には
比重 = 144.3／(144.3 − Be)
水より軽い液には
比重 = 144.3／(144.3 + Be)

図8.1.5　清酒の発酵槽（写真提供：村井醸造㈱）

図8.1.6　もろみの泡の様子（独立行政法人酒類総合研究所「お酒のはなし」第1号より）

日本酒（清酒）の製造フローシート

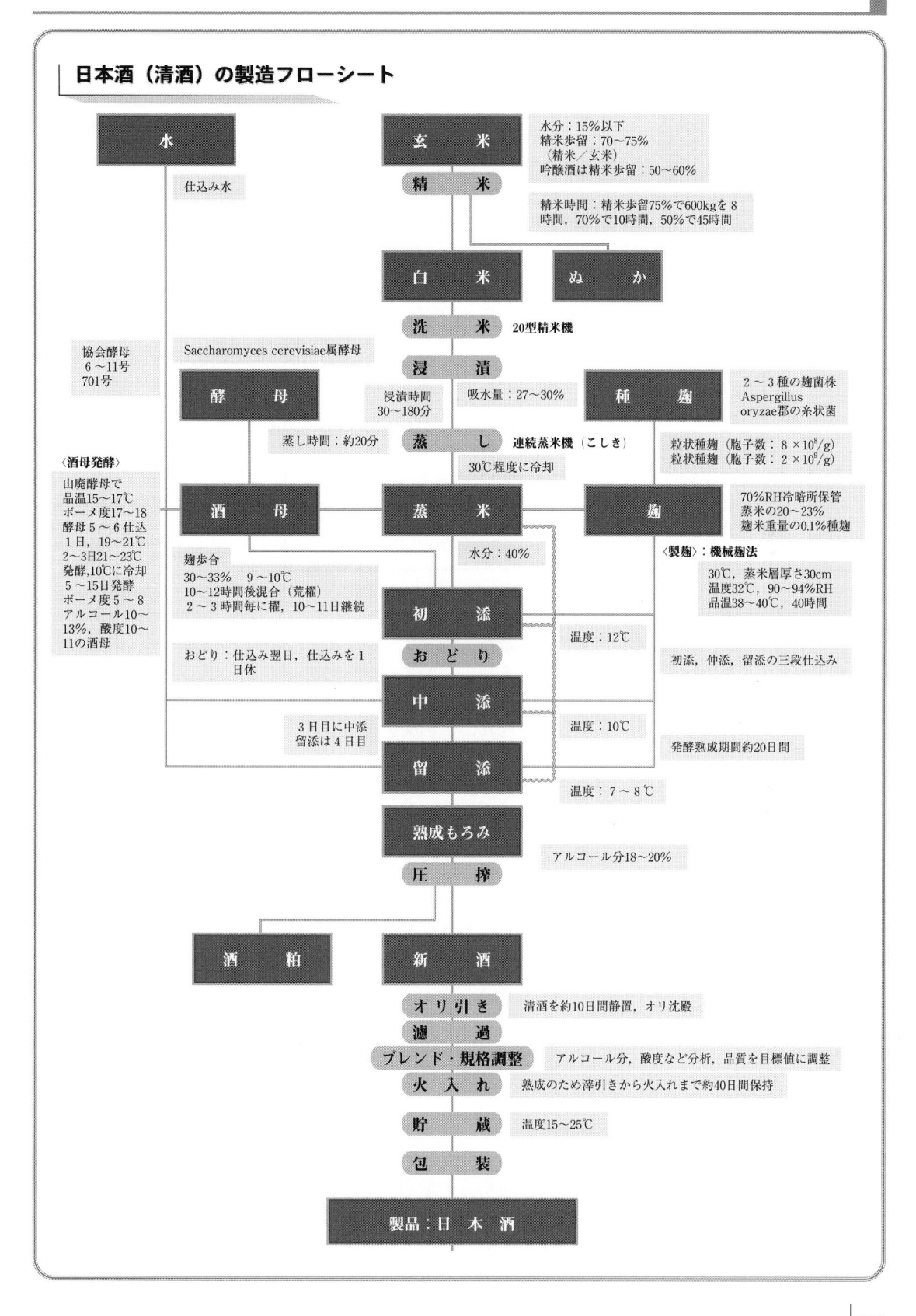

水 → 仕込み水

玄米
- 水分：15％以下
- 精米歩留：70〜75％（精米／玄米）
- 吟醸酒は精米歩留：50〜60％

↓ 精米
- 精米時間：精米歩留75％で600kgを8時間、70％で10時間、50％で45時間

→ **白米** ＋ **ぬか**

↓ 洗米　20型精米機

↓ 浸漬
- 浸漬時間 30〜180分
- 吸水量：27〜30％

酵母 Saccharomyces cerevisiae属酵母
- 協会酵母 6〜11号 701号

種麹
- 2〜3種の麹菌株 Aspergillus oryzae群の糸状菌
- 粒状種麹（胞子数：8×10^8/g）
- 粒状種麹（胞子数：2×10^9/g）

↓ 蒸し　連続蒸米機（こしき）
- 蒸し時間：約20分
- 30℃程度に冷却

酒母 — **蒸米** — **麹**
- 70％RH冷暗所保管
- 蒸米の20〜23％
- 麹重量の0.1％種麹

〈酒母発酵〉
山廃酵母で
品温15〜17℃
ボーメ度17〜18
酵母5〜6仕込
1日、19〜21℃
2〜3日21〜23℃
発酵,10℃に冷却
5〜15日発酵
ボーメ度5〜8
アルコール10〜13％、酸度10〜11の酒母

麹歩合
- 30〜33％　9〜10℃
- 10〜12時間後混合（荒櫂）
- 2〜3時間毎に櫂、10〜11日継続

〈製麹〉：機械麹法
- 30℃、蒸米層厚さ30cm
- 温度32℃、90〜94％RH
- 品温38〜40℃、40時間

水分：40％

↓ **初添**　温度：12℃
- おどり：仕込み翌日、仕込みを1日休

↓ **おどり**

↓ **中添**　温度：10℃
- 3日目に中添
- 留添は4日目
- 初添、仲添、留添の三段仕込み

↓ **留添**　温度：7〜8℃
- 発酵熟成期間約20日間

↓ **熟成もろみ**

↓ 圧搾　アルコール分18〜20％

→ **酒粕** ＋ **新酒**

↓ オリ引き　清酒を約10日間静置、オリ沈殿
↓ 濾過
↓ ブレンド・規格調整　アルコール分、酸度など分析、品質を目標値に調整
↓ 火入れ　熟成のため滓引きから火入れまで約40日間保持
↓ 貯蔵　温度15〜25℃
↓ 包装

製品：日本酒

酒類 — Liquor — ビール

今や，ビールといえば生ビール…仲間とビヤガーデンでジョッキを傾けるのは最高です。

このビールは，すでに紀元前3000年頃メソポタミアで醸造されたとの記録があるくらい，歴史のある飲み物です。しかし，ホップが使われるようになり今日のビールに近づいたのは12〜15世紀頃と見られています。最近は日本ではビールの嗜好も変化して上面発酵ビールが多いようですが，世界的には下面発酵ビールが主流です。

ビールは結構複雑な工程を経て製造されています。また上面発酵ビールと下面発酵ビールの違いなど，その製造工程も興味深いものです。

ビールはすでに紀元前3000年頃にメソポタミアで，紀元前2500年頃にはエジプトでも醸造された記録がある。当時のビールはまだホップを使っていなかった。中世にはドイツを中心に北欧諸国に普及し，12〜15世紀頃ホップが栽培され，ビールに使用された。

世界で最も多く飲まれているピルスナー・タイプのビールがつくられ始めたのは，19世紀半ばである。19世紀後半にはC.Lindeにより冷凍機が，L.Pasteurにより加熱殺菌法が，E.Hansenにより酵母の純粋培養法が開発され，ビール醸造は近代醸造工業に発展した。

日本で最初にビールを醸造したのはアメリカ人のW.Copelandで，1868年，横浜にSpring Valley Breweryを設立した。

製品・原料について

発酵が進むにつれて炭酸ガスの気泡とともに発酵液の表面に浮上する上面酵母（Saccharomyces cerevisiae）を用いて，15〜22℃で発酵させるのが上面発酵ビール，発酵が終わりに近づくと凝集して沈降する下面酵母（Saccharomyces uvarum）を用いて，5〜12℃で発酵させるのが下面発酵ビールである。上面発酵ビールは概して香味が豊かで，下面発酵ビールは味が穏やかなものが多い。世界的に見ると下面発酵ビールが圧倒的に多いが，近年日本ではメーカーが多種多様のビールを販売しており，上面発酵ビールが多く見られるようになった。

ビールの原料は大麦，ホップと水であり，国により品種によって米，トウモロコシ，澱粉，小麦，砂糖，カラメルなどの副原料を使う。しかし，日本の酒税法では副原料は麦芽の50％を超えて使用してはならないと定めている。

ビールの製造工程

ビールは大麦を発芽させ麦芽をつくる工程から始まる。

原料大麦は原料倉庫に納め，害虫を駆除するため薬剤クン蒸を行う。その後，この大麦を大麦精選工程にかけ藁屑，砂，塵埃などの夾雑物を篩分および風力選別機を組み合わせた装置で除去し，鉄片など磁性金属異物をマグネットで除去する。

精選後，大麦は粒の形が不揃いだと発芽が不均一で工程管理が難しいので，粒の幅2.8mm，2.5mm，2.2mm，および細麦に篩い分けられ，細麦は飼料として売却される。通常2.5mm幅以上が85〜96％を占める。

次に大麦を水浸漬して，発芽に必要な水分を吸収させる。図8.2.1のような浸漬タンクに入れ，圧縮空気を送って撹拌・洗浄し，浮麦を除く。浸漬タンクの大きさは10〜50tの大麦が収容できる。大麦は水分30％になると胚の成長が始まり，38％になると図8.2.2のように一斉に発芽する。しかし，発芽して酵素生成が充分行われるには通常41〜47％まで吸水させる必要がある。水温が高いほうが吸水は早いが，腐敗の懸念もあり10〜20℃の水温で行う。浸漬と水切りを繰り返し，水温が12℃のとき，水分30％になるのに4〜6

ビール（下面発酵法）の製造フローシート

```
                                    ┌──────────┐
                                    │  大　麦  │
                                    └──────────┘
                                         │
                              クン蒸      薬品クン蒸で害虫駆除
  電磁石と雑穀分離機          篩分・風力分級・除鉄・雑穀分離   荒篩で屑など，風力で埃など除去
  割れ大麦，雑穀を除去          選　粒      選粒機　2.2mm以上
  大麦水分：41～47％まで吸水，水温：10～20℃
                              浸　漬      通風浸漬法①12℃水，4～6時間，1～2時間毎，通気撹拌
           浸漬タンク容量：10～50t                      水切り14～24時間，水分31～32％，麦温15～17℃
  ③12～18℃水，1～2時間，                    ②12～15℃水，2～4時間，水切り14～24時間
     水切り14～24時間，水分41～42％              水分39～40％，麦温18～22℃

  Kasten（Saladin式）発芽法    発　芽      降温法
                通常20～50t    水分38～40％大麦にときどき水撒布　麦粒層16～18℃
     終了時，発芽層0.5～0.8m→0.7～1.3m   垂直スクリュー撹拌機を1日1～3回往復撹拌

                                    ┌──────────┐
                                    │  緑麦芽  │
                                    └──────────┘
                                         │
                              乾　燥      1床式キルン　金網の床20～50t，1～1.5m
  熱風：最初40～55℃，次に60～65℃で10～12時間    底部65℃，水分6～7％，表層40～45℃，水分18～20％
  全体18～20時間で水分3～5％に            熱風70～75→80℃，最後80～85℃で3～5時間
                              冷却・除根   通風冷却
                              貯　蔵      20℃以下4～5週間

  ┌────────┐  ┌────────┐
  │ 副原料 │  │ 温　水 │     ┌──────────┐                              ┌────────┐
  └────────┘  └────────┘     │ 淡色麦芽 │   大麦100→淡色麦芽80          │ 温　水 │
                                    └──────────┘                              └────────┘
   300～350kg/湯1kℓ   45～55℃       │
                              粉　砕      麦芽粉砕機                          45～55℃
         2本ローラー速度差                30cmφローラー，150～400rpm
         で剪断2段
   約120℃
      ┌────────┐
      │副原料煮沸│   粉砕麦芽副原料の5～10％    450kg粉砕麦芽/湯1kℓ
      └────────┘                    糖化槽      45～55℃，30分間保持，プロテアーゼでタンパク質分解
  蒸気加熱30～90分煮沸                                   （タンパク休止期）
  ┌────────┐
  │  湯　  │                  糖　化      糖化槽　湯を追加，もろみ温度60～70℃，60～90分間糖化
  └────────┘                              α-アミラーゼで糖化，煮沸液戻し温度75～80℃，糖化終了
      ┌────────┐
      │ 糖化釜 │  約100℃
      └────────┘
   デコクション法  糖化液の30～50％  麦汁濾過    麦汁濾過機　濾過時間3～4時間自然濾過
                  煮沸酵素反応
                  停止して戻す
                              ┌──────────┐    ┌──────────┐
                              │ 一番麦汁 │    │ ビール粕 │   家畜飼料に売却
                              └──────────┘    └──────────┘   穀皮など仕込み粕

  ┌────────┐   エキス16～18％
  │ ホップ │            ホップ添加    108～112℃で煮沸
  └────────┘    麦汁1kℓ当たり毬花ホップ
   換算1～3kgを3回に分けて添加   ホップ・熱凝固物分離   ワールプール・タンク
                                              接線方向にタンク内で旋回させ凝固物遠心分離
  ┌────────┐              冷却・冷凝固物分離   プレート熱交換器　5℃に冷却，冷凝固物遠心分離
  │ホップ粕│              酵母添加発酵   主発酵槽400～500kℓ，麦汁エキス濃度11％のとき
  └────────┘                           酵母添加量：麦汁1kℓ当たり泥状酵母5～8ℓ
      温度3～5℃，主発酵6～10日
                              酵母分離・貯蔵熟成   横型円筒形，40～50kℓタンク
                                              「若ビール」を0～-3℃
                                              0.3～0.5kg/cm²，1～2ヶ月間熟成
  ┌────────┐
  │ 酵　母 │              珪藻土濾過・炭酸ガス補填   熟成後，酵母，沈殿物濾過，炭酸ガス補填
  └────────┘
                              包　装      瓶詰，缶詰，樽詰して製品化

                                              加熱処理品：
                                              60～62℃，10～20分トンネル・パストライザー
                              ┌──────────────┐
                              │ 製品：ビール │
                              └──────────────┘  近年はメンブレン（膜）濾過の「生ビール」が多い
```

CHAPTER 8　酒類

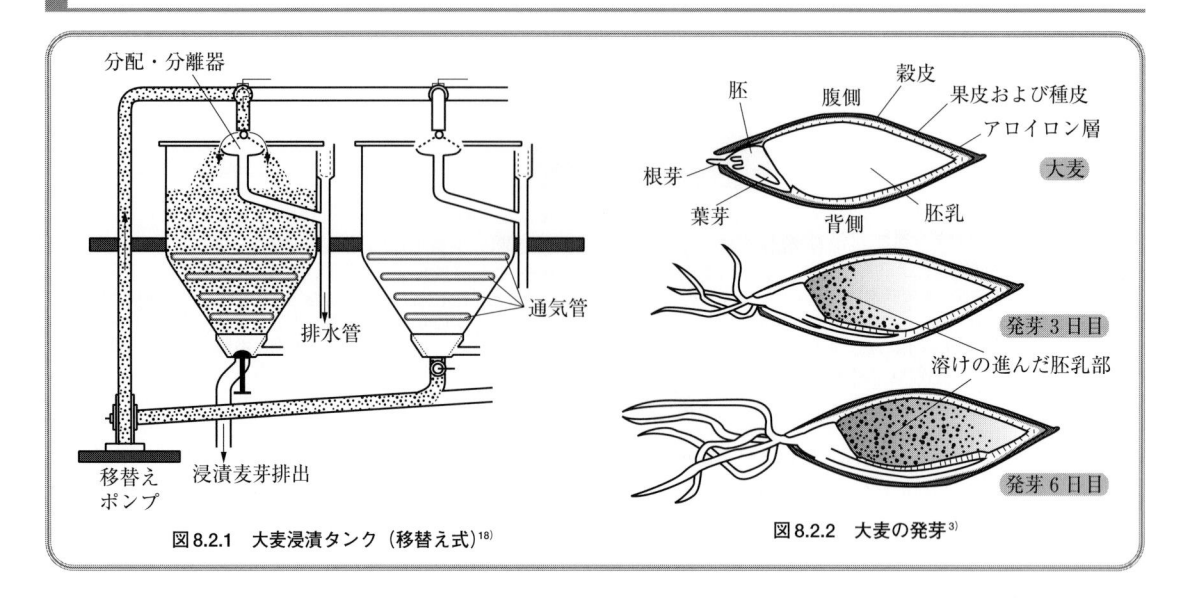

図 8.2.1　大麦浸漬タンク（移替え式）[18]

図 8.2.2　大麦の発芽[3]

時間かかる。1〜2時間毎に圧縮空気を吹き込み10〜20分撹拌する。次いで水を切り，14〜24時間通風すると水分は31〜32％に増加し，大麦の品温は15〜17℃に上昇する。再び12〜15℃の水に浸漬し，ときどき通風，撹拌し，水分を38％まで高める。2〜4時間後に再び水を切り，14〜24時間通風すると水分は39〜40％になり，温度は18〜22℃になり，粒の端から根芽が見え始める。最後に3回目の浸漬を12〜18℃の水で1〜3時間行って水分を41〜42％に調整する。

こうして36〜56時間かけて浸漬した大麦を発芽室に移す。

発芽室は**図 8.2.3**のようになっており，適量の水分と空気を供給し，温度を調節しながら，根芽が粒長の1〜1.5倍，葉芽が1/3〜1/2程度（淡色麦芽製造の場合）になるまで均一に発芽させる。大麦の呼吸による炭酸ガスを排除し，温度，湿度を調節するため通風し，根が絡み合わないように定期的に麦粒層を撹拌する。

伝統的な発芽法には大麦の水分を42〜46％と

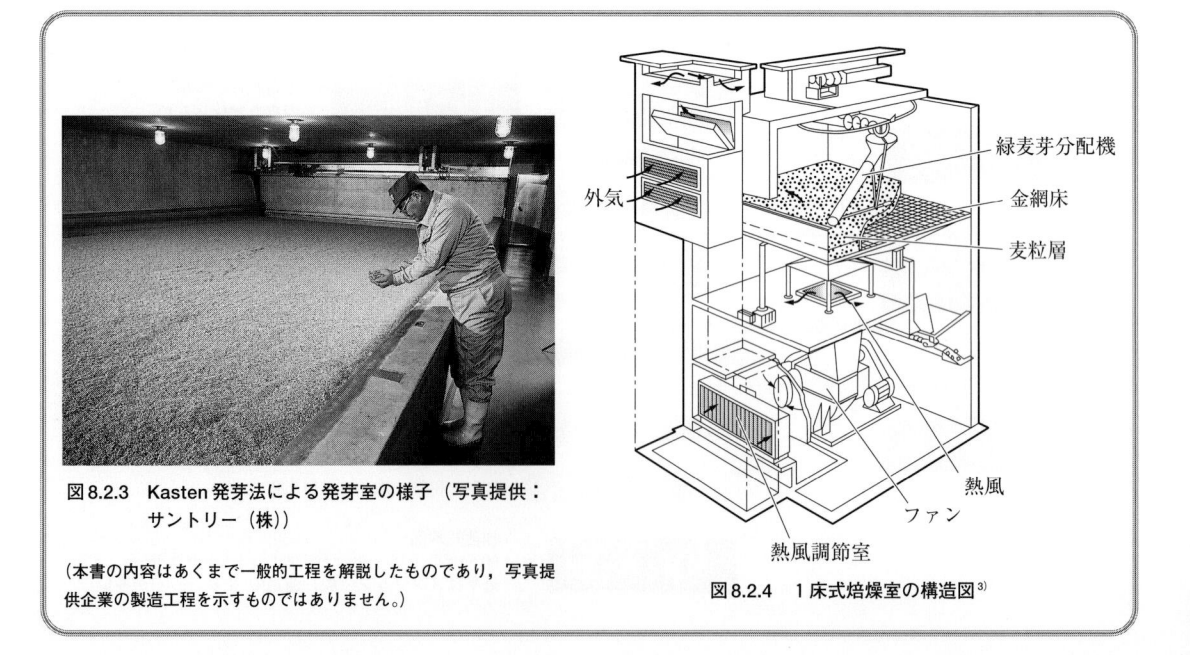

図 8.2.3　Kasten 発芽法による発芽室の様子（写真提供：サントリー（株））

（本書の内容はあくまで一般的工程を解説したものであり，写真提供企業の製造工程を示すものではありません。）

図 8.2.4　1床式焙燥室の構造図[3]

高く保ちながら麦粒層の温度を12〜16℃から18〜20℃へ徐々に上げて発芽させる「昇温法」と，水分を38〜40%の大麦にときどき散水して，水分を高めながら麦粒層の温度を16〜18℃から12〜14℃に下げて発芽させる「降温法」とがあるが，降温法では吸水と発芽が並行して進み，浸漬，発芽時間が短くて済むので普及している。発芽に要する時間は通常4〜8日であり，発芽の終わった大麦を緑麦芽という。

図8.2.3は「Kasten発芽法」で最も普及している。コンクリート製開放箱（カステン/Kasten：長さ20〜50m，幅4〜5m）を用いて通常20〜50t，多いもので100〜150t発芽させる。

カステンには底から0.4〜2mの位置に通風用の小穴の空いた鋼板が敷いてあり，浸漬した大麦をこの上に厚さ0.5〜0.8mの層に広げ，通風孔から加温，調湿した空気を吹き込む。垂直にスクリュー3〜15基が付いた撹拌機を1日に1〜3回カステン内を往復させ麦粒層を撹拌する。発芽終了時，麦粒層は0.7〜1.3mに膨張する。

発芽を終えた緑麦芽は水分43〜48%で貯蔵に耐えないので，図8.2.4のような乾燥・焙焦する焙燥室（キルン/kiln）で水分3〜5%にする。図8.2.4は近年，最も普及している1床式キルンである。金網の床に緑麦芽20〜50tを1〜1.5mの厚さに広げ，熱風を麦粒層に吹き込む，まず40〜55℃の温風で水分を下げ，60〜65℃の熱風で10〜12時間乾燥する。麦粒層の底部は65℃，水分6〜7%，表層は40〜45℃，水分18〜20%になる。続いて熱風温度を70，75，80℃に徐々に上げ，最後に80〜85℃で3〜5時間保持して焙焦する。乾燥開始18〜20時間で緑麦芽は水分3〜5%になり，青臭い匂いがなくなって香ばしい麦芽になる。

乾燥が終了したら冷風を吹き込んで冷却し麦芽を除根機に移す。麦芽に付着している幼根は吸湿しやすく，苦味などを含んでいるので，ただちに除根機で粒同士を摺り合わせて取り除く。調製した麦芽は20℃以下で4〜5週間貯蔵してから使う。製麦工程中，大麦の呼吸や幼根除去などで100kgの大麦から麦芽約80kgが得られる。

麦芽はまず，モルトクリーナーおよびドライストナーで塵，粕，鉄片などの異物を除いてから麦芽粉砕機で粉砕する。麦芽粉砕機は直径30cm前後，表面に溝を刻んで150〜400rpmで回転するローラーの間で麦芽を挽きつぶす。対になった2個のローラーの回転速度を互いに違えることによって，穀粒を押し潰すだけでなく剪断力も加え，穀皮を細かく砕くことなく胚乳部から剥離させる。

淡色ビール（原麦汁エキス濃度11%）の製造では，副原料煮沸釜で45〜55℃の湯と，湯1kℓ当たり300〜350kgの米，コーンスターチなどの副原料と，その5〜10%相当の粉砕麦芽を混合し，蒸気加熱で30〜90分間煮沸する。この間澱粉は膨潤して粥状になり，麦芽のα-アミラーゼで糖化される。

この操作と並行して糖化槽には45〜55℃の湯と，湯1kℓ当たり450kg程度の麦芽を投入，撹拌し，45〜55℃で30分間程度保持する。麦芽の可

図8.2.5 デコクション糖化法実施例[3]

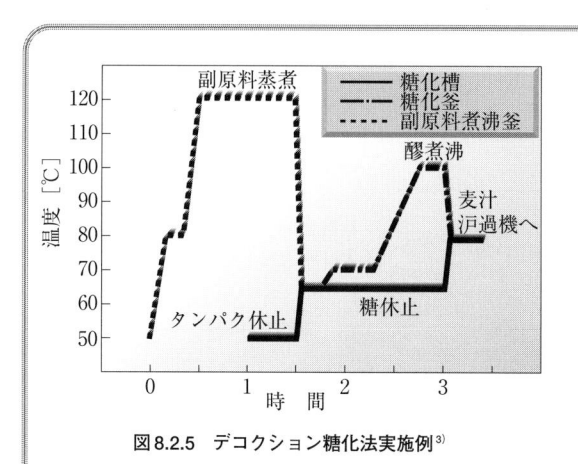

図8.2.6 煮沸釜，糖化槽の外観
（写真提供：サントリー（株））

CHAPTER 8　酒類

溶成分を溶出させるとともに，プロテアーゼを作用させてタンパク質を分解する。この過程を「タンパク休止期」という。

続いて糖化した副原料を蒸煮釜から糖化槽に移し，湯を追加しながら，麦芽のもろみと混和する。この操作でもろみの温度は60～70℃に上昇し，アミラーゼが活発に作用して澱粉がマルトースなど発酵性糖類とデキストリンに分解するが，この過程を「糖休止期」という。もろみはそのまま60～90分保持して糖化を進め，その30～50％は糖化釜に移して煮沸し酵素反応を止める。煮沸したもろみを再び糖化槽に戻すともろみの温度は75～80℃に上昇し，酵素類はほとんど失活して糖化が終了する。

このようにもろみの一部を糖化釜に移し煮沸後，糖化槽に戻して全もろみの温度を階段状に上げる糖化法を「デコクション法」（図8.2.5）と呼び，もろみの煮沸回数により1，2，3回煮沸法などに区別する。今，説明しているのは1回煮沸デコクション法であり，ミュンヘン・ビールのような濃色ビールの製造は2～3回煮沸法が使用される。図8.2.6は副原料煮沸釜，糖化釜，糖化槽などの外観である。

ビール（原麦汁濃度11％として）1kℓ製造するのに麦芽114kg，副原料44kg程度使用し，その75～80％が麦汁のエキスに変わる。

糖化の終わったもろみを図8.2.7のような2重底を備えた円形槽で，底から約10cm高い位置に幅0.5～0.7mmのスリット状小孔を多数設けた濾過底のある濾過機に注入し，麦汁を濾過する。あらかじめ80℃の湯を濾過底より少し上まで満たし，これにポンプでもろみを静かに注入し，10～30分間静置して穀皮などの固形分を沈殿させて厚さ30～80cmの濾過層を形成させた後，濾過麦汁管のコックを開いて濾過を開始する。

一番麦汁の濾過が終わったら撒湯装置から80℃の湯を濾過層全面に撒布し，櫛状の解槽機を静かに回転させて濾過層に同心円状の細溝を切り，湯の通過を助けながら濾過層に残ったエキス分を洗い流す。自然濾過で3～4時間かかるがポンプ吸引することもある。

麦汁を煮沸する目的は，①麦汁にホップを加えて煮沸し，ホップの苦味と香気を付与する，②ビールを混濁させるタンパク質を熱凝固，あるいはポリフェノールと反応させて析出除去する，③メラノイジンを生成させて独特の色と香味を付与する，④麦汁の濃縮，⑤麦芽の酵素の完全失活，⑥麦汁殺菌，などである。伝統的な煮沸釜は銅製で図8.2.8のような構造になっている。

淡色ビール用麦汁では1～2時間煮沸して麦汁の10～15％を濃縮する。ホップは麦汁1kℓ当たり毬花ホップ換算で1～3kgを3回に分けて投入する。麦汁の煮沸効率を上げるため釜内に管束状の熱交換機を備えたり，麦汁を釜外に設けた熱

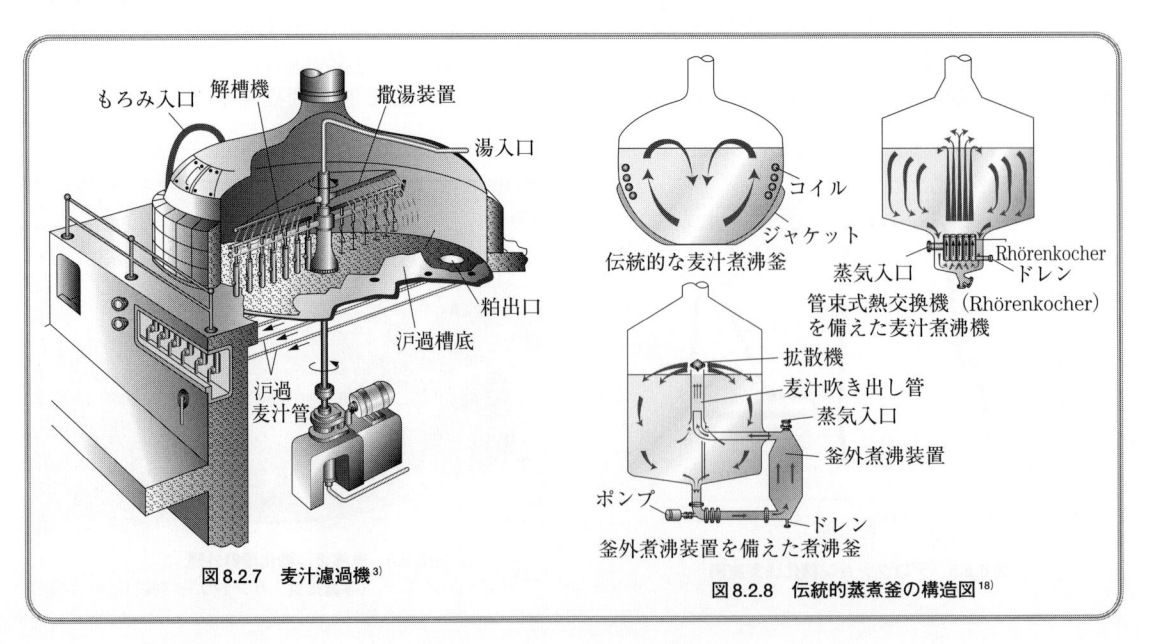

図8.2.7　麦汁濾過機[3]

図8.2.8　伝統的蒸煮釜の構造図[18]

交換機で108～112℃に加熱して釜内に循環する方法もある。

煮沸の終わった麦汁はホップ・ストレーナ（strainer：濾過器）でホップ粕を分離するが，ホップ・ペレットやホップ・エキスを使用した麦汁は，その必要はない。

次いでセジメント・タンク（sediment：沈殿物）で麦汁を静置した後，タンパク質など熱凝固物をワールプール・タンク（whirlpool：渦）で分離する。接線方向に取り付けたノズルから麦汁を2～10m/secの流速で流し込み，タンク中で回転させると粉末ホップ粕と熱凝固物が底中央に円錐状の塊となって沈殿する。清澄になった麦汁を側面から取り出す。

この麦汁をプレート熱交換機などを用いて，発酵に適した約5℃まで冷却すると再びタンパク質，ポリフェノールなどの冷凝固物が析出するので，遠心分離などで除去する。

麦汁にビール酵母を添加して発酵させ，マルトースなどの発酵性糖類をアルコールと炭酸ガスに変換するのが発酵工程である。発酵に伴って高級アルコール，エステル，有機酸，カルボニル化合物などが生成して麦汁がビールに変わる。ビール酵母は，発酵が進むにつれ炭酸ガスの気泡とともに発酵液の上面に浮上する「上面酵母（主にSaccharomy cescerevisiae）」と，発酵が終わりに近づくと凝集して沈殿する「下面酵母（主にSaccharomyces uvarum）」がある。

冷却した麦汁に無菌空気を吹き込んで酵母の増殖に必要な酸素を溶解させながら，スターティング・タンクまたは発酵タンクへ移送し，水あるいは麦汁に懸濁しておいた泥状の酵母をポンプで送り込む。酵母の添加量は麦汁濃度，発酵温度，ビールのタイプなどで異なるが，原麦汁エキス濃度が11％の淡色下面発酵ビールで麦汁1kℓ当たり泥状酵母5～8ℓ（1～2×10^{7}個細胞/麦汁mℓ）が標準である。

酵母を添加した麦汁をスターティング・タンクに移し，静置すると数時間後に酵母が盛んに増殖をはじめ，麦汁の表面は白い泡で覆われ始める（「湧き付き」と呼ぶ）。6～24時間を経て冷凝固物や増殖力の弱い酵母細胞が沈殿したら，これを主発酵タンクに移す。冷凝固物を予め遠心分離した場合などは直接，主発酵タンクに仕込むことが多い。

発酵が進むと発酵熱が出るので発酵タンク内，あるいは外に設けた冷却装置で発酵液を冷却し，液温4～12℃に保つ。発酵の最盛期には液量の30％にもなる発酵液表面の泡が衰退し，タンパク質，ホップ樹脂，酵母などを吸着して褐色の泡滓になる。発酵液温度を3～5℃に下げて大部分の酵母を沈殿させると主発酵が終了するので，泡滓を除去して発酵液を貯蔵タンクに移し，酵母を発酵タンクの下部から抜き取って回収する。酵母は2～4倍に増殖しているが，繰り返し使用すると変質することもあるので適宜更新する。主発酵は通常6～10日を要し，次の後発酵をも含めて麦汁エキスの60～70％がアルコールに変換される。

発酵液に炭酸ガスが溶け込み，酢酸，乳酸，ピルビン酸，コハク酸などを生成してpHは4～4.5に低下し，タンパク質やホップの苦味の一部は凝固して分離する。主発酵の終わった発酵液が「若ビール」であり，これを貯蔵タンクに移して熟成させる。

上面発酵では通常15～18℃の麦汁に酵母添加し，最高20～25℃で発酵させる。発酵は旺盛で，きわめて多量の泡を生じ，酵母がこの泡に吸着されて上昇するので酵母は発酵槽の上部の酵母回収装置で集める。次いで発酵液の温度を10～15℃に冷却して，残る酵母を沈殿分離する。主発酵日数は3～5日と下面発酵の1/2である。下面発酵タンクは，深さ2～3mの箱形，容量は60～100kℓで温度5～7℃の発酵室に多数設置し，タンク内のコイルに冷媒を通して発酵液温度を調節する。大型化した発酵タンクは，酵母を分離しやすいように逆円錐形の底を持つ円筒形タンクで，直径3～8m，高さ6～35m，容量400～500kℓのものが多い。

主発酵を終えた若ビールは酵母を分離後，貯蔵タンクに移し，最初3℃くらいから徐々に0～－1℃に冷却し，0.3～0.5kg/cm^{2}に加圧しながら1～2ヶ月貯蔵して熟成させる。この間若ビールが残存していた発酵性糖類が1％前後，少量の酵母で緩慢に発酵（「後発酵」という）して，生成した炭酸ガスがビールに溶解して，未熟な臭味を持つ成分が分解され，あるいは炭酸ガスと一緒に揮発し，混濁物を沈降してビールは清澄になる。こ

CHAPTER 8　酒類

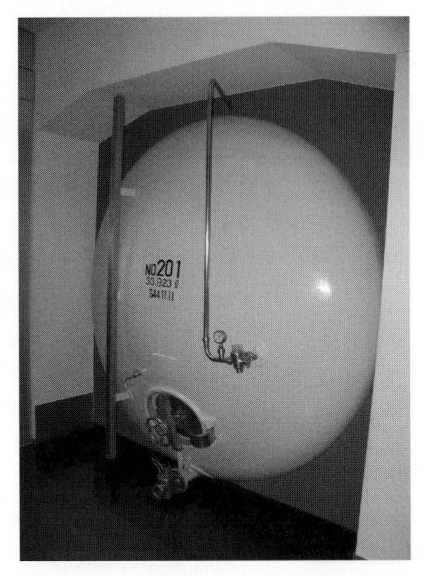

図 8.2.9　後発酵タンク（左）と屋外後発酵タンク（右）の外観（写真提供：サントリー㈱）

の過程をlageringと呼び，このように長期間貯蔵・熟成されたビールを「ラガービール」という。

上面発酵ビールは7～14日間貯蔵して清澄にすれば良い。貯蔵タンクは直径3m，長さ8m容量40～50kℓの横型円筒形タンクが多い。図8.2.9は横型円筒形の後発酵タンク，大型の屋外後発酵タンクそれぞれの外観である。

ビールの炭酸ガスは，発酵で生成したものだけでは爽快感や豊かな泡立ちには充分でないので，濾過器に輸送する配管途中でカーボネーターにより炭酸ガスを吹き込む。熟成の終わったビールは沈殿物を巻き込まないように注意深く貯蔵タンクから取り出し，濾過器に送り，酵母，混濁物などを除去して清澄にし，保存性を良くして香味を整える。濾過は珪藻土濾過器が使われる。濾過面に珪藻土をプリコート（あらかじめ付着させておくこと）した後，ビールを送り濾過する。濾過中は炭酸ガスが逸散しないように0.5～1.0kg/cm^{2}のカウンタープレッシャーをかけ，濾過差圧が2kg/cm^{2}を超えないように操作する。濾過速度は0.5kℓ/m^{2}程度である。

図8.2.10のようなメンブレン（膜）フィルタを用いて濾過すると，酵母が完全に除去され，加熱殺菌しなくて済み，生ビールがつくれる。この後ビールは瓶，缶，樽などに詰められ出荷される。

図 8.2.10　仕上げの濾過に使われる装置
（写真提供：サントリー㈱）

酵母は靱帯への害はないが，そのままにしておくと，いやな臭いや雑味の原因になるためいろいろな方法で濾過される。写真の装置の場合は，中にぎっしりとつまった60枚のフィルタ（フィルタ孔3/1000mm）によって濾過を行う。このように，膜による濾過技術の発達と徹底した衛生管理によって，熱処理をしない生ビールが実現している。

酒類 ─ Liquor ─
ワイン

ヨーロッパでは水の代わりに飲まれているとさえいわれる「ワイン」。確かに世界的にみても，量ではビールに次いで2番目に飲まれているお酒です。紀元前3000年頃のメソポタミアの粘土板に記録が残っているので，5000年以上も人類はワインを飲んでいることになります。メソポタミアからエジプト，ギリシャ，ヨーロッパを経て世界中に広まり，日本でも1870年に山梨県で醸造が開始されました。ワインはブドウの品種，土地柄，醸造法などによって多種多様ですが，大きくは炭酸ガスを含む発泡性と非発泡性の2つに分かれます。良く知られた品種は，赤，白，ロゼですが，実はほかにもいろいろあるんです。

世界の葡萄酒（wine）の生産量は3000万kℓ以上で，ビールに次いで2番目に多く飲まれている酒である。ワインの歴史は古く5000年以上になる。ワインに関する最古の資料は，紀元前3000年頃のメソポタミアの粘土板に記された文書や，エジプト第8王朝のピラミッド内の文言などがあるが，紀元前8000年頃，石器時代に遡るとの説もある。

ワイン醸造技術はメソポタミアからエジプト，ギリシャ，そしてヨーロッパ各地に広まった。9世紀のフランク王国のカール大帝のワイン産業の奨励，修道院のワイン醸造への貢献が今日のヨーロッパワインの基礎を築いた。15世紀にはアメリカに伝わり，17世紀南アフリカ，18世紀オーストラリア，19世紀日本とワインの生産が広まった。

日本は1870年に山梨県ではじめてワインが醸造された。1968年以降，日本ではワインの需要が急速に伸び，今日に至っている。

製品・原料について

ワインはブドウの品種，土地柄，醸造方法などで違いがあり品種が多い。また，発泡性のものと非発泡性のものがあり，非発泡性のものはnatural wine（天然ワイン）とfortified wine（補強ワイン）に大別される。主な種類は次のようなものがある。

1．炭酸ガス含有ワイン（sparkling wines）
① 高圧発泡性ワイン（3.5気圧以上）シャンパン，セクト，スプマンテ
② 中圧発泡性ワイン（2.5〜3気圧）
③ 低圧発泡性ワイン（1気圧以下）

2．非発泡性ワイン（still wines）
① アルコール14％未満
1）白ワイン（辛口〜甘口）
2）ロゼワイン（辛口〜甘口）
3）赤ワイン（軽口〜重口）
② アルコール14％以上（fortified／dessert wines）
1）sherry：スペインJerez地方産フイノ（辛口淡色），オロロソ（甘口暗褐色）
2）madeira：モロッコ沖のポルトガル領マディラ島産デザートワイン
3）malaga：スペイン，マラガ地方産（甘口，辛口）
4）marsala：イタリー，シシリ島産甘口
5）muscatel：マスカット製甘口
6）port：ポルトガルのOport由来，ルビー（若い鮮紅色），タウニー（金光色，長期保存品），vinntage port（10〜15年熟成品）
③ 貴腐ワイン（botrytized wines）
トカイ，ソーテルン，アウスレーゼ
④ 香味添加ワイン（aromatic wines）
1）ハーブ類添加
・ベルモット（フレンチ型／イタリー型）
・ビール（byrrh）
・デュボネ

CHAPTER 8　酒類

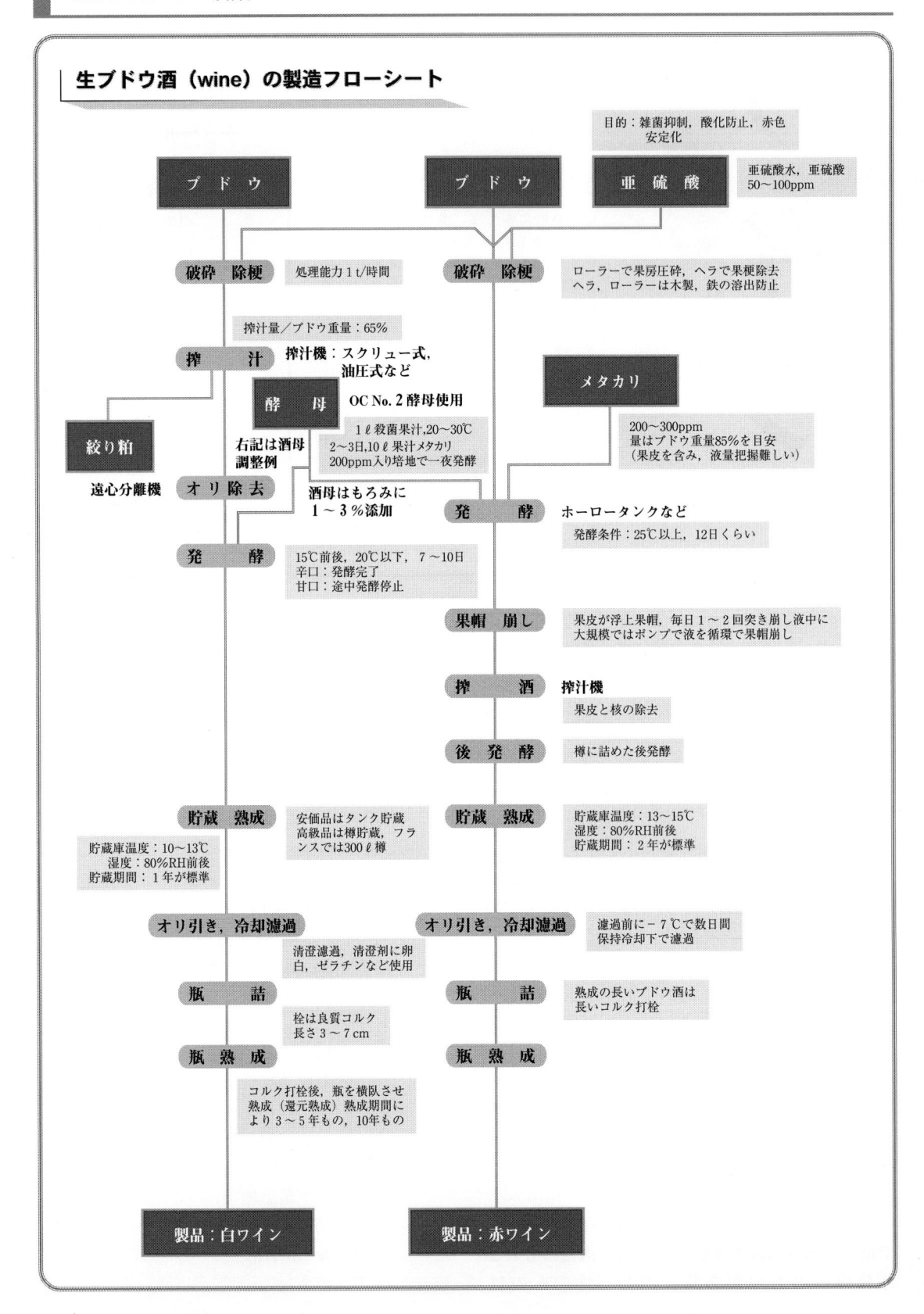

生ブドウ酒（wine）の製造フローシート

ブドウ → 破砕 除梗（処理能力 1 t/時間）→ 搾汁 → 絞り粕（遠心分離機）／オリ除去 → 発酵 → 貯蔵 熟成 → オリ引き，冷却濾過 → 瓶詰 → 瓶熟成 → **製品：白ワイン**

ブドウ ＋ **亜硫酸** → 破砕 除梗 ＋ **メタカリ** → 発酵 → 果帽崩し → 搾酒 → 後発酵 → 貯蔵 熟成 → オリ引き，冷却濾過 → 瓶詰 → 瓶熟成 → **製品：赤ワイン**

注記

- **亜硫酸**：目的：雑菌抑制，酸化防止，赤色安定化。亜硫酸水，亜硫酸 50〜100 ppm
- **破砕 除梗**：ローラーで果房圧砕，ヘラで果梗除去。ヘラ，ローラーは木製，鉄の溶出防止
- **搾汁**：搾汁量／ブドウ重量：65％。搾汁機：スクリュー式，油圧式など
- **酵母**：OC No.2 酵母使用。右記は酒母調整例：1ℓ殺菌果汁，20〜30℃，2〜3日，10ℓ果汁メタカリ 200 ppm 入り培地で一夜発酵。酒母はもろみに 1〜3％添加
- **メタカリ**：200〜300 ppm。量はブドウ重量85％を目安（果皮を含み，液量把握難しい）
- **発酵（白）**：15℃前後，20℃以下，7〜10日。辛口：発酵完了。甘口：途中発酵停止
- **発酵（赤）**：ホーロータンクなど。発酵条件：25℃以上，12日くらい
- **果帽崩し**：果皮が浮上果帽，毎日1〜2回突き崩し液中に。大規模ではポンプで液を循環で果帽崩し
- **搾酒**：搾汁機。果皮と核の除去
- **後発酵**：樽に詰めた後発酵
- **貯蔵 熟成（白）**：安価品はタンク貯蔵，高級品は樽貯蔵，フランスでは300ℓ樽。貯蔵庫温度：10〜13℃，湿度：80％RH前後，貯蔵期間：1年が標準
- **貯蔵 熟成（赤）**：貯蔵庫温度：13〜15℃，湿度：80％RH前後，貯蔵期間：2年が標準
- **オリ引き，冷却濾過（白）**：清澄濾過，清澄剤に卵白，ゼラチンなど使用
- **オリ引き，冷却濾過（赤）**：濾過前に−7℃で数日間保持冷却下で濾過
- **瓶詰（白）**：栓は良質コルク，長さ3〜7cm
- **瓶詰（赤）**：熟成の長いブドウ酒は長いコルク打栓
- **瓶熟成**：コルク打栓後，瓶を横臥させ熟成（還元熟成）熟成期間により3〜5年もの，10年もの

2）果実類添加

原料のブドウはVitis viniferaとVitis labruscaに大別され，前者は欧州系，後者はアメリカ系である。

ブドウには生食用と醸造用があるが，醸造用にはVinifera種（Cabernet-Sauvignon, Cabernet franc, Pinot noir, Semillon, Riesling, Chadonnayなど）が栽培されている。約600年前から山梨県において甲州種が栽培されていたが，明治になってアメリカからの苗の輸入でlabrusca種が普及し，今でもDelawareを筆頭に，Concord, Niagara, Campbell Earleyが栽培されている。その後，日本独特の交配種としてMuscat BailyA, Neomuscatが栽培され，前者は今日の日本の赤ワインの主原料になっている。

生食用のブドウは外観も大きな商品価値となるため完熟になる前に収穫することが多いが，醸造用ブドウは完熟のほうが好ましい。これは糖分増加，酸分減少，香気充溢，果皮の色素増加などによりワインの香味を豊かにするからである。

原料ブドウの収穫から醸造に至るまで注意すべきことは，

① 収穫は晴天を選び，気温の高い時期はブドウが温まらない午前中に収穫する。これはただちに仕込む場合，もろみの温度を低くする効果がある。
② 収穫後はなるべく早く仕込む。これは運搬中の傷などのため長時間放置すると乳酸発酵などで不快臭を生ずるからである。

貴腐ブドウ酒（bortrytized wine）とは貴腐ブドウを原料とするワインのこと。ブドウが熟期に入り，適度の条件が重なると果粒表面に一種の不完全菌（Botrytis cinerea）が繁殖し，果粒表面のロウ質が溶かされ，水分が蒸発しやすくなり，果汁成分も変化，グリセリン，グルコン酸，粘液酸などが増加する。完熟期に晴天が続くと果粒の糖分が50％以上に濃縮される。この現象を貴腐という。図8.3.1にボトリティス・シネア菌が付着した貴腐ぶどうの様子を示した。糖分，亜硫酸量が多いので発酵に時間がかかる。色は黄色で濃い

図8.3.1 ボトリティス・シネア菌の付着した貴腐ぶどうの外観（写真提供：サントリー㈱）

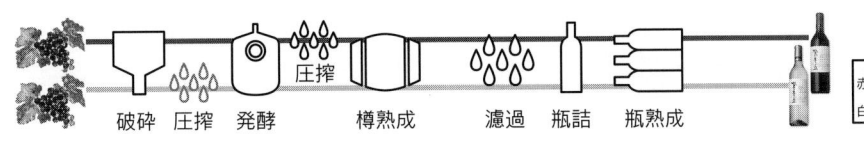

図8.3.2 ワイン製造工程の概略図（サントリー㈱カタログより）

破砕　圧搾　発酵　樽熟成　濾過　瓶詰　瓶熟成　赤ワイン／白ワイン

CHAPTER 8　酒類

図8.3.3　破砕除梗の様子
（写真提供：サントリー㈱）

図8.3.4　ウィルメス式圧搾機の構造図[27]

ウィルメス社製の圧搾機は空圧式のもので，中で風船のような圧力膜が膨らんだりしぼんだりすることで圧搾を行う。スクリュー式のものに比べて，ぶどうに傷がつく可能性がなく，きれいなぶどう果汁がとれる。

図8.3.5　ウィルメス式圧搾機による実際の圧搾の様子（写真提供：サントリー㈱）

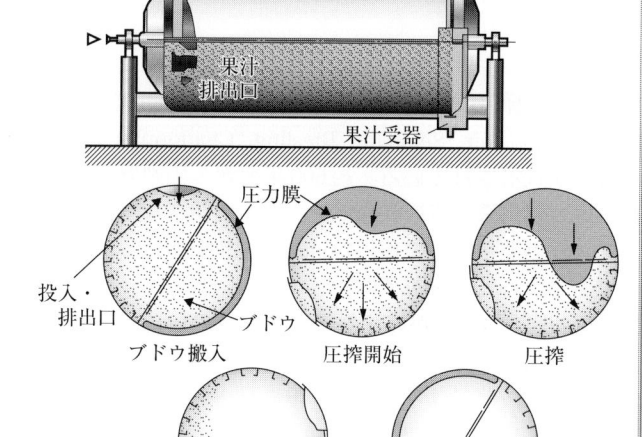

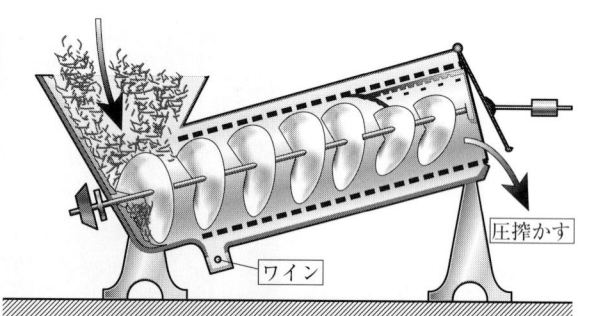

図8.3.6　スクリュー式連続圧搾機[4]

図8.3.7　発酵の様子（写真提供：サントリー㈱）

図8.3.8　樽貯蔵熟成の様子（写真提供：サントリー㈱）

（本書の内容はあくまで一般的工程を解説したものであり，写真提供企業の製造工程を示すものではありません。）

甘酸っぱい濃厚な酒で年代物は高価だ。貴腐ブドウはハンガリーのトカイ地方で発見され，以降ドイツ，フランスでも発見され，これらの地区が貴腐ブドウ酒の銘産地である。

ワインの製造工程

ワインの製造については，フローシートに生ブドウ酒（ワイン）の醸造工程を示した。また図8.3.2にワイン製造工程の概略図を示した。

果梗はブドウ酒にとって不要なものであるが，白ブドウ酒のように破砕後搾汁するものでは果梗が混じっているほうが搾汁効率が良いので，完全に除梗しないことがある。赤ブドウ酒の場合は除梗する。

破砕除梗機による，除梗の様子を図8.3.3に示した。ブドウ果房はホッパから投入され，ローラーで圧砕され，回転ヘラで果梗のみ前方から放出する。果汁，果肉，果皮は下部から流出する。亜硫酸は破砕ブドウの酸化防止と雑菌の増殖を抑制するので，ブドウが破砕されると同時に亜硫酸を50〜100ppm添加する。なお，亜硫酸の供給源としては亜硫酸水またはメタカリ（メタ重亜硫酸カリ：$K_2S_2O_8$）が使用される。オリ引き，濾過，熟成工程中に酸化により亜硫酸は減少するので，補填して常時100ppmに保つ。ブドウ酒中の亜硫酸許容量は300ppm前後で国によって差があるが，日本では350ppmである。

破砕したブドウ果もろみはそのままでも自然発酵できるが，雑菌汚染の危険があるので優良ブドウ酒酵母を培養して酒母をつくり，優勢に発酵させるのが近代醸造法である。

このブドウ酒酵母は各国でいろいろあるが，日本では約60年前に坂口氏が分離した「OC No. 2」が普及している。この酵母は発酵力が旺盛で，亜硫酸耐性で品温32℃くらいまで耐える。品温15℃以下では低温性酵母の協会3号などが適する。

酵母は普通，麹汁寒天斜面上に純粋保存培養してある。2ℓ容フラスコに1ℓほど果汁を入れ，口に綿栓をして30分間，蒸気殺菌を行う。冷却後培養酵母を接種し，20〜30℃で2〜3日間おく。別に20ℓ容のビンを用意し，これに10ℓの果汁を入れ（メタカリ約200ppm）綿栓して一夜おく。これに先に培養した2ℓフラスコの内容物を加える。1〜2日後，酒母として使用できる状態になる。20ℓの酒母でブドウもろみ600〜2000ℓ（1〜3％）に相当する。

白ブドウ酒の仕込みは「かもし法」といって，果皮ごと仕込む方法もあるが，基本的には搾汁法である。ブドウを破砕したときに出る果汁や破砕物の自重で出る果汁は自然流出液（free run）と称し，最も糖分の高い果汁である。しかし，コストを考えると圧搾汁を加えなければならない。普通は軽く圧搾して圧搾率（搾汁量／ブドウ重量）を65％くらいにする。その後の圧搾汁は品質が悪くなるので2番酒にする。

搾汁は古くは足踏みで行われていたが近代は機械を使って圧搾するようになった。圧搾機は手動式，水圧または油圧式，スクリュー式などがある。古くは樽状の筒に入れた破砕物を上下から圧搾するバケット型圧搾機が使われたが，現在は図8.3.4〜5のようなウィルメス式や，図8.3.6のスクリュー式連続プレスが多い。

日本の醸造用ブドウ液の糖分は16％前後である。このため糖を補填するが，酒税法では100mℓにつき26gまでの補填が認められており，普通は相対比で22％程度ブドウ糖を補填する。白ブドウ酒では果汁にすぐには酒母を添加せず，遠心分離でオリを除き果汁を清澄にしてから添加する。酸度が高すぎるときは，炭酸石灰を1ℓにつき0.67g添加し，酸度を0.1％低くする。

つづく発酵の様子を図8.3.7に示した。発酵は古くは「アンフォラ」という壺を用いたが，その後，木樽に代り，ホーロータンクに代った。大量の場合，コンクリートタンクやステンレスのタンクを用いる。白ブドウ酒は発酵温度は低いほうが良く15℃前後で，20℃を超えないように管理する。発酵期間は7〜10日が多い。辛口では発酵を完了させるが，甘口は残糖を残し，発酵を停止させる。これには酵母を遠心分離する方法，亜硫酸を添加する方法，冷却する方法があり，実際にはこの3つの方法を組み合わせる。

一方，赤ブドウ酒では色素とタンニン質の溶出と完全発酵がポイントである。醸造方法は破砕，発酵，圧搾の「かもし仕込み法」であるが，破砕物加温，圧搾，発酵の加温溶出法と無破砕発酵法がある。

基本は破砕と同時にメタカリ200〜300ppmを

CHAPTER 8 　酒類

添加する。この際，一部溶出した色素が退色するが，発酵中に復色し，これが後の色素の安定につながる。赤ブドウ酒では液量が不明確なため補糖量の計算が難しいが，目安としてブドウ重量の85％で計算する。

　発酵は果皮が混入した場合，早く，品温も上昇しやすい。発酵が始まると果皮が浮上し果帽をつくる。この部分は高温になりやすく，酢酸菌が繁殖することがあるので果帽は突き崩し液中に戻す。これを毎日1～2回行い，同時に色素の溶出を行う。大量の場合は下部から液部をポンプで循環し，上部に振りかける。発酵中は色素やタンニンの溶出のため25℃以上が良い。タンニンは核からの溶出が主なので，色素より溶出が遅い。したがって，生成酒の渋味の要求により果皮の浸漬時間を調節する。発酵は12日くらいである。発酵後，果皮と核を圧搾で取り除くが，圧搾機は搾汁と同じもので良い。

　赤ブドウ酒は，元来，甘味を残さないので，搾った酒は樽に戻し，亜硫酸を調節して後発酵を行う。

　ブドウ酒の貯蔵熟成は数百kℓの屋外タンク，コンクリートタンクなどの大量処理からホーロータンク，木製樽などある。低価格のものはタンク貯蔵が多く，高級品は樽を用いる。フランスの一流醸造場では300ℓ前後の樽を用いる。樽貯蔵中にブドウ酒中の炭酸ガスが逸散し，オリが沈降し（酒石や酒石酸モノカリ塩が出る），味もまるくなる。この間，年1回オリ引きする。この際に空気がブドウ酒に混入して熟成が進行する。

　貯蔵の条件は古くから地下室を用いており，現在でも有名醸造場は，この伝統法で行っている。貯蔵庫の温度は赤ブドウ酒で13～15℃，白ブドウ酒で10～13℃が理想である。いずれにせよ20℃以下で湿度80％RH前後が良く，黒カビが壁面やビンの外側に繁殖するくらいの環境が良いとされている。

　貯蔵期間は濃厚な酒質のものはより長く，甘いものより長い。白ブドウ酒で1年，赤ブドウ酒で2年が標準である。

　樽熟成の終わったブドウ酒はオリ引きし，濾過後瓶詰にする。瓶詰時にも亜硫酸を調節する。栓は良質のコルクを挿入する。コルクの長さは3～7cmで，熟成の長いブドウ酒程，長いコルクを打栓する。

　近代になって市場から瓶詰前の清澄性が要求され，冷却濾過法が採用されている。清澄剤として卵白，ゼラチンなどが使われ，濾過前に－7℃前後で数日間，保持して冷却状態で濾過する。この処理で，市場で低温になってもオリは沈殿しない。

　コルク打栓した瓶詰ブドウ酒は横臥させて熟成させる。常にコルクがブドウ酒で濡れているため，空気がほとんど遮断される。これで還元熟成される。飲み頃はいろいろあるが，3～5年もの，10年ものなどがある。濃厚なしっかりしたブドウ酒は長持ちする。図8.3.8に樽貯蔵熟成の様子を示した。

蒸留酒

酒類 ― Liquor ―

蒸留酒には日本の焼酎のほか，外来のウォッカ，ジン，ブランデー，ウイスキーなどがあります。スコットランドの薄暗いバーの中で，ヒゲ面の体格の良い紳士がマドロスパイプを片手にグラスを傾ける光景は趣がありますね。そのように考えると興味が湧くのはウイスキーです。

麦芽を原料にするスコッチ，すなわちスコットランドのモルトウイスキーに対して，トウモロコシなどを原料にするバーボン，いわゆるアメリカやカナダのグレインウイスキーがあります。

ウイスキーの製造方法はビールに似ていますが，何処が違うのでしょう。

蒸留酒はワインなど醸造酒を蒸留してアルコール分を高めた酒で，日本では焼酎がこれに当たる。ウイスキーは麦芽を原料に一部澱粉を糖化した原料を加えて発酵し，蒸留した酒であり，ブランデーはブドウ，りんご，プラム，チェリーなどの果実や糖蜜を原料として発酵し，蒸留した酒である。

蒸留酒は，留液の処理方法により次の三種類に分けられる。

① ウイスキー，ブランデーは留液を樫，楢材などの樽に永年貯蔵して熟成させる。樽材の成分が溶出して留液は褐色になりブラウンリカー（brown liquor）と呼ばれる。

② ウオッカ（vodka）は留液を白樺炭などを用いて処理し，その香味をまろやかにしたものである。アルコール分40～50％でロシア，ポーランド，米国，日本などで生産される。

③ ジン（gin）は杜松実（juniper）やコエンドロ（coriander）などの香料植物の精油成分を抽出，添加して特有の香味を与えたものである。アルコール分37～47.5％でイギリス，オランダ，ドイツ，米国，日本などで生産される。

① に比べ②，③は無色に近いものが多いので，ホワイトリカー（white liquor）と呼ばれる。酒税法のスピリッツ類に該当するものが多く，ラム，ジン，ウオッカが主体である。

ラム（rum）は甘諸糖蜜（糖分約55％）や甘諸汁を発酵させ，蒸留した酒でジャマイカ，キューバなどカリブ海の島々や中南米諸国が主な産地である。アルコール分37～45％で日本では製菓用としての需要が多い。

蒸留酒の製造工程

ここでは代表してウイスキーの製造について解説する。

ウイスキー（whisky whiskey）の主な産地はスコットランド，アイルランド，米国，カナダ，日本で，それぞれの産地の名を付けて scotch whisky，irish whiskey，american whiskey，canadian whisky，japanese whisky と呼ばれる。

産地により表8.4.1に示したように製造方法が異なり，酒質も異なるが比較的似通っている。scotch，irish，japanese whisky と american，canadian whisky の二群に大別される。

また原料として麦芽のみ使用しポットスチル（pot still）で蒸留するモルトウイスキー（malt whisky）と，麦芽以外にトウモロコシ，ライ麦などを用い連続式蒸留機（continuous still）で蒸留するグレインウイスキー（grain whisky）に分けられ，ほとんどの市販品は両者の混合（調合，blend）か bourbon whisky のような後者のみの調合品である。

図8.4.1はモルトウイスキーとグレインウイスキーの製造工程の概略図である。

モルトウイスキーの原料は二条種の大麦麦芽で，ビールと同じゴールデンメロンなどが用いられる。グレインウイスキーの原料には六条種も用いられる。大麦の成分は水分12％，澱粉56％，タンパク9％，脂質2.5％，千粒重量41～43gで

CHAPTER 8　酒類

表8.4.1　種々のウイスキーの製造方法の特徴

	Scotch, Japanese		Irish	American		Canadian	
	malt	grain		bourbon	netural spirits	flavouring	base
原料	malt (peated)	malt corn	malt barley	malt corn rye		malt, malted rye corn, rye	
糖化	infusion	cooking conversion	infusion	cooking conversion		cooking conversion	
酵母	distiller's yeast scotch maltのみ brewer's yeast		distiller's yeast	distiller's yeast		distiller's yeast	
蒸留	2pot still	patent still Japaneseのみ patent still他	3pot still	continuous still		continuous still	
熟成	Scotchのみ樽に3年以上	樽に3年以上	樽に3年以上	樽に2年以上		樽に2年以上	

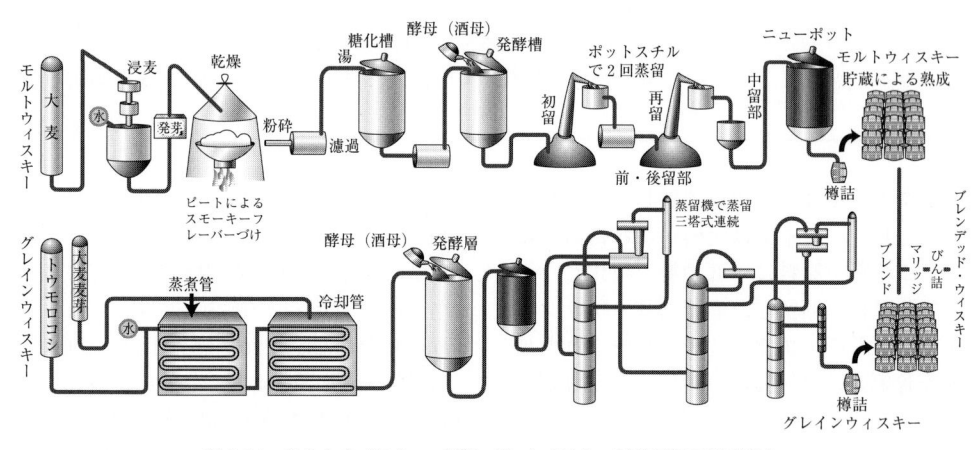

図8.4.1　モルトウイスキー／グレインウイスキー製造工程の概略図[4]

ある。日本は輸入品が多いが，国内でも生産されており，産地は関東，岡山，九州などである。

製麦方法はビールとほぼ同様であるが，酵素力が強く，溶けの良いものを目標とし，窒素化合物含有量はビールよりやや高くても良い。

精選した大麦を浸漬槽に入れ，浸漬，通気，脱水を繰り返し，温度15℃前後で50時間ほど浸漬し，水分42〜45％，幼根が少し見える程度で大麦を発芽工程に移す。

発芽には7〜8日かかるが，湿った空気を送り大麦の品温を最初12℃くらいで，以降次第に昇温し最高18℃程度に保ち，ときどき撹拌して発芽させる。カステン式，バンデルハウフェン式などビール麦芽と同様な製麦法が用いられ，水分42％程度の幼芽が穀粒の1/2〜2/3程に伸長した緑麦芽を乾燥塔（kiln）に送る。

乾燥塔では内部に敷かれた金網床の上に70〜80cmの厚さに緑麦芽を敷き詰め，底部より熱風を送って50℃の品温で水分8〜10％とし，次第に温度を上げて70〜80℃で乾燥（焙焼）して水分6〜8％の麦芽とし，除根後貯蔵する。一床式乾燥塔で約20時間かかる。

ビールと異なりできるだけ澱粉をアルコールに変えるため発芽中の物質の減少をなるべく抑え，酵素力価の高い麦芽を得るよう注意が払われる。

乾燥の初期にpeat（泥炭）を燃やした煙を送

蒸留酒

図8.4.2　発酵層

図8.4.3　モルトウイスキーのポットスチル
（写真提供：サントリー㈱）

（本書の内容はあくまで一般的工程を解説したものであり，写真提供企業の製造工程を示すものではありません。）

り，独特な香りを持つ麦芽（peated malt）にする。このためウイスキーは特徴的な smoky flavor（燻臭）を持つ。燻臭の主体，麦芽に付着したフェノール化合物は2〜15ppmを含み，ビール麦芽の0〜1ppm程度に比べかなり多い。10ppm以上を含むものが麦芽の官能評価では燻臭を感知できる。10ppmのフェノール化合物を含む麦芽1tをつくるために1tの泥炭が必要である。

糖化は麦芽を粗く砕き，糖化槽（mash tank）で約4倍量の温水と混合し，60〜65℃で約1時間保った後，糖化槽底部の濾過篩を通して濾過し一番麦汁（比重1.06〜1.07）を取り，次いで糖化槽に温水を送って75℃とし，同様にして二番麦汁（比重約1.035）を取る。一，二番麦汁を合併しpH約5.5，比重1.045〜1.065，糖分約13％，アミノ態N150〜180ppmの麦汁を発酵槽（図8.4.2）へ送る。

糖化残渣は，さらに温水で処理し糖分を回収し，次の糖化の仕込み水に使う。ビールのように糖化液の一部を煮沸して戻すことはせず，徐々に加温するInfusion方式がとられる。麦汁の濾過にはシートフィルタプレスも用いられる。

酒母の添加量はもろみ全容の2〜5％で，接種量は$5〜20×10^6$cell/mℓである。酵母はSaccharomyces cerevisiaeに属し，いわゆるdistiller's yeastのほかbrewery yeastも用いられる。

麦汁を煮沸殺菌して約30℃に冷却し，培養した酵母を接種し，培養24時間で酒母が得られる。もろみの初発温度は25℃前後で，30〜40時間の発酵でアルコール分6〜7％の発酵もろみ（mash）となる。麦汁は酒母以外は殺菌されないため穀類由来の雑菌が繁殖しウイスキーの香味に影響する。Lactobacillus brevisなど乳酸菌主体で乳酸を生成しpHを下げる。

蒸留に用いられるポットスチル（図8.4.3）の構造は昔とあまり変わらない。ポットスチルが銅製なのは熱伝導の良さと，銅が発酵中に生じた硫黄（S）を含む不快成分を吸着するためといわれている。

mashはpot stillで蒸留されアルコール分を完全回収する。留液（粗留液，low wine）はmash容量の約1/3になる。low winesはほぼ同型のspirits stillで再び蒸留される。mashはアルコールのほかに高級アルコール（iso-butanolなど），酸，アルデヒド，エステル，カルボニル化合物などの多数の揮発成分を含み，これらの一部は蒸留中にも生成し，アルコールとともに留出してウイスキーの香味に大きく貢献する。再留時，初期留出分は前回蒸留の残液のほかに低沸点アルデヒドなど刺激性の強い成分を多く含むので少量を初留分（fore-shots）として除き，香味の良い中留分をウイスキー分（fine whisky，アルコール分62〜68％）として樽に蓄える。蒸留が進み留液のアルコール分が50％をかなり下回ると留液に不快な香味を持つ成分が混入してくるので，以後の留分を後留分（feints）とし，fore-shotsとともにlow winesに戻す。

後述するグレインウイスキーも含めてfine

CHAPTER 8 酒類

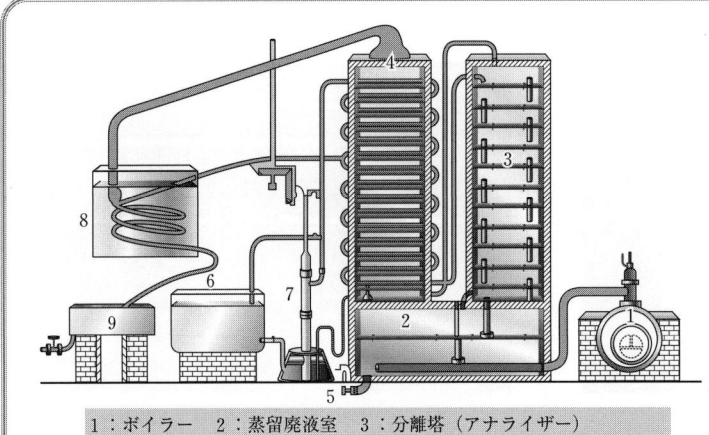

```
1：ボイラー  2：蒸留廃液室  3：分離塔（アナライザー）
4：精留塔（レクチファイアー）  5：蒸留廃液排出口  6：発酵もろみ
7：給送ポンプ  8：コンデンサー  9：製品タンク
```

図8.4.4　グレインウイスキー連続蒸留装置（コフィスチル）[11]

図8.4.5　樽熟成の様子
（写真提供：サントリー㈱）

whiskyは，それぞれ一定の濃度（60〜70％）にアルコール分を調整して樽貯蔵する。樽は一般に約200ℓ容が多く，400ℓ容も用いられる。樽材は主に米国産で，Tennessy, Missouri, Ohio, North Caloriaraなどに産するwhite oakが用いられる。樽貯蔵中にfine whiskyにウイスキー特有の香味が生まれ，味がまるくなり，熟成（aging）する。いずれにせよ熟成に3年以上必要といわれており，日本を除くウイスキー生産国では最低貯蔵年数を法律で規制している。貯蔵庫内は四季を通じて温度，湿度の変化が少ないことが望ましい。熟成中樽材を通して水やアルコールなどが揮散して樽内の液量は毎年1〜2％ずつ減少する。

グレインウイスキーの主原料はトウモロコシで，麦芽の使用量が日本では全原料の20％以上である。麦芽使用量が20％未満，あるいは蒸留の際，留液のアルコール分が94％以上のものはスピリッツ（grain alcohol）に該当する。

トウモロコシなどの穀類を砕き，少量の麦芽と水を加えて加圧蒸煮する。蒸煮例として，撹拌しながら1.5時間かけて120℃に昇温し，1.5時間保った後，減圧して糖化槽に送り，冷水を加えて60〜65℃とし，麦芽を加えて糖化する。

糖化の主役は麦芽に含まれるα-amylase, β-amylase, limitd extrinaseでα-amylaseの至適pHは4.7〜5.4であり，β-amylaseやlimitd extrinaseはやや低いpHで働く。いずれも熱に不安定なため糖化温度を65℃以下に，糖化，発酵中のpHを4以上に保つことが必要である。

米国のウイスキー製造では蒸留残液の上澄みを仕込水の一部に用いるSour mash方式がとられるが，これにより蒸煮，糖化時のpHを至適範囲に保ち，発酵中の雑菌汚染を防ぐことができる。

グレインウイスキーの製造に用いる麦芽は泥炭薫蒸処理せず，酵素力の強い六条種大麦の麦芽も用いられる。糖化液は濾過後約25℃に冷却し，発酵槽へ送り，酵母を接種して発酵させる。糖化濾液は10〜15％の糖分を含み，その主体はmaltoseとdextrinで，発酵中にもdextrinなどの分解は継続し，米国のウイスキー製造に見られるように糖化液を濾過せず発酵させればその効果は大きく，アルコール収率は向上する。発酵は2〜3日で終了し，もろみ（beer）のアルコール分は6〜8％になる。

蒸留には図8.4.4に示したような連続式蒸留機が用いられる。もろみは図8.4.4の4．精留塔で予熱されて3．分離塔に入り，分離されたアルコールの蒸気は4．精留塔で濃縮，精留され留出する。留液のアルコール分は94％でn-プロパノール，イソブタノールを著量含むがアミルアルコールは含まない。

図8.4.5に樽熟成の様子を示した。成熟の終わったウイスキー原酒はいくつかの原酒とブレンドしアルコール分を水で調整して，特級，1級，2級に分類製品化する。

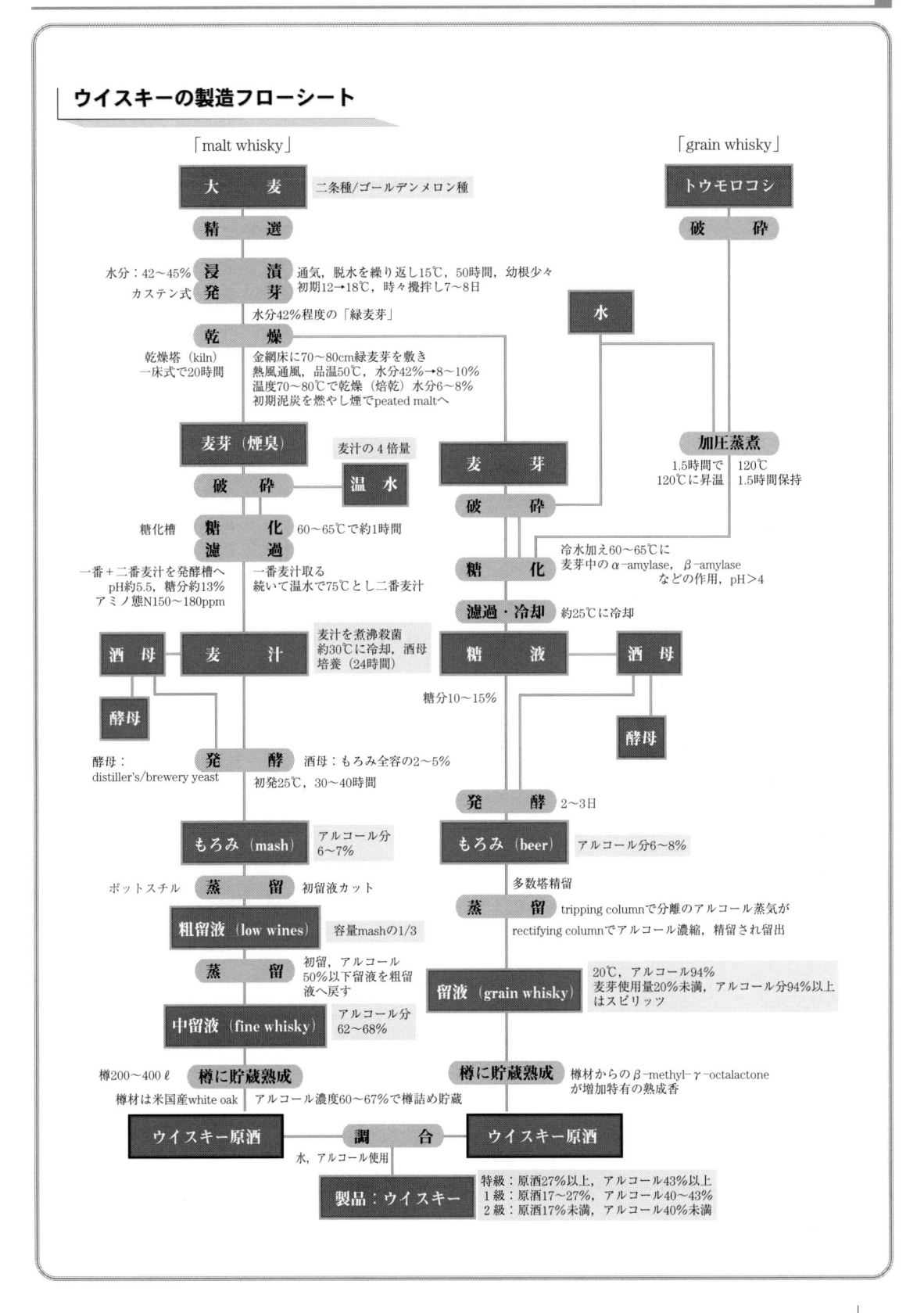

ウイスキーの製造フローシート

「malt whisky」

大麦 二条種/ゴールデンメロン種

↓ **精選**

水分：42〜45%　**浸漬** 通気、脱水を繰り返し15℃, 50時間, 幼根少々
カステン式　**発芽** 初期12→18℃, 時々撹拌し7〜8日
　　　　　水分42%程度の「緑麦芽」

↓ **乾燥**
乾燥塔（kiln） 金網床に70〜80cm緑麦芽を敷き
一床式で20時間 熱風通風, 品温50℃, 水分42%→8〜10%
温度70〜80℃で乾燥（焙乾）水分6〜8%
初期泥炭を燃やし煙でpeated maltへ

麦芽（煙臭）　　麦汁の4倍量

↓ **破砕** ← **温水**

糖化槽 **糖化** 60〜65℃で約1時間
　　　濾過

一番＋二番麦汁を発酵槽へ　一番麦汁取る
pH約5.5, 糖分約13%　続いて温水で75℃とし二番麦汁
アミノ態N150〜180ppm

酒母 ← **麦汁** 麦汁を煮沸殺菌
　　　　　　　約30℃に冷却, 酒母培養（24時間）
酵母

酵母： **発酵** 酒母：もろみ全容の2〜5%
distiller's/brewery yeast 初発25℃, 30〜40時間

もろみ（mash） アルコール分6〜7%

ポットスチル **蒸留** 初留液カット

粗留液（low wines） 容量mashの1/3

蒸留 初留, アルコール50%以下留液を粗留液へ戻す

中留液（fine whisky） アルコール分62〜68%

樽200〜400ℓ **樽に貯蔵熟成**
樽材は米国産white oak　アルコール濃度60〜67%で樽詰め貯蔵

ウイスキー原酒 — **調合** — **ウイスキー原酒**
　　　　　　　水, アルコール使用

製品：ウイスキー
特級：原酒27%以上, アルコール43%以上
1級：原酒17〜27%, アルコール40〜43%
2級：原酒17%未満, アルコール40%未満

「grain whisky」

トウモロコシ

↓ **破砕**

水

↓ **加圧蒸煮** 1.5時間で120℃に昇温　120℃ 1.5時間保持

麦芽
↓ **破砕**

糖化 冷水加え60〜65℃に
麦芽中のα-amylase, β-amylaseなどの作用, pH>4

濾過・冷却 約25℃に冷却

糖液 → **酒母**
糖分10〜15%　　　**酵母**

発酵 2〜3日

もろみ（beer） アルコール分6〜8%

多数塔精留

蒸留 tripping columnで分離のアルコール蒸気が
rectifying columnでアルコール濃縮, 精留され留出

留液（grain whisky） 20℃, アルコール94%
麦芽使用量20%未満, アルコール分94%以上はスピリッツ

樽に貯蔵熟成 樽材からのβ-methyl-γ-octalactoneが増加特有の熟成香

酒類 — Liquor — 焼酎

最近まで，焼酎といえば経済的に酔える酒で，女性などロにしないものと思っていました。ところが今や，チューハイといえばすっかり若者の洒落た飲み物に仲間入りしています。昔の焼酎は「甲類」，対して今の焼酎は麹で発酵した「乙類」なんですが知っていましたか？

筆者は沖縄旅行で泡盛を試飲し，完全に焼酎のイメージが変わりました。30年物は720mℓ瓶で4～5万円もするまさに"高級酒"。まろやかな味で，その口当たりもすばらしいの一語に尽きます。15世紀頃に沖縄本島で始まり日本全土に広がった焼酎乙類の製造ですが，沖縄の泡盛が黒麹菌でつくられるのに対し，そのほかの地域では白麹菌が使われます。このあたりに注目すると，焼酎づくりの特徴がだんだん見えてきます。

焼酎は農産物を発酵させて，これを蒸留した酒類であって酒税法上，アルコール分45度以下（連続式蒸留機で蒸留したものについては36度以下），エキス分2％以下と規定されている。アルコール分，エキス分から酒類原料用アルコールおよびリキュール類と区別される。原料では発芽穀類および果実を使用していない点で，ウイスキーおよびブランデーと区別される。

焼酎は原料や製法によって分類され，**表8.5.1**のような種類がある。

焼酎甲類とは糖質原料（粗留ラム，廃糖蜜など）あるいは澱粉質原料を発酵させ，連続式蒸留機で蒸留して得られた酒類原料用アルコールを水でアルコール分36度以下に希釈したもので，20世紀初頭，日本のアルコール製造技術の進歩により製品化されたものである。

在来の焼酎に対して「焼酎甲類」または「ホワイトリカー①」と表示される。

焼酎乙類とは澱粉質原料を麹で糖化しアルコール発酵させて単式蒸留機で蒸留したもの，あるいは清酒製造の副産物である酒粕を蒸籠型蒸留機で蒸留したもので，エチルアルコールのほか，フーゼル油，エステル類などの香気成分を含み原料の種類や製造方法により独特な風味を呈する。ラムと区別するため乙類の発酵原料には含糖質物を原則として使用できないが，1953年沖縄の本土復帰時に黒糖焼酎を製造していた奄美諸島に限り，黒糖の使用が認められている。乙類の製造は15世紀中～後期に沖縄本島で始まり，16世紀には九州に広まった。現在では「本格焼酎」と表示して販売されている。

原料について

醪取（もろみとり）焼酎の原型である泡盛のもろみは麹と水を原料とするが，この泡盛のもろみを酒母とし，これに蒸米，蒸芋などを加え発酵させ蒸留したものが米焼酎，芋焼酎などの醪取焼酎である。これに対し粕取焼酎は清酒粕を団子状にし，もみがらをまぶし，蒸留機の簀の子の上にのせて蒸留する。

蒸米に黒麹菌または白色変異株を生やした麹と水を混ぜて発酵させ酒母（一次もろみと称する）をつくる。これを蒸留したものが沖縄の泡盛である。

一次もろみに米，甘藷，大麦，そば，雑穀（コウリャン，トウモロコシ，アワ，ヒエなど），白ぬかなどの澱粉質原料あるいは黒糖の蒸煮物と水を加えて二次もろみをつくり，これを発酵させ単式蒸留機で蒸留したものを醪取焼酎という。

焼酎製造に使う麹菌は明治40年以前の琉球列島，奄美諸島ではAspergillus awamori, A. saitoiを主体とする黒麹菌が使われ，本土では清酒と同じ黄麹菌 A.oryzae が使われていた。大正2～4年の製造合理化時代に鹿児島県下で黒麹菌系麹の使用が急速に普及した。黒麹菌の生産する酸によって「もろみ」の酸敗が防止されることが大きな要因である。その後黒麹菌の白色変異株 A. kawachii などが開発され，昭和40年代以降本土および奄美諸島の焼酎麹はほとんど白麹菌でつくられるようになった。現在では黒麹菌は琉球列島

表8.5.1　焼酎の種類

1．焼酎甲類（ホワイトリカー①）
2．焼酎甲類・乙類混和（乙類を5％以上混和）
3．焼酎乙類（本格焼酎）
　　醪取焼酎
　　　　―泡盛
　　　　―米焼酎
　　　　―芋焼酎
　　　　―麦焼酎
　　　　―そば焼酎
　　　　―黒糖焼酎
　　　　―雑穀焼酎
　　　　―白ぬか焼酎
　　　　―粕醪取焼酎
　　　　―その他
　　粕取焼酎

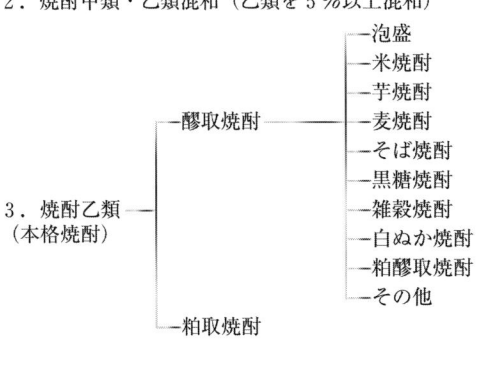

表8.5.2　醪取焼酎の仕込配合例

種類	原料	一次もろみ	二次もろみ	合計
1．泡盛	麹米 [kg] くみ水 [ℓ]	1,000 1,400	— —	1,000 1,400
2．米焼酎	麹米 [kg] 米 [kg] くみ水 [ℓ]	300 — 360	— 700 1,240	300 700 1,600
3．芋焼酎	麹米 [kg] 甘藷 [kg] くみ水 [ℓ]	140 — 170	— 860 480	140 860 650
4．麦焼酎	麹米 [kg] 大麦 [kg] くみ水 [ℓ]	330 — 400	— 670 1,200	330 670 1,600
5．そば焼酎	麹米 [kg] そば [kg] くみ水 [ℓ]	300 — 360	— 700 1,240	300 700 1,600
6．黒糖焼酎	麹米 [kg] 黒糖 [kg] くみ水 [ℓ]	285 — 350	— 715 1,950	285 715 2,300

の泡盛麹のみに使われている。

焼酎の製造工程

フローシートに醪取焼酎の製造工程を，また表8.5.2に一次もろみ，二次もろみの仕込配合例を示した。図8.5.1には焼酎の製造工程の概略図を示している。焼酎の製造設備の特徴は蒸留機であり，製麹装置，浸漬タンクなどは日本酒の製造設備と大差ない。図8.5.2は明治以前に使われていた古い型の蒸留機である。最近では，常圧蒸留機（図8.5.3(1)）や減圧蒸留機（図8.5.3(2)～8.5.4）が使われている。

焼酎の収得歩留は次の式で表される。

収得歩留＝100×（熟成焼酎ℓ×焼酎アルコール度数）／（原料の純澱粉総量kg×71.54ℓ）

収得歩留は芋，米，麦で77％，82％，80％前後である。また芋，米，黒糖，麦の各焼酎の原料トン当たりの純アルコール収得量はそれぞれ200ℓ，430ℓ，460ℓ，420ℓである。

焼酎の仕込み水は清潔な水であれば良く，清酒ほどの制約はない。原料米は麹米，二次もろみの「かけ米」に用いられる。泡盛の原料米はタイ産のインディカ種の砕米（外砕米）を使用している。

外砕米の平均精米歩合は約90％，澱粉価74.4，水分13.5％である。沖縄以外では乙類原料米はジャポニカ系内地米の破砕精米甲で，精米歩合93％程度の丸米を圧砕したもので，完全粒15％以内，粒径1.7mm以下が10％以内，1.5mm以下2％以内の食糧庁規格のものが使われ，澱粉価は74.4，水分14.3％である。外砕米は内砕米より吸水しにくく，25℃水浸漬で内砕米は15分で最大吸水率25％に達するが，外砕米は20％前後しか吸水しない。したがって，外砕米は洗米し，50～60分水浸漬，3時間水切り（吸水率20％），次に10～15分間蒸きょうする（吸水率25～30％）。放冷後（吸水率20％），吸水率で10％の水を撒布して3時間堆積後30～60分間蒸きょうする二度蒸しで吸水率40％程度の蒸米とする。

芋焼酎の二次もろみ用かけ原料の芋は農林2号が主である。澱粉価20～33である。原料甘藷は自動芋洗い機を用い洗浄後，両端部および病害部などを切除する。大型のものは2～3個に細断し，こしきや蒸煮缶で50～60分間蒸す。蒸した甘藷は冷却前または後に破砕し，温度30℃程度まで放冷する。

麦焼酎の二次もろみ用かけ原料は丸麦（精麦）または押し麦が使われる。澱粉価は丸麦で70，押し麦で69である。丸麦は水洗後，2～3時間水浸漬し，30～60分間水切りし，60分間蒸きょ

CHAPTER 8　酒類

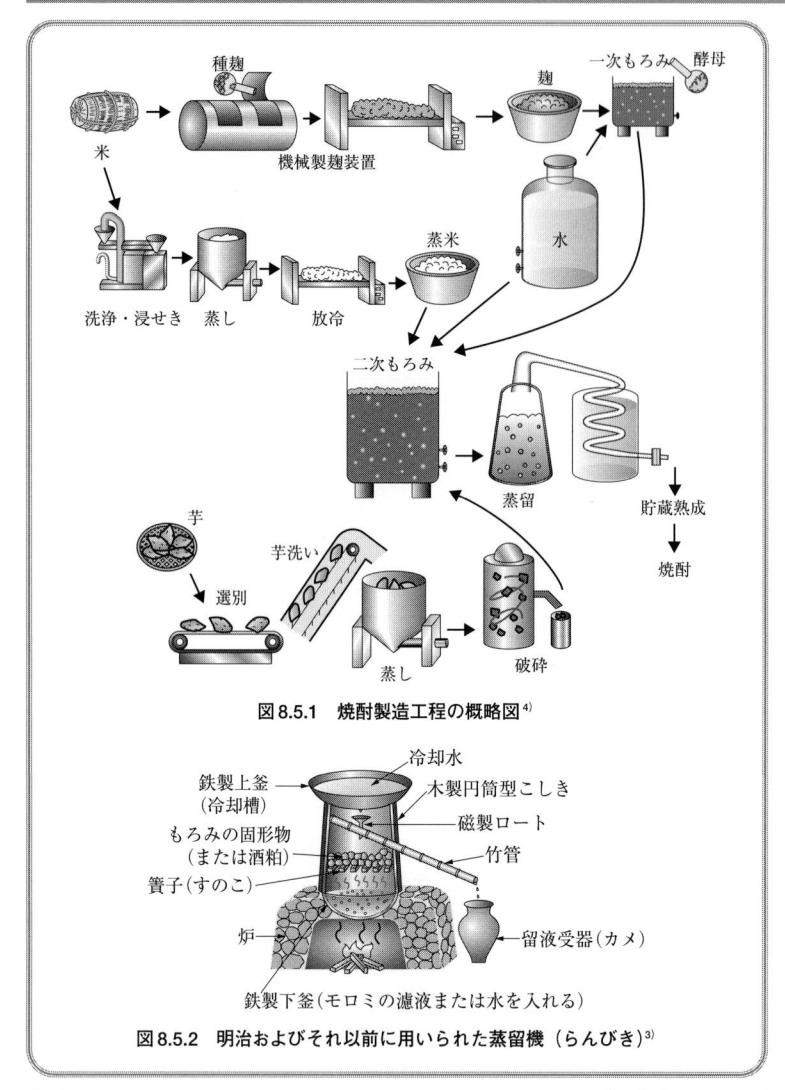

図8.5.1　焼酎製造工程の概略図[4]

図8.5.2　明治およびそれ以前に用いられた蒸留機（らんびき）[3]

うする。

　泡盛は黒麹菌を使うが，そのほかの焼酎は現在は白麹菌 Aspergillus kawachii が使われる。焼酎酵母は，いろいろと培養的特徴を持つ Saccharomyces cerevisiae で，日本醸造協会焼酎酵母（SH4）などが使われている。製麹法には在来式製麹法，簡易製麹法，機械製麹法があるが，ここでは代表して機械製麹法について説明する。

　図8.5.5のような回転ドラム式製麹装置を用い，ドラム内に原料米を投入後，水を注入し，網蓋を閉じ，ドラムを回転して洗米し，網蓋を下方に向けて洗米水を排出する。次に，網蓋が上になる位置で水浸漬し，浸漬終了後網蓋を下方に向けて排水し，送風して米層の水切りを行う。次に蒸気を通し，米の温度が100℃になったところで蒸気を止める。ドラムを2～3回回転させ，再び蒸気を通して蒸きょうする。米の温度が100℃になってから40～50分間で蒸きょうする。次にドラムを回転しながら通風して蒸米を38℃まで冷却し，種麹を投入してドラムを回転させ十分混合する。種麹接種後ドラム本体に保温箱を被せ，温度調節計の上限温度を39℃，下限温度を37℃に設定する。品温が39℃になるとドラムが自動的に回転して，切り返しが行われる。なお内地米では米粒が粘着し，団塊をつくりやすいので，切り返しの13～18時間目までの中間で一度ドラムを回転し，米層をほぐす。次に上，下限温度を37℃，35℃に落とし，30～60秒間通風して，米層内の温度を平均化する。さらに上，下限を温度を34℃，32℃に下げ，種麹接種後42～43時間で出麹する。

　仕込みは米麹100kgに対し水を120～140ℓ容器にくみ，培養酵母300億程度（酵母前培養液300mℓ）と麹を投入して良く混合する。仕込み温度は20～25℃が標準である。仕込み3～4日目には酵母の増殖，発酵により品温は最高に達するが，一次もろみのpHは3.2～3.4と低いので酵母の生育に影響しないように品温を30℃以下に冷却器で調節する。一次もろみは5～7日目で二次仕込みに使用する。そのときの成分はアルコール分13～14度，酸度25～33，pH3.2～3.5が標準である。なお一次もろみの酸度は2～3日目に最高になり，その値は使用した麹の4倍である。泡盛は一次もろみのアルコール発酵が完了する13～14日目に蒸留する。

　二次もろみは主原料（二次かけ原料）の糖化・発酵の場である。仕込み容器は昔は180～540ℓのカメで，気温の低下する地方では口元まで地中

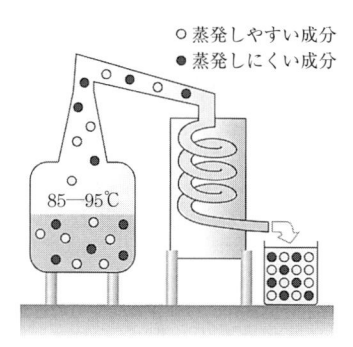

図8.5.3(1) 常圧蒸留機の構造図（独立行政法人酒類総合研究所「お酒のはなし」第2号より）

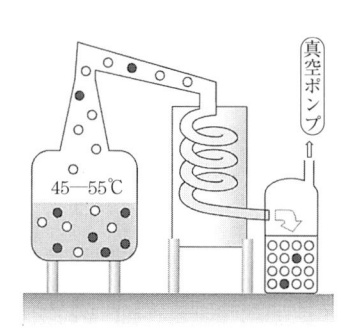

図8.5.3(2) 減圧蒸留機の構造図（独立行政法人酒類総合研究所「お酒のはなし」第2号より）

図8.5.4 減圧蒸留機の外観（独立行政法人酒類総合研究所「お酒のはなし」第2号より）

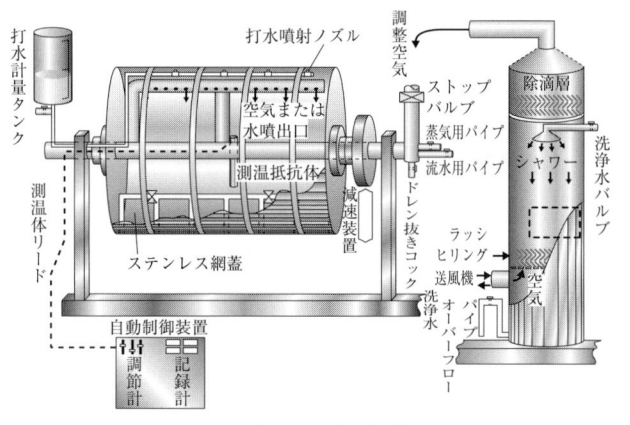

図8.5.5 回転ドラム式自動製麹装置[3]

に埋めていた。昭和30年代以降，仕込みの大型化が進み，次第に500〜4000ℓのホーローやステンレス製容器に代わった。仕込みは一次もろみに水および蒸煮した二次のかけ原料を加えて混合する。仕込み温度は20〜25℃である。一次もろみの酸度が20以下のときは酸敗防止のため乳酸または塩酸で調節する。一次もろみの酸度1mℓ増すのに，一次もろみ100ℓ当たり75％乳酸82mℓ，あるいは10％塩酸347mℓが必要である。仕込み後3日目に品温は最高になるが，酵母の死滅を防ぐため品温を32℃以下に，冷却器を使って調節する。二次もろみの熟成期間は芋製で10〜15日，米，その他穀類原料では15〜20日である。アルコール分は芋製で13〜15度，米や雑穀類で17〜19度である。

蒸留は図8.5.2のような直火加熱でも焦げることはないが，蒸し芋など加えられた二次もろみは粘稠なので図8.5.3や図8.5.4のような設備を使う方が良い。蒸留では初留液はアルコール，アルデヒド，フーゼル油，エステルに富む部分であるが，前回の蒸留の後留臭が残るため，これをカットし，次の蒸留予定もろみに混合し，アルコール分を回収する。また留出液のアルコール分が15〜25度以下になると熱分解で生成したフルフラールなどに由来する焦げ臭（末垂れ（スエダレ）臭）が次第に強くなるので，アルコール分8〜10度で蒸留を打ちきる。1000ℓのもろみの蒸留の常圧蒸留での標準時間は初留まで約30分，初留から蒸留終了まで180〜240分である。

蒸留直後の焼酎はアルデヒドなどの低沸点成分による刺激臭があり，原料由来の高級脂肪酸エステル（焼酎油）を含むので，撹拌してガス抜きし，冷却濾過により油分を除去しなければならない。精製貯蔵した焼酎はアルコール分40度，35度，30度，25度，20度に加水し，瓶詰めなど充填包装される。

CHAPTER 8　酒類

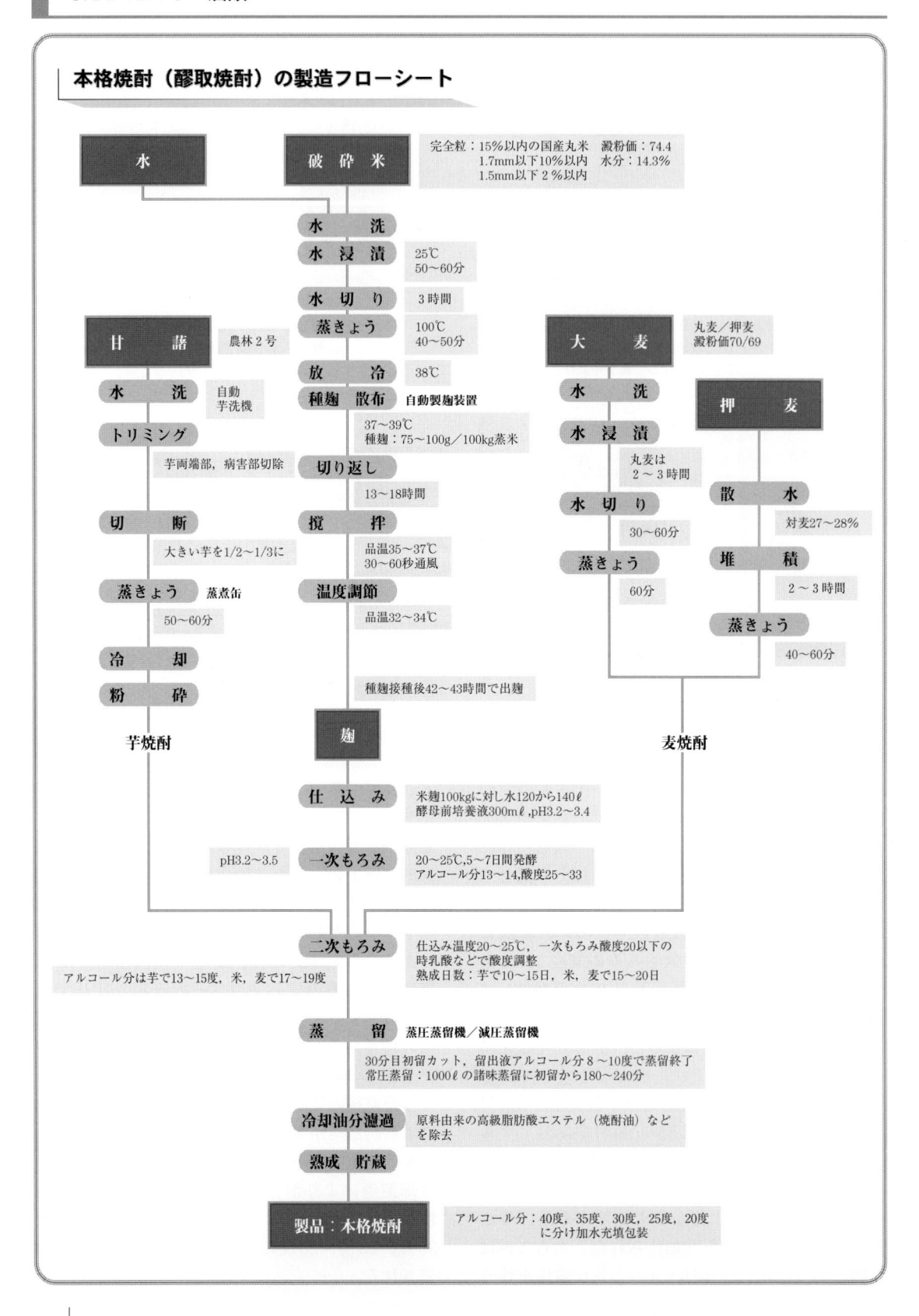

本格焼酎（醪取焼酎）の製造フローシート

```
[水]                [破砕米]        完全粒：15％以内の国産丸米　澱粉価：74.4
                                    1.7mm以下10％以内　　　　　水分：14.3％
                                    1.5mm以下 2 ％以内
            │
            ├──→[水　洗]
                 [水 浸 漬]          25℃
                                    50〜60分
                 [水 切 り]          3時間
                 [蒸 き ょ う]       100℃
                                    40〜50分
[甘　藷]  農林2号   [放　冷]         38℃
[水　洗] 自動       [種麹 散布]  自動製麹装置      [大　麦]      丸麦／押麦
         芋洗機                                                 澱粉価70/69
[トリミング]                       37〜39℃
         芋両端部，病害部切除       種麹：75〜100g／100kg蒸米                    [押　麦]
                 [切り返し]                       [水　洗]
                                    13〜18時間     [水 浸 漬]
[切　断]                          [撹　拌]                                      [散　水]
         大きい芋を1/2〜1/3に       品温35〜37℃    丸麦は                        対麦27〜28％
                                    30〜60秒通風   2〜3時間
[蒸きょう]  蒸煮缶                [温度調節]       [水 切 り]                     [堆　積]
         50〜60分                   品温32〜34℃    30〜60分                       2〜3時間
[冷　却]                                          [蒸きょう]
[粉　砕]                          種麹接種後42〜43時間で出麹   60分              [蒸きょう]
                                                                                40〜60分
     芋焼酎              [麹]                         麦焼酎
                         │
                     [仕 込 み]     米麹100kgに対し水120から140ℓ
                                    酵母前培養液300mℓ，pH3.2〜3.4
         pH3.2〜3.5  [一次もろみ]    20〜25℃，5〜7日間発酵
                                    アルコール分13〜14，酸度25〜33

                     [二次もろみ]   仕込み温度20〜25℃，一次もろみ酸度20以下の
                                    時乳酸などで酸度調整
アルコール分は芋で13〜15度，米，麦で17〜19度   熟成日数：芋で10〜15日，米，麦で15〜20日

                     [蒸　留]       蒸圧蒸留機／減圧蒸留機
                                    30分目初留カット，留出液アルコール分 8〜10度で蒸留終了
                                    常圧蒸留：1000ℓ の諸味蒸留に初留から180〜240分
                     [冷却油分濾過] 原料由来の高級脂肪酸エステル（焼酎油）など
                                    を除去
                     [熟成 貯蔵]
                     [製品：本格焼酎]  アルコール分：40度，35度，30度，25度，20度
                                      に分け加水充填包装
```

第9章
ソフトドリンク類
Soft drink

果実飲料

― ソフトドリンク類 ― Soft drink ―

果実飲料といえば何を思い浮かべますか。ホテルで朝食に洋食を注文すると，たいていオレンジジュースが付いてきます。欧米人は朝食時，オレンジジュースをコップ一杯飲む習慣があるようです。確かに柑橘類は血液をサラサラにして血圧を下げる効果がある，といわれています。

ジュースにはオレンジジュース，リンゴジュース，パイナップルジュース，みかんジュースなどがありますが，日本人が子供の頃から飲んでいるのはみかんジュースです。九州，愛媛，和歌山，静岡と「みかん」の産地はたくさんあります。そこで日本を代表する果実飲料として「うんしゅうみかんジュース」を紹介しましょう。

清涼飲料水は食品衛生法によれば「乳酸菌飲料，乳および乳製品を除く酒精分1容量パーセント未満の飲料」となっているが，欧米では炭酸飲料に限定されている所が多い。清涼飲料水のうち，大きくは炭酸飲料，非炭酸飲料，ミネラルウォーターの3つに分類される。

果実飲料はJASで**表9.1.1**のように分類されて

いる。

日本で果実を原料として果実飲料が製造されたのは明治30年（1897年）頃，和歌山県有田郡広村の名古屋伝八氏が「みかん」を搾汁し瓶に詰めて「みかん水」と称して大阪に出荷したのが最初である。しかし殺菌不充分で破瓶事故が発生し，事業が中止された。その後，明治35年（1902年）宮城県の桔梗長衛氏がコンコード種のぶどうを栽培し，大正7年（1918年）「コンコードぶどう果汁」の販売を行い，その前，明治37年（1904年）には山梨県の宮崎光太郎氏が「ぶどう果汁」を製造し「ぶどう液」として販売した。昭和初期にはレモン，オレンジ，いちご，りんごなど各種の果汁が小規模ながら製造販売された。昭和9〜11年には果汁の清澄技術が開発され，昭和12年に明治製菓㈱が北海道の大日本果汁（ニッカ）とストレートの「りんご果汁」を販売し，この頃，寿屋（サントリー）が低温濃縮

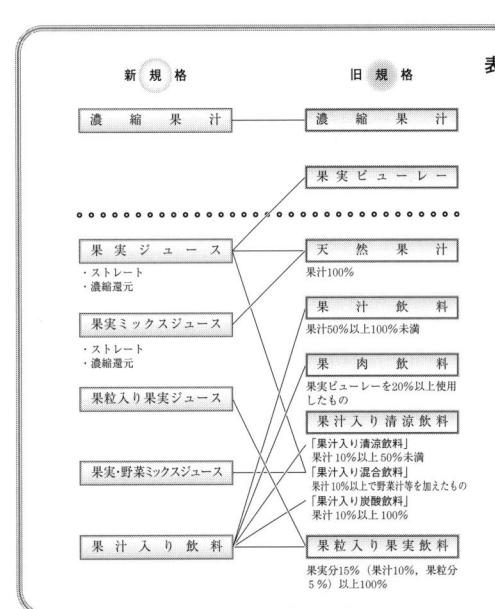

表9.1.1 果実飲料JAS規格による区分の新旧対照一覧

新規格 — 旧規格

- 濃縮果汁 → 濃縮果汁
- 果実ビューレー
- 果実ジュース（ストレート・濃縮還元）→ 天然果汁（果汁100%）
- 果実ミックスジュース（ストレート・濃縮還元）→ 果汁飲料（果汁50%以上100%未満）
- 果粒入り果実ジュース → 果肉飲料（果実ビューレーを20%以上使用したもの）
- 果実・野菜ミックスジュース → 果汁入り清涼飲料
  - 「果汁入り清涼飲料」果汁10%以上50%未満
  - 「果汁入り混合飲料」果汁10%以上で野菜等を加えたもの
  - 「果汁入り炭酸飲料」果汁10%以上100%
- 果汁入り飲料 → 果粒入り果実飲料（果汁分15%（果汁10%，果粒分5%）以上100%）

表9.1.2 果汁製造において使用される搾汁装置[16]

区分	種類	搾汁装置	装置メーカー
果実	オレンジ	インライン搾汁装置 チョッパー・パルパ搾汁装置 ブラウン搾汁装置	FMC社 国産精工 ブラウン社
果実	リンゴ	ベルトプレス搾汁装置 ホリゾンタルプレス搾汁装置 スクリュープレス搾汁装置 デカンター遠心分離機 コニカルスクリーン遠心分離機	ベルマー社など BUCHER社など 三菱重工，富山工業など アルファラバル社，IHI，巴工業など IHI
野菜	トマト	パルパ・フィニッシャー搾汁装置	FMC社，ロッシ・カテリ社など
野菜	ニンジン	デカンター遠心分離機 スクリュープレス搾汁装置	アルファラバル社，IHI，巴工業など 三菱重工，富山工業など

果実飲料

うんしゅうみかんジュースの製造フローシート

原料みかん
↓
一時貯蔵 コンテナ・ボックスやトラックで受け入れ
↓
〈搾汁条件〉
①搾汁率が高い ②果皮油を多量に含ませない
③albedoや,じょうのう膜の混入を防ぐ
④パルプを適量混入 ⑤種子の破砕を避ける
⑥搾汁コストが安い

選 果 人手で病害果,未熟果,古果,傷害果の除去
洗 浄 0.1〜0.2%の脂肪酸系食用洗剤清水溶液
洗浄後清水ですすぐ
↓
果汁収率温州みかん50〜55% 夏ミカン30〜35%
空気との接触少なく品質劣化が少ない

果皮油含有率低く,苦味の少ない果汁は搾汁圧力を低める

搾 汁 インライン搾汁機
処理能力は小粒M191:800個/分,M291,M391:375個/分

インライン搾汁機カップ径と適合果実径

インライン の型式	カップサイズ [インチ]	適合果実の径 [mm]
M-191	2	35〜55
M-291	$2^{3}/_{8}$	50〜60
M-291	3	57〜85
M-391	4	83〜108

篩 別 screen 目:0.5mm(フィニシャー)
内部でパドルが回転する円筒形ステンレス製スクリーン
粗果汁中のパルプの30〜50%除去
↓
パルプ分離 遠心分離機(デラバル型,シャープレス型,デカンタ型など)
果汁中のパルプ量1〜5%が適量
↓
調合 分析 JAS規格
温州みかん:糖度Bx:9.0°以上,酸:0.6%以上
↓
脱 気 deaeration 薄膜流下脱気方式,遠心噴霧式など
↓
プレート式熱交換器90〜98℃,10〜6秒 **熱殺菌** カビ,酵母類の殺菌,ペクチン分解酵素などの失活
↓
濃 縮 真空濃縮機
濃縮後直ちに10℃以下に冷却

※:ストレート品93〜95℃加熱後に瓶,缶,ペットボトルに充填密封後冷却(濃縮なし)

−3〜−5℃まで冷却 **冷 却** 急速冷却機
↓
冷凍保管
↓
濃縮還元
↓
調合分析
↓
脱 気
↓
熱殺菌
↓
充 填
↓
製品:うんしゅうみかんジュース

ソフトドリンク類

CHAPTER 9　ソフトドリンク類

図9.1.1　原料となるみかんの受入の様子。原料はコンテナボックスやトラックで輸送される。温州みかんは果皮が軟弱で変形しやすいため搬送には注意が必要だ。（写真提供：㈱えひめ飲料）

図9.1.2　手作業による選果（写真提供：㈱えひめ飲料）

図9.1.3　果実の洗浄工程（写真提供：㈱えひめ飲料）

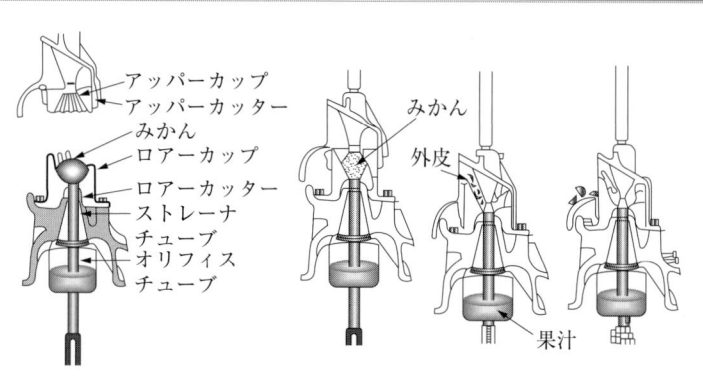

図9.1.4　搾汁の様子（写真提供：㈱えひめ飲料）と，インライン搾汁機の機構図[3]

した「濃厚りんご果汁」を製造販売した。

　戦後，昭和26年C. ウイルキンソン・タンサン鉱泉㈱がバヤリースオレンジの国内販売権を取得，アサヒビール㈱が発売元（昭和55年に商標権および販売権取得）となり発売したが好評で，昭和27年サッポロビール㈱が瓶詰のリボンジュースを，昭和28年キリンビール㈱がキリンジュースを発売し，これに続いた。昭和29年には明治製菓㈱がはじめて缶詰のオレンジ果汁飲料を製造販売した。

　その後，昭和36年に明治製菓㈱がピーチネクターの製造販売を行い，昭和39年に不二家製菓㈱，森永製菓㈱がこれに続いた。

製品・原料について

　昭和43年，消費者団体の異議がもとで「ジュース」の表示は「100％果汁」に限るなどの論争が起こり，昭和45年JAS法で果実飲料の品質表示の一般基準が制定された。平成10年に改正された果実飲料の日本農林規格によると「濃縮果汁」，「ジュース」，「果実ミックスジュース」，「果粒入り果実ジュース」，「果実・野菜ミックスジュース」，「果汁入り飲料」があり，このうち「ジュース」には「オレンジジュース」，「うんしゅうみかんジュース」，「グレープフルーツジュース」，「レモンジュース」，「りんごジュース」，「ぶどうジュース」，「パインアップルジュース」，「ももジュース」，「その他のジュース」の9品種がある。この規格によると「オレンジジュース」はアメリカやブラジルから輸入されるバレンシアオレンジを原料とするものをいい，日本の温州ミカンを原料として生産される天然果汁は「うんしゅうみかんジュース」になる。

　この「うんしゅうみかんジュース」は原料収穫時期に直接製造されるものと，搾汁した果汁を濃縮保管し，必要に応じて還元製造されるものとが

ある。

みかん果汁の製造工程を大別すると，搾汁，濃縮，殺菌，充填に区別される。ほかの果汁の製造工程も，搾汁工程を除いてはみかんと共通しているが，日本国内では特にみかん果汁の製造技術の高度化が進んでいる。たとえば加熱濃縮からより高品質維持のための凍結濃縮法や膜濃縮法の導入，無菌充填システムの導入，PETボトルのホットパック法などや，消費者の嗜好変化を敏感にとらえた果汁の減酸，晩柑果汁の脱苦味技術，ヘスペリジンの除去技術や加熱臭の除去技術の導入，などがこれにあたる。

品質向上技術の例としては
①低酸味温州みかん果汁：
電気透析法あるいはイオン交換樹脂を用いて減酸処理をする。
②果汁の苦味成分（ナリンジンとリモニン）の除去技術：
合成樹脂法，イオン交換樹脂法，固定化酵素カラム法，バクテリア利用法などが考えられ，合成樹脂法は実用化の域にある。
③ヘスペリジンと加熱臭の除去技術：
合成樹脂ならびにイオン交換膜を利用した除去技術が開発されている。
④加熱殺菌と無菌充填：
プレート式熱交換器によるHTST方式は色，ビタミンCの劣化が少なく，引き続いて無菌充填システムは低温充填が可能で，プロセスにおける熱劣化が少ないので品質の向上が期待できる。
⑤凍結濃縮技術：
予備冷却した果汁を再結晶缶に入れ，果汁中の水分を微細な氷の結晶にし，その氷の結晶を成長させる。次に凍結していない果汁分を分離装置で凍結した水分の氷から分離する。
濃縮された果汁の濃度は40〜45°Bxである。分離された氷の表面に付着した濃縮果汁は氷を融解した水で洗浄し，再度，濃縮のため再結晶缶に戻され，回収される。

果実飲料の製造工程

ここでは代表して「うんしゅうみかんジュース」の製造をフローシートで解説する。

温州みかんには，11月から12月の上旬にかけ採取される早生みかんと，12月上旬以降採取される普通温州みかんがある。温州みかんは果皮が軟弱で変形しやすいので，搬送には注意が必要だが，作業効率も考え図9.1.1のようにコンテナボックスやトラック輸送される。搾汁工場に搬入された原料は図9.1.2のように手作業で病害果，未熟果，古果，傷害果などが取り除かれ，食用洗剤を含んだシャワーとブラシ付き回転ロールの上で表皮が洗浄される。その後，清水でリンスされ搾汁工程に送られる（図9.1.3）。

搾汁は表9.1.2に示したような搾汁装置が使われる。この中で「うんしゅうみかん」や「オレンジ」に使われるのはインライン搾汁装置が多く，その構造を説明したのが図9.1.4である。この搾汁で図9.1.5に示した「オレンジ」（うんしゅうみかんも同様）の果皮片，種子，じょうのう膜などは分離され，果汁はストレーナーチューブを通り下部の集液管に集められる。原料みかんは1個ずつ機械でロアーカップに投入され，上からアッパーカップが下降し，下部から搾汁のための丸い孔が開けられる。そして下部からストレーナーチューブが押し込まれる。ストレーナーチューブの中をオリフィスチューブが上昇しストレーナーチューブ内の果肉を圧搾し，果汁はストレーナーチューブの小穴から流出して集液管に集められる。果皮片，じょうのう膜，種などは図のように外部に押し出される仕組みになっている。自動化が進んでおり一人で常時20〜30台のインライン搾汁機の操作ができる。この果汁は果皮の小片，じょうのう膜，粗大パルプなどを含むので，0.5mm程度のスクリーン（フィニシャー）で粗果汁中の

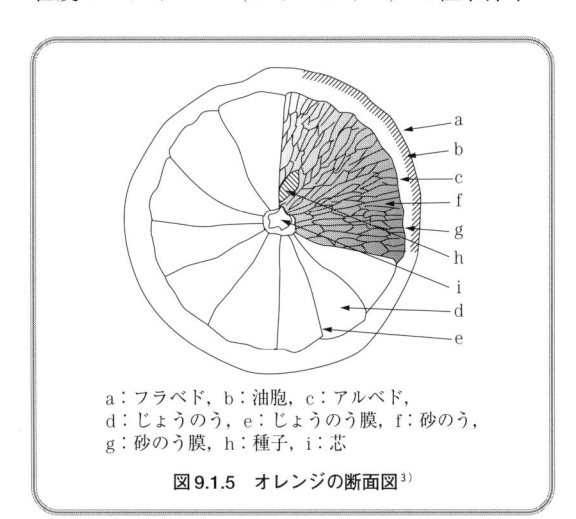

a：フラベド，b：油胞，c：アルベド，
d：じょうのう，e：じょうのう膜，f：砂のう，
g：砂のう膜，h：種子，i：芯

図9.1.5　オレンジの断面図[3]

CHAPTER 9　ソフトドリンク類

図9.1.6　遠心分離機。搾汁を終えた果汁は，この装置でパルプの量が適量の1〜5％になるよう調節される。（写真提供：㈱えひめ飲料）

図9.1.7　熱殺菌装置。ストレート果汁の場合は遠心分離後に，濃縮還元果汁の場合は充填前にこの工程に送られる。
（写真提供：㈱えひめ飲料）

図9.1.8　濃縮装置の一例。（a）真空加熱濃縮，（b）凍結濃縮，（c）膜濃縮
（写真提供：㈱えひめ飲料）

（本書の内容はあくまで一般的工程を解説したものであり，写真提供企業の製造工程を示すものではありません。）

パルプ30〜50％を除去する。その後，図9.1.6のような遠心分離機でパルプの量が適量の3〜5％になるよう調節する。

その後，脱気，殺菌を行う。脱気は真空内で果汁を突沸させて行うが，その目的は，
①ビタミンCの損耗を防止する，
②香味と色調の変化を防ぐ，
③好気性細菌の繁殖を防ぐ，
④パルプそのほかの懸濁物が液上面に浮上するのを防ぐ，
⑤殺菌と充填時の気泡の発生を防ぐ，
⑥缶詰の場合におけるスズの溶出を防ぐ，
などである。

熱殺菌（図9.1.7）はカビ類，酵母類，無胞子性桿菌の一部など，微生物の殺菌とペクチン分解酵素およびアスコルビン酸の酸化酵素などの不活性化が狙いで93〜95℃に加熱し，そのまま瓶や缶に充填し，密封後冷却する。

図9.1.8に保存性を高めるための濃縮装置を示した。

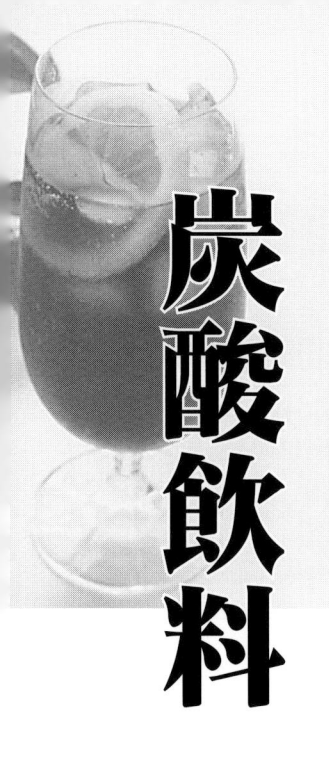

炭酸飲料
ソフトドリンク類 —Soft drink—

子供の頃からラムネやサイダーで育った筆者は，ジュースなどに比べてダサイ物を飲んでいると引け目すら感じていました。それがコカ・コーラの上陸でイメージが一変しました。コーラの瓶をラッパ飲みする裕次郎が格好よく見えました。炭酸飲料の消費量が急激に伸びた背景にはコーラの影響もありますが，包装形態がビンから缶になり，プラボトルに変わる中で自動販売機が普及したことが後押ししたのは間違いないと思います。

その清涼感溢れる炭酸飲料のつくり方を紹介しましょう。

①濁り，沈殿物，浮遊物がなく無色透明であること。
②異味異臭がないこと。
③アルカリ度が炭酸カルシウムとして50ppm以下であること。
④鉄分0.2ppm以下であること。
⑤塩化物は塩化ナトリウムとして300ppm以下であること。
⑥蒸発残渣は総固形分として500ppm以下であること。
⑦遊離塩素が検出されないこと。
⑧微生物により汚染されていないこと。

炭酸飲料は，炭酸ガスを含有する清涼飲料水の総称である。JASでは「飲用適の水に炭酸ガスを封入したもの，およびこれに甘味料，フレーバーなどを加えたもの」と定義しており，表9.2.1のように分類している。

製品・原料について

炭酸飲料は戦前はラムネ，サイダーに代表され，1945年の時点で2,600kℓだったものが，1980年には2,854,000kℓと35年間で1,100倍にもなった。これはコーラの登場が大きく影響している。

炭酸飲料に用いられる水は食品衛生法でいう「飲用適の水」をさらに精製処理した水で，次のような水質が望まれる。

水源としては上水道水，井戸水，湧き水などがあるが上記条件を備えるように処理される。

炭酸飲料の主なものを表9.2.2に示した。

炭酸飲料の製造工程

炭酸飲料の製造方法は，一般に，ポストミックス方式とプレミックス方式の2つの方法がある。ポストミックス方式はまず水と糖類を混合した糖液（シンプル・シロップ）をつくり，これに酸味料やフレーバーを加えて調合糖液（フレーバード・シロップ）とし，この一定量を瓶に注入し，次いで炭酸水を満たすというもの。一方プレミックス方式は調合糖液と水を予め定量混合機（プロ

表9.2.1　JASの炭酸飲料の分類

分　類	ガス内圧力（20℃）
1. 飲用適の水に炭酸ガスを圧入した物	3.0kg/cm²以上（ソーダ水等）
2. 1.にフレーバーを加えた物 ①果汁入り，または乳性炭酸飲料 ②果実，果汁の香り，色を加えたフレーバー系炭酸飲料 ③その他炭酸飲料 　コーラ，ラムネ等	0.2kg/cm²以上 0.7kg/cm²以上 2.0kg/cm²以上

CHAPTER 9 ソフトドリンク類

図9.2.1 DBS-Ⅱユニット外観（写真提供：三菱重工業㈱）

図9.2.3 充填機の外観（写真提供：三菱重工業㈱）

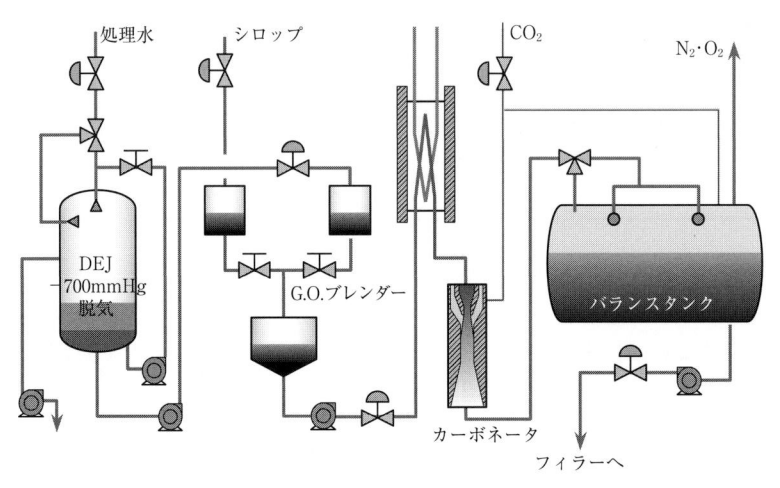

図9.2.2 「DBS-Ⅱ」フローシート（資料提供：三菱重工業㈱）

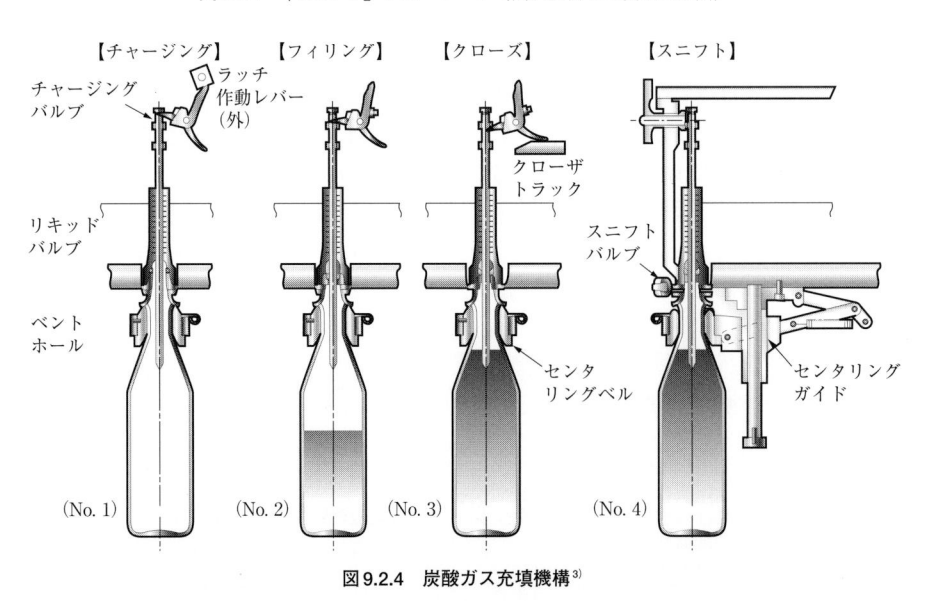

図9.2.4 炭酸ガス充填機構[3]

ポーショナー）で一定の比率で，連続的に混合したものに炭酸ガスを圧入するという方法である。最近は後者の方が多いので，ここではプレミックス方式について解説する。

炭酸飲料に使用する水は，精製し，アルカリ度などを調整した処理水を用いる。原水に塩素を加えて前処理し，水酸化カルシウムによりアルカリ度を調整する。次に水酸化第二鉄の凝集により水中の微細な夾雑物を吸着沈殿する。同時に塩素により微生物や有機物を除去した後，砂濾過機で凝集沈殿物を濾過し，続いて活性炭濾過で遊離塩素を除去する。この処理を一貫して行う「JBASシステム」などが使われる。

糖液は保存性を維持でき，希釈して取り扱いやすいBx55°前後に調整される。調製用タンクに処理水を入れ，これに固形糖類もしくは液状糖を加え充分攪拌する。糖液の調製法には冷溶法と加熱溶解法がある。前者は固形の砂糖を20〜30分で溶解する。後者は溶解タンクに入れた処理水を加熱し，糖類を加えて攪拌溶解する。加熱溶解法は溶解時間の短縮，濾過時間の短縮に加え殺菌効果も期待できることから，従来から行われている。炭酸飲料の原料は水，甘味料の他，酸味料，着色料，香料などがある。糖液を攪拌しながら原料類を加え充分混合するが，高速にしすぎると空気を巻き込み，後段の炭酸ガス封入の妨げとなる。

プレミックス方式は処理水と調合糖液を一定の比率で連続混合し，炭酸ガスを圧入ののち充填する。これを定量混合といい，その装置を定量混合機（プロポーショナー）という。定量混合機としてはシンクロメーター（ジョー・J・マイヤー社），フローミックス（モジョニア社），G.O.ブレンダー（三菱重工業）などがある。近年はG.O.ブレンダーを中心にジェット式デアレーター，プレカーボネーター，カーボサチュレーターからなる「DBSユニット（図9.2.1〜2）」が使われている。

処理水は溶存空気を除去しないと炭酸ガスの圧入や充填時の泡立ちの原因になるので，処理水のみ脱気する。脱気は－700mmHg程度に減圧したタンク内を水を薄膜状，霧状にして流下させる機構で行う。

全アルカリ濃度3％以上（うち苛性ソーダ60％），温度54.4℃以上，瓶浸漬時間5分以上で洗瓶殺菌後充填する。

フローシートに炭酸飲料フレーバー添加系の代表的な炭酸飲料の製造工程を示した。図9.2.3で炭酸飲料充填機の外観写真を，また図9.2.4で炭酸飲料の充填の様子を図示しているのでご覧いただきたい。まず洗瓶後の瓶がセットされるとチャージング・バルブが開いてまずガスが充填され，瓶内が供給タンクと同じ1〜4kg/cm²の圧力になる（No.1）。次に液バルブが開いて液が充填され，ガスは供給タンクに押し戻される（No.2）。液がベントチューブの先端のベントホールまで充填されると，液の流入は自動的に停止する（No.3）。次いで瓶のヘッドスペースの加圧ガスを徐々に抜き，大気圧と平衡させ（No.4），瓶を静かに動かし打栓する。

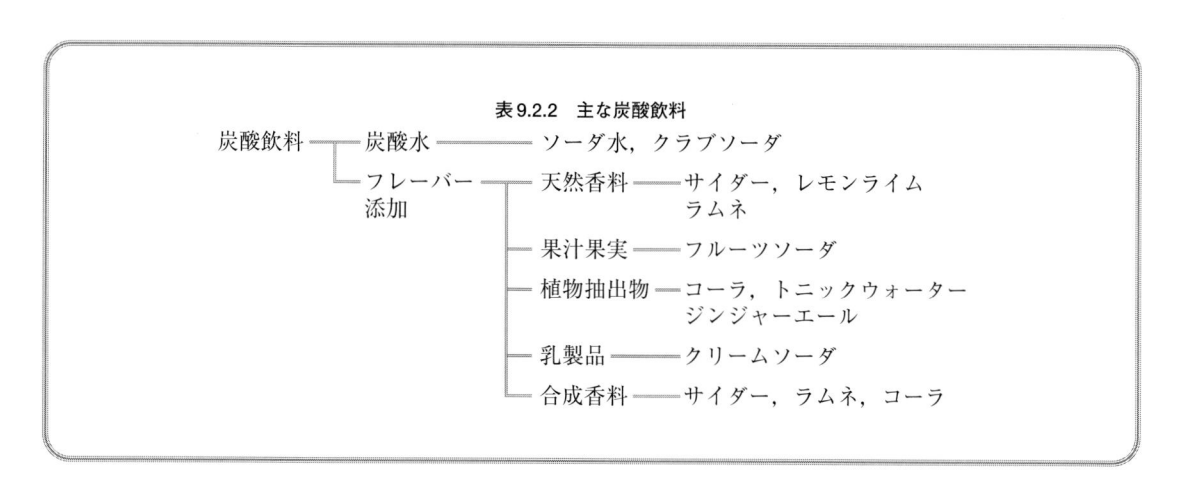

表9.2.2 主な炭酸飲料

炭酸飲料 ─┬─ 炭酸水 ──────── ソーダ水，クラブソーダ
　　　　　└─ フレーバー ─┬─ 天然香料 ──── サイダー，レモンライム
　　　　　　　添加　　　　│　　　　　　　　ラムネ
　　　　　　　　　　　　　├─ 果汁果実 ──── フルーツソーダ
　　　　　　　　　　　　　├─ 植物抽出物 ── コーラ，トニックウォーター
　　　　　　　　　　　　　│　　　　　　　　ジンジャーエール
　　　　　　　　　　　　　├─ 乳製品 ────── クリームソーダ
　　　　　　　　　　　　　└─ 合成香料 ──── サイダー，ラムネ，コーラ

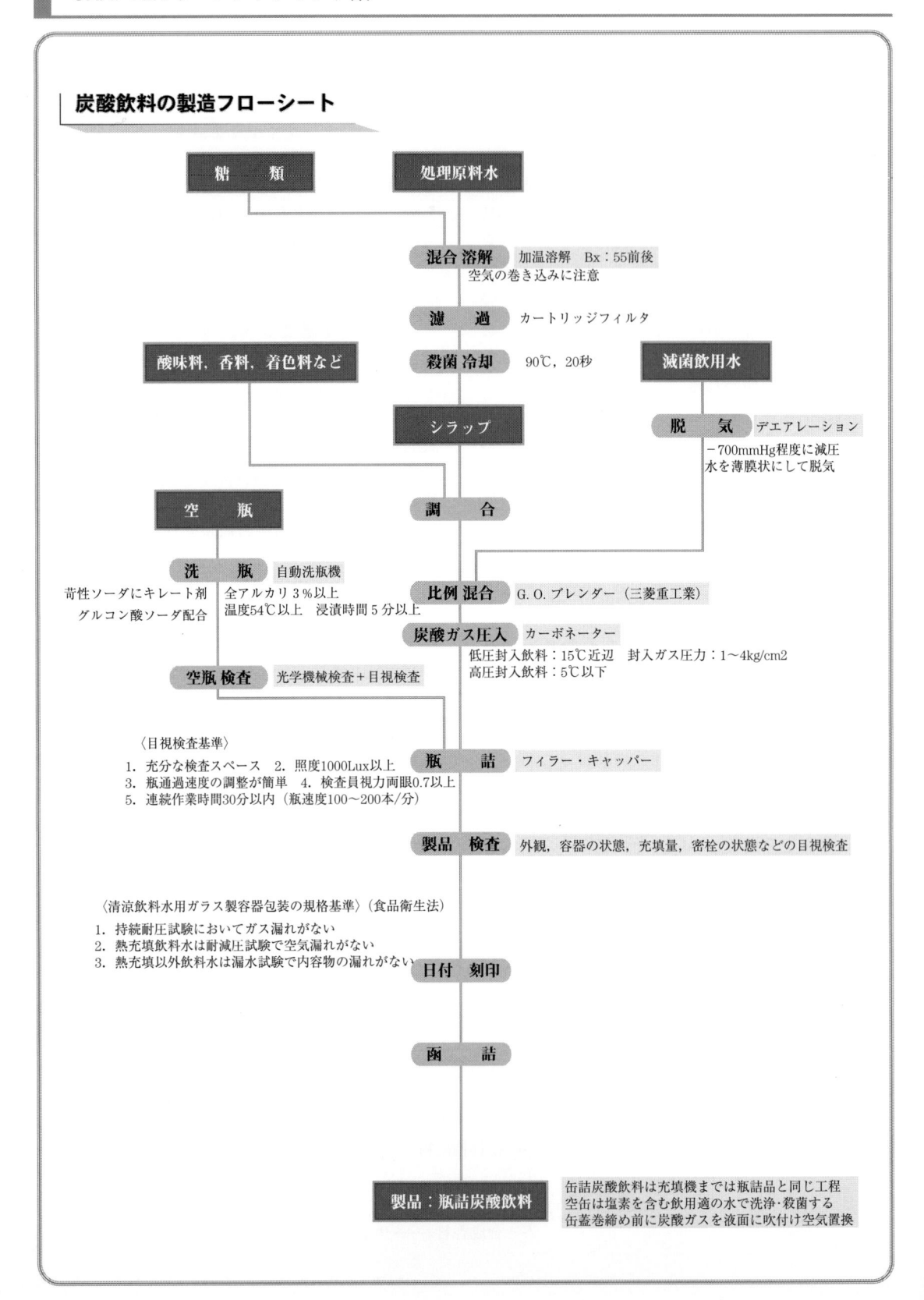

CHAPTER 9　ソフトドリンク類

炭酸飲料の製造フローシート

```
    糖　類              処理原料水
      │                   │
      └─────────┬─────────┘
                │
            混合 溶解    加温溶解  Bx：55前後
                │        空気の巻き込みに注意
                │
             濾　過      カートリッジフィルタ
                │
            殺菌 冷却    90℃，20秒     滅菌飲用水
                │                        │
   酸味料，香料，着色料など                 │
      │         │                       │
      └────── シラップ                  脱　気    デアレーション
                │                                 －700mmHg程度に減圧
                │                                 水を薄膜状にして脱気
                │
    空　瓶    調　合 ──────────────────────┐
      │        │                            │
    洗　瓶   自動洗瓶機                       │
      │                                      │
 苛性ソーダにキレート剤  全アルカリ3％以上    比例 混合   G.O.ブレンダー（三菱重工業）
 グルコン酸ソーダ配合    温度54℃以上  浸漬時間5分以上
                                        炭酸ガス圧入  カーボネーター
    空瓶 検査  光学機械検査＋目視検査          低圧封入飲料：15℃近辺  封入ガス圧力：1～4kg/cm2
                                               高圧封入飲料：5℃以下
 〈目視検査基準〉
   1. 充分な検査スペース  2. 照度1000Lux以上
   3. 瓶通過速度の調整が簡単  4. 検査員視力両眼0.7以上    瓶　詰    フィラー・キャッパー
   5. 連続作業時間30分以内（瓶速度100～200本/分）
                                                         製品 検査  外観，容器の状態，充填量，密栓の状態などの目視検査

 〈清涼飲料水用ガラス製容器包装の規格基準〉（食品衛生法）
   1. 持続耐圧試験においてガス漏れがない
   2. 熱充填飲料水は耐減圧試験で空気漏れがない
   3. 熱充填以外飲料水は漏水試験で内容物の漏れがない         日付 刻印

                                                          函　詰

                                                      製品：瓶詰炭酸飲料    缶詰炭酸飲料は充填機までは瓶詰品と同じ工程
                                                                          空缶は塩素を含む飲用適の水で洗浄・殺菌する
                                                                          缶蓋巻締め前に炭酸ガスを液面に吹付け空気置換
```

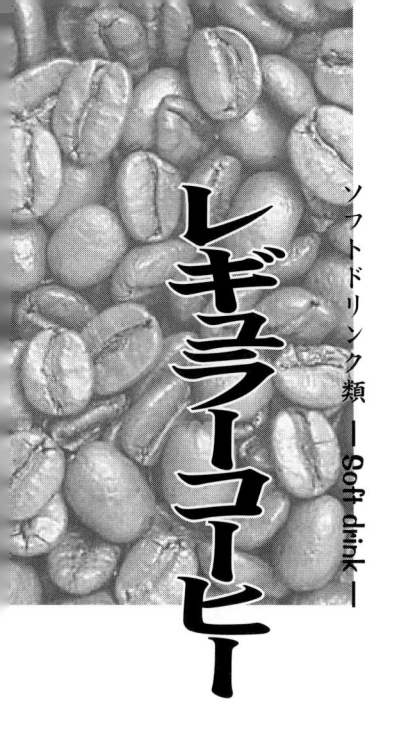

レギュラーコーヒー
――ソフトドリンク類―― Soft drink

コーヒーにはロマンを感じる人が多いのではないでしょうか。西部劇のカーボーイがカップを傾けるシーンはさまになっています。喫茶店でカップルが恋を語らいながらカップを傾ける。絵になりますね。「夜明けのコーヒー二人で飲もうと」なんて歌もありました。

コーヒーは700年くらいの歴史がありますが，その味，香りは豆，ロースト条件とブレンドで決まり，その嗜好の変化が少ない飲料です。気に入った味，香りに遭遇し，必死になってその豆を売っている店を探した経験はないでしょうか。どうしたら，あの美味しいコーヒーが作れるのか探ってみましょう。

製品・原料について

コーヒーはアラビア語カウアー（QAHWAH），やトルコ語のカヴェー（KAHVEH）に由来しアラビアでは酒の名の一つであるとされている。

コーヒーの木は9世紀の終わりにアラビア人の医師によって所有されていたという記録が最初だが，それ以前にエチオピアやアラビアで野生のものが発見されていたといわれている。また，別の記録ではイエメンで6世紀に最初に栽培されたと記されている。いろいろ伝説があり定かでないが，日本に伝わったのは最初鎖国時代に長崎の出島であったと考えられる。

コーヒーの品種は生産，流通の実態からアラビカ，ロブスタ，リベリカの3種類に区別できる。日本ではリベリカ種がほとんど流通しておらず，アラビカ，ロブスタの2種類に限られるといっても過言ではない。

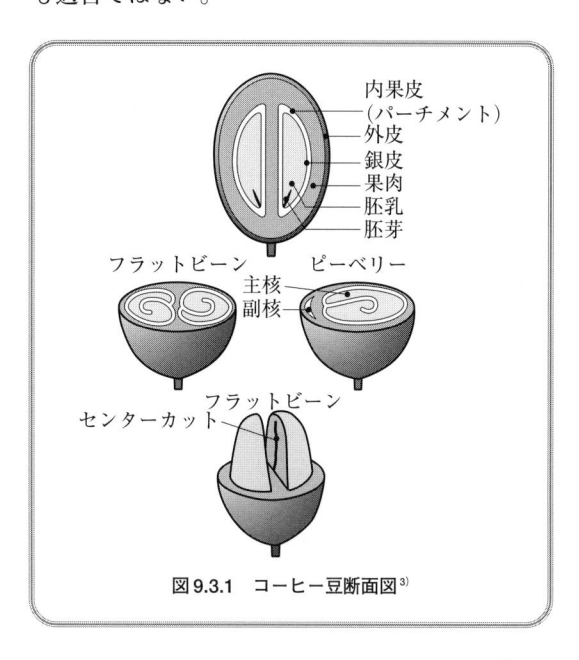

コーヒーは熱帯地方で育つ茜科の常緑灌木の果実で，その種がコーヒー豆である。コーヒー果実はコーヒーチェリーとも呼ばれ，**図9.3.1**のように外皮，果肉，内果皮に覆われているが，内部の胚乳，いわゆる"種"の部分がコーヒー豆である。だから豆といっても大豆や小豆のような豆類ではない。このコーヒー豆を一定時間高温度で焙煎して独特の色と香りを持ったコーヒーができ上がる。

コーヒーが最初に現れた文献はアラビア人のラーゼス（RHAZES, A. D. 850～922）によるものといわれている。コーヒーは最初は食物，そしてワイン，医薬品，最後に飲料として用いられた。飲用に供されたのは今から700年前である。コーヒーの木の発見はアビシニア（現エチオピア）であり，それからアラビア，インド，スリランカ，インドネシアのジャワ，ブラジル，フィリピン，メキシコと伝わって行った。

飲料としてのコーヒーは，アラビアからトルコに伝わり（1554年トルコのコーヒーハウス），1615年イタリアのベニス，1644年フランス，1650年イギリス，ロンドンの最初のコーヒーハウスは1652年，そして1668年アメリカに紹介された。

図9.3.1 コーヒー豆断面図[3]

CHAPTER 9　ソフトドリンク類

図9.3.2　コーヒー豆ローストの様子（写真提供：味の素ゼネラルフーズ（株））

アラビカ種は比較的高地生産で，エチオピア，アラビアを原産地に世界のコーヒーベルト地帯に広がった。

しかしこの種は病虫害に弱く，品種改良に力が注がれている。これに対しロブスタ種は低地生産が可能で手間が掛からず病害に強いが，風味はアラビカ種より劣る。いずれも赤道を挟んで南北緯25度の地帯で栽培されている。

ICO（国際コーヒー機構）はコーヒーの分類を生産国別に次のように区分している。

1．**コロンビアマイルド**：
　　コロンビア，ケニア，タンザニア
2．**アザーマイルド**：
　　コスタリカ，ドミニカ共和国，エクアドル，エルサルバドル，グアテマラ，ホンジュラス，インド，メキシコ，ニカラグア，パプアニューギニア，ペルー，
3．**ブラジルおよびアザーアラビカ**：
　　ブラジル，エチオピア
4．**ロブスタ**：
　　アンゴラ，インドネシア，カメルーン，マダガスカル，ウガンダ，ザイール

レギュラーコーヒーの製造工程

コーヒーはコーヒーチェリーの処理上，ウオッシュドコーヒー（水洗式）とアンウオッシュドコーヒー（非水洗式）に分けられる。水洗式は集荷したコーヒー果実を水路を経由して不稔粒，未熟粒を取り除き，脱穀機で果肉を取り，10時間程度水に浸積し残果肉を充分洗い流してから乾燥し，精製する。非水洗式は収穫後コンクリートの床の上で自然乾燥させ，7～10日後に果肉が自然発酵で剥離しやすくなったら機械でこれを除き脱穀，研磨，異物除去をして通常60kgの麻袋に詰め倉庫に保管する。コーヒー豆の水分は約12%で条件にもよるが2～3年貯蔵が可能である。

製造工場ではコーヒー生豆（グリーンビーン）をクリーナーで異物（木屑，金属片，泥土，石など）を除き，風力，ブラシで精選される。同時に手作業で死豆，未熟豆を選別後，焙煎機に投入される。

生豆を焙煎する前に選別機にかけて割豆，石などの夾雑物を取り除き，精磨機で生豆表面の付着物を除き光沢を出し，塵埃を除去する。次に各種生豆を配合してそれぞれの持ち味を活かす。焙煎機は図9.3.2のようなロースターを使い，ガス，白灯油，プロパンガス，炭などを熱源として生豆をローストする。一般には200～250℃の高温で焙煎するが，深煎り，中煎り，浅煎り，とその品質の特徴によって焙煎度が異なるので，焙煎所要時間も15～20分間だが，高速型焙煎機では7～8分間の短時間で仕上げる。焙煎工程で適切な熱管理を施すことによって順調な化学変化を誘起し，生豆中のコーヒー特有の嗜好成分を調和良く整え，香りと風味を生成できる。したがって，焙煎条件が重要で，釜の内部温度，焙煎熱源，焙煎温度の調整などが生豆の品種，銘柄などに応じてなされなければならない。焙煎程度は，豆のはじけ具合や豆の褐変色の色調などを熟練した焙煎技術者が経験によって判断する。焙煎の度合いは日本では前記のように深煎り，中煎り，浅煎りの3段階であるが，浅煎りの豆は外見上茶褐色が淡く，噛むと酸味が舌に残り，深煎りの場合は外見上黒褐色を呈し，噛むと苦味が強い。中煎りのコーヒーはほど良い茶褐色状になり，酸味，苦味がほど良く調和している。したがって焙煎終了後，焙煎機に冷風を送り，豆内部の余熱による過熱煎を防止し，焙煎臭やスモーク臭を除去する工夫がなされている。

ローストした豆はコーヒー用に開発されたGump Granulizer（図9.3.3）で，同図(b)のようなU字型の溝が軸方向に切られたロールと軸とはほぼ直角に切られた螺旋状の溝を持つロールで挟

レギュラーコーヒー

図9.3.3　コーヒーミル　Gump Granulizer[29]

(a) コーヒー豆投入口／粗粉砕調節レバー／粗粉砕設定レバー／微粉砕調節レバー／微粉砕設定レバー／LePage式第1粉砕ロール／第2粉砕ロール／第3粉砕ロール／第4微粉砕ロール

(b) 第1ロールのU字形傾斜溝，溝の有効長さはLePage特許による／低回転ロールに付けられたLePage式波形ストレートU字溝の図　溝は螺旋状に掘られている。／両方のロールがコーヒー豆を挟んだ様子。U字の溝を使い豆を砕くのではなく削ることを示す。

表9.3.1　主なコーヒー豆の特徴

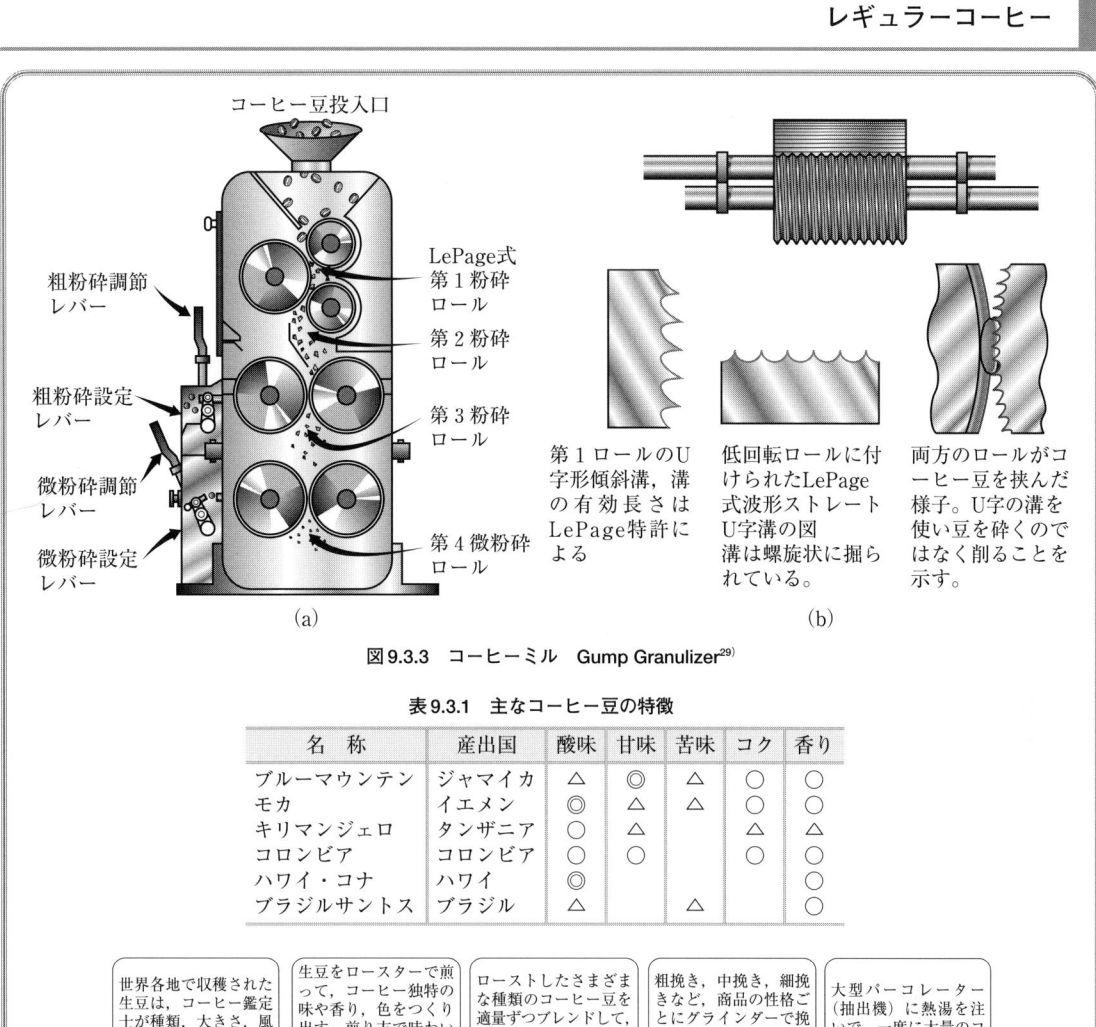

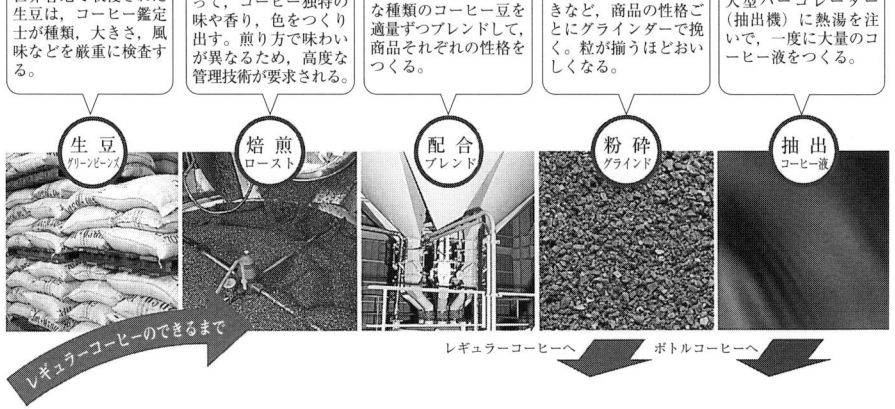

名　称	産出国	酸味	甘味	苦味	コク	香り
ブルーマウンテン	ジャマイカ	△	◎	△	○	○
モカ	イエメン	◎	△	△	○	○
キリマンジェロ	タンザニア	○	△		△	△
コロンビア	コロンビア	○	○		○	○
ハワイ・コナ	ハワイ	◎			○	○
ブラジルサントス	ブラジル	△		△		○

生豆（グリーンビーンズ）：世界各地で収穫された生豆は，コーヒー鑑定士が種類，大きさ，風味などを厳重に検査する。

焙煎（ロースト）：生豆をロースターで煎って，コーヒー独特の味や香り，色をつくり出す。煎り方で味わいが異なるため，高度な管理技術が要求される。

配合（ブレンド）：ローストしたさまざまな種類のコーヒー豆を適量ずつブレンドして，商品それぞれの性格をつくる。

粉砕（グラインド）：粗挽き，中挽き，細挽きなど，商品の性格ごとにグラインダーで挽く。粒が揃うほどおいしくなる。

抽出（コーヒー液）：大型パーコレーター（抽出機）に熱湯を注いで，一度に大量のコーヒー液をつくる。

図9.3.4　レギュラーコーヒー製造工程の概略（資料提供：味の素ゼネラルフーズ（株））

（本書の内容はあくまで一般的工程を解説したものであり，写真提供企業の製造工程を示すものではありません。）

み，ロールの溝の縁の部分で豆を砕くことなく，豆を削る形で微細化し発熱を抑え，芳香の逸散を防いだやり方でグラインドする。グラインドされたレギュラーコーヒーは真空包装して製品化される。

主なコーヒー豆の特徴を**表9.3.1**に，レギュラーコーヒー製造工程の概略図を**図9.3.4**にそれぞれ示した。

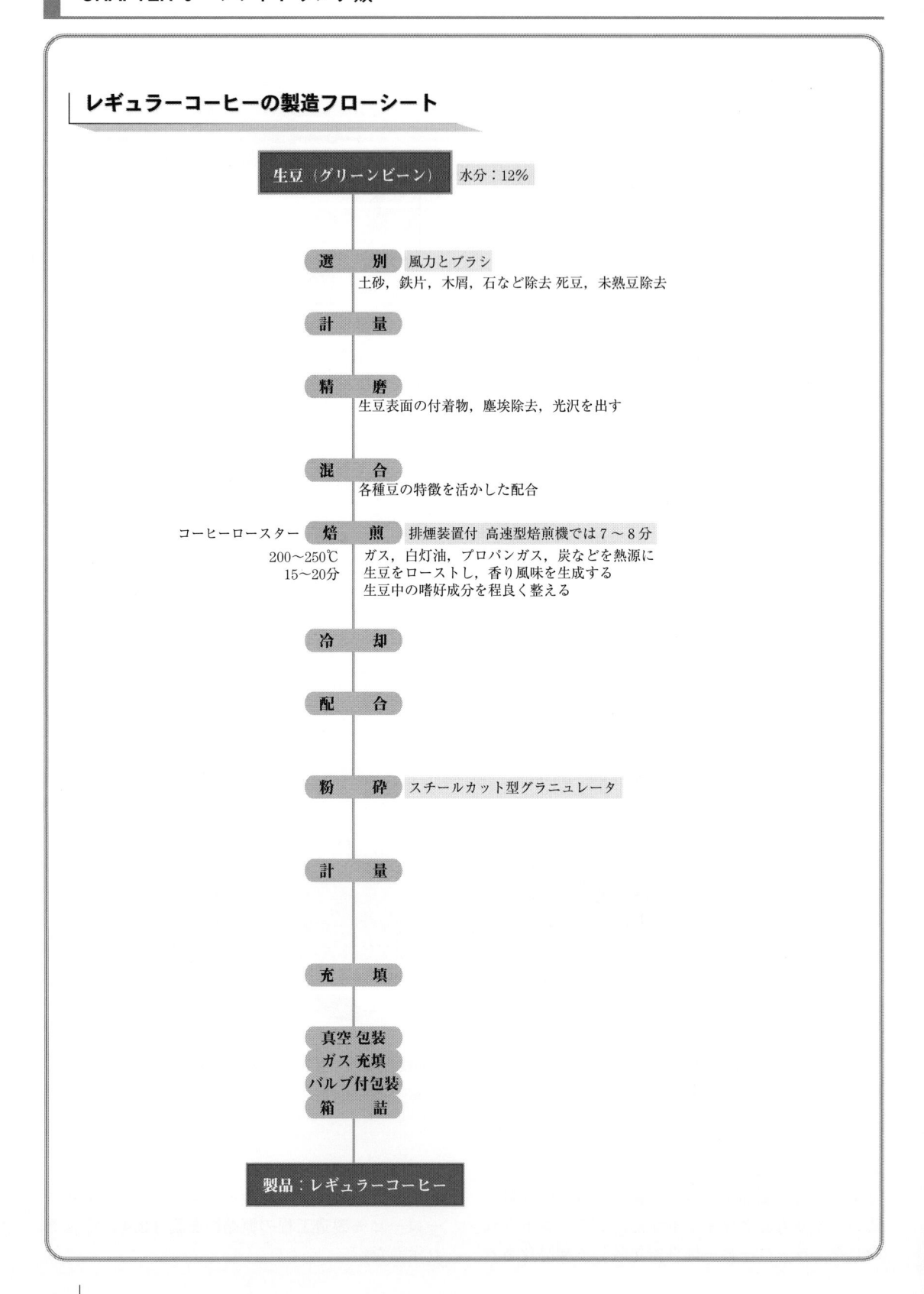

CHAPTER 9　ソフトドリンク類

レギュラーコーヒーの製造フローシート

```
生豆（グリーンビーン）   水分：12％
      │
      ▼
     選　別   風力とブラシ
             土砂，鉄片，木屑，石など除去 死豆，未熟豆除去
      │
      ▼
     計　量
      │
      ▼
     精　磨
             生豆表面の付着物，塵埃除去，光沢を出す
      │
      ▼
     混　合
             各種豆の特徴を活かした配合
      │
      ▼
コーヒーロースター  焙　煎   排煙装置付　高速型焙煎機では7～8分
200～250℃             ガス，白灯油，プロパンガス，炭などを熱源に
15～20分              生豆をローストし，香り風味を生成する
                     生豆中の嗜好成分を程良く整える
      │
      ▼
     冷　却
      │
      ▼
     配　合
      │
      ▼
     粉　砕   スチールカット型グラニュレータ
      │
      ▼
     計　量
      │
      ▼
     充　填
      │
      ▼
    真空包装
    ガス充填
    バルブ付包装
    箱　詰
      │
      ▼
  製品：レギュラーコーヒー
```

インスタントコーヒー
ソフトドリンク類 — Soft drink

日本でコーヒーといえば以前はインスタント・コーヒーが主流で，オフィスや家庭でも飲まれていました。最近では，家庭でもオフィスでもレギュラーコーヒーが多くなっています。これは消費者の本物志向の現れではないでしょうか。一方，簡便性の追求からは，ベンダーで簡単に手に入る缶コーヒーが，量を大きく伸ばしています。

コーヒー本来の味や香りが楽しめるレギュラーコーヒーに対し，インスタント・コーヒーはその簡便性から軍用食として普及しましたが，その味や香りをレギュラーコーヒーに近づけるための努力がなされ，その乾燥技術が噴霧乾燥から真空凍結乾燥へと発展しました。しかし，レギュラーコーヒーの域にはほど遠く，さらなる技術革新が望まれるところです。

約1000年といわれるコーヒーの歴史の中で，画期的な出来事が3回あった。一つは偶然のようにコーヒーの実が発見されたこと。二つ目はその種子を焙煎してコーヒー飲料をつくり出したこと。そして三つ目はインスタントコーヒーの発明である。

インスタントコーヒーの誕生のきっかけは日本人化学者・加藤サトリ博士である。明治32年アメリカで「ソリュブルティ（可溶性茶）」を発表し，これは事業化できなかったが，続いて，加藤コーヒー株式会社を設立し，明治34年パンアメリカン博覧会で「ソリュブルコーヒー（可溶性コーヒー）」を発売した。

インスタントコーヒーが世界中に普及するようになったのは，第二次大戦中，アメリカ軍の携帯食料中にネスカフェが加えられたことに始まる。日本では昭和30年台前半，インスタントコーヒーの輸入時代が続き，昭和35年コーヒー生豆の輸入自由化後，森永製菓がインスタントコーヒーの製造販売を開始し，ゼネラルフーズ，ネスレ，明治製菓などがこれに続いた。コーヒー産業は世界的に見て，レギュラーコーヒー産業がまず発展し，次いでインスタントコーヒー産業が芽生えた。しかし日本はその逆で，インスタントコーヒーがコーヒー産業を牽引した。

製品について

日本のコーヒーマーケットは4つに分類され，市場規模は平成8年実績でレギュラーコーヒー3,000億円（うち家庭用1,100億円），インスタントコーヒー2,000億円（家庭用1,900億円），缶コーヒー7,700億円（全量，家庭用），ボトルコーヒー250億円（全量家庭用）で，全体で1兆3,000億円の巨大市場である。

インスタントコーヒーの製造工程

インスタントコーヒーの製造方法は2つある。噴霧乾燥法（スプレードライ製法）と凍結乾燥法（フリーズドライ製法）である（図9.4.1）。それぞれ水に溶けやすいこと，香り（アロマ）を良く保持することなどが技術上のポイントである。どちらもコーヒー液を抽出するまでは同じ工程を辿る。何種類かのコーヒー豆を，それぞれの特徴をうまく組み合わせて，全体として味，香りの調和の取れた配合（ブレンド）をする。次いで，コーヒー豆の豊かな風味と香りを引き出すために焙煎（ロースティング）を行う。続いて粉砕（グラインディング）され，この状態では喫茶店や家庭でもサイフォンやフィルタでコーヒーが入れられる。工場ではこの作業を何台もの大型パーコレーター*（parcorater）を使ってコーヒー液を抽出する。この抽出液をフィルタや遠心分離機にかけて糟を取り，真空濃縮機や冷凍濃縮機を用いて香りの飛ぶのを抑えながら濃縮する。この液を噴霧

*パーコレーター：コーヒー抽出機。容器に水を入れ下から熱する。容器中央にパイプがあり，それを通して熱湯が吹き上がる。沸騰するお湯の上に，宙づりになったバスケットの中にコーヒーの粉が入れてあり，パイプを通った熱湯がコーヒーを抽出しながら流下する。この繰り返しでコーヒーを抽出する。

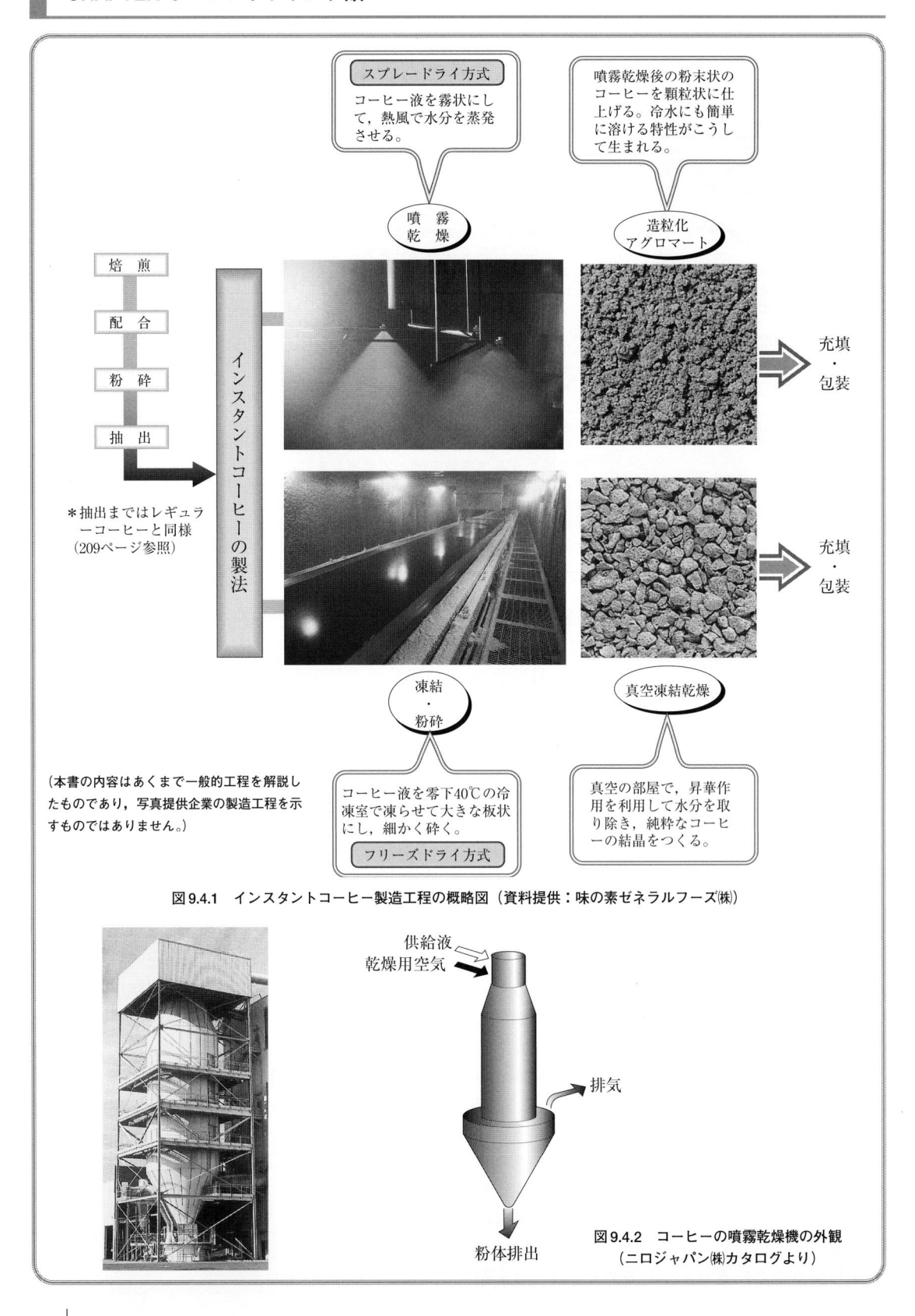

CHAPTER 9　ソフトドリンク類

スプレードライ方式
コーヒー液を霧状にして，熱風で水分を蒸発させる。

噴霧乾燥後の粉末状のコーヒーを顆粒状に仕上げる。冷水にも簡単に溶ける特性がこうして生まれる。

噴霧乾燥 → 造粒化 アグロマート → 充填・包装

焙煎 → 配合 → 粉砕 → 抽出 → インスタントコーヒーの製法

＊抽出まではレギュラーコーヒーと同様（209ページ参照）

凍結・粉砕
コーヒー液を零下40℃の冷凍室で凍らせて大きな板状にし，細かく砕く。
フリーズドライ方式

真空凍結乾燥
真空の部屋で，昇華作用を利用して水分を取り除き，純粋なコーヒーの結晶をつくる。

→ 充填・包装

（本書の内容はあくまで一般的工程を解説したものであり，写真提供企業の製造工程を示すものではありません。）

図9.4.1　インスタントコーヒー製造工程の概略図（資料提供：味の素ゼネラルフーズ㈱）

供給液
乾燥用空気
排気
粉体排出

図9.4.2　コーヒーの噴霧乾燥機の外観
（ニロジャパン㈱カタログより）

インスタントコーヒー

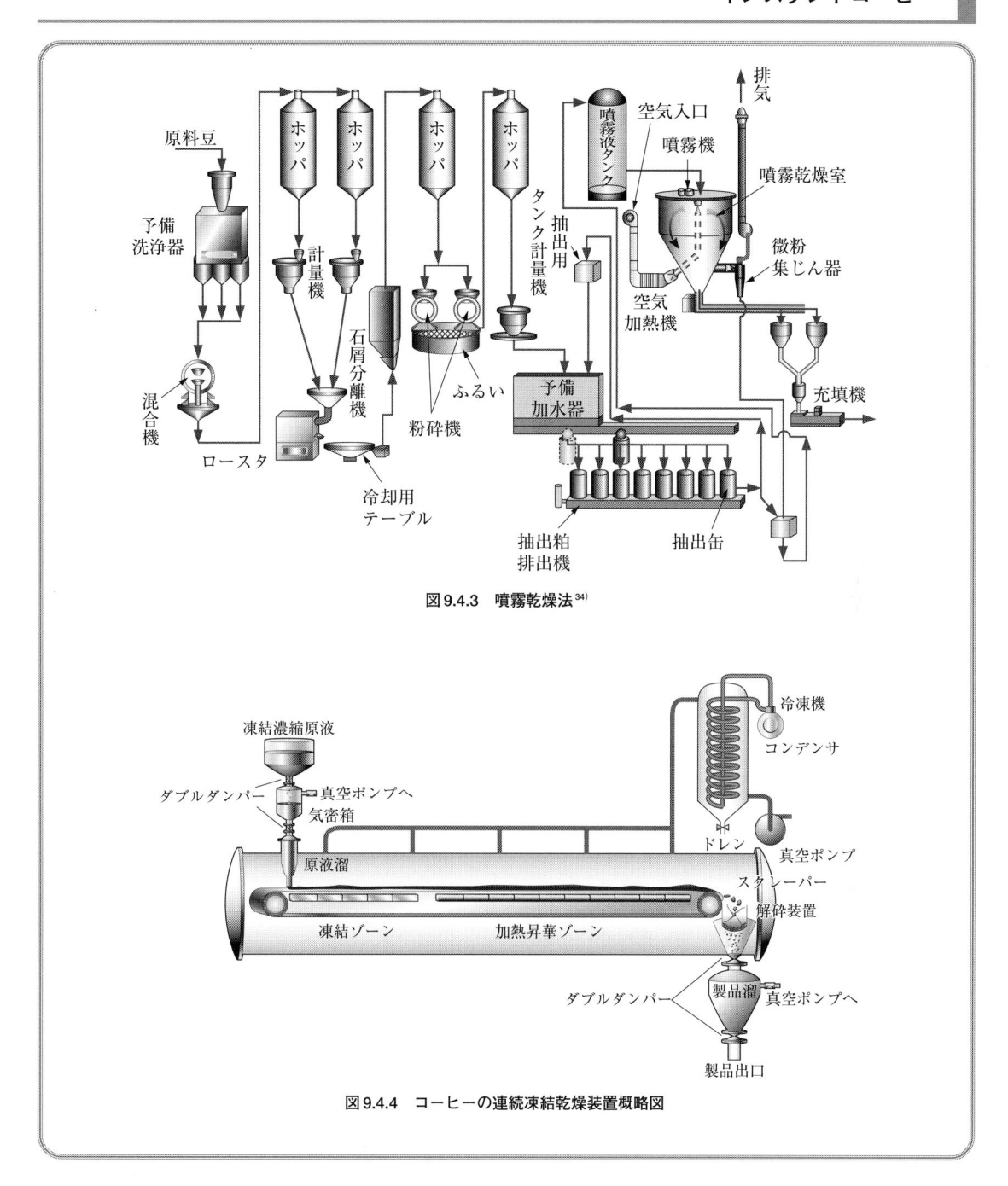

図9.4.3 噴霧乾燥法[34]

図9.4.4 コーヒーの連続凍結乾燥装置概略図

乾燥機や凍結乾燥機で水分を取り除く。

噴霧乾燥機（図9.4.2〜3）では，コーヒー液を高さ30mもある乾燥塔の上部のノズルから噴霧して，210〜310℃の熱風で瞬間的に乾燥し，100〜300μmの粉体にする。凍結乾燥機（図9.4.4）では濃縮液を－40℃くらいで凍結させ，真空のトンネルを通して水分を液体の過程を経ず直接蒸気（昇華作用）にして取り除き，乾燥物を粒状にして，フリーズドライコーヒーを得る。その製造工程をフローシートで示した。

近年レギュラーコーヒーの製法に進歩があった。それについてはP.306の補遺にて追加で解説する。

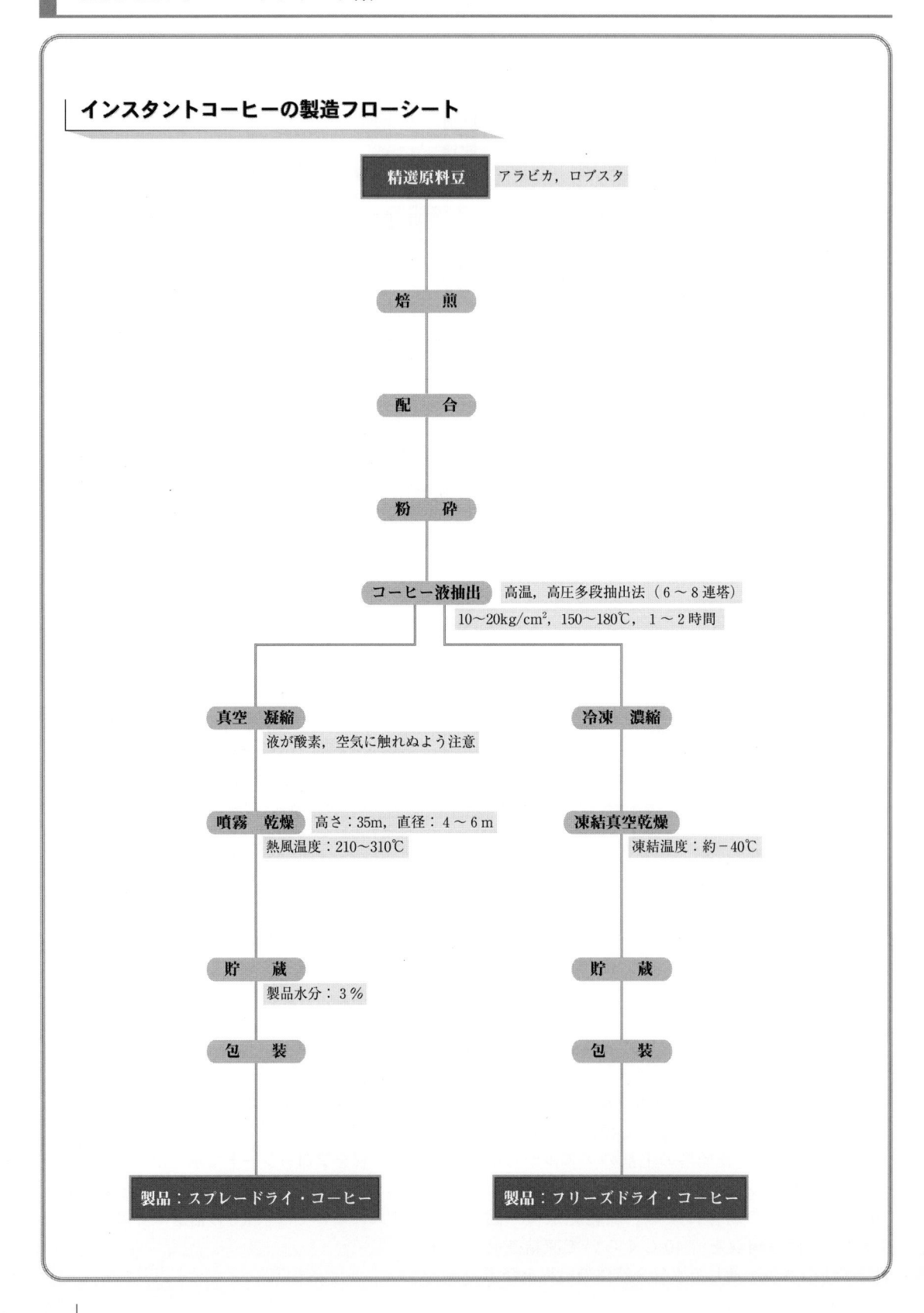

CHAPTER 9　ソフトドリンク類

インスタントコーヒーの製造フローシート

```
         精選原料豆 ── アラビカ，ロブスタ
            │
           焙　煎
            │
           配　合
            │
           粉　砕
            │
         コーヒー液抽出 ── 高温，高圧多段抽出法（6～8連塔）
            │              $10～20kg/cm^2$，150～180℃，1～2時間
      ┌─────┴─────┐
   真空　凝縮        冷凍　濃縮
   液が酸素，空気に
   触れぬよう注意
      │              │
   噴霧　乾燥       凍結真空乾燥
   高さ：35m，直径：4～6m   凍結温度：約－40℃
   熱風温度：210～310℃
      │              │
    貯　蔵          貯　蔵
    製品水分：3％
      │              │
    包　装          包　装
      │              │
 製品：スプレードライ・コーヒー    製品：フリーズドライ・コーヒー
```

緑茶

― ソフトドリンク類 — Soft drink ―

すっかり日本に定着し，日本古来のものかと勘違いするくらい，緑茶は日本的です。しかしそのルーツは中国で，紀元前2700年も前から飲まれていたようです。「不老長寿の薬」として普及した時代もありました。今日でも緑茶カテキンは健康食品の成分として注目されています。

日本には1191年に伝わり，以来，日本古来のものと同じように定着しています。茶道の発展などが，そうさせたのでしょう。日本で茶といえば緑茶ですが，世界的に生産量を見れば，紅茶の72％に対し緑茶は2位ながら22％にすぎません。

ここではその緑茶について，茶葉を摘み取ってから煎茶になるまでの工程を追跡してみましょう。

茶はコーヒー，ココアと並び，三大非アルコール性嗜好飲料として世界中で飲用されている。茶は中国西南部に起源をもち，インド，中国，日本などの東南アジアを中心にアフリカ，南アメリカなど広く栽培されている。

喫茶の始まりは有史以前の紀元前2737年の古代中国殷王朝時代の話に遡る。中国の神話（炎帝神農皇帝が，飲み水を沸かしていたときそばの茶の葉が釜に入り，それを飲むと香りが高く，味も良かったので，茶の飲み方を研究し人々に教えた，というもの）と，西暦510年頃の達磨大師の伝説（修行中の達磨大師が，5年目に猛烈な睡魔に襲われ，手近にあった樹の葉を数枚ちぎって噛むと眠気が去り，お陰で7年の不眠の苦行が成就できた。その葉が茶の葉であった）の2説がある。

しかし，茶が実際に文献に現れたのは西暦221〜265年に至る三国志の時代で，「不老長寿の薬」として普及した。また，西暦780年代の唐時代の中頃の文人「陸羽鴻漸」の書いた「茶経」（茶の栽培，製造方法，効用，茶の入れ方など）がある。その後の普及の経路（ティーロード）は次のようである。

(1) 釜炒り緑茶は揚子江沿いに東進，日本へ
(2) 発酵茶は南部山間部に
(3) インドのアッサムを経て中近東へ
(4) 蒙古，シベリヤ方面からロシアへ
(5) 東南アジアへ
(6) 広東省からヨーロッパへ
(7) イギリスでブレンドされて世界各国へ

したがって，昔の茶は緑茶で，緑茶は3,000年以上の歴史を持っている。紅茶は明確な史実はないが，中国の文献から見ると，リンネが茶の分類を発表した1753年頃，当時，茶の樹は紅茶種と緑茶種に分かれており，その紅茶がBohea（武夷）と呼ばれブラックティーの一種であった。また，茶の輸出される代表的な港が福建省の厦門港で武夷の茶の産地と直結しており，武夷茶の製法は釜炒りにより完全に酵素を失活しているので輸出の際，インド洋上で変質しないブラックティーと考えられる。

日本茶の歴史は，西暦1191年，後鳥羽天皇の時代に栄西が宋から茶の種を持ち帰り，蒔いたことに始まる。紅茶はずっと新しく明治の初期からである。

製品・原料について

茶の生産量は1994年で250万tで，そのうち紅茶が72％，緑茶が22.4％，残りがウーロン茶となっている。紅茶，緑茶，ウーロン茶はいずれもツバキ科の常緑樹，学名カメリア・シネンシス Camellia sinensis の若葉から作られるが，製造工程の違いにより紅茶，緑茶，ウーロン茶に大別される。緑茶は製造工程の第一段階で茶葉中の酸化酵素を失活させ，葉成分の酸化を防止して作られ，紅茶は酸化酵素を充分に活用して作られる。ウーロン茶は葉の一部を酸化させたもので，紅茶と緑茶の中間的なものである。

緑茶の製造は先にも触れたように原料茶芽に含まれる酵素を失活させた後に乾燥する。酵素の失

CHAPTER 9　ソフトドリンク類

活を蒸気処理により行う方法は中国の古典陸羽の「茶径」に示されており，最も古い。この時期の茶は，「茶餅」といって，団子状に固めて乾燥したもので「抹茶」と同じように粉末にして飲用していた。その後，釜で揉む製法に変わった。日本では「ホイロ」を使って揉みながら乾燥する方法が発達した。緑茶の製造工程は，蒸熱─粗揉─揉ねん─中揉─精揉─乾燥の6工程で製造されるが，「碾茶（てんちゃ）」（抹茶の保存用原料）や「玉露茶」は工程変更や省略がある。

緑茶の製造工程

ここでは日本を代表する緑茶（煎茶）の製造工程をフローシートに示した。また表9.5.1に煎茶製造の標準的条件を，図9.5.1に緑茶の製造工程の概略図を示した。

蒸熱は茶芽の酸化酵素，ポリフェノールオキシダーゼ，パーオキシダーゼなどの酵素は98℃，25秒程度の蒸気処理で失活するので，手揉み時代は「セイロ」で蒸していたが，今は$0.2kg/cm^2$程度の蒸気で蒸す機械，給葉機，蒸し機，冷却機が連動した装置で処理する。給葉機はベルトコンベヤで茶芽の堆積の厚さをコントロールし，コンベヤのスピードと両方で供給量が調節できる。冷却機は銅製のベルトコンベヤで蒸し葉を排出部に送る間に空気を吹き付けて急冷する。蒸し機は回転する金網円筒と中心を通る羽根付きシャフトを有する。原料茶芽はこの金網円筒を通過する間，羽根で撹拌され，蒸気で蒸される（図9.5.2）。原料の通過時間は30〜40秒間で，原料1kgに対し蒸気0.3〜0.5kg使用する。粗揉は含水率400％の蒸し葉を含水率150％まで乾燥する工程である。図9.5.3のような乾燥機で内部に角シャフトで回転する「もみ手」と「さらい手」が付けられ，底の内面には茶葉の塊が回転運動を行うよう，細長い竹の板が並べて張ってある。「もみ手」はバネを持つ「ヘラ」があり，底面との間に茶葉を挟み，底面に押しつけながら転がす動作をし，その後から「さらい手」はフォーク型で茶葉の塊をすくい上げて砕き，パラパラにして熱風中を落下させ乾燥を行う。この繰り返しで乾燥が進む。「さらい手」1に対して「もみ手」3〜4本が組で同じ位

表9.5.1　煎茶の標準的製造条件

工　程	温度℃	風　量	圧　力	時　間	最終含水率D.B.	備考
1.蒸　熱	98	0.3〜0.5kg/kg		30〜45秒	400%	蒸気使用量
2.粗揉　初期 　　中末期	110 80	65m³/50kg/分 60m³/50kg/分	1.7〜25kg/cm²	5分 30〜40分	150%	圧力は，もみ手バネ圧
3.揉　捻	室温		23kg	5〜10分		圧力は，おもり重量
4.中　揉	70	25m³/50kg/分	1.0kg/cm²	20分	50%	圧力は，もみ手バネ圧
5.精　揉	150〜170		10kg	30〜40分	12%	圧力は，おもり重量，温度は火室温度
6.乾　燥	60	適量		30〜40分	6%	

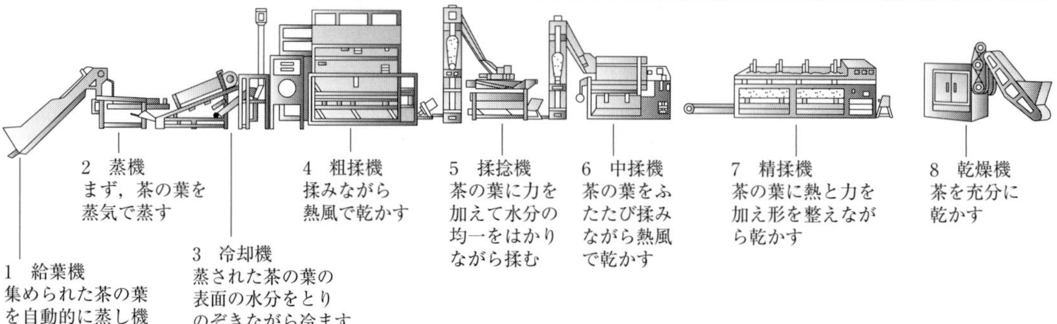

図9.5.1　煎茶・玉露の荒茶製造工程の概略図

1　給葉機　集められた茶の葉を自動的に蒸し機へ送る
2　蒸機　まず，茶の葉を蒸気で蒸す
3　冷却機　蒸された茶の葉の表面の水分をとりのぞきながら冷ます
4　粗揉機　揉みながら熱風で乾かす
5　揉捻機　茶の葉に力を加えて水分の均一をはかりながら揉む
6　中揉機　茶の葉をふたたび揉みながら熱風で乾かす
7　精揉機　茶の葉に熱と力を加え形を整えながら乾かす
8　乾燥機　茶を充分に乾かす

（(社)農山漁村文化協会「地域資源活用　食品加工総覧」第5巻，（2000年）より。執筆者：中川致之（日本茶業技術協会））

緑茶

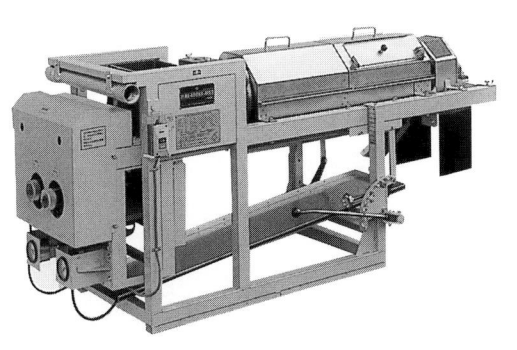

図 9.5.2　蒸機外観図（カワサキ機工（株）カタログより）
以前はセイロで蒸していたが，今は写真のような機械で処理を行う。原料茶芽はこの金網円筒を通過する際に羽根で撹拌され，蒸気で蒸される仕組み。一般に給葉機，冷却機などと連動したシステムで稼働する。

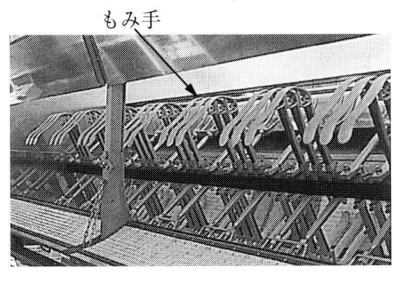

図 9.5.3　粗柔外観と内部構造（カワサキ機工（株）カタログより）
写真のような「揉み手」と「さらい手」がついたシャフトが回転し，粗柔を行う装置。「揉み手」にはヘラが取り付けられており，茶葉を底面に押しつけながら転がす。フォーク型の「さらい手」は茶葉の塊を熱風中にすくいあげ，落下させてパラパラに乾燥させる。

CHAPTER 9　ソフトドリンク類

図9.5.4　揉捻機外観（カワサキ機工（株）カタログより）
盤上に水平に円運動する底なし円筒容器に茶葉を入れ，上から落とし蓋で押さえて転がす装置。

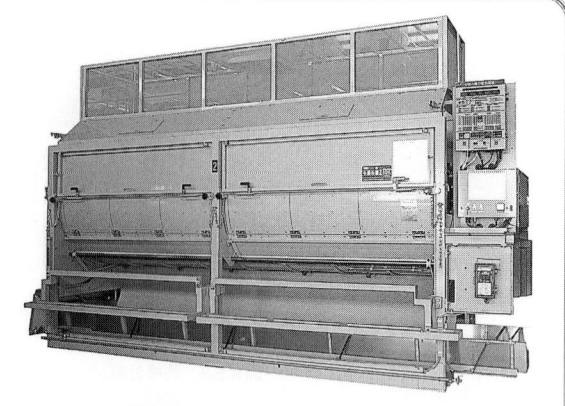

図9.5.5　中揉機外観（カワサキ機工（株）カタログより）
回転する円筒の中で，ヘラのついた「揉み手」が茶葉を円筒内部に押し付け，水分を約50％程度にまで乾燥させる。最近は水分計が内部に取り付けられており，設定した含水率に安定して処理できる。

置に約140°の角度で取り付けられ，4～6組が互いに反対側になるように取り付けられている。

「揉捻」は盤上を水平に円運動する底なし円筒容器に粗揉した茶葉を入れ，上から落とし蓋式の加重蓋で押さえて転がす揉捻機（**図9.5.4**）で揉む。盤には葉が塊状になって転がり，滑り運動しないように円筒容器の円運動の中心から放射線状に，凸型に湾曲した棒状の障害物が並んでいる。ここで原料の性質に応じ5～10分処理される。

「中揉」は含水率約150％の揉ねん葉を約50％まで乾燥する。使用する設備は円筒型回転乾燥機（**図9.5.5**）で内部に粗揉機と同じような「もみ手」が付けられ外胴の回転より1.5～1.8倍早い速度で同一方向に回転する。これで胴との間に茶葉を挟んで揉む作用を行う。「もみ手」の「ヘラ」は粗揉機より短く半分の長さで，スプリングも粗揉機より弱い。

「精揉」は整形操作が主目的で，操作は**図9.5.6**のような製茶特有の構造の機械が使われる。中揉葉は「揉盤」と「葉ざらい」の間に入れられ，葉ざらいの振り子状の運動により，茶葉は図の左右に動かされる。揉盤上面には「だく」と呼ばれる三角柱が図のように並べられており，上からの揉圧盤によって押さえられるので茶葉の左右運動は回転運動になり，中揉まで曲がった形で揉まれてきた茶葉が「だく」の方向に徐々に伸ばされ，最終的に針状に整形される。揉盤の両側は開放されており，茶葉は回転運動中，少量ずつ両側の溝にこぼれ落ちる。溝を掃く「回転ほうき」によってこぼれた茶葉は掃き上げられ，再び揉盤上に戻る仕組みになっている。下部の火室で加熱され，茶葉は動きながら乾燥する。揉圧盤は「分銅さお」に固定されて上下に動く構造になっており，操作中，茶葉に絶えず一定の圧力をかけるようになっている。この分銅の位置で茶葉にかかる圧力は加減でき，初期，茶葉が軟らかいうちは，茶葉が塊りやすいので低い圧力で，乾燥が進んだら少しずつ圧力を増す。この加減と乾燥により茶葉は適度に引き締まった形に整形される。

精揉工程を出た茶葉は含水率は13％前後である。これを乾燥機（**図9.5.7**）で乾燥して含水率を6％前後にする。

これまでの説明は荒茶の製造に関するもので，茶は収穫の条件によって品質が異なるので，一般

緑茶（煎茶）の製造フローシート

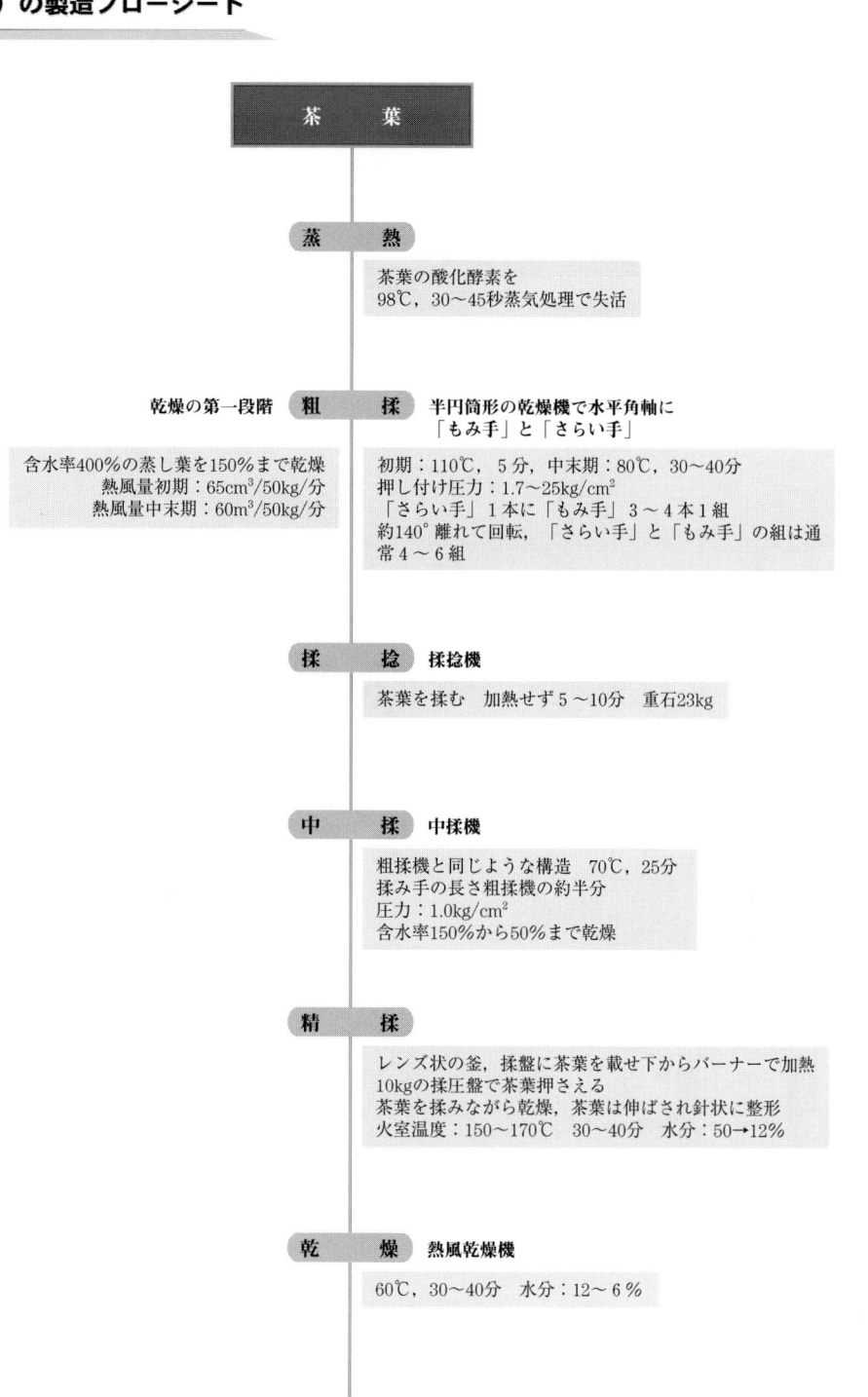

茶　葉

↓

蒸　熱

茶葉の酸化酵素を
98℃，30～45秒蒸気処理で失活

↓

乾燥の第一段階　粗　揉　半円筒形の乾燥機で水平角軸に
　　　　　　　　　　　　　　「もみ手」と「さらい手」

含水率400%の蒸し葉を150%まで乾燥
熱風量初期：65cm³/50kg/分
熱風量中末期：60m³/50kg/分

初期：110℃，5分，中末期：80℃，30～40分
押し付け圧力：1.7～25kg/cm²
「さらい手」1本に「もみ手」3～4本1組
約140°離れて回転，「さらい手」と「もみ手」の組は通常4～6組

↓

揉　捻　揉捻機

茶葉を揉む　加熱せず5～10分　重石23kg

↓

中　揉　中揉機

粗揉機と同じような構造　70℃，25分
揉み手の長さ粗揉機の約半分
圧力：1.0kg/cm²
含水率150%から50%まで乾燥

↓

精　揉

レンズ状の釜，揉盤に茶葉を載せ下からバーナーで加熱
10kgの揉圧盤で茶葉押さえる
茶葉を揉みながら乾燥，茶葉は伸ばされ針状に整形
火室温度：150～170℃　30～40分　水分：50→12%

↓

乾　燥　熱風乾燥機

60℃，30～40分　水分：12～6%

↓

製品：煎　茶

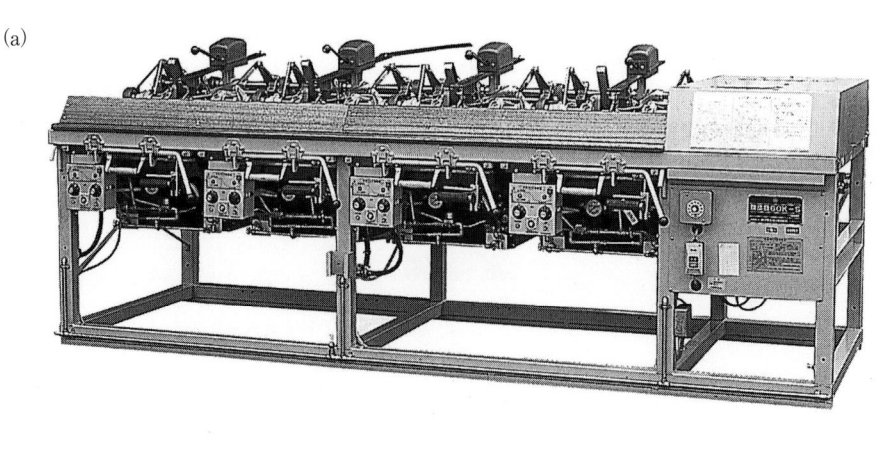

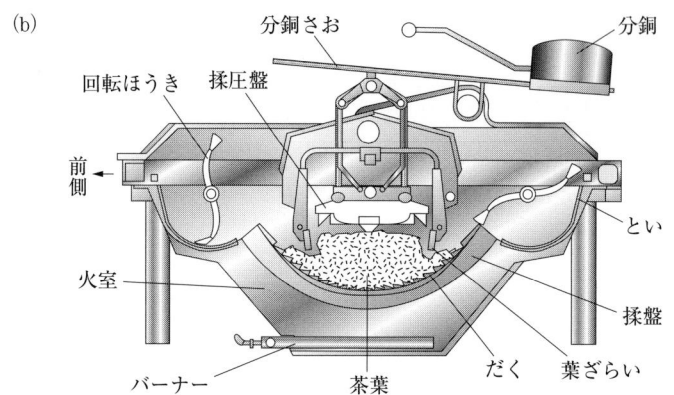

CHAPTER 9　ソフトドリンク類

図9.5.6　(a) 精揉機外観（カワサキ機工（株）カタログより）と (b) 構造図[3]

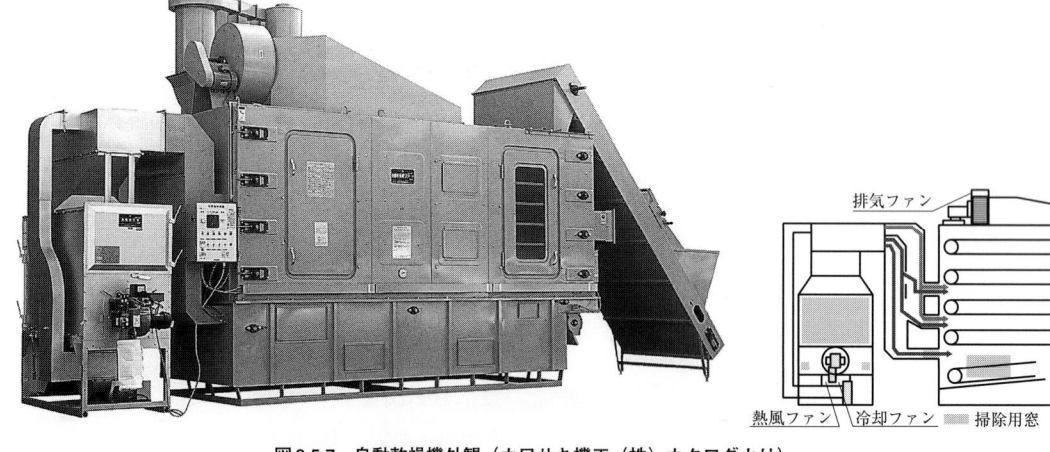

図9.5.7　自動乾燥機外観（カワサキ機工（株）カタログより）

の流通に乗せるためには荒茶を配合して均一な品質の大きなロットにする必要がある。これは農協などによって集荷，配合，篩いによる整形，包装が行われ出荷される。これを二次加工といい，茶では「再生（refining）」と呼ぶ。緑茶では火入れして加熱香気の賦与も施される。

紅茶 ソフトドリンク類 —Soft drink—

世界の茶の生産量は紅茶72％，緑茶22％で，世界的に茶といえば紅茶になります。その歴史は緑茶の3000年に対し250年ほどと浅いものの，昔から世界中で愛飲されています。特に英国は紅茶に対するこだわりが強く，中国とのアヘン戦争の原因ともなったくらいです。

原料の茶樹は「アッサム系統」と「中国系統」の2系統があります。紅茶の製造方法も2通りありますが，現在は機械化されたオーソドックス製法が中心です。紅茶製造の主要操作は，茶葉中のポリフェノールオキシターゼなどの酸化酵素でタンニンの成分カテキンを酸化重合させるものです。

緑茶は3000年以上の歴史を持っているが，紅茶は明確な史実はない。いろいろな文献から推定すると，紅茶の歴史は浅く250年くらいと考えられる。しかし，その生産量は現在，紅茶72％，緑茶22％で，世界的に茶といえば紅茶ということになる。

英国では，18世紀には紅茶は日常生活の必需品であったが，英国にとって自国生産品でないため中国から輸入し，代金を銀で支払った。そのため植民地のインドでアヘンをつくり，中国へ輸出し銀を得て紅茶の代金を支払った。このため中国から大量の銀が流出したのと，アヘンを中国が厳しく取り締まったことからアヘン戦争（1839～41年）が起こり，1997年7月1日の香港返還まで英国領であった香港は99年租借となった。

1830年には紅茶の取引は自由競争時代となり，中国から茶の輸送速度が競われた。19世紀のヨーロッパの紅茶ブームの中で日本政府は，日本茶の輸出への影響を心配したこともあり，明治7年（1874年）内務省に製茶掛を設け紅茶製法の習得に乗り出した。明治40年（1907年）明治屋がリプトン紅茶をロンドンから輸入販売したのが日本のブランド紅茶の輸入の始まりである。

また三井紅茶（日東紅茶）は1908年に台湾に茶園を開設し，1927年に紅茶製造を開始した。

製品・原料について

紅茶の茶樹は，山茶科の椿属に属する永年性常緑樹で学名を，カメリヤ・シネンシス（Camellia Sinensis (L.) O. Kuntze）という。原産地は，中国の雲南省のあたり，チベット山脈の高地と中国東南部の山地地帯といわれている。

茶樹の品種は，大別して「アッサム系統」（熱帯茶）と「中国系統」（温帯茶）の2系統に分けられる。摘採（収穫）時期と品質の良い時期はインドのダージリンが摘採時期3～11月，品質は5～6月が良い。インドのアッサムも摘採時期は同じく3～11月だが品質は6～7月が良い。

紅茶の製造方法はオーソドックス法とアン・オーソドックス法があるが，オーソドックス法は1800年代末頃より機械化され，現在のスタイルになった。

紅茶製法のポイントは，最後の乾燥を除き，茶葉を加熱することなく，茶葉の中の酸化酵素の働きを活用して，主にタンニンを酸化させてつくることにある。色，渋味および香気はタンニンと密接な関係にあり，タンニンの多い品種を選ぶ必要がある。熱帯の強い直射日光を受けたタンニンの多い葉で大きく軟らかいアッサム系品種が香りも良く，味も濃厚で紅茶に適している。

オーソドックス製法の製造工程を**フローシート**で示した。

紅茶の製造工程

紅茶製造の主要操作は茶葉中のポリフェノールオキシターゼなどの酸化酵素を利用してタンニンの成分であるカテキンを酸化重合させるものである。一般的な操作はフローシートのように萎凋（いちょう），揉捻（じゅうねん），発酵，乾燥の

CHAPTER 9 ソフトドリンク類

紅茶の製造フローシート

原料：茶葉
↓
萎凋（いちょう） — withering　原料生葉を生かしたまま水分を35〜50%除去
↓
揉捻（じゅうねん） — rolling
↓
発酵 — fermentation　20〜25℃，95%RH　春茶3時間，夏茶2時間
↓
乾燥
↓
篩分（グレード分け）
↓
荒茶
↓
ブレンド
↓
精製
↓
包装
↓
製品：紅茶

紅茶

4工程で行われる。摘採(てきさい)といわれる茶摘みは一芯二葉(一つの茎に若葉2枚と新芽)の形で行われ、20kgの生葉から約4kg前後の紅茶ができる。

萎凋(図9.6.1)は原料生葉を活かしたまま水分を35〜50%除去する操作で、一般には網棚に薄く拡げて十数時間陰乾しにする。近年は30℃前後の温風により時間短縮され、10〜17時間(温度など条件による)が普通である。この操作で茶葉は柔軟になり、酸化酵素の活性が強められる。

次の揉捻は盤上を水平に円運動する底なしの円筒容器に萎凋葉を入れ、上から落とし蓋式の加重蓋で押さえて転がす揉捻機(図9.6.2参照、ローリングマシン)で揉む。盤には葉が塊状になって転がり、滑らないように円筒容器の円運動の中心から放射状に棒状の障害物が並んでおり、棒は円運動の方向に凹の形に湾曲している。この操作をだいたい1時間行うと酵素、タンニンなどを含む細胞液が圧出され、空気中の酸素と接触してタンニンが酸化されやすくなり発酵が盛んになる。

また揉まれた葉が塊になるので、揉捻後にこれをほぐして発酵を促す。これを「玉解き(たまとき)」という。

発酵(図9.6.3)は室に揉捻の終わった茶葉を空気が通る程度の厚さで棚積みし、気温条件により1〜3時間静置する。これで発酵が均一化され、紅茶特有の風味と色が生成する。乾燥(図9.6.4)は2段の熱風乾燥を行う。一段目は発酵を止める目的も兼ね高温(約90℃)の空気を大量に接触させ酵素活性を失活させる。2段目は70℃前後まで下げて均一な乾燥を行う。

以上が紅茶の荒茶(粗製品)の製造方法で、荒茶は市場に集められ、オークションによりパッカーの手に渡り、産地、グレードなどの銘柄に配合され、精製されて製品となる(図9.6.5)。

なお、ここではオーソドックス法について解説したが、図9.6.6〜9にアン・オーソドックス法の代表的なものであるCTC製法についても紹介したのでご覧いただきたい。

図9.6.1 萎凋の様子(インド・アッサム)
原料生葉を活かしたまま水分を30〜50%除去する作業。写真のように底が金網になった台の上に摘んできた茶葉を広げ、温風を当てるなどして一昼夜陰干しにする。

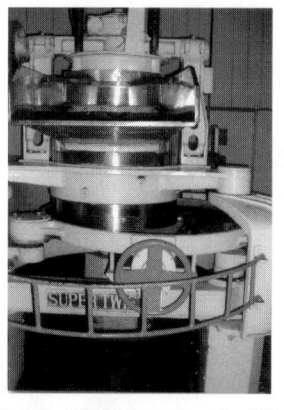

図9.6.2 揉捻機(インド・ダージリン)
揉捻は盤上を水平に円運動する底なしの円筒容器に茶葉を入れ、上から落し蓋式の加重蓋で押さえて転がす。写真では揉捻を行う部分の構造を見ることができる。

図9.6.3 発酵棚(インド・ダージリン)
オーソドックス製法の一般的な発酵工程に用いられる発酵棚。残念ながら写真では実際に発酵を行う様子を見ることができないが、それぞれの棚に2〜3cmの層に茶葉を広げたトレイを載せ、2〜3時間発酵を行う

(写真提供:三井農林㈱)

(本書の内容はあくまで一般的工程を解説したものであり、写真提供企業の製造工程を示すものではありません。)

CHAPTER 9　ソフトドリンク類

図9.6.4　乾燥機の外観（インド・アッサム）

図9.6.5　ペーパーサックスによる荒茶の保管（インド）
このような状態の茶葉が日本に輸入され，ブレンド・精製・包装工程を経て販売される。

＜紅茶の製法について＞

　紅茶の製法についてはオーソドックス製法のほか，「レッグカット製法」「CTC製法」「ローターバン」などがある。今回は歴史的視点などから，文中ではオーソドックス製法について解説しているが，現在ではティーバッグの普及などにともなって，CTC製法での大量生産が世界の生産量の約半分を占めるに至っている。
　CTC製法は茶葉を「押しつぶす（Crush）」「引き裂く（Tear）」「丸める（Curl）」の各工程からなる加工法。茶葉の細胞を均一につぶすことで，茶葉の汁が葉の外に出てくるため，発酵などの生産工程がほかの方法に比べて短縮できる。また短時間での抽出が可能なためティーバッグに多く使われる製法でもある。
　戦後，大規模な紅茶生産が行われるようになったアフリカ諸国ではほとんどがこの製法を採っている。一方，セイロン，ニルギリ（インド），ダージリンでは従来からのオーソドックス製法を機械化した形での紅茶生産が続いている。

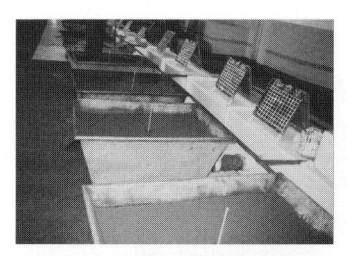

◀図9.6.6　バケット式発酵（アフリカ・ケニヤ）
CTC方式による発酵法の1つ。バケットの中に茶葉を入れ，中央に刺した温度計で定期的に温度管理を行う。結果は横に置かれた小さな黒板に書き込まれる。

図9.6.7　床式発酵（フロア・ファーメンテーション）（インド・アッサム）
床に広げて発酵させる，CTC方式の発酵方法の1つ。多段式にできないので効率は悪いが，品質の良い製品が得られる。これは発酵時の酸化重合反応で発生する熱を床が適度に吸収し，温度が安定するためと考えられる。高級茶葉の製法として用いられる。

図9.6.8　CTC製法①押しつぶす（CRUSH）工程（アフリカ・ケニヤ）
世界の生産量の約半分を占める，CTC製法のもっとも特徴的な工程の第1段階。写真のような「ローターバーン」と呼ばれる機械の円筒部分で茶葉を破砕し，円筒手前から排出する。

図9.6.9　CTC製法②引き裂く（TEAR）工程（アフリカ・ケニヤ）
CTC製法の工程の第2段階に当る部分。ローターバーンから出た茶葉は，2軸のローラーを持つ装置が3台連なった形の「CTCマシーン」と呼ばれる機械に送られる。表面に突起や斜め方向の溝がつけられた，速度の異なる2本のローラが回転することで，茶葉の押しつぶし，突起による切り裂き，溝による茶葉の球状整形が行われる。このあと「CURL」の工程で粒状に成形される場合もあるが，この「TEAR」の工程までで作業が終了することも少なくない。

（写真提供：三井農林㈱）

第10章

菓子類
Confectionery

菓子類 — Confectionery —
チョコレート

チョコレートはヨーロッパに伝わる前は，メキシコの原住民が紀元前1000年頃からカカオを磨り潰して，ドロドロした飲み物を飲んでいました。それが1580年，一人のスペイン人が板状のチョコレートを作ったのが今日のチョコレートの始まりと伝えられています。

チョコレートといえばセントバレンタインデーですね。日本では女性から男性へ2月14日にプレゼントされるロマンスの香りがしますが，アメリカでは子供達は仲の良い友達同士，お母さんから息子へなど必ずしもロマンスとは結びついていないようです。ではお菓子の中で最もポピュラーなチョコレートはどのようにして作られるのでしょうか。

菓子には和菓子と洋菓子があり，さらに洋菓子は生菓子と干菓子があり，干菓子の代表がチョコレートである。

カカオやチョコレートの語源は，マヤ語やアステカ語に由来，CaCahuatle → Cacauatl → Cacaoatl → Cacao とスペイン語に変化，Cacao になったとの説がある。

ヨーロッパにカカオが初めて伝わったのは1502年，コロンブスがアメリカに4回目の渡航のとき，ユカタン半島の原住民から奪ったカヌーに積んであった農作物の中にカカオ豆があり，スペインに持ち帰ったのがきっかけである。しかしそのときはカカオの利用方法が分からなかった。

1519年スペインがフェルディナンド・コルテスを隊長に，メキシコ遠征したとき，初めてカカオ豆の利用法が分かったと伝えられている。1526年にコルテスがカカオ豆を持ち帰り，スペイン王室に献上し，以来，王侯，貴族など上流階級の独占的飲料として普及した。その後オランダの海賊船がスペイン船から掠奪した積荷としてオランダに伝わり，フランスに伝わり，ヨーロッパ各地に広まった。

1660年にフランスが西インド諸島のマルチニック島でカカオを栽培し，1679年にフランスに持ち帰り，南アメリカ各所でもカカオを栽培し，ヨーロッパに輸出した。生産機としては1819年にアレキサンダー・カイラーが初めて混合機を製作し，1828年オランダのバンホーテンがココアバターの搾油方法を考案し，チョコレートパウダー（ココア）を生産した。

その後チョコレートリカーと砂糖とココアバターを混合して型に流し込む板チョコができるようになった。ココアバターの出現でミルクチョコレートがスイスのダニエル・ピーターにより1875年に，カバリングチョコがリンツにより1876年につくられた。

日本人が初めてチョコレートを食べたのは，明治6年岩倉具視の一行がフランス・リオンに立ち寄ったときと考えられている。チョコレートを商品として販売したのは明治11年頃，東京両国の風月堂といわれており，「猪口令糖」，「貯古齢糖」と呼ばれた。

チョコレート製品は次のように三大分類される。

① チョコレート製品（Ⅰ）：チョコレート生地分100％
② チョコレート製品（Ⅱ）：チョコレート生地分60～99％
③ チョコレート菓子：チョコレート生地分20～59％

製品・原料について

製造設備のイメージをつかむため，図10.1.1にチョコレート製造工程の解説図を示した。

原料カカオ豆（cacaobeans）は受け入れに当たり破損，カビ，害虫，外皮，水分，油分などを検査する。チョコレートはカカオ豆の約87％を占めるニブ（nibs，胚乳）の部分を利用する（図10.1.2）。ニブを磨砕したビターチョコレートは

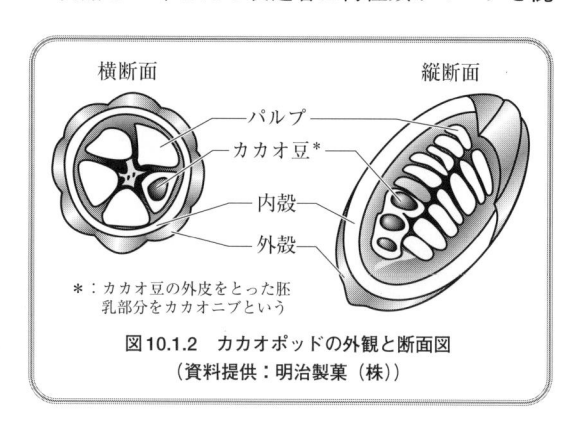

図10.1.1 チョコレート製造工程の概略図（資料提供：明治製菓（株））

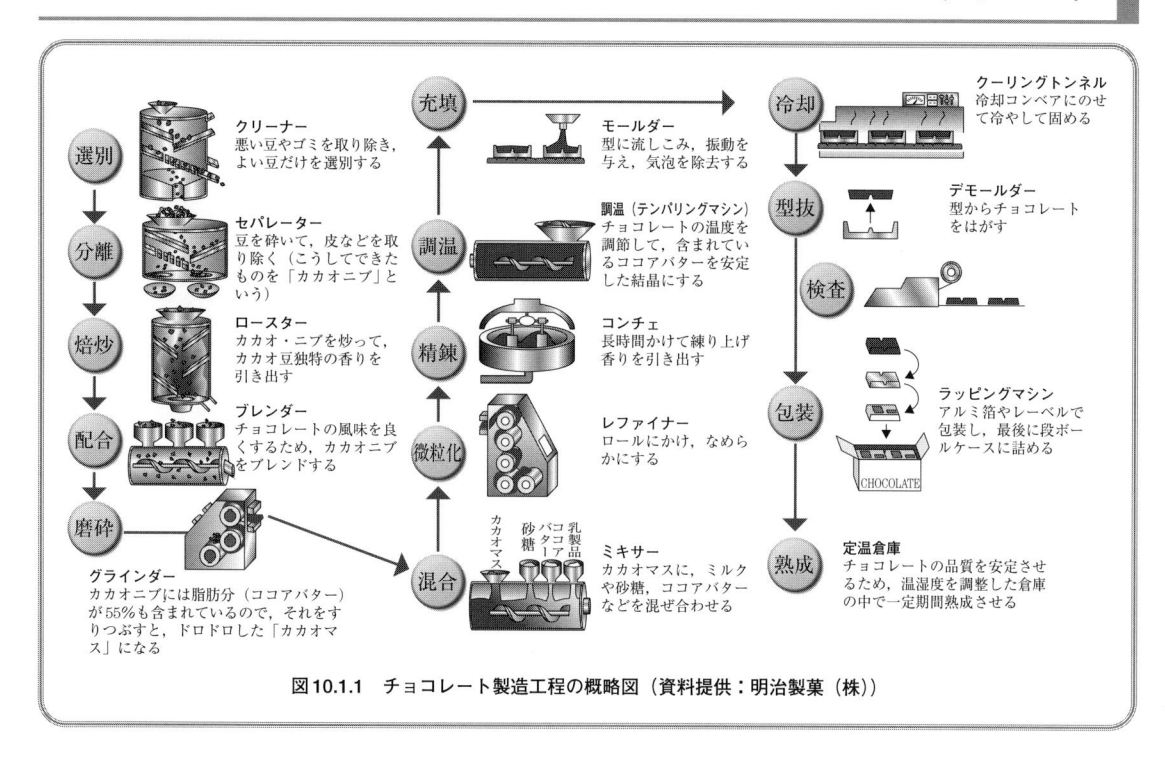

48～57％のココアバターが含まれ，これがチョコレート特有の口溶け性を呈する。チョコレート中のニブの配合比率は20％前後である。

ココアバターは，カカオ豆から抽出した脂肪で，その融点が口内の温度より低く，口溶け性が良い。チョレート中のココアバター含有量は，通常30％以上となっている。

砂糖はチョコレート成分中の約40％前後で，グラニュ糖を粉砕して粉糖として使う。粉乳は乳脂肪としてチョコレート生地の粘性に関連し，風味の増強，耐熱変性の低下に関連する。乳化剤はチョコレート生地の粘度を低下させる。乳化剤としてはレシチンがよく使われる。

チョコレートの製造工程

チョコレートの製造はカカオ豆の焙焼で始まる。その目的は，
① 熱フレーバーを充分発現させる
② タンニン物質の加熱変化による苦味の軽減または消滅
③ 水分と揮発酸の除去
④ ニブと外皮（シェル）の分離を容易にする
⑤ ニブの微細粉化を容易にする
⑥ 殺菌効果
⑦ 色相を良くする

などである。ロースターはバッチ方式のSirocco型ロースターと熱源を蒸気とする連続ロースターがある。竪型連続ロースターでは7～8 kg/cm^{2}の蒸気圧でカカオ豆を110～150℃で全通過時間25～50分で連続的に焙焼される。これでカカオ豆の水分は0.3～0.5％になる。

焙焼されたカカオ豆は，セパレーターにかけられ破砕ロールで粗砕され，篩と風力でシェルが分離される。ニブは品種別にニブサイロに貯えられる。カカオ豆は種類や産地により香りや色が異なるので，最終製品への影響が大きい。そこで独自の製品をつくるため製造者は何種類かのニブを混

図10.1.2 カカオポッドの外観と断面図（資料提供：明治製菓（株））

＊：カカオ豆の外皮をとった胚乳部分をカカオニブという

CHAPTER 10　菓子類

図10.1.3　チョコレート5段ロールレファイナーの外観
（資料提供：明治製菓（株））

図10.1.4　ラウンドコンチェによるコンチング（精錬）工程（資料提供：明治製菓（株））

（本書の内容はあくまで一般的工程を解説したものであり，写真提供企業の製造工程を示すものではありません。）

合して使う。

ブレンドされたニブはグラインダーで磨砕される。ニブはグラインダーのロール間を通過して，圧力と摩擦熱でビターチョコレートと呼ばれるペースト状になる。これをカカオマスという。このカカオマスに砂糖，粉乳，ココアバターなどを所定量加えてミキサで混合する。ココアバターはカカオ豆中に約55％含まれており，圧搾法か抽出法でつくり出す。つくり方は，カカオマスをポンプでフェルトシールのメタルフィルタに送り込み，ピストンでプレスしてココアバターを搾油する。温度約100℃，圧力300kg/cm²が普通である。

混合したチョコレート生地は，5～7本のロールを有するレファイナー（図10.1.3）にかけ微粒化する。

図10.1.5　成形充填機デポジッター
（資料提供：明治製菓（株））

このレファイナーを経た生地は，粒子が細かく口の中でざらつきのない滑らかなものになる。25～30μm以下に微粒化された生地はコンチェ（図10.1.4）に運ばれ，ココアバター，レシチンを加え50～70℃で24～72時間練り上げる。この工程中に，チョコレートの不快揮発成分の逸散，水分の蒸発，粒子の分散などが行われ，化学変化の促進による香味の熟成が進行する。

コンチング（精錬）工程を終了したチョコレート生地は，テンパリングと呼ばれる調温工程に移される。ここでは，ココアバターをβ型の結晶形に安定化させ，次の工程を容易にする効果がある。実際の製造工場ではオートマチックテンパリングマシン（A.T.M.）を使用し，生地を29～32℃に調温して，次の工程に移る。このテンパリングでチョコレートに艶が出てくるとともに，ブルーミングの生成防止にも役立つ。

代表的なテンパリング方法は3段階法で，第一段階では40～45℃で完全に溶解したチョコレートを32℃にする。第二段階ではそれを28℃まで冷却する。第三段階では28℃で核がつくられたものを注意深く29～32℃の成形作業をする温度まで加温する。最終温度は配合により異なるが，乳固形分の少ないスイートチョコレートなどでは31～32℃，乳脂が加わり融点の下がっているミルクチョコレートでは29～30℃と低めである。

テンパリングされたチョコレートは，ポンプでデポジッターに送られる。このデポジッターは図10.1.5のように，一定量のチョコレートを型に充填する機械である。充填は冷えて固まらないよう

チョコレートの製造フローシート

カカオ豆
↓
ビーンクリーニング　クリーニングマシン
　砂，金属片，糸くずなどを篩分機，風力分級機，電磁石などで除去
↓
ロースティング　連続ロースター
　蒸気圧力 $7〜8\,kg/cm^2$
　$110〜150℃$，$25〜50$分間　カカオ豆水分：$0.3〜0.5\%$
↓
シェル分離　ウィノーイングマシンと破砕ロール
　破砕ロールで破砕，篩と風力でシェル（外皮）とニブ（胚芽）を分離
↓
カカオニブ　品種別にニブサイロへ貯蔵
↓
ブレンディング　風味を向上させるために数種類のニブを混合
↓
グラインディング　細かく粉砕，ペースト状に
↓
カカオマス
↓
ミキシング　ビターチョコレートに砂糖，粉乳，ココアバターなどを所定量配合
↓
グラインディング　$5〜7$本のロールを有するレファイナー
　口の中でざらつかない程度まで微粒化。水分蒸発，香気成分生成
↓
生地の精錬
　コンチング（精錬）生地にココアバター，レシチンを加え $50〜70℃$，$24〜72$時間，不快揮発成分逸散，水分蒸発，香気熟成
↓
調温工程　オートマティック・テンパリング・マシン
　ココアバターのβ型結晶の安定化
　$29〜31℃$に調温　チョコレートに艶が出る
　ブルーミング：周辺の温度，湿度の影響で艶のなくなること
↓
モールディング　型に流し込み振動させて気泡を除去
↓
クーリング　$7〜17℃$のクーリングトンネルで $15〜30$ 分間
↓
ディモールディング　反転，振動により型から剥離
↓
包　装
↓
エージング　品質安定化のため一定温度で $3〜4$ 週間貯蔵
↓
製品：チョコレート
　ソリッド・チョコレート（板チョコ）
　カバーリング・チョコレート（果実，ナッツなど被覆）
　パンワーク・チョコレート（糖衣掛，キャンディ芯）

に型を $26〜32℃$ に温めて行う。型はポリカーボネート製が多い。

　型に詰められたチョコレートは冷却トンネルで，入口 $18℃$ 前後，中央およびその前半 $5〜7℃$，出口 $18〜20℃$ とし，トンネルは $15〜30m$ である。

　チョコレートは湿度が $80\%RH$ になると，製品表面の砂糖が溶解し，その後温度が下がると砂糖が結晶化し製品表面の艶がなくなり粗雑に汚れた外観に変わる。またチョコレートが露点以下に冷却された場合も製品表面に水が凝縮して同様の現象を起こす。これをシュガーブルーミングという。一方，チョコレートに含まれるココアバターは，高温に合うと融解し，これが低温で固化しチョコレート表面の艶が失われる。これをファット・ブルーミングという。

菓子類 —Confectionery—
チューインガム

大リーグの選手が試合中，口を動かしていますね。アメリカ大陸でネイティブアメリカンがチクルの樹脂を噛む習慣があったことが，チューインガムの起源です。だから大リーグの選手がクチャクチャやっているのがサマになるわけです。

子供の頃，口で風船をつくっては，パチンとはじかせた記憶が蘇ります。今は韓国風焼肉店を出るときに，歯のお掃除と，口臭の除去のための板ガムをくれます。あの板ガムはどのようにして作られるのでしょうか。ちょっと調べてみましょう。

チューインガム（chewing gum）は，味と噛み心地を楽しむ菓子であり，長時間チューイングできる点が大きな特徴である。その歴史はかなり古く，紀元前までさかのぼる。今日のチューインガムは，15～16世紀頃，ヨーロッパからの移住民がネイティブアメリカンからチクルの樹脂（学名 Mani-lkara zapotilla Gilly）を噛む習慣を受け継ぎ，その後19世紀末に甘味や香味を付けた板ガムが発売された。

日本では，大正5年（1916年）に輸入販売され昭和初期に国産化されたが，戦前まではあまり大きな需要はなかった。戦後食生活の洋風化と品質向上により需要が急増し，昭和55年には菓子分野の販売総額の約3.3％を占めるようになった。戦後，アメリカの駐留軍によって板ガム，糖衣ガムがもたらされたが，糖衣ガムが人気があり，マーブルガム（marble gum）やPKガム（Packed Kept gum）として国産化され普及した。

昭和20年代には，大型のキャラメル状のチャンク型風船ガム（chunk type bubble gum）が子供に人気があり，ガムの主流となった。昭和30年代には，日本独特の風味を持つ板ガムが登場し，昭和40年代キャンディとガムの結合した新しいタイプが出現，昭和50年代には健康志向が高まり，スポーツガムやノンシュガーガムが登場し今日に至っている。

チューインガムには以下のようなものがある。

① 嗜好ガム（luxury gum）
・板ガム（stick gum）
・風船ガム（bubble gum）
・糖衣ガム（sugar coated gum）
・菓子ガム（candy gum）

② 特殊栄養ガム（special nutrient gum）
・無糖ガム（sugarless gum）
・栄養強化ガム（nutrient gum）

③ 薬用ガム（medicinal gum）
・虫歯予防ガム（anti-caries gum）
・口臭除去ガム（breath deodorant gum）

これらのガムの特徴であるガムベースの含有量

表10.2.1 ガムベースの配合例

組成	味ガムベース	風船ガムベース
天然樹脂	10～55%	—
酢酸ビニル樹脂	15～50	20～30%
エステルガム	5～30	20～35
合成ゴム	5～10	5～10
天然ワックス	5～25	10～20
乳化剤	1～2	3～8
炭酸カルシウム	10～35	15～20
合　計	100	100

表10.2.2 天然樹脂の組成

組成	Chicle	Jelutong	Sorva
トランス型ゴム分	10～15%	—	—
シス型ゴム分	4～6	18～24%	9～12%
樹脂分	50～65	75～80	85～90
炭水化物，無機質	10～20	1～5	1～5

チューインガム

チューインガム・味ガム（板ガム）の製造フローシート

原料樹脂 — 植物性樹脂，酢酸ビニール樹脂

水洗 — 原料樹脂ニーダとストレーナ，高粘度用遠心分離機
不純物を除去，洗浄液が透明になるまで行う

精製樹脂 — 精製樹脂貯蔵タンク

加熱脱水 — ガム・ニーダ（スチームジャケット付き）と遠心分離機
110〜130℃，10〜15時間，500〜1000ℓ，50馬力以上
水分1％以下まで脱水した樹脂は遠心分離機で夾雑物を除去

ワックス，モノグリなど副原料 →
脱水精製樹脂 — 脱水精製樹脂の貯蔵タンク

混合溶解 — ガムベースニーダ
110〜130℃，3〜5時間，均一になるまで充分練り合わせる

成型 — ガムベース成形機
ペレット状やマカロニ状に成型

ミント系香料：ペパーミント油，スペアミント油
砂糖，ブドウ糖，香料など副原料 →
成型ガムベース
ガムミキサ（パンのドウミキサと同じ構造）

混合練成
スチームジャケット付き　200〜1000ℓ，15〜30馬力
ガスベースと糖類の1/2をミキサに添加，10分間混合
残りの糖類と軟化剤を入れ30〜40分間撹拌
最後に香料を入れ1〜2分間後取り出す。仕上がり温度40〜60℃

エクストルーダー押し出し
エクストルーダー，20〜40馬力
厚さ20〜40mm，幅400〜470mmの帯状に押し出す

圧延 — ロール圧延機
1.5〜2.5mmのシート状に圧延
砂糖をシートの表面と裏面にまぶしながら

クーリング — クーリングトンネル　温度10〜15℃，湿度40〜60％

裁断 — カットロール　厚さ1.5〜2.5mm　長さ45〜47mm

熟成 — 空調室　温度20〜25℃，湿度45〜55％，10〜20時間保管

カット — ブレーカ　1枚3〜4gの板状にカット
米国製ギンベル型カッター／独WLSカッターなど

包装 — 国産ACX-5など
5〜7枚の内装外装を600〜1200包/分

製品：味ガム（板ガム）
ミント系60〜65％
フルーツ系20〜25％

CHAPTER 10　菓子類

表10.2.3　製品ガムの配合例

組　成	味ガム	風船ガム
味ガムベース	18～30%	—
風船ガムベース	—	20～30%
砂糖	50～70	40～50
ブドウ糖	5～10	15～25
水飴	5～20	5～15
香料・栄養素	1～2	0.5～2
合　計	100	100

は20～30％であり，このガムベースの配合例は**表10.2.1**のようなものがある。

チューインガムの主原料の一つ天然樹脂は赤道を中心とした南北20度の熱帯多湿地域で産出する。天然樹脂は産地により組成が異なるが，その代表的なものは中南米産のチクル（Chicle），南米産のソルバ（Sorva），東南アジア産のジェルトン（Jelutong）がある。その組成を**表10.2.2**に示した。

製品ガムの組成は製造メーカーにより多少異なるが，その配合例を**表10.2.3**に示した。

チューインガムの製造工程は，ゴム状のガムベースの製造工程と，これに甘味，香料を加え成形するチューインガムの製造工程に大別できる。このチューインガムの製造工程を**フローシート**に，チューインガム（板ガム）の製造工程の概略図を**図10.2.1**にそれぞれ示した。

ガムベースの原料チクルガムはアカテツ科のテポディラの樹液から採取されたもので，世界の生産量の大半はメキシコおよびホンジュラスが占めている。主要成分はゴム分（ポリイソプレン類）と樹脂分（トリテルペン類とステロール類）である。チクルガムはゴム分の弾力性と樹脂分の可塑性の適当な配合割合が，チューインガムベースとして快適な噛み心地を与えるので最適とされているが，生産量が少なく，高価で，経時劣化しやすい。

一方，酢酸ビニル樹脂は，無味，無臭の熱可塑性樹脂で比較的低重合度で枝分かれの分子構造をある程度持っているものが，口当たりが柔らかくチューイング性が良いとされている。味ガム用は重合度200～400のものを，風船ガム用は500～600の重合度のものを使用する。重合度の高いものほど弾性に富み可塑剤を加える必要がある。チクルガムが疎水性であるのに対し，酢酸ビニル樹脂は親水性であり，香味を保持する力はチクルガムの方が優れている。

ガムベースに柔軟性と滑らかさを与え，冬季にもろくなるのを防ぐため蜜ロウ，レシチン，その他植物油脂，モノグリセライドなどが使用され，香料もガムベースの軟化作用がある。

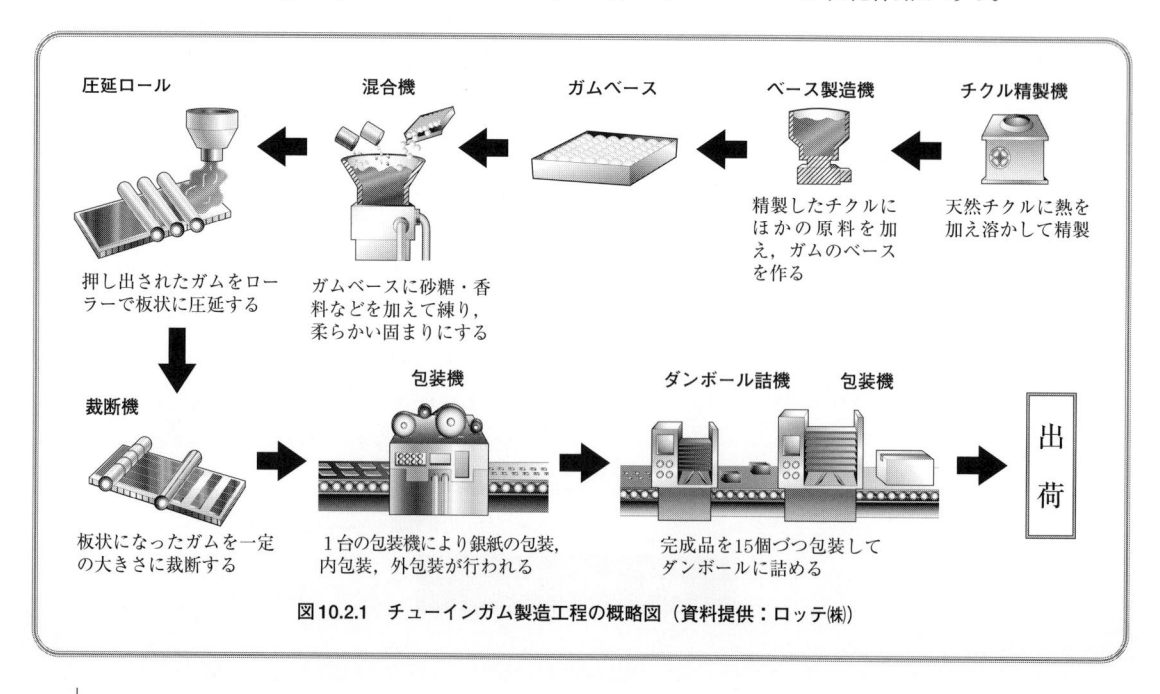

図10.2.1　チューインガム製造工程の概略図（資料提供：ロッテ㈱）

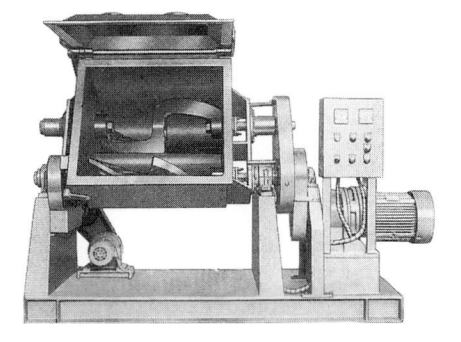

図10.2.2　混合機外観（左，写真提供：ロッテ㈱）と，内部構造のイメージ（右，写真提供：㈱不二パウダル）

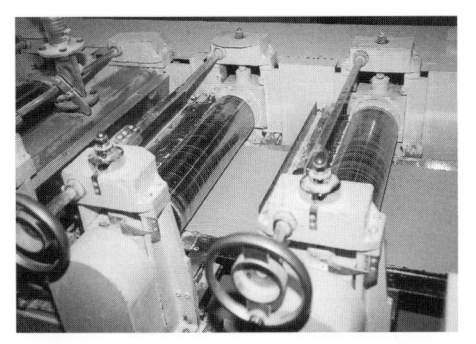

図10.2.3　圧延ロール（写真提供：ロッテ㈱）

図10.2.4　裁断機（写真提供：ロッテ㈱）

図10.2.5　冷却・エージング（写真提供：ロッテ㈱）

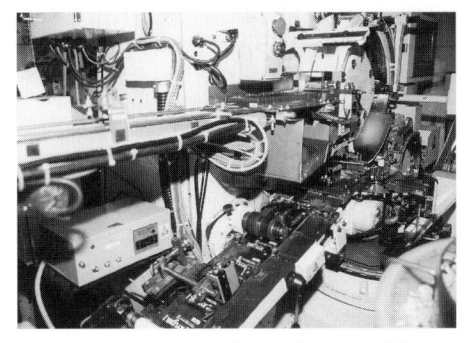

図10.2.6　包装工程（写真提供：ロッテ㈱）

（本書の内容はあくまで一般的工程を解説したものであり，写真提供企業の製造工程を示すものではありません。）

　微粉末の炭酸カルシウムあるいはタルクは，ガムベースの持つ弾性を適度に抑え，噛み心地を良くし，同時にガムベース自体の持つ粘着性を抑える。

　ガムベース以外の原料として，砂糖やブドウ糖は250メッシュ以下の細粉砕糖を使う。香料としてはスペアミント，ペパーミント，フルーツ，ハッカなどが使われる。そのほか，酸化防止剤，人工甘味料，食用色素，また湿潤剤としてソルビトール，グリセリンなどが使われる。

　チューインガム製造のポイントは良好な噛み心地のガムベースの調製とバランスの良い付香技術の適合化である。チューインガムは水分3.5％以上になると軟らかすぎ，2.5％以下では硬すぎて折れやすい。そこで，夏・冬で原料配合を変えるなど工夫が必要である。

　ガムベースの混合機の外観および内部構造のイメージを図10.2.2に，また圧延から包装に至る製造工程の様子を，図10.2.3～6に示した。

菓子類 —Confectionery—
キャンディ類

キャンディといえば，今時の人は洒落た包装の飴や柄のついたペロペロキャンディではないでしょうか。筆者のような年輩者は飴玉やキャラメルです。小学校の遠足のお菓子は，あの黄色い箱の森永キャラメルか赤い箱の明治のキャラメルでした。駄菓子屋の叔母さんが，紙の袋に大きな飴玉を5つほど入れてくれた記憶が蘇ります。そう七五三の棒のような千歳飴もありましたね。この千歳飴は今から400年近く前から存在したようです。

キャンディには飴玉のようなハードキャンディとキャラメルのようなソフトキャンディがあります。

キャンディとは，砂糖を主原料として水飴やそのほかの糖類，乳製品，油脂，酸，食用色素，香料，果実ナッツ類などを副原料とする砂糖菓子である。

キャンディの「Can」はラテン語で砂糖のことで，「dy」は型に入れて固めることである[14]。だから飴玉には型の境目の筋が見られる。

菓子は品種が多いが，キャンディはドロップや飴玉に代表されるハード・キャンディとキャラメルに代表されるソフト・キャンディに大別される。

製造方法で見ると，ハード・キャンディが高温（150〜165℃）まで煮詰めるのに対し，ソフト・キャンディは低温（110〜140℃）で加熱をとめることが特徴である。

ハード・キャンディの種類は，飴生地に付香する香料の種類や，添加するコーヒー，紅茶，チョコレート，バターなどの副原材料により数多くの種類の製品名が付けられている。ドロップ，タフィー，ブリットル，飴玉など，ハード・キャンディは製品ボディが緻密で硬くできており，「口の中で嘗める」食べ方をするのが特徴である。

製造方法は砂糖液を水分1〜2%まで煮詰めたhigh cooked candyである。表10.3.1のように常圧煮詰法と真空煮詰法がある。煮詰めた飴生地に有機酸を添加するか，しないかでドロップとなり，飴玉となる。

日本の飴玉はハードキャンディの一種だが，酸味は加えず，黒糖とか赤双糖を加えたりして，直火で煮上げ，砂糖固有の味を出したものである。主原料は砂糖であるが，砂糖の再結晶化を防止し，粘度・光沢などを調整するために，水飴を添加する。この調整剤をドクター（doctor，結晶化防止剤）という。水飴のほか，はちみつ，転化糖やクリームターター（酒石酸水素カリウム）なども使われる。

飴玉の歴史は古く一世紀頃，中国の書に飴の字が見られ，中国から伝えられた。日本の記録では「三代実録」に「嘉祥三年（850年）七月，石見

表10.3.1　ハード・キャンディの配合

煮詰方法		砂糖：水飴
常圧法		80：20 70：30
真空法	バッチ式	65：35
	連続式	60：40 50：50

表10.3.2　キャラメルの原料配合例（単位：g）

組成	A	B	C
砂糖	100	100	100
水飴	130	95	220
澱粉	10	10	40
練乳	50	—	200
油脂	10	10	40
牛乳	25	60	—

ドロップ／キャラメルの製造フローシート

ドロップ

- 水飴　35～50（常圧：20～30）
- 砂糖　50～65（常圧：70～80）

加熱　撹拌　撹拌機付き銅・ステンレス二重釜
90℃に加熱，均一に加熱混合溶解

色素，香料，有機酸など

煮　詰　真空煮詰機（バキュームクッカー）
660～680mmHg，125～128℃（常圧では160～165℃）
煮詰仕上りキャンディ生地温度115～125℃　水分1～2％

冷却　混練　ニーダー
80℃くらいまで冷却

成　型　成型機
シート状またはロープ状に成型後，ドロップの形に切断
または流し込み成形（モールディング）

冷　却　クーリングトンネル
成型したドロップをネットコンベヤに載せ通過

包　装
防湿性のフィルムまたは容器に包装

製品：ドロップ

キャラメル

- 水飴　50～70
- 砂糖　30～50
- 練乳，油脂，澱粉など

加熱　撹拌　撹拌機付き二重釜
80℃に加熱，均一に加熱混合溶解

ナッツ，香料など

煮　詰
110～140℃
煮詰仕上りキャンディ生地温度118～125℃　水分8～10％

冷却　混練　ニーダー
40～50℃くらいまで冷却

バッチローラー
バッチローラーを回転させながら3cmくらいのロープ状に延伸

カット・アンド・ラップ　カット・アンド・ラップマシン
キャラメルの形に高速切断，ただちにワックス紙で一粒ずつ包む

包　装
一定個数を箱詰，防湿セロファンで一箱ずつ包装

製品：キャラメル　ダンボールに詰め製品化

CHAPTER 10　菓子類

図10.3.1　ハードキャンディ製造工程概略図[7]

図10.3.2　ソフトキャンディ製造工程概略図[7]

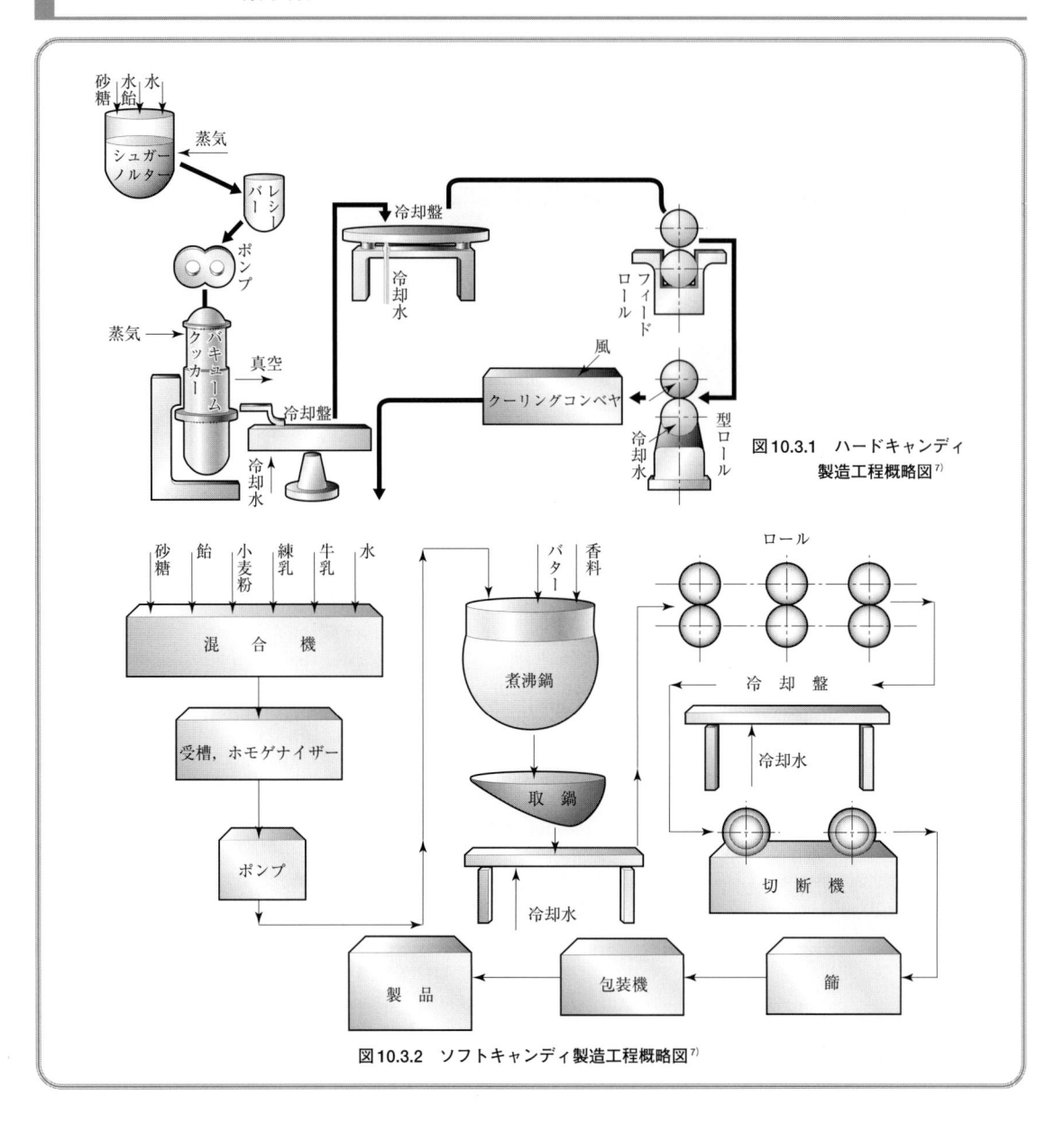

国（島根県）が甘露を献じたが，それは飴糖のごとき味だった」とあって最も古い記録である。当時は水分の多い水飴と硬く練った堅飴があり，硬いものはノミで削るのでノミ飴ともいわれた。飴は昔は神仏への供え物とされており，一般に流通するようになったのは江戸時代初期のことである。千歳飴は元和元年（1615年）大阪夏の陣で豊臣方が敗れ，浪人となった平野甚左衛門の子重政が摂津で飴屋となり，江戸に出て浅草寺で千歳飴を売り出したことに始まる[15]。

ソフト・キャンディの代表のキャラメルは砂糖，水飴，練乳，油脂，乳化剤，香料などを混合溶解し水分8〜10％まで煮詰めた生地を，冷却，成型したchewycandyである。**表10.3.2**にキャラメルの原料配合例を示している。キャラメル（caramel）は19世紀中頃，米国でチューイング・タフィーの応用からつくりだされたもので，砂糖溶液の加熱によるカラメリゼーション（caramelization）と糖類と乳タンパクとによるメイラード反応（maillard reaction）により着色し，キャラメル特有のフレーバーおよびチューイング性を有している。キャラメルの成分の中で，水分

図10.3.3　バキュームクッカー

図10.3.4　キャラメル製造用，加熱二重釜[14]

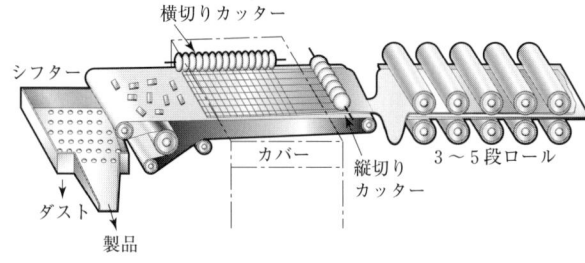

図10.3.5　キャラメル成型設備説明図[14]

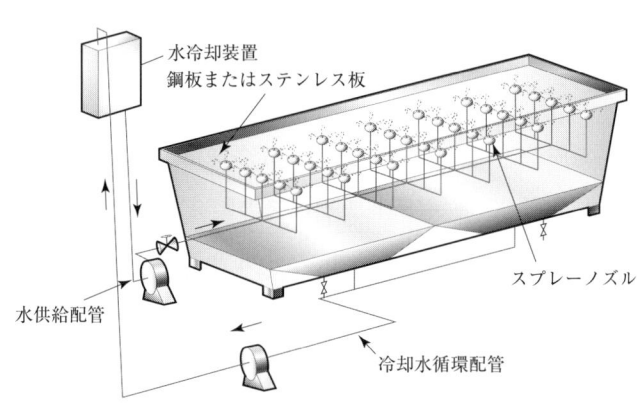

図10.3.6　キャラメル冷却盤の説明図[14]

はチューイング性（chewing quality，噛み心地）に，糖分はボディ組織の変形性と粘性に，乳製品は風味に，油脂はボディ組織の滑らかさと付着性に影響している。砂糖と水飴の比率は，固形分比で1：1が基準である。水飴が多いと硬くなりやすい。乳タンパクは4〜5％，油脂は10％前後が普通である。

ヌガーは，砂糖，水飴，アルブミンまたはゼラチン，ナッツなどを原料として，気泡を多く含んだチューイング性に特徴がある。

フローシートに代表的なキャンディのドロップとキャラメルの製造工程を示した。また図10.3.1にハードキャンディの，図10.3.2にソフトキャンディの製造工程の概略図を示した。図10.3.3は煮詰用バキュームクッカー，図10.3.4は加熱用二重釜，図10.3.5はキャラメル成型設備説明図，図10.3.6はキャラメル冷却盤の説明図である。

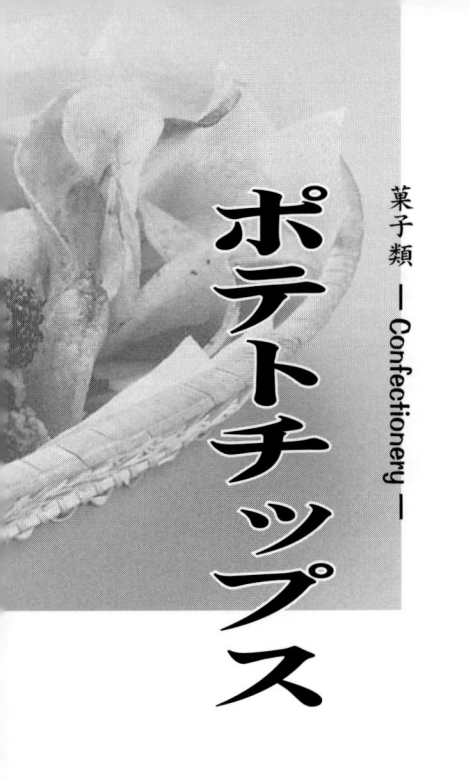

菓子類 — Confectionery — ポテトチップス

ポテトチップスといえばビールを連想するのは筆者だけでしょうか。ポテトチップスをパリパリやりながらジョッキを傾ける光景を思い浮かべると，ビアガーデンに飛んで行きたい衝動に駆られます。

ポテトチップスは1945年にアメリカからやってきたスナック菓子です。馬鈴薯を1.5mmにスライスして油で揚げたものですが，1976年にポテト粉，ミールなどをシート状にして打ち抜き成形したファブリケート・ポテトチップスが登場し，製法は2通りになりました。後者は子供のオヤツとして人気がありますが，大人がビールを飲むときはスライスしたポテトチップスが良いですね。あなたはどちらがお好みですか？

　日本で最初のスナック菓子は1945年に米軍が持参したポテトチップス，ポップコーンなどである。その製造方法は1947〜1948年在米軍邦人が設立したアメリカン・ポテトチップなどがバッチ式で50〜100kg/B程度の小規模で製造し，米軍に納めたのが最初である。

　1963年東京スナック食品が，1970年湖池屋がオート・フライヤーを中心に連続生産ライン（300〜700kg/h）をアメリカから輸入して生産した。1975年カルビーが高能率オート・フライヤー・ライン（700〜1000kg/h）を11台導入，湖池屋が4台，北海道フーズが2台導入と設備革新が進んだ。1980年には全国で22社，オートフライヤー36台の規模となった。

製品・原料について

　ポテトチップスの製造方法には2通りあり，「ファブリケート（成形）ポテトチップ」と「（生）ポテトチップ」である。ファブリケート・ポテトチップは1976年にヤマザキ・ナビスコが「チップスター」の商品名で発売したものが代表的で，米国から製造設備，技術，原料（ポテト粉，ミール，フレーク）を輸入して製造した。

　成型ポテトチップの製法は，まず粉体原料を加水混合し，これを圧延ロールでシート状に成型する。次にロール型抜き機でチップス状に成型してから油揚げ，味付けという工程になる。生芋からのポテトチップは1.5mmにスライスした馬鈴薯を油で揚げてから，味付けしたものである。その後，北日本食品，エスビー食品，ハウス食品が参入したが，スライスして揚げた（生）ポテトチップスに比べ，年間を通じて品質が安定していることや，携帯性の面などで優位性があるものの，コスト高の影響から価格の面では生ポテトチップスが優位である。食味については好みの分かれるところだが，日本でのシェア比を見てみると生ポテトチップスが半数を大きく上回ることから，どうやら日本人の嗜好には生ポテトチップスが合っていると見られる。しかし最近はファブリケート・ポテトチップスも堅めの食感を楽しむもの，スティック状のものなど製品が多様化しつつある。

ポテトチップスの製造工程

　ここでは代表して生芋からのポテトチップスについて解説する。原料は国産馬鈴薯（北海道85％）で，典型的な製造工程を**フローシート**で示した。

　馬鈴薯を水洗，剥皮後約1.5mmに薄切り（スライス）にし，180〜190℃の温度で3〜4分油で揚げし，食塩とスパイスで味付けした製品である。ポテトチップスの製造に使用される装置，また製造の様子を**図10.4.1〜8**に示した。水洗・ピール，トリミングの工程を経た原料ポテトはスライサーで1.0〜1.7mmの厚さにスライスされる。厚さのばらつきは0.23mm以内に100％，0.1mm以内に80％入ることが要求される。

ポテトチップス

ポテトチップスの製造フローシート

原料：ジャガイモ

↓

グレーディング

↓

貯　蔵　　7～8℃，85～95%RHの貯蔵庫で低温貯蔵

↓

リコンディショニング　　約20℃，75～95%で2週間程度
　　　　　　　　　　　　10～13℃で3～5カ月放置，糖分減少

↓

洗　浄

↓

剥　皮　　原料が安い時：皮を深く剥き，トリミング手間削減
　　　　　原料が高い時：皮を薄く剥き，トリミングで収量向上狙う

皮・石除去

↓

スライシング　　ロータリスライサー，2台1対で処理
　　　　　　　　チップ厚さ：1.0～1.7mm，処理能力：5000lb/H
　　　　　　　　（2268kg/H）

↓

水　洗　　遊離澱粉除去

↓

水切り

↓

連続式チップ・フライヤー　　植物油，コーンオイルで
　　　　　　　　　　　　　　入口油温：180～190℃，
　　　　　　　　　　　　　　出口油温：160～170℃
　　　　　　　　　　　　　　フライング・タイム：2～3分，
　　　　　　　　　　　　　　チップス水分：1.5～2.0%

↓

選　別　　ピッキング：油染み，焦げたものを取り除く

↓

調味料添加　　食塩およびスパイス類

↓

冷　却　　冷風で室温まで

↓

包　装

↓

製品：ポテトチップス

菓子類

CHAPTER 10　菓子類

図10.4.1　一般的なピーラーの外観
（Ishida カタログより）

図10.4.2　切断工程
じゃがいもの芽や傷などを取り除くトリミング工程を経た原料は、スライサーにより薄くスライスされ、洗浄によりゴミや澱粉を除去される。
（写真提供：カルビー㈱）

図10.4.3
フライヤーにより、植物油でスライスしたじゃがいもを揚げる。
（写真提供：カルビー㈱）

図10.4.4　一般的なフライヤーの外観
（Ishida カタログより）

図10.4.5　ピッキング工程
オプチソーターという装置で、焦げた製品を取り除く。
（写真提供：カルビー㈱）

図10.4.6　味付け工程
タンブラーという装置で、さまざまな味をふりかける。
（写真提供：カルビー㈱）

図10.4.7　一般的なタンブラーの外観
（Ishida カタログより）

図10.4.8　計量包装工程の様子（Ishida カタログより）

（本書の内容はあくまで一般的工程を解説したものであり、写真提供企業の製造工程を示すものではありません。）

菓子類 ― Confectionery ―
せんべい

「せんべい」や「あられ・おかき」は奈良時代から親しまれた日本独特の焼き菓子です。「せんべい」の原料が「うるち米」で、「あられ・おかき」の原料が「餅米」です。子供の頃から「おかき」に慣れ親しんだ筆者は「せんべい」も「餅米」が原料と勘違いしていました。

この昔ながらの「せんべい」や「あられ・おかき」も家内工業的な職人の世界から、今やキチンと条件管理された工業規模で生産されています。その様子をのぞいてみましょう。

米菓類は米を原料として、日本独特の焼き菓子で、古くは奈良時代から親しまれてきた菓子類である。その種類としては「うるち米」を原料とする「せんべい類」と、「餅米」を原料とする「あられ・おかき」類に大別される。その分類を表10.5.1に示した。

そこでまず、うるち米菓についてその製造方法を解説すると、「うるち玄米」を搗精して水洗し、水分を20～30％として製粉する。この米粉を蒸捏機に入れて、加水し、5～10分蒸捏する。α化した生地を取り出し、これを餅練機にかけて餅状にし、水中で60～65℃まで冷却、再び餅練機にかけて餅生地にする。この生地を圧延機で板状にし、型抜き機で打ち抜き成形する。

この成形生地を70～75℃の熱風で第1乾燥をする。水分20％前後で乾燥を中止し、室温で10～20時間放置して「ねかせ」を行った後、第2乾燥を行う。第2乾燥も第1乾燥と同じく70～75℃の熱風乾燥を行い、水分10～15％にする。その後200～260℃で焼き上げ、調味液を付けて仕上げ、製品とする。

餅米菓は、「餅玄米」を91％程度に精米、洗米機で洗浄後6～20時間水浸漬する。これを水切り後、蒸し機で15～25分間蒸し、2～3分間放置後、餅搗機で餅に搗き上げる。この餅を練出し機で棒状、または角形に成形し、2～5℃に急冷し、2～3日間放置して硬化させる。硬化した餅生地を切断機でスライスして成形し、天日または通風乾燥機で水分20％前後まで乾燥し、200～260℃の平煎機または運行焼窯で焼き上げる。焼き上がった製品を油、醤油など調味液を塗布して仕上げ、または必要により仕上げ乾燥を行い製品とする。

図10.5.1に自動餅搗機、図10.5.2にせんべい・あられの製造工程の様子をそれぞれ示した。

表10.5.1　原料米と米菓の種類

原　料	米　菓　の　種　類
うるち米	せんべい類 ─┬─ 草加型 　　　　　　 └─ 新潟型 ライスクラッカー（うるちあられ）
もち米	あられ：小型で「柿の種」など おかき：大型で「品川巻き」など

図10.5.1　自動餅搗機

CHAPTER 10　菓子類

せいべいの製造工程

① 自動餅搗機で搗かれた餅は，帯状に伸ばされ，いろいろな大きさに型抜きされる。

② 温度・湿度が一定に保たれた環境で乾燥された後，焼き工程へ。

③ セラミックバーナーで，米の風味を残したまま香ばしく焼き上げる。

④ 醤油，サラダ油，各種調味料による味付け。この工程は全自動で行われる。

あられの製造工程

① 餅を箱型容器に入れ，成型しやすい状態にする

② 急冷し，α化した餅を老化させることなく硬化させる。

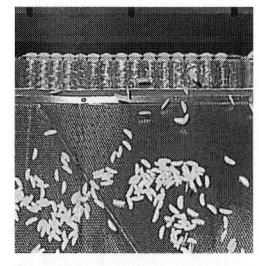

③ 硬くなった生地をサイズに合わせて切断し，商品の形にする。

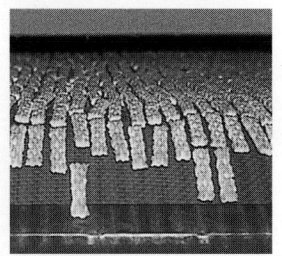

④ セラミックバーナーによる焼き上げ工程。

⑤ 自動包装機による包装工程

図10.5.2　せんべい・あられの製造工程（写真提供：亀田製菓㈱）

（本書の内容はあくまで一般的工程を解説したものであり，写真提供企業の製造工程を示すものではありません。）

せんべい・おかきの製造フローシート

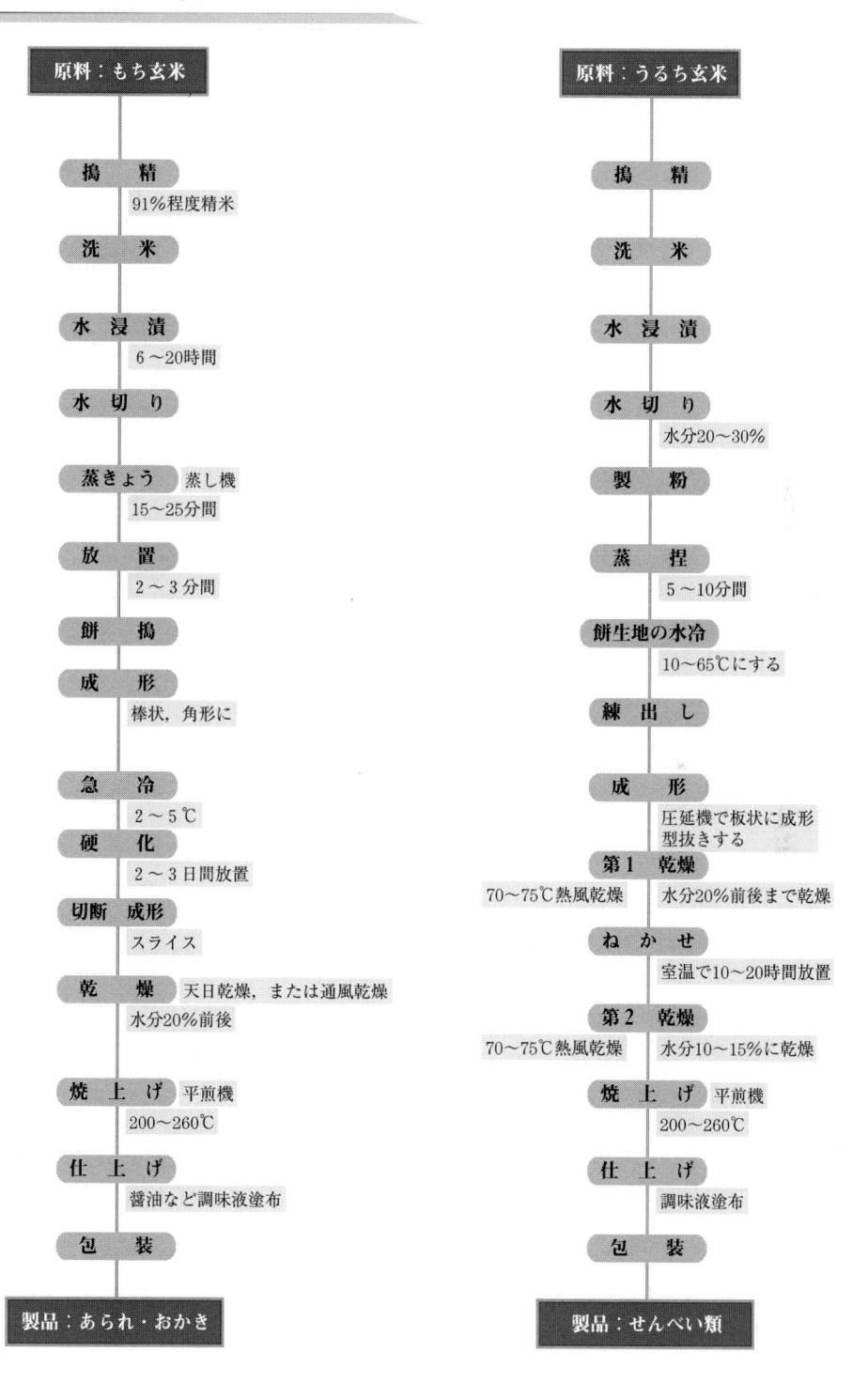

【左フロー】

原料：もち玄米
↓
搗精 — 91％程度精米
↓
洗米
↓
水浸漬 — 6〜20時間
↓
水切り
↓
蒸きょう　蒸し機 — 15〜25分間
↓
放置 — 2〜3分間
↓
餅搗
↓
成形 — 棒状，角形に
↓
急冷 — 2〜5℃
↓
硬化 — 2〜3日間放置
↓
切断 成形 — スライス
↓
乾燥　天日乾燥，または通風乾燥 — 水分20％前後
↓
焼上げ　平煎機 — 200〜260℃
↓
仕上げ — 醤油など調味液塗布
↓
包装
↓
製品：あられ・おかき

【右フロー】

原料：うるち玄米
↓
搗精
↓
洗米
↓
水浸漬
↓
水切り — 水分20〜30％
↓
製粉
↓
蒸捏 — 5〜10分間
↓
餅生地の水冷 — 10〜65℃にする
↓
練出し
↓
成形 — 圧延機で板状に成形 型抜きする
↓
第1乾燥 — 70〜75℃熱風乾燥　水分20％前後まで乾燥
↓
ねかせ — 室温で10〜20時間放置
↓
第2乾燥 — 70〜75℃熱風乾燥　水分10〜15％に乾燥
↓
焼上げ　平煎機 — 200〜260℃
↓
仕上げ — 調味液塗布
↓
包装
↓
製品：せんべい類

カステラ

菓子類 —Confectionery—

カステラは誰もが子供の頃から口にした懐かしいお菓子です。豊臣秀吉の時代にオランダ人によってスペインからもたらされたものらしく，日本でカステラが初めてつくられたのは，天和元年，長崎の松翁軒の初代山口屋貞助が本大工町に店を開き，砂糖漬けやカステラを作ったのが，はじまりといわれています。だから長崎カステラと呼ばれることもあります。その作り方は本文の説明のように，いたって簡単，家庭でも作れます。

カステラの歴史は古く紀元前3世紀頃にはスペインで創られたといわれている。スペインでは「ビスコチョ」といわれ，古来，慶事には欠かせない菓子とされていた。日本へは1573年オランダ人によって長崎にもたらされた。カステラの名称はスペインの当時の王国「カスティリア国」に由来するといわれている。

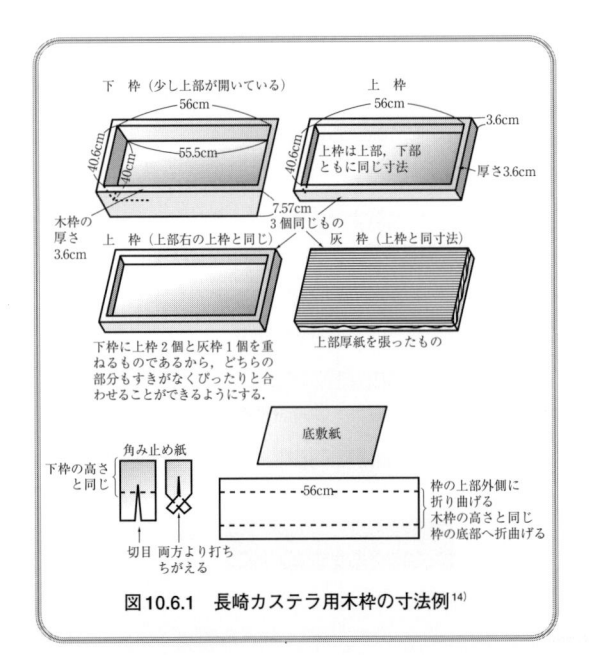

カステラは日本人の口にも合い珍重され，豊臣秀吉が肥前，名護屋で村上等安に作らせたともいわれている。天和元年（1681年），長崎の松翁軒の初代山口屋貞助が本大工町に店を開き，砂糖漬やカステラを作ったのが日本におけるカステラ製造の最初であろう。その後，明治33年に中川安五郎が長崎に文明堂を創業した。

大正11年には東京に進出し，大正14年には宮内庁御用達となった。昭和14年には銀座に文明堂が出店し，広く親しまれるようになった。

カステラの製造工程

カステラは家庭でもつくれるので，基本製造フローを理解するため，家庭規模で説明する。

カステラの原料の例は卵（Mサイズ）8個，無漂白小麦粉の超薄力粉250g，上白糖330g，水飴大匙3杯である。用意する道具はオーブンの大きさに合わせてつくる27cm四方，深さ7.5cmの木枠に白い紙（クッキング・ペーパー）を貼り画鋲などで固定する。図10.6.1に長崎カステラ用の木枠の例を示した。

卵生地の調整方法には，卵の使い方により共立方式，別立方式，オールインミックス方式があるが，普通は卵の卵白と卵黄を分離せず，全卵のまま砂糖とホイップする共立方式を採用する。図10.6.2にカステラの製造の様子を示した。図10.6.2のように縦型ミキサを使用して生地調整を行う。

ミキサボールに全卵を入れ，ワイヤホイッパーを付け160～230rpmで均一にほぐす。砂糖を加えて混合し，速度を390～430rpmに上げ10～13分間撹拌して起泡する。配合水に溶解した水飴類を加え，さらに2分間ほど起泡した後，ボール内

図10.6.1　長崎カステラ用木枠の寸法例[14]

カステラ

a) 原料：水飴，上白糖，薄力粉，卵，はちみつ

b) 卵に砂糖を加え泡立てる。その後水飴とはちみつ，小麦粉を入れ混合する。

c) 生地を木枠に流し込む。その後，高温の釜で焼成

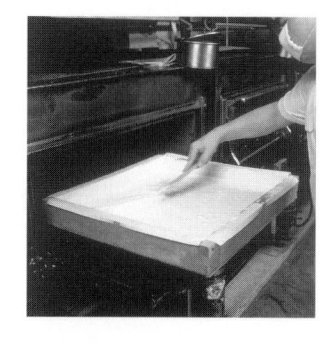

d) 焼成途中の中混ぜの様子。途中で3～4回"中混ぜ"をすることで，大きな気泡が取り除かれる。

e) 焼成後釜から出す。焼き上がりまでに約50分を要する

f) 半分に切り品質チェック

図10.6.2　カステラの製造の様子（写真提供：㈱文明堂新宿店）
（本書の内容はあくまで一般的工程を解説したものであり，写真提供企業の製造工程を示すものではありません。）

のホイッパを上げ，生地を落とす。たれた部分が少し盛り上がって，まもなく平らに広がる程度の起泡（七分立て）とした後，篩でダマをほぐした小麦粉を加え，ホイッパなどで軽く混合する。生地をたらし，盛り上がりが3～4秒程度で平坦になる程度が良い。見かけ比重が0.5程度になっているのが目安である。

10分程度そのままねかせ，表面にたくさんの気泡が出てきたら木ヘラで底から撹拌して，気泡を消し，生地を安定させたら，先に用意した図10.6.1のような木枠の底に粗目を敷き，生地を流し込んで，200℃以上のオーブンで焼成する。途中で3～4回，「中混ぜ」と称して，生地をかき混ぜ，泡切りを行い，きめ細かく焼き上がるようにする。オーブンに入れて約50分間で焼き上がる。

でき上がったカステラを半分に切り，焼き上がりの品質を確認の上，番重に入れ一晩ねかせ，熟成する。

CHAPTER 10　菓子類

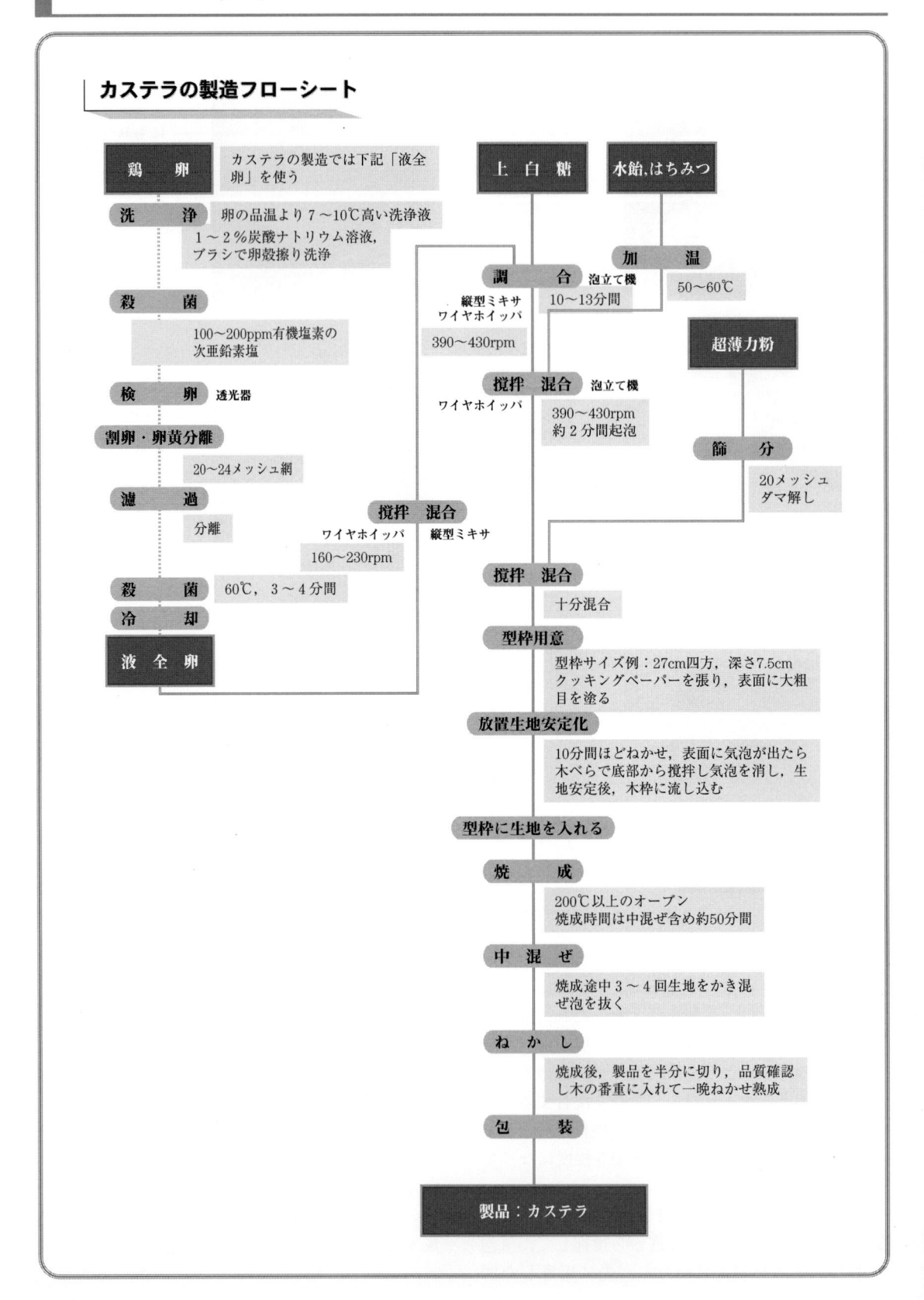

カステラの製造フローシート

鶏卵 — カステラの製造では下記「液全卵」を使う

洗浄 — 卵の品温より7〜10℃高い洗浄液　1〜2％炭酸ナトリウム溶液，ブラシで卵殻擦り洗浄

殺菌 — 100〜200ppm有機塩素の次亜鉛素塩

検卵 — 透光器

割卵・卵黄分離 — 20〜24メッシュ網

濾過 — 分離

殺菌 — 60℃，3〜4分間

冷却

液全卵

上白糖

水飴，はちみつ

加温 — 50〜60℃

調合 — 泡立て機　10〜13分間　縦型ミキサ　ワイヤホイッパ　390〜430rpm

撹拌混合 — 泡立て機　ワイヤホイッパ　390〜430rpm　約2分間起泡

超薄力粉

篩分 — 20メッシュ　ダマ解し

撹拌混合 — ワイヤホイッパ　縦型ミキサ　160〜230rpm

撹拌混合 — 十分混合

型枠用意 — 型枠サイズ例：27cm四方，深さ7.5cm　クッキングペーパーを張り，表面に大粗目を塗る

放置生地安定化 — 10分間ほどねかせ，表面に気泡が出たら木べらで底部から撹拌し気泡を消し，生地安定後，木枠に流し込む

型枠に生地を入れる

焼成 — 200℃以上のオーブン　焼成時間は中混ぜ含め約50分間

中混ぜ — 焼成途中3〜4回生地をかき混ぜ泡を抜く

ねかし — 焼成後，製品を半分に切り，品質確認し木の番重に入れて一晩ねかせ熟成

包装

製品：カステラ

菓子類 ― Confectionery ― 大福餅

若い女性は「肥るから」と敬遠しがちですが，あの小豆餡の美味しさは，筆者のような甘党にはこたえられない味です。

それは子供の頃から，食べて育った環境によるのではないでしょうか。筆者の父親は米どころの福井県の出身でしたので草大福が大好きで，その影響で筆者も大福餅，特に草大福が好きです。

昔はお袋が一つ一つ手で丸めて作ってくれましたが，今や自動包餡機なるものがあり，1時間に3,600個もできてしまいします。

　和菓子は水分含有量から分けると，大福餅，おはぎ，饅頭，どら焼き，羊羹などの生菓子，最中，すあま，ぎゅうひ，甘納豆などの半生菓子，落がん，おこし，せんべい，かりんとうなどの干菓子の三つに分けられる。さらにそれぞれを，蒸す，焼く，練る，流すなど，製法で分けると20種類くらいに分類される。干菓子の代表として「せんべい」についてはすでに解説したので，ここでは生菓子の代表「大福餅」について解説することにする。

　「大福餅」は餅菓子類に属し，糯米，餅粉，白玉粉，道明寺種，上新粉，みじん粉，上南粉などを主原料とするほか，副原料を使用し，餅生地を調製して，これを皮として漉し餡などの餡類を包んで製造するもので柏餅，大福餅がその代表である。大福餅も白大福，豆大福，栗大福，草大福，胡麻大福などがある。

　和菓子の歴史を辿ると，われわれ人類の祖先は日の出から日没まで，朝起きてから活動する一日を，二食で過ごしてきた。その後，日本列島においては戦国時代になり，「腹が減っては戦ができぬ」の言葉のように，常時戦闘力持続の体力保持の必要が生じた。それは，近年のような嗜好品としてとるオヤツ（主として八つ刻，午後3時頃）とは異なり，必要な間食であったが，この常食の朝夕の食事の間に空腹を満たす簡略な食事が和菓子の始まりとなった。

　享保二年（1717年）江戸，向島の長命寺で，参拝客相手に門前居住者が桜の葉で包み，桜色に染めた餡団子を売ったのが長命寺桜餅の始まりといわれている。木の葉で菓子を包むのは景行天皇の時代から行われていたが，餡を包む衣は小麦粉の薄焼き物に加え，糯米を半搗きにしたものが用いられたのは，この頃からのようである。後者は道明寺桜餅であるが，後に糯米皮の桜餅を「道明寺」と呼ぶようになった。

　さらに，寛政年間（1789年〜）になると，江戸，小石川の農家の主婦達が家内規模でつくり売ったものが「大福餅」として一般化したという説

表10.7.1　米穀粉の種類と用途

製品区分	原料米	名　　称	主な用途
生粉製品	糯米	白玉粉 餅粉（ぎゅうひ粉）	大福餅，餅団子，ぎゅうひ 大福餅，餅団子，ぎゅうひ
	粳米	上新粉（上用粉）	団子，柏餅，ういろう，大福餅
糊化製品	糯米	寒梅粉（焼みじん粉） みじん粉（上早粉） 落雁粉（春雪粉） 道明寺 上南粉	押菓子，豆菓子，糊用 和菓子全般 落雁 桜餅，おはぎ 桜餅，おこし，玉あられ
	粳米	みじん粉（並早粉） 上南粉 乳児穀粉（α化米）	和菓子全般 和菓子全般 乳児食，重湯

CHAPTER 10　菓子類

大福餅の製造フローシート

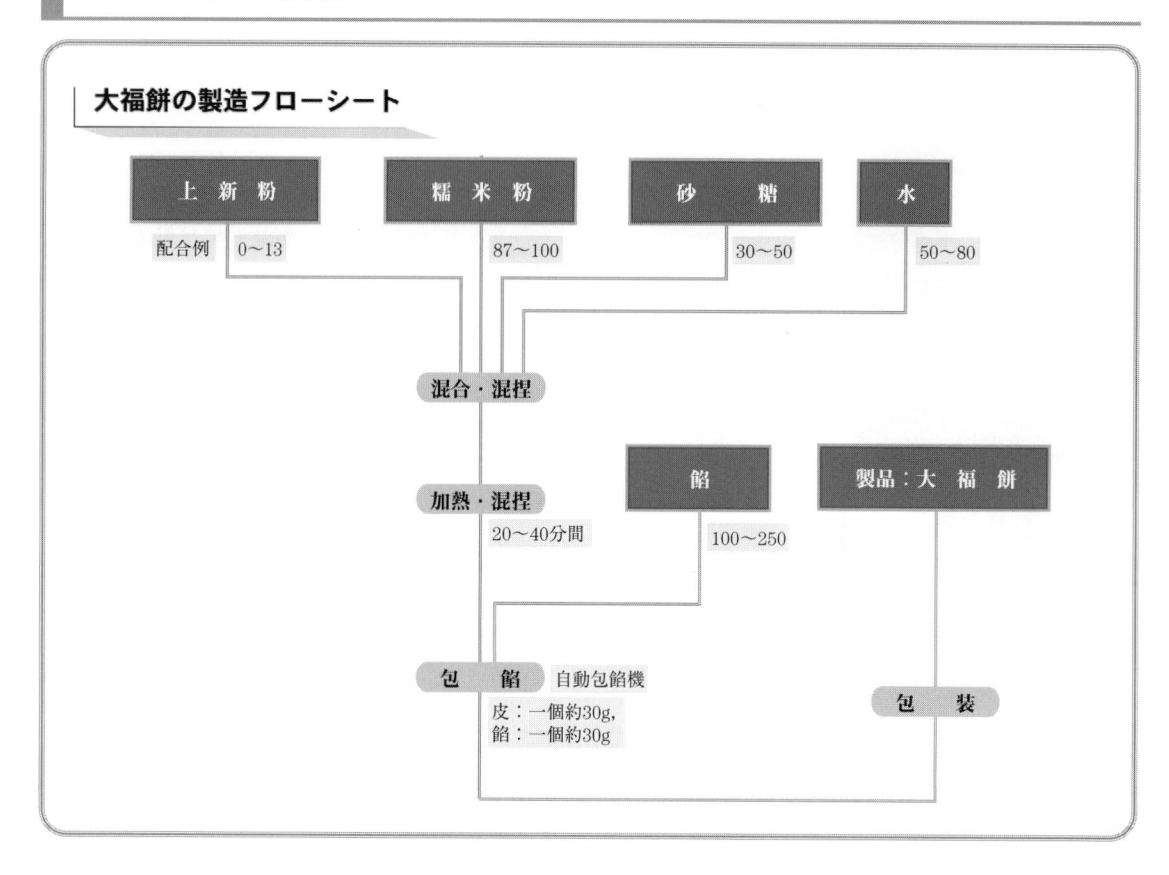

```
   上新粉        糯米粉        砂糖         水
配合例 0〜13      87〜100      30〜50      50〜80
        └────┬────┴────┬──────┘
             ↓
         混合・混捏
             ↓
         加熱・混捏        餡           製品：大福餅
         20〜40分間      100〜250
             └──────┬──────┘
                    ↓
                  包　餡    自動包餡機
                          皮：一個約30g,
                          餡：一個約30g
                    ↓
                  包　装
```

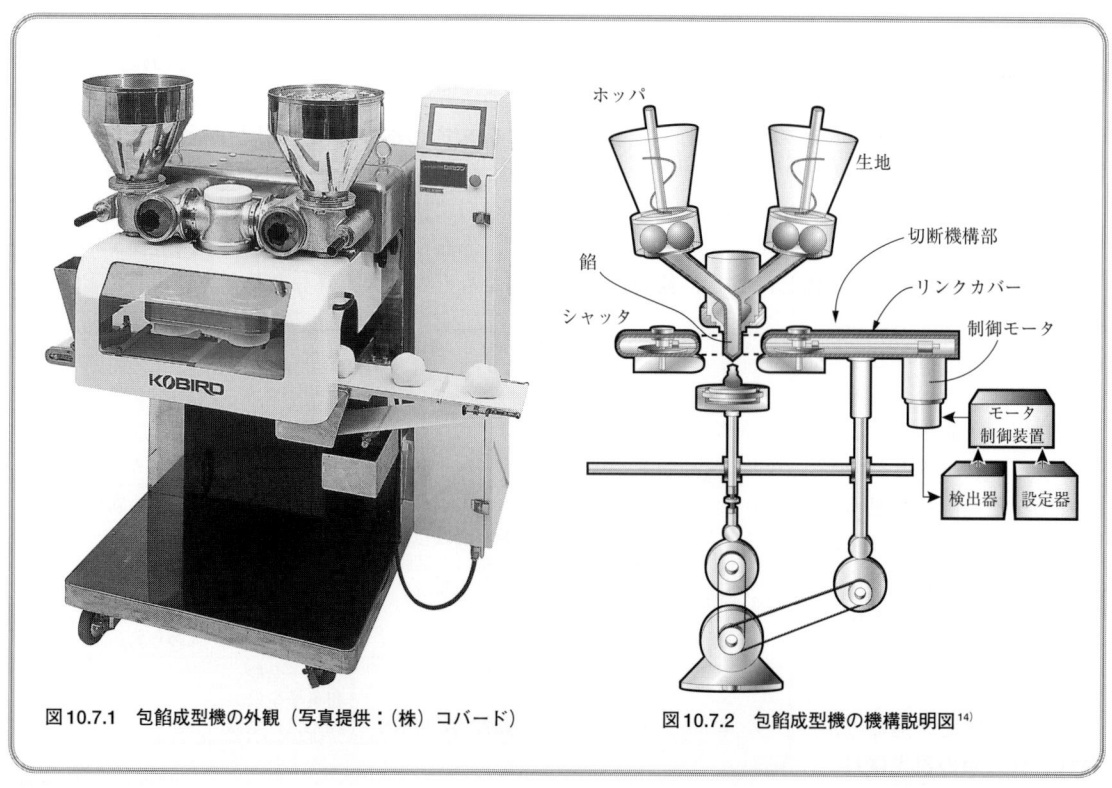

図10.7.1　包餡成型機の外観（写真提供：(株) コバード）

図10.7.2　包餡成型機の機構説明図[14]

（ホッパ、生地、切断機構部、リンクカバー、制御モータ、餡、シャッタ、モータ制御装置、検出器、設定器）

大福餅

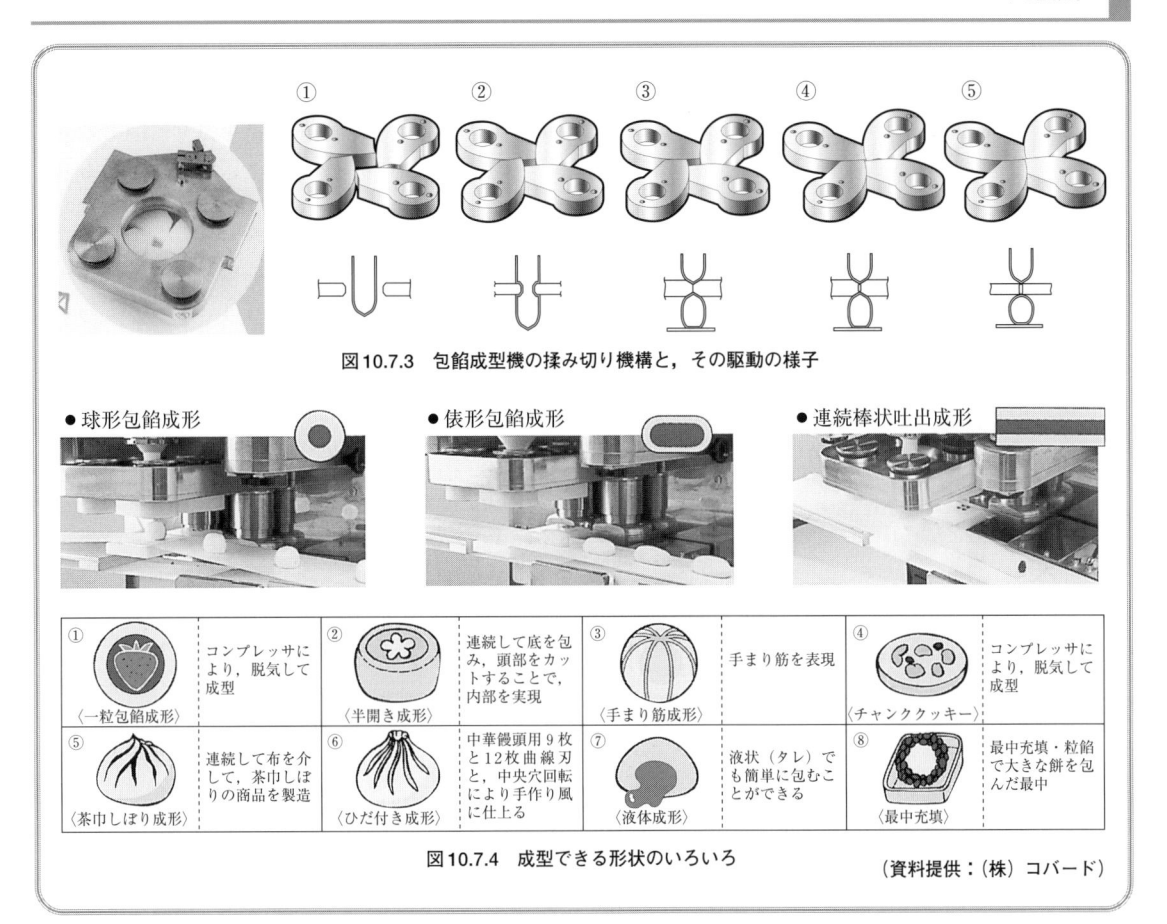

図10.7.3 包餡成型機の揉み切り機構と、その駆動の様子

●球形包餡成形　●俵形包餡成形　●連続棒状吐出成形

①〈一粒包餡成形〉	コンプレッサにより、脱気して成型	②〈半開き成形〉	連続して底を包み、頭部をカットすることで、内部を実現	③〈手まり筋成形〉	手まり筋を表現	④〈チャンククッキー〉	コンプレッサにより、脱気して成型
⑤〈茶巾しぼり成形〉	連続して布を介して、茶巾しぼりの商品を製造	⑥〈ひだ付き成形〉	中華饅頭用9枚と12枚曲線刃と、中央穴回転により手作り風に仕上る	⑦〈液体成形〉	液状（タレ）でも簡単に包むことができる	⑧〈最中充填〉	最中充填・粒餡で大きな餅を包んだ最中

図10.7.4 成型できる形状のいろいろ

（資料提供：（株）コバード）

と、明和9年（1772年）創製され、元禄直後は小豆の塩餡を包んだ大きな餅で、焼くと膨れ上がり、「腹太餅」と呼ばれ、さらに腹が太い、福々しいから転じて「大福餅」になったという説がある。

主原料の米穀粉は**表10.7.1**に示したように、主に糯米の粉が用いられる。

大福餅の製造工程

大福餅は商業的には、「せんべい」の項で説明した自動餅搗機で餅を搗き、それを皮にして、餡を**図10.7.1**に示したような自動包餡機で包んでつくる。

しかし、製法が簡単なので、家庭規模でもつくることができる。一例を示せば、一夜水浸漬した糯米5.4ℓを1臼として搗く場合は120〜130搗きする。また、白玉粉や餅粉を使用することもあり、たとえば、餅粉250gに、砂糖125gを混ぜ合わせ、水180mℓを少しずつ加え、良く混ぜ合せる。この生地を蒸し器で30〜40分間蒸し、蒸し上がったら、擂り鉢で粘りが出るまで混捏する。この生地を45℃程度まで放冷し、30gずつ丸めた餡を生地30gで包んで大福餅をつくる。

自動包餡機は**図10.7.2**のように、皮を入れた円錐ホッパと餡を入れた円錐ホッパの二つのホッパを持ち、それぞれをポンプで押出し、餡を棒状に、皮を円筒状に押出し、それを**図10.7.3**に示したような機構で球形に揉み切り、皮で餡を包み込む方法で包餡する。

自動包餡機には、イチゴ大福のような「固形物包餡」方式もある。

菓子類 —Confectionery—
プリン／ゼリー

プリンやゼリーはチルドデザートとして良く出てきます。筆者はゼリーの方が好きですが，あなたはどちらですか？　いずれにせよ，どちらもスーパーで「〇〇ゼリーの素」を買ってくれば簡単です。お湯で溶かして冷蔵庫に入れておけば美味しいゼリーが頂けます。予め調合された粉だからそれができるのです。でも素材から作るとなるとちょっと大変です。味や風味のほか，テクスチャを程良く合わせなくてはなりません。工場で作られる配合品は誰が作っても美味しいように配合されているのです。ゼリーはゼラチン，ペクチンなど凝固剤で冷却凝固させたものですが，プリンは卵のタンパク質を熱凝固させたものです。

の"煮こごり"の意味であった。その後，果汁と砂糖を煮立て固めたものや，寒天を使ったものも含まれるようになった。

ゼラチン（gelatine）は動物の骨，皮に含まれるコラーゲンからつくられ，板状，粒状，粉末状で市販されている。ゼラチンのゲル強度は一般にブルーム（bloom）で表し，ブルームが大きいほどゲル強度が高い。

製菓用は 100〜200 ブルームだが，ゼリー用は普通 180 ブルームと高めである。その製造工程を**表 10.8.1** のゼラチンゼリーの例で説明する。

プリンは蒸し菓子の代表的なもので，カスタードプディング，ライスプディング，スフレプディングなどがあるが，代表的なカスタードプディングはカラメルシロップを充填した容器に，卵，牛乳，砂糖などを混合したものを充填後，卵のタンパク質が熱で固まる性質を利用して加熱凝固させてつくられる。

一方，ゼリー（jelly）は，プリンとともに急成長したチルドデザートで，各種のフルーツゼリーのほか，コーヒーゼリー，ワインゼリー，ミルクゼリーなどがある。

ゼリーは，砂糖と水飴，または適当な結晶防止剤を入れた糖溶液を凝固剤（ゼラチン，ペクチン，寒天）などで固めたものである。その語源はゼラチンを含有する動物性食品（肉，魚）を煮たとき

プリン／ゼリーの製造工程

ゼラチンは水に溶けないが，浸漬すると 10 倍の水を吸収する。ゼラチンゼリーの製造は，
①粉末ゼラチンを熱湯に徐々に加え，ゼラチン溶液をつくる。
②砂糖を水に溶解し，さらに水飴を加えて 116℃まで加熱する。
③②を 70℃まで冷却し①を加え，さらに適量の色素，香料を加えて混合する。
④これを加熱殺菌し，60〜65℃まで冷却し，容器に充填，蓋材をシールして，10℃に冷却，製品とする。

最近は，これにフルーツの切り実を添加した製品が多くなった。

カスタードプリンの製造の詳細は割愛するが，ラフに説明すると，①カラメルシロップを容器に充填，冷却する。次に，②砂糖を温めた牛乳で溶解する。③卵をボールなどで溶きほぐし，②と混合する。④適量のフレーバーを添加する。⑤は①の容器に④を充填する。⑥150℃で 20〜30 分間オーブン加熱または蒸し器で加熱する。⑦冷却し，製品とする。

表10.8.1　ゼラチンゼリーの配合例（重量比）

原料郡	原料名	配合比
①	粉末ゼラチン（180ブルーム） 熱湯	25 50
②	砂糖 水飴 水	80 80 40
③	色素，香料	適量

プリン／ゼリーの製造フローシート

```
[熱湯]      [粉末ゼラチン]        [砂糖]      [水]
  50            25                 │          │
  │             │                  └────┬─────┘
  │             │                  [混合・溶解]
  └─────┬───────┘                       │
    [混合・溶解]                       [水飴]
        │                               │
        │                          [加熱・溶解]
[着色料, 香料]                       116℃
   適量                                 │
    │                              [冷　却]
    └─────────┬──────────────────────┘
          [混　合]
              │
        [殺菌・冷却]  60〜65℃まで冷却
              │
        [充填・包装]  充填, 蓋シール
              │
        [冷　却]  10℃まで冷却
              │
        製品：ゼリー
```

```
[牛乳]         [砂糖]        [カラメルシロップ]
温めた牛乳        │                 │
  └──────┬───────┘                 │
    [混合・溶解]                  [充　填]
         │                          │
[液卵]  [フレーバー]              [冷　却]
  │       │                         │
  └───┬───┘                         │
      └────────┬───────────────────┘
          [混　合]
              │
        [容器に流し込む]
              │
        [加熱・処理]  150℃オーブンまたは
                      蒸し器20〜30分間
              │
        [冷　却]  10℃まで
              │
        製品：カスタードプリン
```

● 第11章 ●

缶・瓶詰め類
A can and bottling

果実缶詰（みかん）

― 缶・瓶詰め類 ― A can and bottling ―

「今日の夕飯はカレーだ，デザートはフルーツポンチだ」となると，果物は色々あるけれど，決まって入るのは「みかん」の缶詰ではないでしょうか。この「うんしゅうみかん」の缶詰は，日本で誕生したものです。「なーんだ，みかんか」と思う人もいるでしょうが，一方で，「みかん」の缶詰を開けるたびに，誰もが「どうやって皮を剥くのだろう？　どうやって内果皮を取るのだろう？　まさか人が一個一個手で剥くのではないよね？」と，不思議に思うのではないでしょうか。

では，その不思議を解きあかしてみましょう。

いずれにせよ缶詰用としては①肉質が緻密で，色が鮮明かつ香味が良好のもの，②糖，酸の含有量が多いこと，③粒が揃っており，種子がないこと，④原料処理機械に適合した諸性質（腰が高くないこと，肉質が丈夫で物理的衝撃に耐えること，果形が揃っていること，皮と身が密着していないことなど），という条件をクリアした果実が用いられる。

「みかん缶詰」は11月下旬から3月上旬に至る約4ヶ月間の操業であり，果実缶詰の中で最も長期間である。したがって，収穫直後から長期貯蔵まで幅があるので貯蔵期間中の酸含量低下でpHが上昇し，甘酸味や加熱殺菌に大きく影響するので，pHが3.5以下になるよう，必要により加工時に酸の添加を行う。温州みかん缶詰の製造工程をフローシートに，また工程の概略図を図11.1.1に示した。

果実缶詰は「みかん」，「もも」，「パインアップル」，「洋なし」，「さくらんぼ」，「りんご」，「あんず」，「びわ」，「くり」とその種類は多い。ここでは代表して「みかん」の缶詰について解説する。

「みかん」の缶詰は昭和の初期，日本で開発されたもので，世界的にもユニークな果実缶詰である。

日本の果実缶詰のなかで最も多く生産されている「みかん」の缶詰は，日本のほか，スペイン，台湾，韓国，中国などでも生産され，国際規模に発展している。FAO/WHO国際食品規格の中でも「みかん缶詰」が採択されている。

製品・原料について

原料には温州みかん（Satsuma mandarin, Citrus unshiu Marc.）が用いられる。多くは普通温州種だが，一部早生温州を用いることもある。加工専用の品種はなく生食用のものが缶詰用原料になる。

普通温州の系統として杉山系が最も多く栽培され，そのほかに石川，池田，林，南柑4号，南柑11号が有名である。一方，早生温州では宮川早生，青江早生，井関早生，興津早生，三保早生などがある。

みかん缶詰の製造工程

製造工程はまず，外皮を図11.1.2のような自動剥皮機で剥く。この時，生蒸気で85〜90℃，40〜60秒，沸騰水なら20〜30秒，熱処理すると剥皮しやすい。ついで水圧（約0.5kg/cm^2）を利用した図11.1.3のような自動ホロ割り機で身割りする。

これを濃度0.5〜1.0％，温度25〜35℃の希塩酸の溶液中に40〜60分間浸漬後，水洗し，温度30〜40℃，濃度0.5〜1.0％の苛性ソーダの液中に20〜25分間浸漬する化学的方法（酸アルカリ結合処理法）で内果皮を脱皮する。脱皮機はタンク式，ドラム式，樋式などあるが，現在は樋式連続脱皮装置が多い。酸，アルカリ液量は果肉の1.5〜2倍使用する。

その後，水晒しを3〜4時間行い，アルカリや残留皮部を自然に脱離流出する。水晒しの工程は，

果実缶詰（みかん）

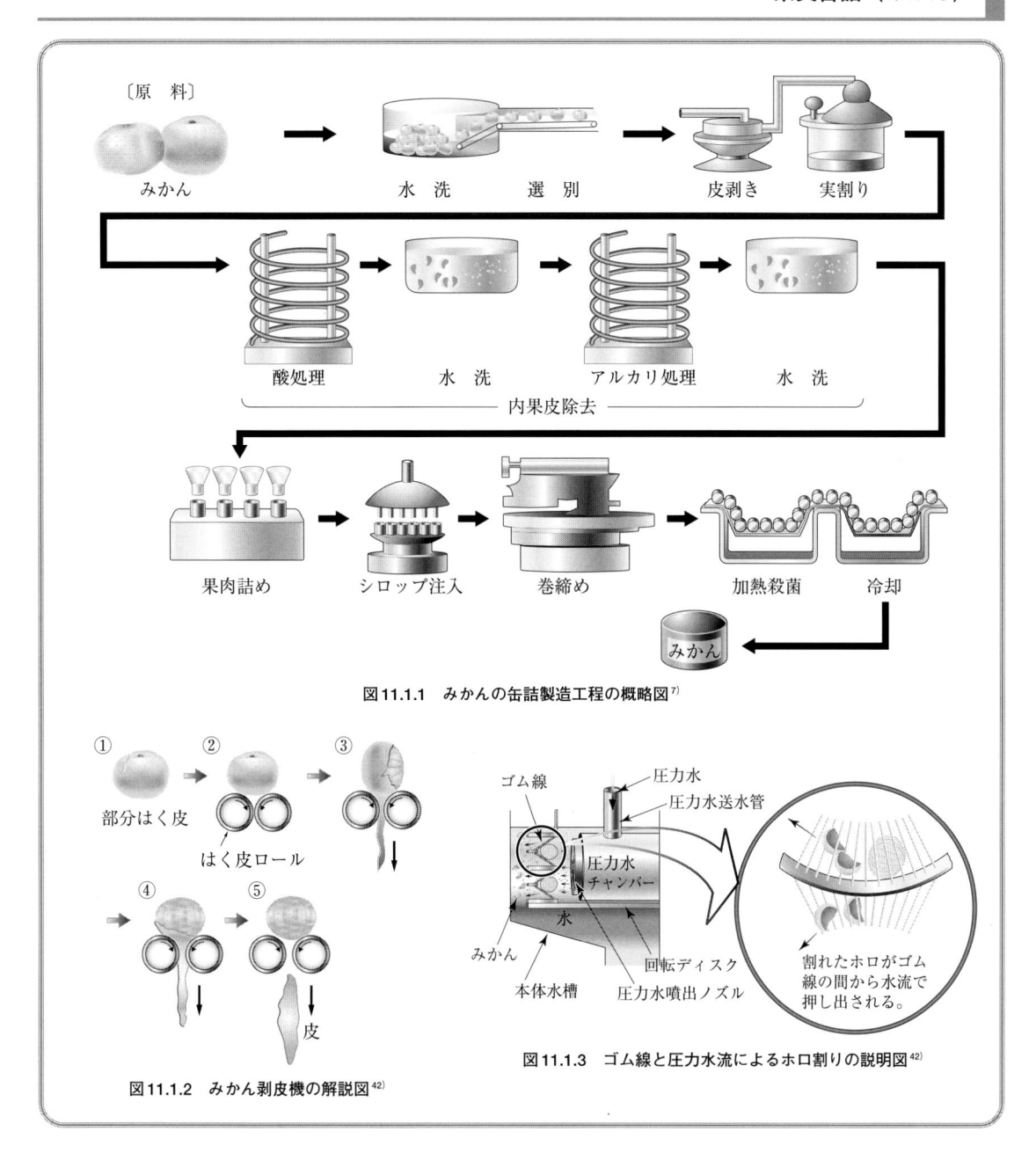

図11.1.1　みかんの缶詰製造工程の概略図[7]

図11.1.2　みかん剥皮機の解説図[42]

図11.1.3　ゴム線と圧力水流によるホロ割りの説明図[42]

①回転円筒式，②樋流下式，③スダレ方式などがある。

　脱皮，洗浄されたみかん果粒は，ロール選別機でL，M，Sのサイズに分けられ，果肉詰工程でサイズ毎に秤量して缶に詰める。

　果肉詰後，缶内平均糖度が17％以上になるよう注入糖液を調整する。糖液には予めメチルセルロースを10ppmになるよう加え，貯蔵中のシロップの白濁を防止する。シロップは糖濃度が高いため果肉が脱水され量が減少するので，それを見越して缶詰時，果肉を5～10％多めに充填する。

　充填後，脱気，真空巻締，殺菌，冷却を行う。殺菌は回転殺菌機で5号缶で80～85℃，13～15分間である。

　製品歩留まりは原料によって差があるが，剥皮後で74～77％，崩れた果肉を除き，正常果肉の歩留まりは60％程度である。

CHAPTER 11 缶・瓶詰め類

温州みかんの缶詰の製造フローシート

```
原料温州みかん
    ↓
   水 洗
    ↓
   選 別
    ↓
   湯 通 し     生蒸気85～90℃，40～60秒または熱湯20～30秒
                外果皮を柔らくし，皮剥き作業を容易にする
    ↓
   皮 剝       自動剝皮機，8時間で10t
    ↓
   ホロ割り     自動身割機
ホロ             ゴムバンドを鉢状に組んだポケットに水ジェットでホ
内皮のついた全果  ロを押しつけ身割り　一つ一つのセグメントになる
    ↓
① 酸 処 理    ホロについた袋（じょうのう膜）を除去
①～③は総延長数百メートルの塩化  0.5～1.0%食添用塩酸溶液，20～25℃に40～60分間浸漬
ビニール製樋の中で行う
    ↓
② 水 洗
    ↓
③ アルカリ処理  0.5～1.0%の苛性ソーダ溶液，25～35℃，10～15分間浸
                漬　ペクチンやヘミセルロースを溶解し除去
    ↓
④ 清水洗浄    約30分間新鮮な水で洗浄
    ↓
   選 別       ロール選別機
                セグメントをL, M, Sにサイズ選別
                直径15cm，長さ2mのロール10～16本，2本づつ対，
                ロールの間隙は先に行くほど狭く，小さいセグメント
                から先に水とともにロールの下に落ちる
    ↓
  夾雑物除去    ステンレスのネットコンベヤ上で不完全粒，
                すじ，種子除去
    ↓
  果肉詰め      15～20%規格値より多めに詰める　pH≦3.5
                （糖液中での加熱殺菌で脱水目減りを配慮）
    ↓
  シロップ注入  $W_1$：肉詰固形量 (g)，$Y$：注入液糖度 ($BX^0$)
                $W_1X + W_2Y = W_3Z$
    ↓
   密 封       真空巻締機
                密封後真空度100mmHg以上
    ↓
   殺 菌       連続回転式低温殺菌機　4～6 rpm　80～85℃
                5号缶で13～15分
    ↓
   冷 却
    ↓
製品：温州みかんの缶詰    全果粒：糖度14～18%
```

W_2：注入糖液量 (g)，W_3：内容総量 (g)
X：詰込前果肉糖度 (BX^0)，Z：製品規格糖度 (BX^0)

「みかん缶詰」の固形量および内容総量のJAS規格
（＊：開缶後2分間傾斜，液流出後測定）

缶型	固形量＊	内容総量
1号缶	1,700g	3,120
2	480	851
3	315	567
4	250	455
5	175	312
6	125	210
7	175	300

果実缶詰（パインアップル）

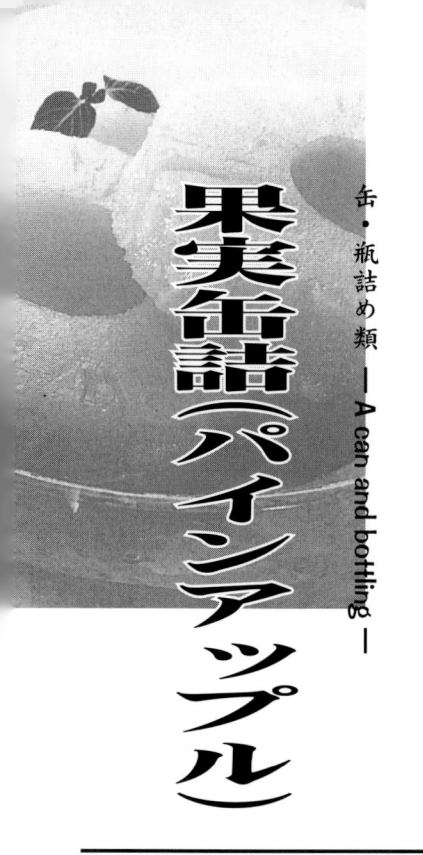

缶・瓶詰め類 — A can and bottling —

果実の缶詰といえばパインアップルが思い浮かぶのは筆者のような古い日本人かも知れませんね。私が子供の頃は高価なデザートで「ハワイ」のイメージがありました。確かに産地はハワイが代表的ですが，日本の沖縄でも栽培しています。

パインアップルの缶詰を開けるとたいてい，古代の石の通貨のように真中に穴の開いた円盤のようになっていますね。私は，この形をどのようにして機械加工するのか興味があり，今回，沖縄まで行って見てきました。

果実缶詰と言えばパインアップルの缶詰を思い出すくらい，パインアップルは果実缶詰の代表である。主要生産地はハワイ，シンガポール付近，台湾中部以南であるが，日本でも沖縄で少量ながら生産されている。パインアップルはその加工の都合上，原料果実の直径の大小により2号缶用（4吋3/4），3号缶用（4吋以上），4号缶用（4吋以下）に分ける。さらに切り取ったパインアップルの果肉のサイズには**表11.2.1**のような米国のパイン缶原料規格がある。またパインアップルの缶詰にする際の切り方は，**図11.2.1**のように5通りの切り方がある。

原料パインはハンド・サイザーまたはジナカ・マシンでパインアップルの皮を剥ぎヘタを除去し，芯を抜き去った上皮の内部に残存する果肉を掻き取る。ジナカ・マシンで処理されたパインアップルをトリミング・テーブルに運び果実の外部に存在する非食部分を包丁で除去する。

ジナカ・マシンは大量生産向きであるが，ここでは筆者が自ら取材できた沖縄，名護パイナップルワイナリーの機械について説明する。**図11.2.2**はパインアップルの皮，芯除去機の全体外観である。A部は**図11.2.3**に示したように4本の爪で果実を固定する。B部は**図11.2.4**に示したように果実の大きさに合わせ2枚の刃の距離を加減し基部と果頂部を除去する。C部は**図11.2.5**に示したように基部と果頂部の両端を除去した果実を円筒形のカッターで串刺しにして芯を除去する。D部は**図11.2.6**に示したように，果実の大きさに合わせた太い円筒状の刃で外皮を剥く。トリミングしたものをスライサーに廻して輪切りにする。その厚さは外国種にあっては2号缶，3号缶および4号缶に応じて缶に8枚になるよう適当に輪切りとし，在来種は7枚とする。輪切りにしたものを優

表11.2.1 米国のパイン缶原料規格[45]

形　態	直　径
L（No.2 1/2）	3 1/2 （overall）インチ 1 1/4 （center）
M（No.2）	2 7/8 （overall） 1 1/8 （center）
S（No.1）	2 9/16 （overall） 7/8 （center）

（注）overall：外径　center：中心部

スライス（輪切り）　ハーフ（2つ割り）　クォーター（4つ割り）

ティビット（楔形）　ピーセス（小片）

図11.2.1 パインアップルの缶詰形態規格[45]

CHAPTER 11　缶・瓶詰め類

パインアップル缶詰の製造フローシート

完熟パインアップル

1. サイズ選別　　原料果実の直径の大小で2号缶用，3号缶用，4号缶に分ける
2. 水　　洗
3. 切断　除去　　果頂部および基部を切断除去
4. 除　　芯　　1.〜5.は自動処理機で行う（ジナカ・マシン）
5. 剥　　皮　　外果皮の剥皮，直径が大きいほど，肉厚のシリンダ状の果実となる
　　　　　　　　サイズは表11.2.1の米国規格に準ずる

芽　取　り　　包丁で残った芽や非食部分をトリミング

スライシング　　スライサー
　　　　　　　　肉厚：12〜13mm（1缶で8枚になるように）
　　　　　　　　種類：ホールスライス，ハーフ，クォーター，テイビット，ビース，スパイラルスライス

選　　別　　同じ型になるよう異形のものをベルトコンベヤ上で選別

缶　　詰　　3号缶（Net：565g）が多い

注　　液　　砂糖シロップまたは果汁に砂糖を加えた液
　　　　　　シロップの糖度：18〜22%
　　　　　　砂糖添加量：2号缶86〜101g，3号缶63〜75g
　　　　　　　　　　　　4号缶45〜49g

脱　　気　　プレバキュマイジング・シラッパー
　　　　　　100℃で2号缶10分，3号缶7分，4号缶5分

封　　入

殺　　菌　　2号缶105℃で27分，3号缶105℃で22分
　　　　　　4号缶150℃で15分
夏実は，pH4.0を超えることがあるので酸を添加，または殺菌時間を数分長くする

冷　　却　　30〜40℃まで，3号缶で8〜10分

箱　　詰

製品：パインアップル缶詰

果実缶詰（パインアップル）

図11.2.2　パインアップルの皮，芯除去機の全体外観
　左は沖縄の名護パイナップルワイナリーで実際に使用されている大量生産用の機械。右は主に小規模工場で使われる「パイン・サイザー」である。ここでは左の機械による缶詰用パインの剥皮成形の工程を以下に紹介する。
　ちなみに右上のパイン・サイザーは沖縄の本土復帰直後に製造されたもので，現在は3台しか残っていない。しかしうち2台は今も現役で稼働している。（資料提供：（株）名護パイナップルワイナリー）

図11.2.3　4本の爪でパインアップルを固定

図11.2.4　根と頭を2枚の刃で同時にカット

図11.2.5　芯に合わせて右から丸棒を差し込み，芯を抜く。両端がカットされ，果実が串刺しの状態

図11.2.6　丸棒を果実に刺したまま，右から円筒形の刃で皮を剥く。次に丸棒を抜き，円筒の刃に入り込んだ筒状の果実を押し出す

良品から順次下級品におのおの別々に各缶型の缶に果肉詰めする。

　空缶に予め砂糖を計量して入れておき，果肉詰めを行ってエキゾースト・ボックスを通過する前に熱湯を缶に注入する。砂糖添加量は2号缶で86～101g，3号缶で64～71g，4号缶で45～49gである。脱気は100℃で2号缶で10分，3号缶で7分，4号缶で5分行う。充填後の加熱殺菌は2号缶で105℃で27分，3号缶で105℃で22分，4号缶は105℃で15分行い，ただちに水中に投入して完全に冷却する。

ジャム類
―缶・瓶詰め類―A can and bottling―

筆者は小中学校の頃，よくコッペパンにイチゴジャムをお店で付けてもらい食べたものです。以来，筆者はジャム好きで通っています。当時は現在のようにイチゴの粒が目立つものはありませんでした。パンには付けやすかったけど，きっとペクチンやゼラチンが多かったのでしょう。最近ではジャムも種類が多いですね。イチゴ，ブルーベリー，杏，りんご，オレンジママレード……これら果物は収穫の時期があり，そのジャムも，その時期にしか製造されていません。もちろん，冷凍保存し原料を使う手はありますが，生にこだわってみました。このような理由から，内容はポピュラーなイチゴジャムで解説しましたが，時期の関係で写真は杏ジャムのものを紹介してあります。

状の組織を形成する。この組織は果実特有の香味を有し，口当たりが滑らかで，好まれる。

主なジャムは原料で分類すると以下のようになる。

仁果類：りんご，梨，カリン，まるめろ

核果類：杏，スモモ，桃，梅，桜桃

柑橘類：オレンジ，みかん，グレープフルーツ，レモン

液果類：ブドウ，イチジク，キウイフルーツ

小果類：イチゴ，ラズベリー，ブルーベリー，黒すぐり，赤すぐり，クランベリー

熱帯果実類：パイナップル，グアバ，パパイヤ，マンゴ

このように種類は豊富だが，生産量的には「イチゴジャム」が群を抜いている。

イチゴの加工専用品種としてはアメリカ種（マーシャル）が良いといわれ大部分を占めている。そのほかに生食兼用品種として宝交早生，春の香，ダナーなどがあり，九州から東北地方まで広く栽培されている。

原料としては①栽培が容易で収穫量が多い，②へたを取りやすい，③製品の香りが良く，異味異臭が出ない，④粒が揃っている，⑤果頂部まで完熟し，アントシアン色素を多く含み，好ましい鮮赤色を持つ，⑥ペクチン質と有機酸が多く，ビタミンC，灰分が多い，⑦製品が軟らかく仕上がるなどの条件を満たすものが良いといわれている。

ジャムとは磨砕した果実分に糖類を加え必要に応じてpH調整し，濃縮し，適度の硬さのゼリー状にした食品である。この時，果実の原型を残したものをプレザーブスタイルのジャムという。

これに対しゼリーは果実の搾汁，好ましくは透明果汁を原料にしてジャムと同様に製造したものである。

マーマレードはジャム類のうち柑橘類を原料としたもので，柑橘類の果皮の混合が認められたものである。

製造・原料について

ジャム類のレギュラー品は可溶性固形分65％以上とされているが，消費者嗜好の変化に伴い，可溶性固形分35～55％の低糖度品の需要が増え，包装容器も瓶，紙，プラスチック，アルミニウムなどを組み合わせたものやポーションパックなどバラエティに富んでいる。

砂糖は常温で約67％が水に溶解し，その溶液の水分活性Awは約0.85である。この条件ではカビ類は別にして細菌類は繁殖できない。したがって果実中に砂糖を溶解浸透させ65％以上の糖濃度とすると保存性が付与される。この際，糖は果実成分のペクチンおよび酸と共同作用し，ゼリー

ジャムの製造工程

原料は，新鮮なものを素早く加工するのが最も良いが，収穫の時期や産地との距離の問題もあり，貯蔵が必要になる。貯蔵方法としては，
①生果を低温で保管する，
②加熱して，大型容器に密封保管する，
③前処理して冷凍保管する，
などである。

イチゴジャムの製造フローシート

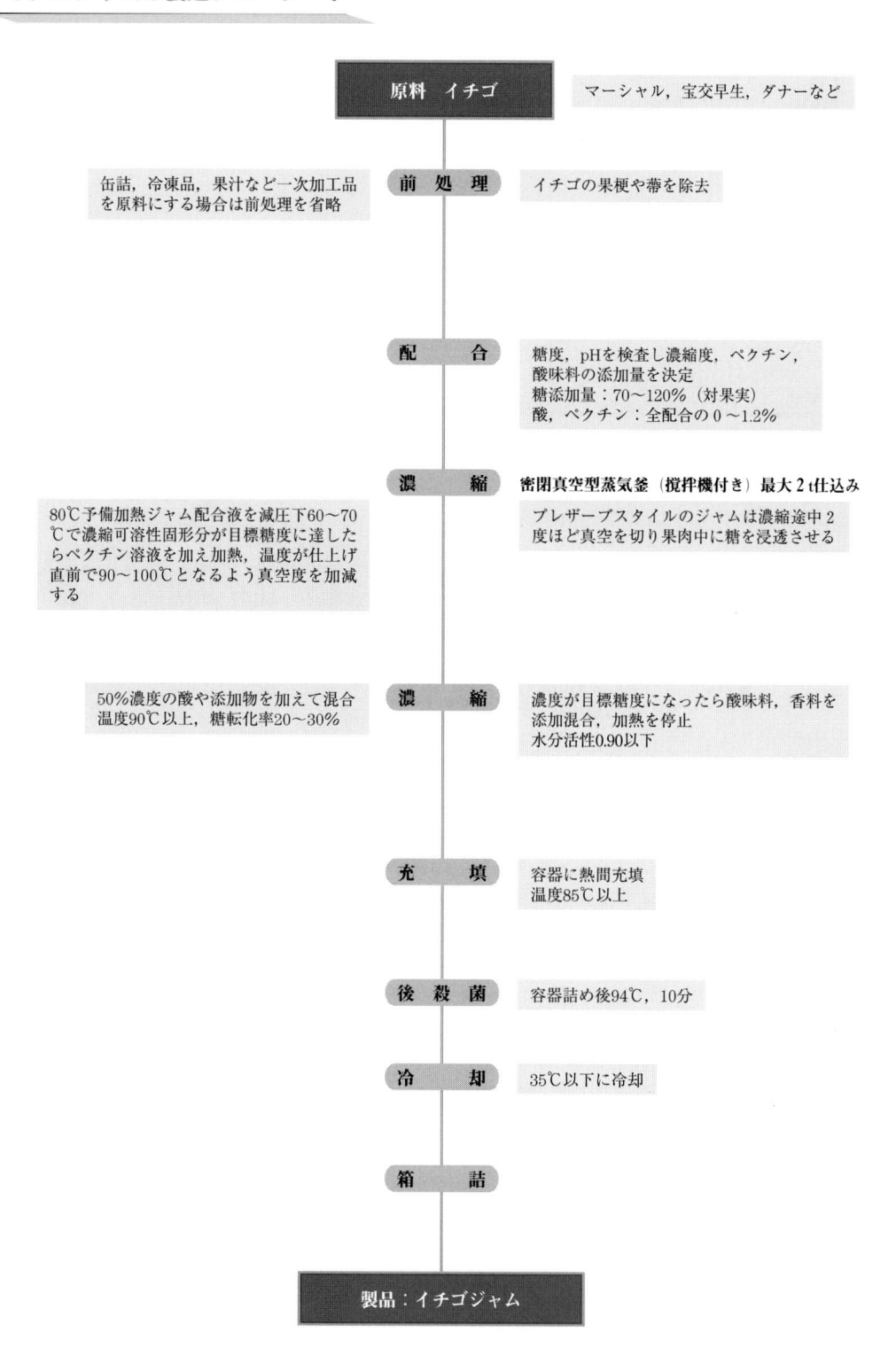

原料 イチゴ ─ マーシャル，宝交早生，ダナーなど

前 処 理 ─ イチゴの果梗や萼を除去
（缶詰，冷凍品，果汁など一次加工品を原料にする場合は前処理を省略）

配 合 ─ 糖度，pHを検査し濃縮度，ペクチン，酸味料の添加量を決定
糖添加量：70〜120%（対果実）
酸，ペクチン：全配合の0〜1.2%

濃 縮 ─ 密閉真空型蒸気釜（撹拌機付き）最大2t仕込み
プレザーブスタイルのジャムは濃縮途中2度ほど真空を切り果肉中に糖を浸透させる
（80℃予備加熱ジャム配合液を減圧下60〜70℃で濃縮可溶性固形分が目標糖度に達したらペクチン溶液を加え加熱，温度が仕上げ直前で90〜100℃となるよう真空度を加減する）

濃 縮 ─ 濃度が目標糖度になったら酸味料，香料を添加混合，加熱を停止
水分活性0.90以下
（50%濃度の酸や添加物を加えて混合 温度90℃以上，糖転化率20〜30%）

充 填 ─ 容器に熱間充填 温度85℃以上

後 殺 菌 ─ 容器詰め後94℃，10分

冷 却 ─ 35℃以下に冷却

箱 詰

製品：イチゴジャム

CHAPTER 11　缶・瓶詰め類

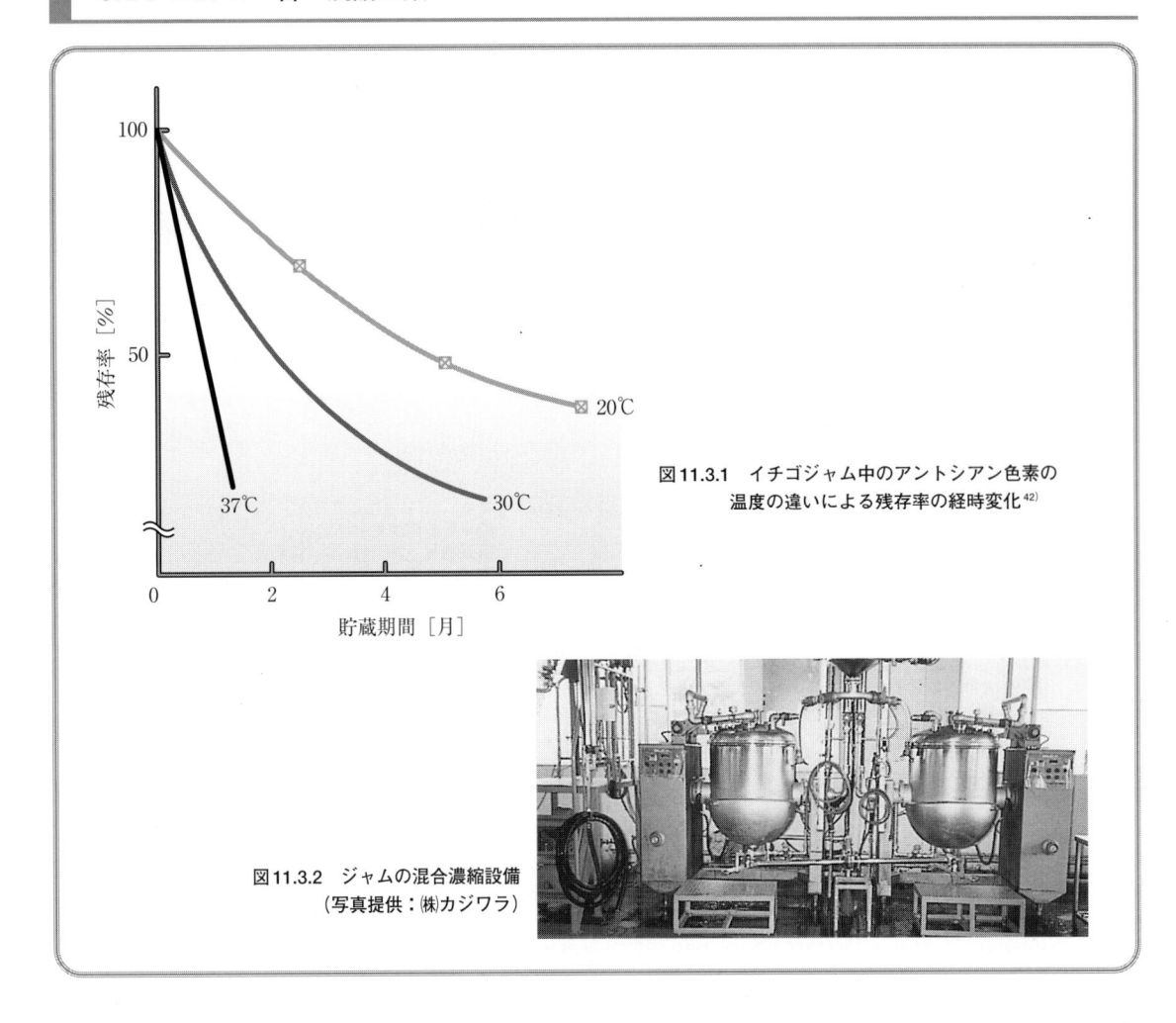

図11.3.1　イチゴジャム中のアントシアン色素の温度の違いによる残存率の経時変化[42]

図11.3.2　ジャムの混合濃縮設備
（写真提供：㈱カジワラ）

　原料処理は収穫してその日の内に洗浄，ヘタ取り後，冷凍処理するのが望ましい。冷凍は－30℃で急速冷凍し，－18℃以下で保管する。充分な低温で急速に凍結しなければ氷の結晶が大きくなり，煮熟工程で形崩れが生じ，良好なプレザーブスタイルになりにくい。

　昔はホーロー，銅製，ステンレス製のオープンの直火釜で果肉の軟化と煮込みを兼ね20～40分かけ，濃縮していたが，最近では高品質を目指し，減圧下で低温濃縮するバキュームパン方式があり，また配合から低温濃縮，殺菌まで連続して行い，アセプティック方式で容器に詰める装置が開発されている。

　これらの装置では濃縮温度が60℃以下で高品質が実現している。

　濃縮後の加熱殺菌は果物の持つ酵素の失活，糖分の果肉への浸透，殺菌，ショ糖分の転化が目的で，撹拌しながら90℃以上まで加熱する。転化率は，製品中の20～30％が良い。ショ糖分が多いと製品中にショ糖の結晶が析出し，転化糖が多すぎると白色結晶がでる。

　加熱が終了したイチゴジャムは洗浄，検査された容器にペクチンがプリセットを起こさないように，高温で素早く果肉と液状部が均一になるように一定量を充填する。

　水分活性0.90以下で品温85℃以上で充填したジャムは後殺菌は必要ないが，厳密な工程のサニテーション管理ができない場合は，94℃以上で約10分間，後殺菌を行う。

　その後，ただちに品温35℃以下まで冷却する。この冷却が不充分だとペクチンのゲル形成が弱まり，粘度不足が起こる。

　流通時，製品は冷暗所に保管し，特にびん充填製品は日光の紫外線によりアントシアン，カロチ

ジャム類

① 果実の前処理の様子

② 前処理を終えた果実

③ ステンレス製の直火釜で果実を加熱・撹拌して濃縮

④ 自動化された充填工程

⑤ 充填後の冷却工程

⑥ 機械により自動でラベルと貼付され，出荷

図11.3.3　ジャムの製造工程の様子（写真提供：㈱沢屋）

（本書の内容はあくまで一般的工程を解説したものであり，写真提供企業の製造工程を示すものではありません。）

ノイド，クロロフィルなどの色素が退色するので注意が必要である。高温下ではショ糖の転化が進み転化糖の結晶が出やすくなり，メイラード反応，酸化が進み，褐変を引き起こす。

参考にイチゴジャム中のアントシアン色素の温度の違いによる残存率の経時変化を図11.3.1に示した。図11.3.2はジャムの混合濃縮設備の写真，また図11.3.3は杏を原料にした小規模のジャムの製造工程の様子である。生原料からのジャム作りは収穫の時期があり，イチゴの収穫期外のため杏で説明した。原料は異なるが製造工程の様子はイチゴでもあまり変わらない。

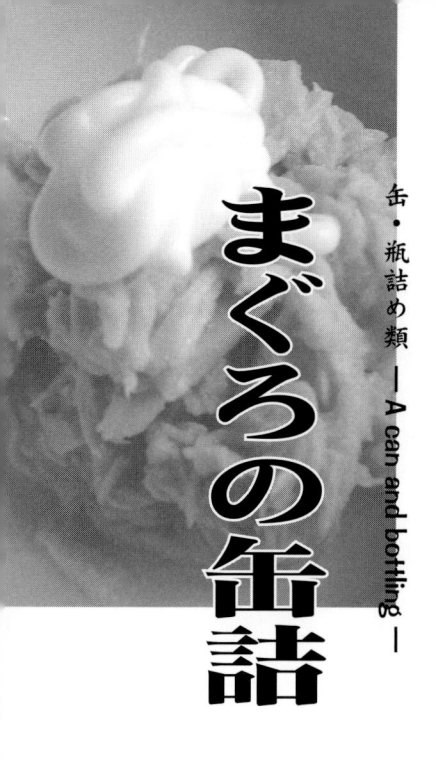

まぐろの缶詰
― 缶・瓶詰め類 ― A can and bottling ―

まぐろの缶詰と言えば何を思い出しますか。ツナサラダ，ツナサンドなど，結構美味しそうな食品の名前が挙がりますね。ツナサンドは筆者も好きで，旅行の時に弁当に選ぶことが良くあります。食品会社に勤めていた筆者は焼津や九州の枕崎の鰹節屋さんに行く機会があり，いろいろお話しをうかがっていると「まぐろ・かつおの水煮」がアメリカに多く輸出されているそうです。かつおの漁獲高の多いときや，かつお漁の少ない夏場はビンナガマグロを採って缶詰にして輸出するそうです。

製品・原料について

まぐろ類の中でもビンナガマグロ（Albacore）はミオグロビン含量が少なく，肉の色が白く「海の鶏」と称されている。

製法としては油漬，水煮，味付，ドレッシング漬などがあるが日本では油漬が多く，水煮は主に米国輸出用である。スタイルはソリッドが多いが，一口で食べられるチャンクスタイルやフレークスなどもある。

魚種としてはビンナガマグロが多かったが，最近では国際的に漁獲高が減少し，キハダ（yellow-fin），メバチ（big-eye），カツオ（skip-jack）が増えている。

まぐろの缶詰の製造工程

原料はほとんどブラインで急速凍結したものが多く，シャワー水，水タンクで解凍する。解凍を完全解凍の手前で終えるほうがよい。

これを大型カッターで頭部を切断し，続いて鰓を落とし，腹を割って内臓を除去後，魚体を充分洗浄する。原料の鮮度チェックが大切で，眼球，鰓，腹部などの色や臭い，魚の弾力性などで判定する。

魚体サイズを揃え，クッカーで魚体の中心温度

日本の缶詰産業の歴史は，明治4年，長崎での「いわし油漬缶詰」の製造に始まった。大正から昭和10年頃にかけて北洋を中心にサケ，マス，カニの缶詰が製造された。その後，「まぐろ油漬」や「いわしトマト漬」の缶詰が加わり，日本の重要な輸出産業の一翼となった。調理方法としては，水煮，油漬，味付，ドレッシング漬，香辛料漬，トマトソース漬などがある。

水産食品の缶詰はまぐろ・かつお缶詰，さば・いわし缶詰，さけ・ます缶詰，さんま缶詰，かに缶詰，あさり缶詰，かき缶詰，ホタテ貝柱缶詰，赤貝缶詰などがある。「まぐろ・かつお缶詰」は水産缶詰の中でも人気が高い。

表11.4.1 鮪缶詰の加熱殺菌条件とF_0値

品　名	缶　型	初期温度	カムアップ	殺菌温度	殺菌時間	F_0値
まぐろ・ソリッド 水煮	ツナ2キロ ツナ2号	25℃ 25	17分 15	113℃ 113	140分 70	9.9 5.5
まぐろ・ソリッド 油漬	ツナ2キロ ツナ1号 ツナ2号 平3号	25 20 25 25	13 14 13 15	113 113 113 113	160 90 70 60	3.0 3.9 3.1 4.4
まぐろ・フレーク 油漬	ツナ2号 平3号	25 25	12 15	113 113	80 70	4.0 4.8

まぐろの缶詰

まぐろ・かつお缶詰の製造フローシート

原料魚 — ビンナガマグロ, キハダ, メバチ, カツオ

↓

鮮度チェック

↓

解凍 — シャワー水または水タンク

↓

頭部切断 — 大型カッター

↓

エラ落とし・内臓除去

↓

洗浄 — シャワー水

↓

蒸煮 — クッカーで蒸煮　104℃, 4時間半

↓

放冷 — 煮籠のまま一夜放冷

↓

身割・背骨除去

↓

小骨・血合肉・皮など除去 — 白色肉は原料の約38%

↓

肉詰 — 自動肉詰機 (tuna packer)

↓

ウェイトチェック — ウエイトチェッカー

↓

（**野菜ブロス**、**植物油**（油漬のとき）、**ストラバイト防止剤** — フィチン酸, 酸性ピロリン酸塩）

↓

充填

↓

密封 — 真空二重巻締機

↓

加熱殺菌　113〜115℃　平3号缶で115℃, 70分

↓

冷却

↓

製品：まぐろ・かつお缶詰

CHAPTER 11 　缶・瓶詰め類

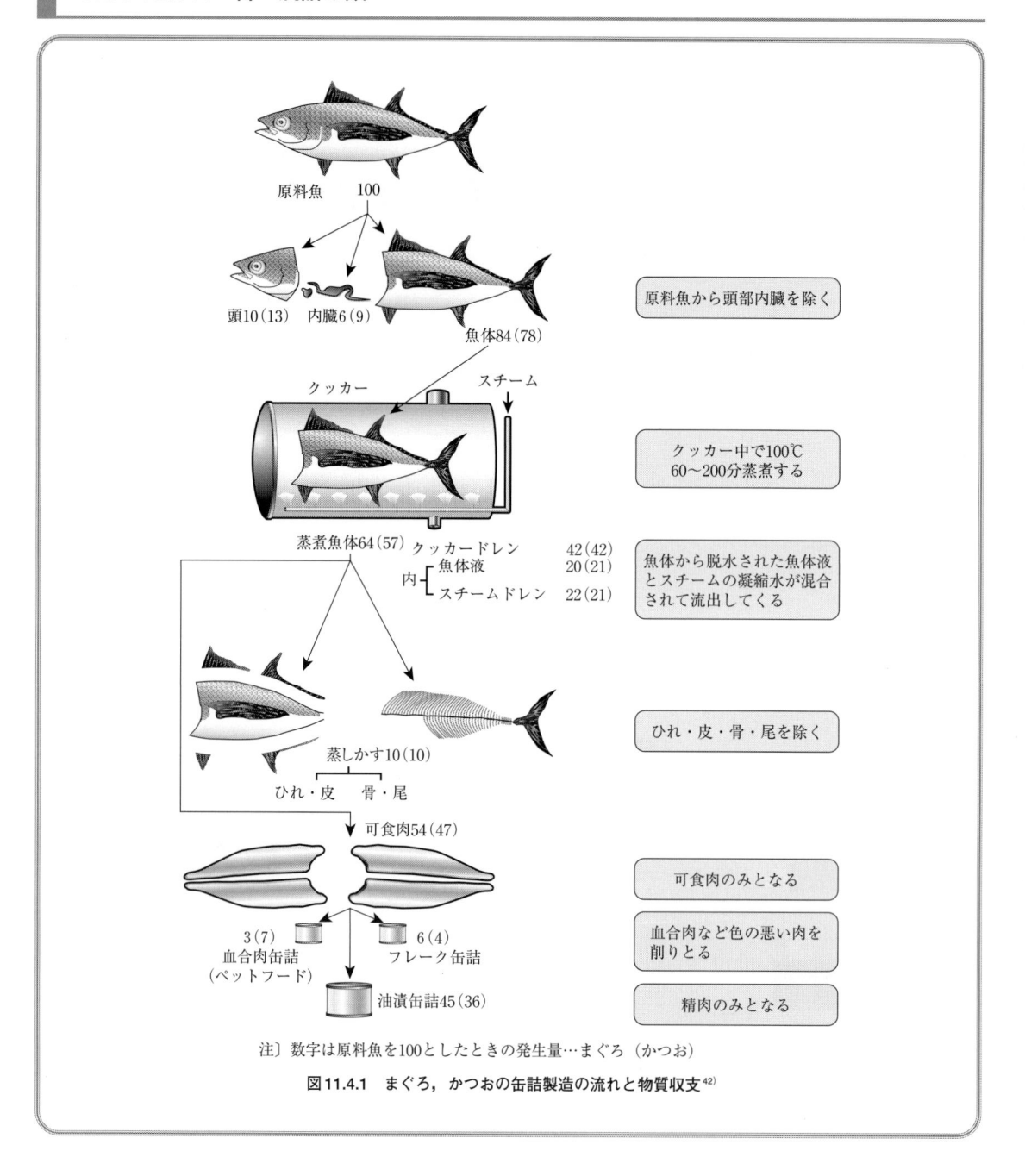

図11.4.1　まぐろ，かつおの缶詰製造の流れと物質収支[42]

注）数字は原料魚を100としたときの発生量…まぐろ（かつお）

（図中ラベル）
- 原料魚　100
- 頭10（13）　内臓6（9）　魚体84（78）
- クッカー　スチーム
- 原料魚から頭部内臓を除く
- クッカー中で100℃ 60～200分蒸煮する
- 蒸煮魚体64（57）　クッカードレン　42（42）
  - 内　魚体液　20（21）
  - 　　スチームドレン　22（21）
- 魚体から脱水された魚体液とスチームの凝縮水が混合されて流出してくる
- 蒸しかす10（10）　ひれ・皮　骨・尾
- ひれ・皮・骨・尾を除く
- 可食肉54（47）
- 可食肉のみとなる
- 3（7）血合肉缶詰（ペットフード）　6（4）フレーク缶詰
- 油漬缶詰45（36）
- 血合肉など色の悪い肉を削りとる
- 精肉のみとなる

65～70℃まで煮熟する。蒸煮時の雰囲気温度は魚種や脂肪量によって加減するが通常100～104℃で2～4時間蒸煮する。

蒸煮後，「クリーニング」工程に入る。これは竹ベラを用い皮，鱗などを除去し，身を二つに割り背骨を除去する。続いて曲刃（まがり）というナイフを用いて，血合肉，青肉，褐色肉，打ち傷，カードなどを除去する。精肉になったロインはツナパッカー（tuna packer）といわれる自動肉詰機で缶サイズに合せて切断され，自動的に定量充填される。

ウエイトチェッカーを通った適性重量のものに野菜ブロス（乾燥野菜：タマネギ，ジャガイモ，ニンジン，キャベツなどに水を加えて煮熟した煮汁）を加え，水煮とするか，植物油を加え油漬し，ストラバイト（長い間鉄や錫などの金属に触れる

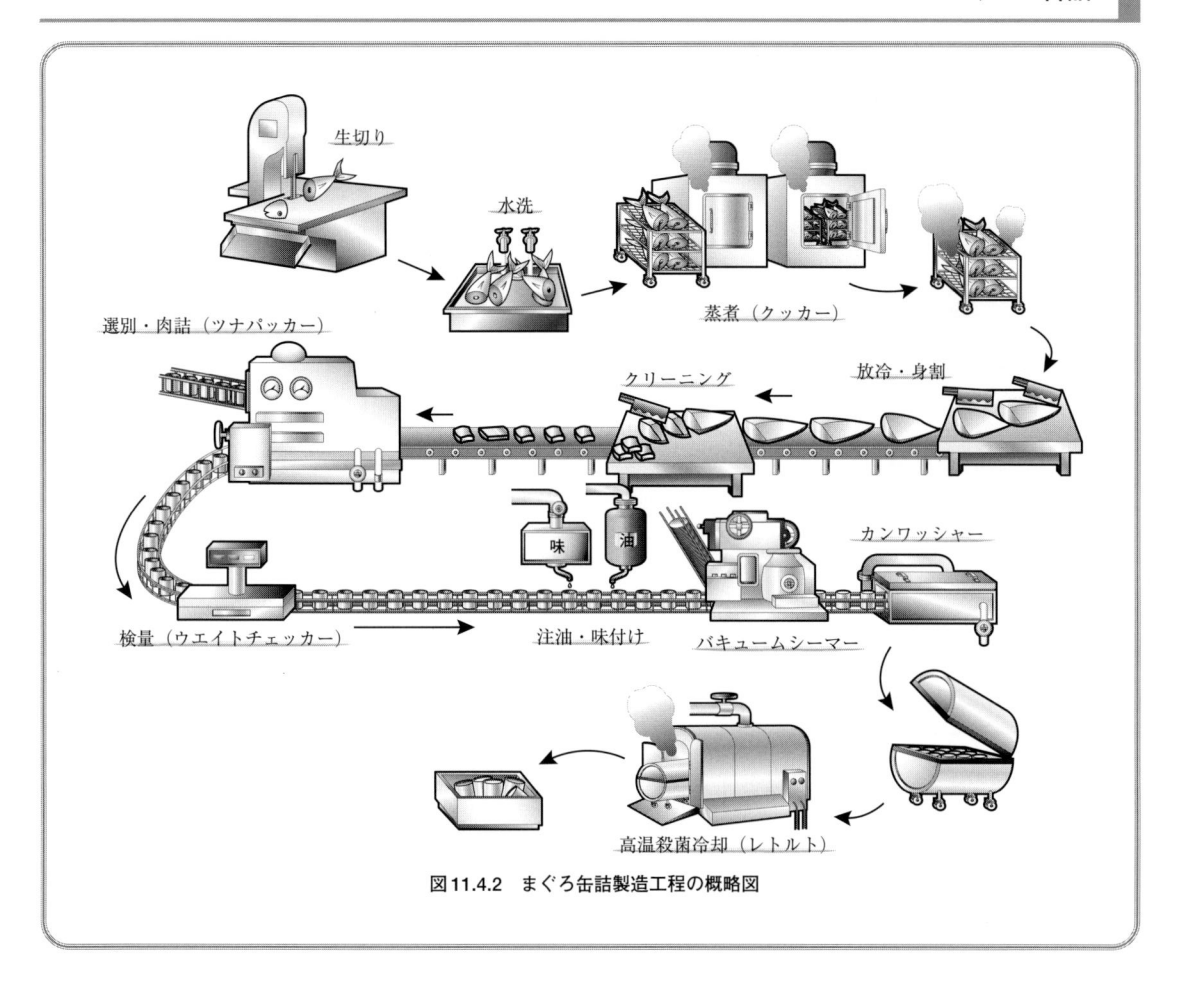

図11.4.2　まぐろ缶詰製造工程の概略図

ことで，ザラザラしたガラス状の結晶ができてしまう現象のこと）を防止するため，フィチン酸か酸性ピロリン酸塩を少量加え，真空二重巻締機で密封する。密封後缶を良く洗い，静置レトルトで加熱殺菌する。

まぐろの缶詰の加熱殺菌条件を**表11.4.1**に示した。

上記の説明で，「青肉」とは特にビンナガマグロを煮熟したとき肉が部分的に淡青色に変色することがあり，この現象をいう。また「ストラバイト」とは英語でstruviteと書き，無色のガラス状の結晶のリン酸アンモニウムマグネシウム6水塩で肉成分やブラインに由来する成分が反応して結晶化すると考えられる。

図11.4.1にまぐろ，かつおの缶詰製造の流れと原料の物質収支を示した。また**図11.4.2**にまぐろ缶詰製造工程の概略図を示した。

コンビーフ

缶・瓶詰め類 —A can and bottling—

子供の頃の記憶ですが、コンビーフといえば、わが家ではいつもお歳暮にもらうものと相場が決まっていました。またあの四角いというか、変てこな傾斜のついた枕型の缶も強く印象に残っています。

独特な味でおいしかったコンビーフ。ビーフというからには牛肉なのでしょうが、なぜか繊維っぽい食感というイメージが残っていますね。あれは115℃前後で、肉が繊維状になるまで煮込んでいるからなのです。

ここではそのコンビーフのつくり方をご紹介しましょう。

コンビーフ（Corned beef）は塩蔵牛肉のことである。缶詰のコンビーフはCompressed cooked corned beefであり、その製造方法は2週間くらい塩漬けする長期塩漬法と、4～5日塩漬けする短期塩漬法とがある。最近は短期塩漬法が普及している。

コンビーフ缶詰は世界各国でつくられており、日本でも食肉缶詰として古くから知られているが、そのつくり方は、先に説明した二つの方法を基準に、各国でかなり異なる。ここでは日本独特の方法を解説する。コンビーフは、どんな肉からでもつくれるが、胸肉、しり肉、肩肉や屑肉のような安価な肉が一般に使用される。

短期塩蔵法塩漬液の代表的な配合は、肉10kgについて食塩0.8kg、硝酸ナトリウム0.1kg、砂糖50gである。肉を約500gの大きさに切り、樽に詰める。樽に水を満たし、これに塩漬液の組成を溶かし、この中に肉を7～13℃で4日間漬ける。塩漬後、肉塊を沸騰水が入った大桶、またはタンクの中に入れ、115℃前後で肉が繊維状に分かれるまで25～30分間荒煮する。荒煮後、桶から出して冷却し、軟骨や過剰の脂肪を除去する。次に肉を挽くか、切り刻むかして原料を調整する。

コンビーフの特徴である赤色の固定は、肉のヘモクロビンと硝酸との反応によるものである。肉の前処理を長くしすぎるとヘモクロビンが破壊され、赤色が得られなくなるから注意が必要だ。逆に前処理時間が短か過ぎると、次の缶詰操作中に肉が収縮しすぎることになる。

でき上がったコンビーフは一定量ずつstuffing machineで枕形の缶に圧搾して詰め、さらに溢れた肉を押し込み、ブリキの小片をその上にのせ、小蓋をして密封する。この小片はガス抜き孔を肉が塞がないようにするためである。肉詰め後、俗にDoughnut machineと称する真空鑛付機を用い500～610mmHgの真空中で小蓋の真空ハンダ付けを行い殺菌する。

加熱殺菌は115℃くらいで、$F_0 = 6～8$程度の加熱が良い。コンビーフ缶詰の殺菌条件を表11.5.1に示した。これは加熱時に好ましいフレーバーを生じさせるためである。冷却は急冷が良い。

表11.5.1 コンビーフ缶詰の殺菌条件

缶型	上底（インチ）	下底（インチ）	高さ（インチ）	孔の径	肉量	温度	時間
1号缶	$2^{7}/_{16} \times 3^{1}/_{3}$	2×3	$3^{5}/_{8}$	$1^{5}/_{8}$	340g	113℃	120分
2号缶	$2^{11}/_{16} \times 7^{7}/_{16}$	$2^{5}/_{16} \times 4^{1}/_{3}$	$4^{3}/_{8}$	2	680	113	150
6lb缶	$5^{1}/_{8} \times 5^{3}/_{8}$	$3^{5}/_{8} \times 4^{15}/_{16}$	$9^{1}/_{2}$	$2^{1}/_{2}$	2722	113	300

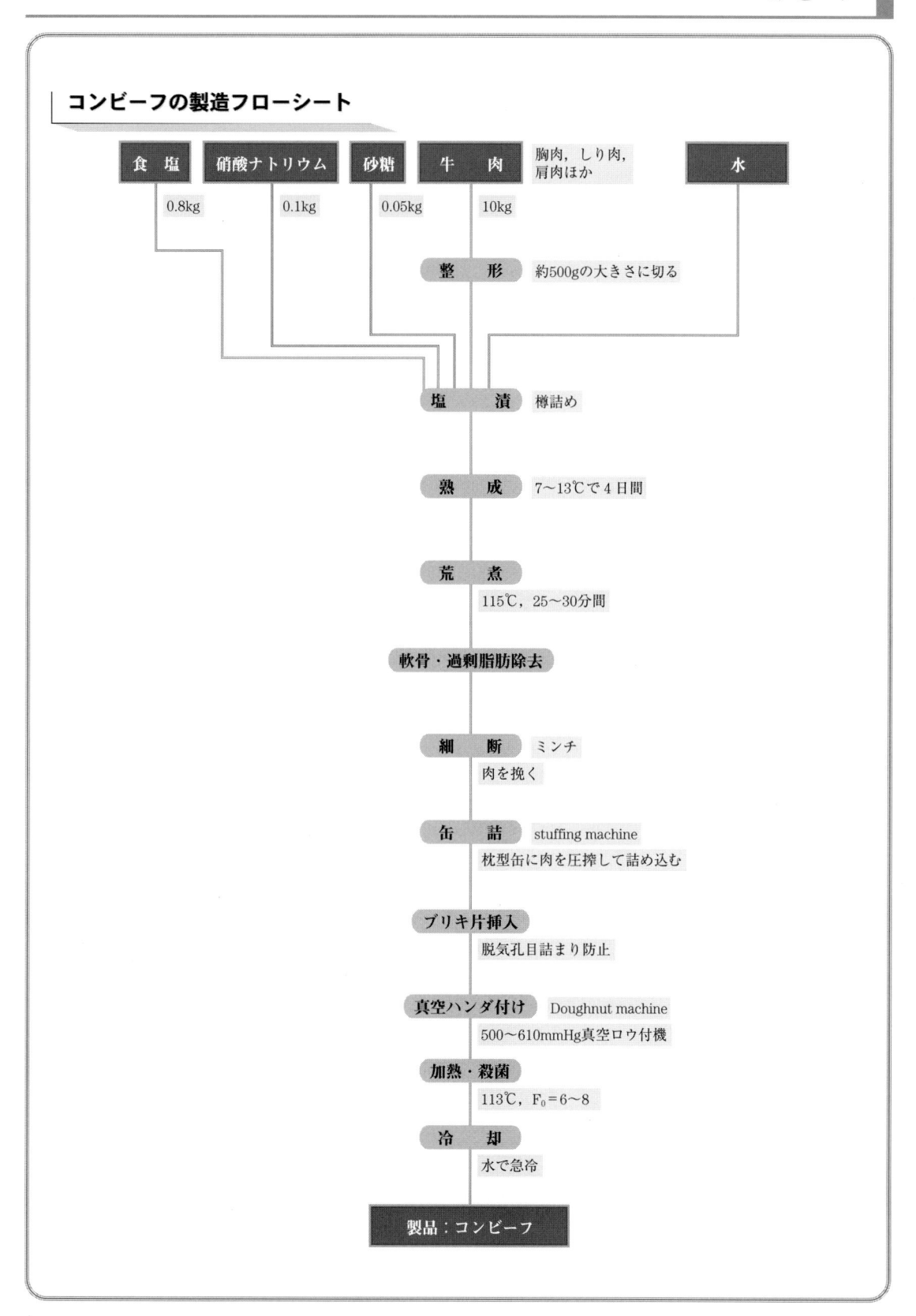

コンビーフの製造フローシート

```
食塩          硝酸ナトリウム    砂糖         牛肉      胸肉, しり肉,      水
0.8kg         0.1kg           0.05kg       10kg     肩肉ほか
                                            │
                                          整 形    約500gの大きさに切る
                                            │
                                          塩 漬    樽詰め
                                            │
                                          熟 成    7〜13℃で4日間
                                            │
                                          荒 煮
                                          115℃, 25〜30分間
                                            │
                                    軟骨・過剰脂肪除去
                                            │
                                          細 断    ミンチ
                                                   肉を挽く
                                            │
                                          缶 詰    stuffing machine
                                                   枕型缶に肉を圧搾して詰め込む
                                            │
                                       ブリキ片挿入
                                          脱気孔目詰まり防止
                                            │
                                       真空ハンダ付け   Doughnut machine
                                          500〜610mmHg真空ロウ付機
                                            │
                                        加熱・殺菌
                                          113℃, $F_0=6〜8$
                                            │
                                          冷 却
                                          水で急冷
                                            │
                                     製品：コンビーフ
```

● 第12章 ●

便利食品
Convenient food

即席中華麺 —Convenient food—

便利食品

便利食品の代表はなんといっても即席中華麺（インスタントラーメン）でしょう。1958年に日本で発明・商品化され、今や世界80ヶ国以上で消費され、1年間に547億食も消費されています。

その製法は製麺後、麺線を蒸して澱粉をα化させてから油で揚げて脱水する方法と、α化させてから熱風乾燥するノンフライ麺があります。最近では生麺に近い食感を再現するためLL麺を使用した高級品が販売されています。包装はカップ詰と袋詰がありますが、最近は便利性からカップ詰が主流になっています。

第二次世界大戦中、米国ではさまざまな軍用食品が開発され、技術がめざましく進歩した。戦後、それらの技術でつくられたインスタント食品の簡便性が一般にも認められ、包装材料の進歩も伴って保存性、輸送性が高まり商品価値が向上した。

日本でインスタント食品という言葉が使われ始めたのは、1958年に即席中華麺「チキンラーメン」が発売されてからであろう。1962年に別添スープ付き即席中華麺が販売され、1971年には即席性をさらに高めたカップ入りが登場した。それ以前にも明治、大正時代から即席カレー、即席しるこなどはあり、現在でもインスタント食品とみなされている。インスタント食品にはインスタントラーメン、インスタントコーヒー、インスタントカレールー、インスタントスープ、インスタントミルク、インスタントみそ汁などがあげられるが、ここでは代表してインスタントラーメン、すなわち即席中華麺の製造工程について解説することにする。

即席中華麺は小麦粉にカン水を加え製麺し、蒸煮して小麦粉中の澱粉をα化（糊化）させたものを140～150℃の油で揚げるか、80℃以上の熱風で乾燥、あるいはマイクロ波で加熱して小麦粉中の澱粉を糊化の状態を保ったまま乾燥させてつくる。水分は5％以下と少ないが、熱湯で簡単に復元できるようになっている。

表12.1.1 即席中華麺の麺帯の配合例

配合原料	配合割合 [kg]
小麦粉	25.0
澱粉	1～7
精製塩	0.38～0.45
カン水（粉体）	0.025～0.075
天然ガム	若干
水	7.8～8.3kg

図12.1.1 カップラーメン製造工程の概略図（資料提供：日清食品㈱）

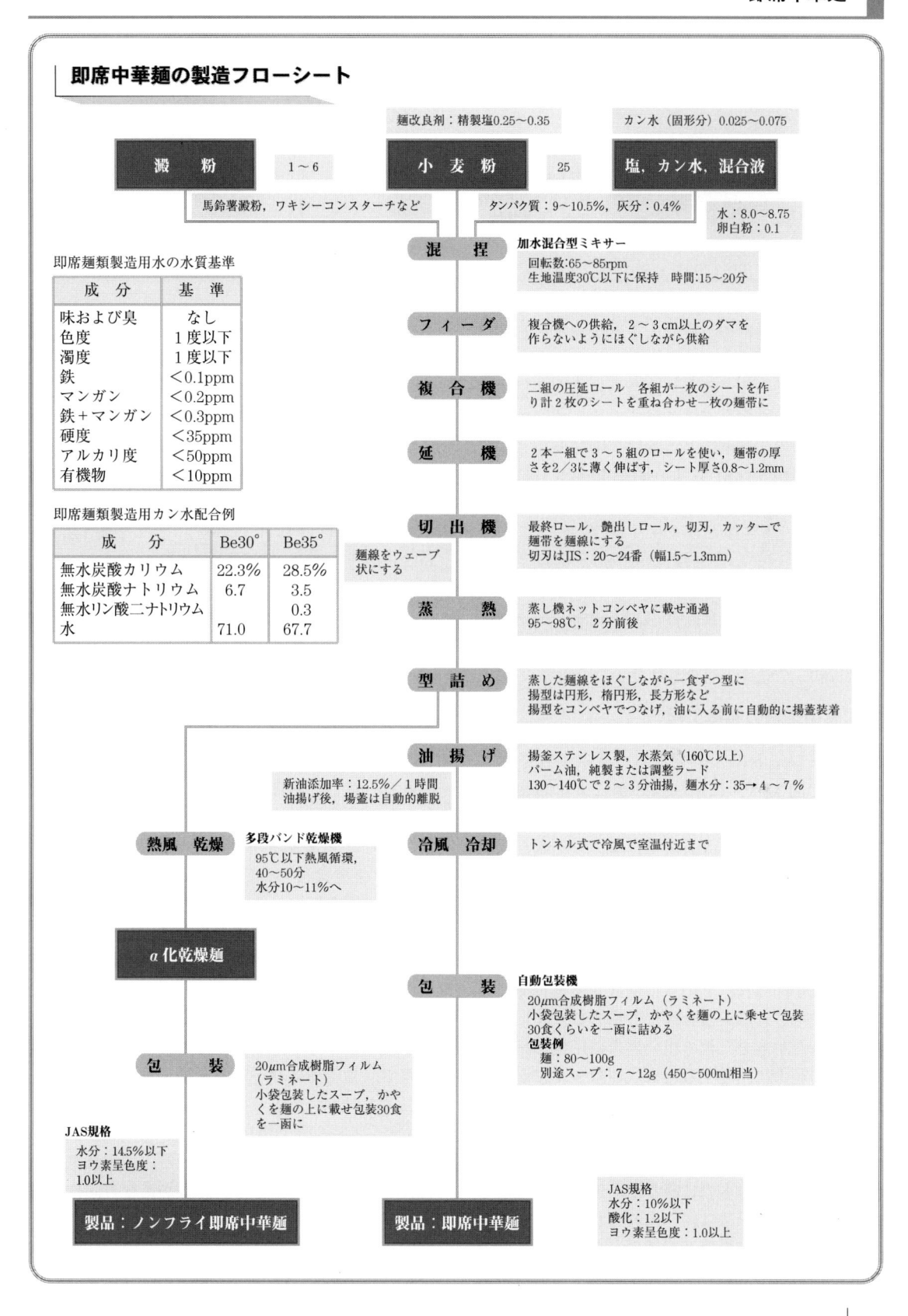

即席中華麺の製造フローシート

```
                    麺改良剤：精製塩0.25～0.35      カン水（固形分）0.025～0.075

   [澱 粉]  1～6    [小麦粉]  25    [塩，カン水，混合液]
   馬鈴薯澱粉，ワキシーコーンスターチなど
                    タンパク質：9～10.5%，灰分：0.4%
                                                    水：8.0～8.75
                                                    卵白粉：0.1
```

即席麺類製造用水の水質基準

成 分	基 準
味および臭	なし
色度	1度以下
濁度	1度以下
鉄	<0.1ppm
マンガン	<0.2ppm
鉄+マンガン	<0.3ppm
硬度	<35ppm
アルカリ度	<50ppm
有機物	<10ppm

即席麺類製造用カン水配合例

成 分	Be30°	Be35°
無水炭酸カリウム	22.3%	28.5%
無水炭酸ナトリウム	6.7	3.5
無水リン酸二ナトリウム		0.3
水	71.0	67.7

混 捏 — 加水混合型ミキサー
回転数：65～85rpm
生地温度30℃以下に保持　時間：15～20分

フィーダ — 複合機への供給，2～3cm以上のダマを作らないようにほぐしながら供給

複 合 機 — 二組の圧延ロール　各組が一枚のシートを作り計2枚のシートを重ね合わせ一枚の麺帯に

延 機 — 2本一組で3～5組のロールを使い，麺帯の厚さを2/3に薄く伸ばす，シート厚さ0.8～1.2mm

切出機 — 最終ロール，艶出しロール，切刃，カッターで麺帯を麺線にする
切刃はJIS：20～24番（幅1.5～1.3mm）

麺線をウェーブ状にする

蒸 熱 — 蒸し機ネットコンベヤに載せ通過
95～98℃，2分前後

型詰め — 蒸した麺線をほぐしながら一食ずつ型に
揚型は円形，楕円形，長方形など
揚型をコンベヤでつなげ，油に入る前に自動的に揚蓋装着

油揚げ — 揚釜ステンレス製，水蒸気（160℃以上）
パーム油，純製または調整ラード
130～140℃で2～3分油揚，麺水分：35→4～7%
新油添加率：12.5%／1時間
油揚げ後，場蓋は自動的離脱

熱風乾燥 — 多段バンド乾燥機
95℃以下熱風循環，
40～50分
水分10～11%へ

冷風冷却 — トンネル式で冷風で室温付近まで

α化乾燥麺

包 装 — 自動包装機
20μm合成樹脂フィルム（ラミネート）
小袋包装したスープ，かやくを麺の上に乗せて包装
30食くらいを一函に詰める
包装例
　麺：80～100g
　別途スープ：7～12g（450～500ml相当）

包 装 — 20μm合成樹脂フィルム（ラミネート）
小袋包装したスープ，かやくを麺の上に載せ包装30食を一函に

JAS規格
水分：14.5%以下
ヨウ素呈色度：1.0以上

製品：ノンフライ即席中華麺

JAS規格
水分：10%以下
酸化：1.2以下
ヨウ素呈色度：1.0以上

製品：即席中華麺

CHAPTER 12　便利食品

図12.1.2　麺の原料の混合の様子（写真提供：日清食品㈱）

表12.1.2　即席麺類用切刃の種類および呼称（番）

呼び方	溝幅 [mm]	即席麺の種類
14番	2.2	即席和風麺
16	2.0	〃
18	1.7	〃
20	1.5	即席中華，日本ソバ
22	1.4	〃
24	1.3	〃

　味付けは油揚げの工程に入る前に調味液を噴霧または浸漬によって行う場合と，粉末スープを別添する場合がある。最近ではさらに真空凍結乾燥した野菜や肉なども別添されている。即席中華麺はそのほかの即席麺類とともに，即席麺類として日本農林規格（JAS）により昭和40年9月に定義され，現在は即席中華麺，即席和風麺，即席洋風麺，スナック麺などがある。即席麺の需要は2002年のデータによれば世界の80ヶ国以上で消費されており，中国・香港の191億食を筆頭に，インドネシア109億食，日本52.7億食，韓国36.5億食，米国33億食の順になっており，合計で1年間に約547億食が消費された。

即席中華麺の製造工程

　フローシートに即席中華麺の製造工程を示した。また図12.1.1に，油揚げ麺による即席スナック麺（カップヌードル）製造の概略図を示した。原料小麦粉に，麺質改良剤（食塩，カン水，天然ガム）および水を加えて図12.1.2に示したように混合機で良く混合，混捏する。表12.1.1に即席中華麺の麺帯の配合例を示した。

　混合機から出た生地は一時フィーダなどに貯えられ熟成が図られ，その下に位置する複合機に連続的に供給される。複合機は2本のロールにより，供給された生地を二枚の粗い麺帯に圧延し，さらに一枚の麺帯に圧延するため次のロールにかけられる。以下数組のロール機により順次薄く圧延し希望する麺帯に圧延する。図12.1.3にこの圧延の様子を示した。ロール圧延機のロールは大口径より順次小口径のものに移るが，連続圧延機のロールの直径と回転数は繰り入れられる麺帯が圧延されながら，一定の速度で送り出されるように調節する。麺帯が一組のロールを通過する前後の麺帯の厚さの比（圧延比）は大口径ロールで1.6，中口径ロールで1.3，最後の小口径ロールで1.05程度になるよう調整される。

　次に切出機の切刃により麺帯を必要な幅の麺線に切り出す。切刃は，等間隔に溝を切った2個の小口径ロールを対象の凹凸部を相対させ組み合わせたもので，30mm幅から切り出す麺線の本数により番号が付けられており，それを表12.1.2（JIS B9201-1984）に示した。

　図12.1.4に切出し，切断の様子を示した。溝は麺線が切刃の溝に付着するのを防止するために，真鍮製のカスリ（櫛刃）の刃先を切刃ロールの溝に挿入して使用する。即席中華麺は特有のウエーブを付けるが，その方法は切刃から出てきた麺線を真下に接近衝突させるなどして行う。図12.1.5に蒸し機を示した。

　蒸熱（蒸し）とは，切出した麺線をネットコンベヤなどに乗せて箱形の糊化機（蒸し器）内を通過させながら澱粉をα化させる工程で，95℃〜100℃×2分前後の条件である。型詰め（枠詰め）は蒸した麺をほぐしながら，一食ずつ型（retainer）に自動型詰めする工程である。ほぐしやすくして油揚げ（α化乾燥麺においては熱風乾燥）を容易にするためである。

　油揚げは，型詰めした麺線をフライヤー（揚げ釜）内において加熱された食用油により脱水する工程で，食用油はパーム油，純正または調整ラード，ないしはこれらの混合油を使う。140〜160℃，2〜3分で揚げられる。この操作で35％前後の水分が数％まで脱水される。油揚装置は図12.1.6のようにコンベヤに揚型が進行方向に直角に5〜8列，取り付けられ，フライヤーの2倍以上の長さでエンドレスに連結されている。揚型は円形，楕円形，長方形などで100〜120mm角程

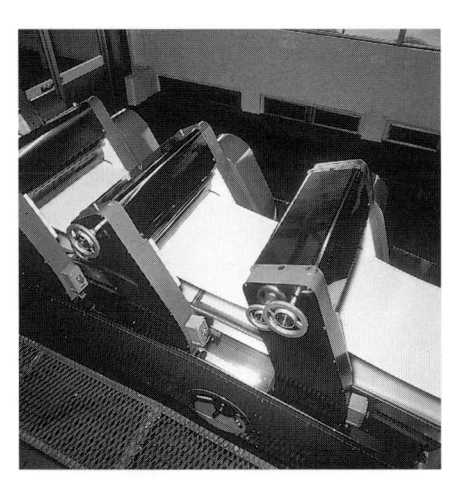

図12.1.3 圧延ロールから出てくる麺帯。練り上げた麺の生地を，数台のローラーを使って厚さ1mm程度に圧延する

図12.1.4 麺帯の切り出し，切断の様子

図12.1.5 麺の蒸し機。蒸気で麺を蒸し，澱粉をα化させる

図12.1.6 型詰めされ，フライヤーに入る様子。線状に切り出された麺は，回転刃で決まった長さに整えられ，計量もこの段階で行われる

（写真提供：日清食品㈱）

（本書の内容はあくまで一般的工程を解説したものであり，写真提供企業の製造工程を示すものではありません。）

度の大きさである。揚蓋（lid）は揚型とは別に駆動し，油浸漬直前に揚型に自動的に装着されて麺を揚げ，油揚げ終了後，揚型から自動的に離脱する。油揚げされた麺は揚型から冷却コンベヤに移される。揚型，揚蓋とも麺が流出しない程度に数多く孔が開いている。揚油中の揚滓は，遊離脂肪酸が生成して着色も進行するので，揚油を常時循環して濾過しながら使う。

蒸し麺の脱水方法として，油揚げに代わり箱形熱風乾燥機により乾燥する方法があり，「α化乾燥麺（ノンフライ麺）」という。95℃以下の熱風を循環し40～50分間で水分を35％から10～11％まで乾燥する。油揚げまたは乾燥で脱水された麺はネットコンベヤに載せ移動させながら，冷風で室温近くまで短時間で冷却される。

麺は自動供給装置により一列に整列され，味付け麺以外は別添スープなど小袋を麺体の上に載せ，ポリプロピレンにポリエチレンを20μm程度ラミネートしたフィルム（一巻1000m，5300食）で自動包装機で一食ずつ個装する。通常30食を一箱に箱詰めにして製品とする。

ここでは袋詰め製品について説明したが，この他に，カップ詰めがある。最近は，簡便性の高いカップ詰めが主流となっている。

スープ
―便利食品―Convenient food―

スープはフランス語でポタージュといいます。日本でいうコンソメはポタージュ・クレールと呼ばれます。このようにスープにはポタージュ・スープとコンソメに代表されるブイヨンの2種類があるのです。

数年前のCMでタレントのキョンキョンが「朝ご飯飲んでる」という場面がありました。このような若い人の好むスープはインスタントポタージュスープです。

コンソメは家庭の奥さんがスープストックとしてよく使っています。ここでは、インスタント・ポタージュ・スープがどのようにしてできるのか紹介しましょう。

スープ産業は調味料的なブイヨン産業と即席食品的なインスタントポタージュスープ産業がある。最も古いスープ産業は18世紀のイギリスのBovril社のブイヨン・エキスである。イギリス人は調味料としてビーフエキスをよく使う。第二次大戦の所産としてキュービック・スープや粉末、顆粒スープが生まれた。当初は軍需用であった。便利性を中心に旨味調味料をふんだんに用いた近代的スープである。

日本のスープ産業は昭和15年頃、キュービックの固形スープが軍用食糧として製造されたのが最初である。太平洋食品㈱が昭和28年に固形スタイルでポタージュ・スープを発売し、森永製菓がチューブ入りコンソメスープを発売した。

これをきっかけに、丸美屋、雪印、明治、味の素など大手食品メーカーが続々と即席スープ類を発売し、数十社が参入した。その後、メーカー数は減少し昭和33～35年には味の素、クノール、マギーの3大銘柄が残った。

製品・原料について

スープは日本のお吸い物、味噌汁に匹敵する料理である。日本は出汁として、昆布、かつお節、煮干しなど海産物を利用しているが、欧米のスープは多種多様で野菜、魚類、骨類、チキン、牛、豚などを原料にしている。スープはフランス語でPotage（ポタージュ）という。日本でいうコンソメはフランスではPotage Claire（ポタージュ・クレール）という。スープは食事のはじめに供され、1人前180～200ccである。

ポタージュの種類はPotage Claire（日本でいうコンソメ）、Potage Lis（日本でいうポタージュ）、Potage Speciaux（チャウダー、ブイヤベース、スープ・オニオン・オ・グラチネなど）の3タイプがある。

アメリカではスープストック（スープをつくる味のベース）によってつくられる。これは牛肉、豚肉、マトン、魚、鶏肉などからつくられ、さらに大豆蛋白加水分解物、畜肉蛋白加水分解物が原料として使われる。

スープストックはBrown Stock（肉、骨などを原料）、White Stock（鶏を原料）、Fish Stock（魚の骨、頭などを原料）、Vegetable Stock（野菜が原料）の4タイプのスープストックがつくられる。代表的なスープストックとしては、

・Bouillon：Brown Stockに香辛料、食塩、旨味

表12.2.1　クリーム・ポタージュ原料配合例

原　料　名	配合比
1．澱粉類	22.0%
2．スキムミルク	24.0
3．ラクトース／デキストリン	29.0
4．食塩	6.0
5．砂糖	1.0
6．旨味調味料	2.0
7．エキス類	8.0
8．香辛料	1.0
9．油脂類	7.0
合　　計	100.0

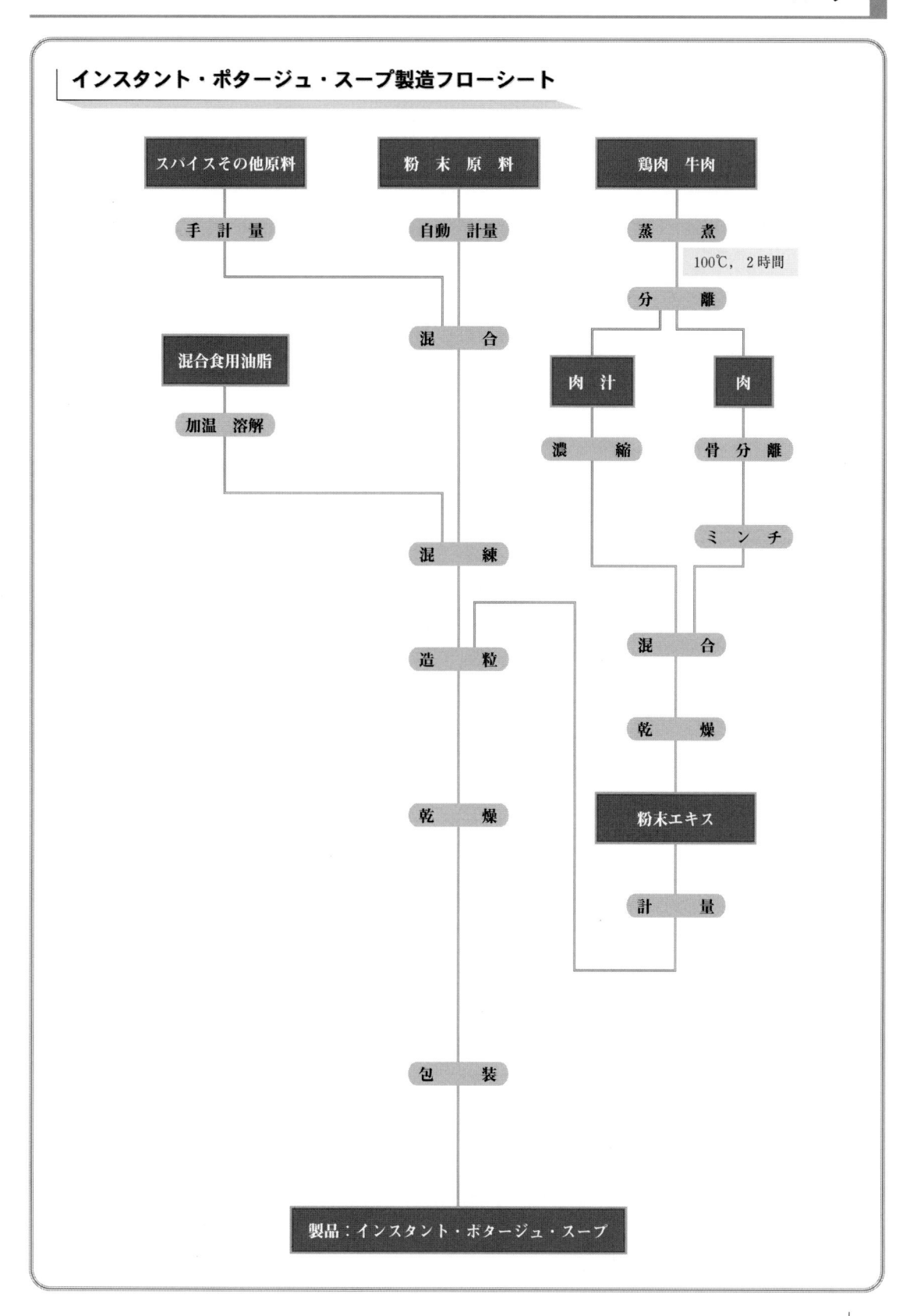

インスタント・ポタージュ・スープ製造フローシート

```
スパイスその他原料        粉末原料           鶏肉 牛肉
      │                    │                 │
   手計量                自動計量            蒸 煮
                           │            100℃，2時間
                           │                 │
                           │               分 離
                           │              ┌──┴──┐
   混合食用油脂            │            肉汁     肉
      │                    │              │      │
   加温溶解              混 合           濃 縮  骨分離
      │                    │              │      │
      │                    │              │    ミンチ
      │                    │              │      │
      └────────┬───────────┘              └──┬───┘
               │                             │
            混 練                          混 合
               │                             │
            造 粒                          乾 燥
               │                             │
            乾 燥                        粉末エキス
               │                             │
               │                          計 量
               │                             │
               └──────────────┬──────────────┘
                              │
                           包 装
                              │
                  製品：インスタント・ポタージュ・スープ
```

便利食品

スープ

CHAPTER 12　便利食品

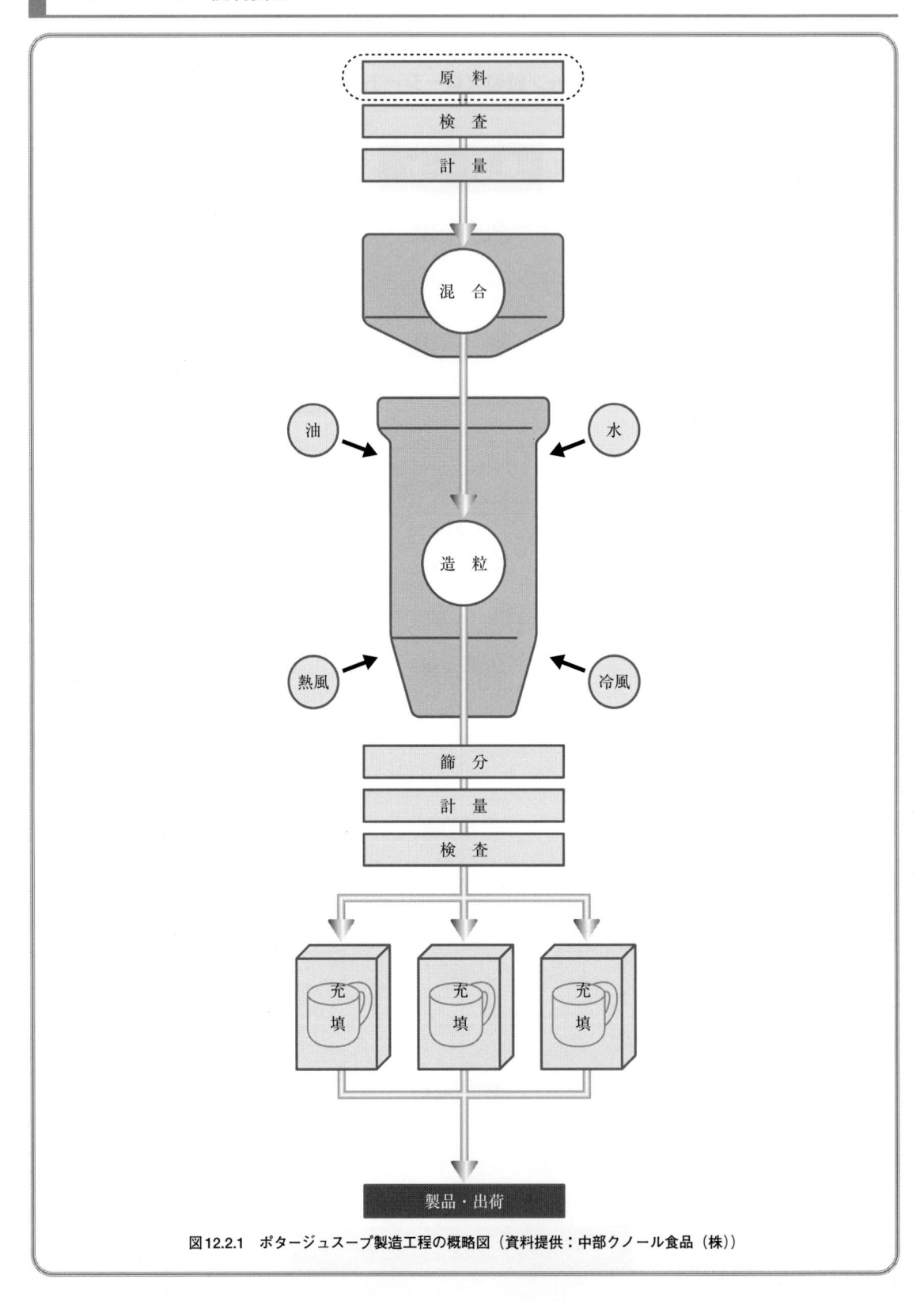

図12.2.1　ポタージュスープ製造工程の概略図（資料提供：中部クノール食品（株））

スープ

図12.2.2　インスタント・ポタージュ・スープ造粒工程のイメージ（写真提供：(株)パウレック）

調味料を加えたもの，
- Consome：2種以上の牛肉，鶏肉などの煮汁に食塩，香辛料を加えたもの，
- Broth：肉，魚，野菜などのダシに具を入れたスープ，
- Bisque：肉，魚，野菜などのダシに貝，ミルク，香辛料を加えたもの，
- Tomato Bisque：トマト汁を入れたBisque，

などがある。

スープの製造工程

日本では洋風スープとして味の素コンソメに代表されるブイヨン，クノールスープに代表されるポタージュ・スープがある。

ここでは代表してクリーム・ポタージュの製造について解説する。表12.2.1にクリーム・ポタージュの原料配合例を示した。

家庭でコーン・ポタージュ・スープをつくると，4〜5人前で材料は，
- コーン（缶詰，ホール）……………250g
- タマネギ ……………………………50g
- ジャガイモ …………………………80g
- 無塩バター …………………………15g
- ブイヨン ……………………………200cc
- 牛乳 …………………………………400cc
- 塩，胡椒，檸檬汁 …………………適量

となる。

タマネギとジャガイモは皮を剥き，輪切りにする。鍋にバターを溶かし，輪切りにしたタマネギを，色づかないよう，しんなりするまで炒める。ジャガイモを加え，さっと炒め合わせ，コーン（缶汁ごと），ブイヨン，牛乳200ccを加え，一度，煮立て，蓋をして，弱火で20〜25分煮込む。

これをミキサに掛け，滑らかなピューレ状にする。これを漉して鍋に戻し，さらに牛乳200ccを加えホイッパーでかき混ぜる，一度，煮立ったら，塩，胡椒，檸檬汁で味をととのえる。

このつくり方をコストを考えて，工業的につくると表12.2.1のように，ミルク風味をスキムミルクとラクトースで補い，とろみを澱粉，デキストリンで再現している。図12.2.1にポタージュスープ製造工程の概略図を示した。

インスタント・ポタージュスープはカップに移して，お湯を注いだ時，サッと溶けることが必要である。またかき混ぜたスプーンの先にネバネバした溶解不十分なものが付着するのは好まれない。そこで，溶解性を良くするための製造技術として，粉体の粒を成長させたり粉砕したりして，使用目的に適した大きさや形に整える，"造粒"が重要視される。造粒の方法にはいろいろあるが，溶解性の良さから，流動造粒機が多く採用されている。その造粒は図12.2.2のような工場で行われる。

即席カレールー

― 便利食品 ― Convenient food ―

若い頃，キャンプの夕食といえばカレーライスであったことを思い出す人は多いでしょう。キャンプでカレーが簡単にできたのはカレールーなど即席カレーのおかげです。カレーは故郷インドを出発して，ヨーロッパを経て料理として変貌しながら，日本に伝わり，あのトロッとし日本特有のカレーになりました。

さらにカレー粉からスタートして，大変な手間をかけてつくるカレールーを工場が作ってくれるようになったからこそ，キャンプでも気軽に作れるようになったのです。それでは，そのカレールーが工場でどのように作られるのかのぞいてみましょう。

カレー粉は種々の香辛料を配合した，いわゆる混合香辛料の代表である。カレー粉の発祥地はインドであるといわれているが，いつ頃，誰によってつくられたかはハッキリしない。1500年以上前（AD400～500年）頃，インドで宴会の料理の一つに米にカレー粉を塗した現在のドライカレーのようなものがあったといわれている。確かにインドは香辛料の宝庫であり，家庭料理においても独特のカレー粉が使われていたことは充分考えられる。

カレー粉の辛味はトウガラシと胡椒であり，胡椒はインドが原産地であり，また世界最大の産地であるが，トウガラシは南アメリカを原産地としており，どのようにしてインドに伝わったかは定かでない。

カレー粉の語源はヒンズー語のタリカリー（TURCARRI：「香りの良いもの」，「おいしいもの」の意味）がターリ（TURRI）になり，英国でカリー（CURRY）になったという説と，タミール語のカリ（KARI）から転じたものでソースの意味という説がある。

カレー粉が初めて商品化されたのはイギリスにおいてであった。イギリスが1600年に東インド会社を設立したことは歴史的事実であり，彼らがカレー料理を見つけてイギリスに持ち帰った。そのカレーはやがてイギリス王室にも知られ，上流社会にも伝わり，やがて一般家庭にも浸透した。

日本には東京流行細見記によれば明治10年頃，京都，大阪にも西洋料理屋が2軒できて，そこのメニューに「そっぷ（スープ），おむれつ，しちゅう，かつれつ，ぴすてき，らいすかれい，さらざ其外お好みしだい」とあったことから，明治5年頃には伝わっていたと考えられる。この時代のカレー粉は輸入品であり，国産品は大正中期から末期といわれている。国産品が出回ってからはカレーライスが一般庶民にも次第に普及した。

カレー粉が今日の隆盛を見たのは戦後，昭和25年頃からであり，即席カレーの伸びにつれて昭和35年をピークに最近は横這い状態である。即席カレーが出始めたのは大正末期から昭和初期にかけてカレー粉が家庭に出回った頃からほどなくと推定される。

即席カレールーの製造工程

即席カレールーには①固形即席カレー，②粉末即席カレー，③フレーク状即席カレーがあり，①，②の製造工程をフローシートに示した。③は①と②の中間製品であり，固形状のものをカッターなどによりフレークにしただけで特徴がないので，解説を割愛する。

即席カレーは昭和の初期にはすでに「ロンドンカレー」という商品名の缶詰即席カレーが市販されていた。しかし，広く一般家庭で使用されるようになったのは1954年頃からである。この即席カレーはフローシートで示した工程で製造されるものである。カレーは本来小麦粉がほとんど使用されないが，日本ではトロリとしたカレーが好まれるので，日本の即席カレーの主原料の一つは小麦粉である。以下，フローシートにしたがって製

即席カレールー

即席カレーの製造フローシート

カレー粉
オールスパイス，クミン，カプシカム，カルダモン，コリアンダー，クローブ，ジンジャー，ペッパー，ターメリック，タマネギ，ニンニクなど約20種類の配合物

小麦粉
薄力粉

→ **焙煎** 100〜140℃
→ **焙煎小麦粉** 35〜40％

油脂 20〜40％ 融点42〜45℃牛脂

調味料 食塩10％，ショ糖5〜10％，旨味調味料2％，有機酸少々，核酸系調味料少々，野菜パウダー，肉エキスなど

加熱混合，1t仕込み 密閉方式蒸気加熱，100℃以上 炒める

粉末状即席カレー工程
- 混合・撹拌（油脂：約15％）
- 造粒
- 篩分
- 冷却
- 篩別
- 充填
- シール
- 包装

製品：粉末状即席カレー

固形即席カレー工程
- 混合・撹拌
- 計量・充填：ポリプロピレンやポリカーボネート容器に充填　充填温度約80℃
- 冷却：約8℃の冷風を，約100mのベルトコンベヤ上で品温15℃まで冷却
- シール：複合フィルムの蓋をインパルシーラーでシール
- 包装：小箱包装後，外箱に詰められる

製品：固形即席カレー
油脂含有量：30〜40％

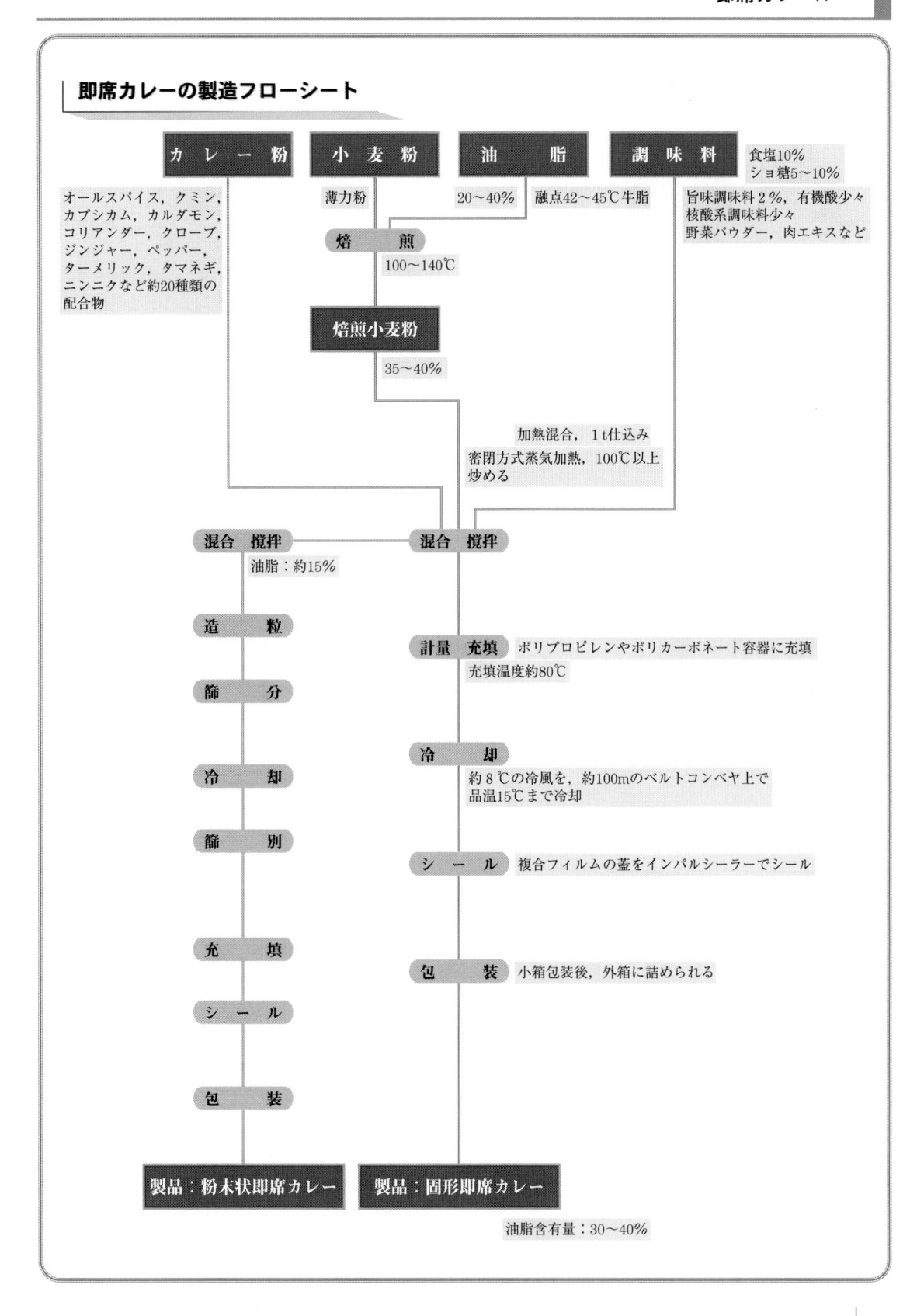

CHAPTER 12　便利食品

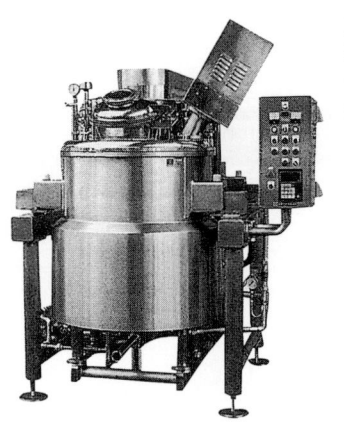

図12.3.1 調理に使われる密閉式蒸気加熱クッキングミキサー（写真提供：（株）カジワラ）

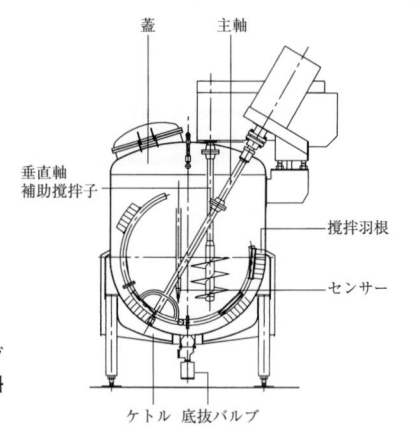

図12.3.2 密閉式蒸気加熱クッキングミキサーの内部構造（資料提供：（株）カジワラ）

図12.3.3 即席カレーの原料となる小麦粉タンク（写真提供：エスビー食品（株））

図12.3.4 カレーの計量・充填機（写真提供：エスビー食品（株））
各種原料を加えて加熱混合されたカレーは，計量を行いながらピストン式充填機で充填される。

図12.3.5 冷却・固化の様子（写真提供：エスビー食品（株））
約80℃の温度で容器に充填されたカレーは，その後約8℃の冷風を吹きかけられ，約15℃まで冷却される。

図12.3.6 包装の様子（写真提供：エスビー食品（株））

（本書の内容はあくまで一般的工程を解説したものであり，写真提供企業の製造工程を示すものではありません。また写真は個別に提供されたものであり，各企業の関係を示すものではないことをお断りしておきます。）

造工程を代表して固形即席カレーについて説明する。即席カレーの原料はフローシートのようにカレー粉，小麦粉，油脂，調味料の4つである。先ず撹拌釜（オープン式直火または蒸気）や密閉蒸気加熱のクッキングミキサー（**図12.3.1～2**）で小麦と油脂を100℃以上で焙煎した後，カレー粉，調味料を加え撹拌混合する。ルーの粘度，撹拌時間，加熱温度などで管理される。仕上がったルーはピストン式充填機で約80℃でポリプロピレンやポリカーボネート容器に充填される（**図12.3.4**）。その後約15℃まで約8℃の冷風で冷却されシール包装される。

便利食品 ─Convenient food─
レトルト食品

レトルト食品は従来，缶詰食品として，馴染まれてきましたが，1969年のアポロ11号に長期保存が可能なこと，軽量であることなどの理由から，宇宙食として採用されて以来注目され，カレーのレトルトパウチ食品や中華合わせ調味料が販売されています。特にカレーはご飯さえあれば美味しい昼食が簡単に食べられ，奥さんが留守のご主人や，若者にとって大変便利です。そこで，あのレトルトパウチ食品「カレー」がどのように作られるのか調べてみましょう。

1804年フランスのニコラ・アペールによって瓶詰が発明され，1810年イギリスのピーター・デュランがブリキ缶を用いて缶詰を完成させた。この技術は1821年にアメリカに伝わり，1861年の南北戦争では軍用食料として需要が急激に伸びた。缶詰の技術は微生物を密封下で加熱滅菌し食品の保存性を高めたところに特徴がある。保存料，殺菌料などいっさい不要で，密封真空下での加熱のためビタミンなど栄養素の損失が少ない。また常温での流通ができ，長期保存が可能である。

「レトルト」は殺菌釜を意味する。回転式殺菌釜が開発されたのはフランスで1917年である。1947年にはドイツのストック社が加圧熱水循環回転式の全自動型レトルト装置を開発した。これらの機械は缶詰の製造に使われてきた。「レトルトパウチ食品」は缶詰の缶の代わりに袋容器（パウチ）を利用したもので，1950年頃アメリカで軍用食料として研究開発され，1955年頃スウェーデンで企業化されたようだ。

レトルトパウチ食品が注目されるようになったのは，1969年，月面探査船アポロ11号にLunarpack（牛肉，ポテトなど5品目）として宇宙食が積み込まれたのがきっかけである。この年，日本のレトルト食品「ボンカレー」が市販された。宇宙食といえば日本人初の女性宇宙飛行士，向井千秋さんが乗ったコロンビア号（1994年）にも6品種のレトルト食品が積み込まれた。

レトルト食品は500種類以上あり，カレー，パスタソース，麻婆豆腐，干焼蝦仁，青椒肉絲など中華合わせ調味料，牛丼，海鮮丼などどんぶりの素，赤飯など米飯類，スープ類，ハンバーグ類，等々，非常に種類が多い。

加工食品史上，缶詰製造技術は画期的な方法であり，食品加工を工業的規模にした技術といえる。

「レトルトパウチ食品」は，これら缶詰の特徴に加え，軽量（中味重量に対する容器の重量比率は缶詰の10〜25％，瓶詰の45〜90％に対し5％以下である），また加熱時間が缶詰の1/2〜1/3で熱による品質の劣化が缶詰より少ない，空容器の処分が楽，などの特徴がある。

レトルト食品の製造工程

フローシートにレトルトカレーの製造工程を示した。図12.3.1はレトルトカレーの製造工程を概略図で示した。

図12.3.1のようにソースの調合と，野菜および肉の選別，切断，ボイルを並行して行い，パウチに充填する。まず，肉や野菜を別の容器に1袋分ずつ計量して充填，その後，カレーソースをパウチに直接充填する。中味が詰められたパウチは密封する前にできるだけ空気を抜き取り，ヒートシールして密封する。その後殺菌工程に移る。殺菌は高温高圧釜（図12.4.2）を用い通常115〜125℃で10〜30分程度加熱する。カレーではここで煮込み工程も兼ねており，この時，具材に味を馴染ませる操作も兼ねている。加熱条件は食中毒菌のボツリヌス菌の殺菌条件を指標にしている。最近ではできるだけ殺菌時間を短くして，殺

CHAPTER 12　便利食品

図12.4.1　レトルトカレーの製造工程概略図[25]

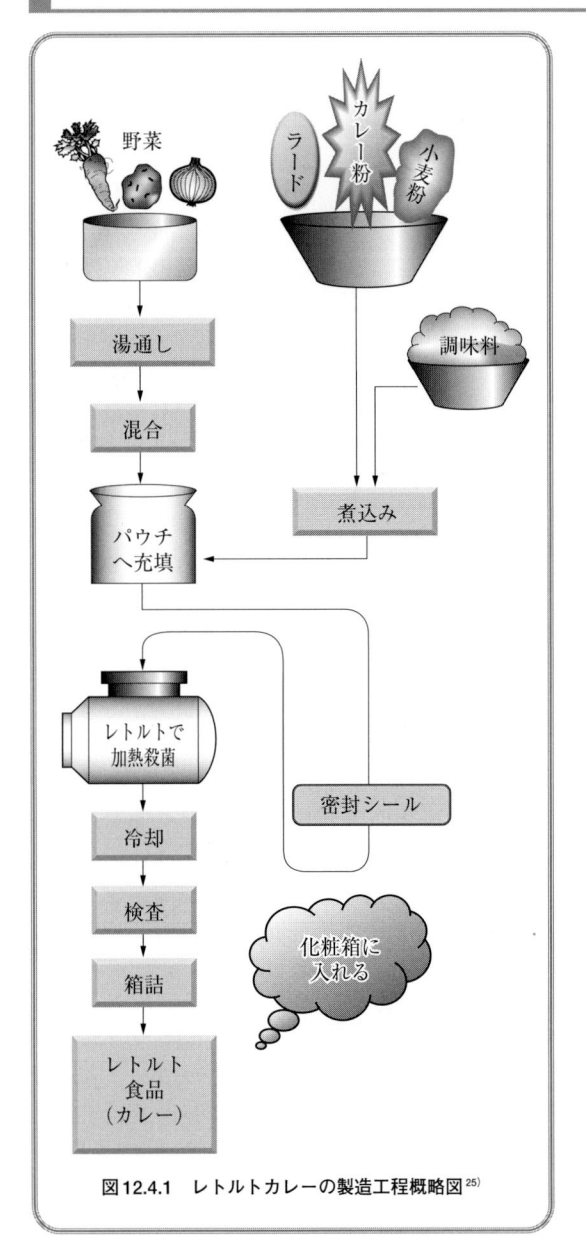

図12.4.2　レトルト殺菌用高温高圧釜（写真提供：㈱日阪製作所）

図12.4.4　加熱調理用混合機（写真提供：㈱カジワラ）

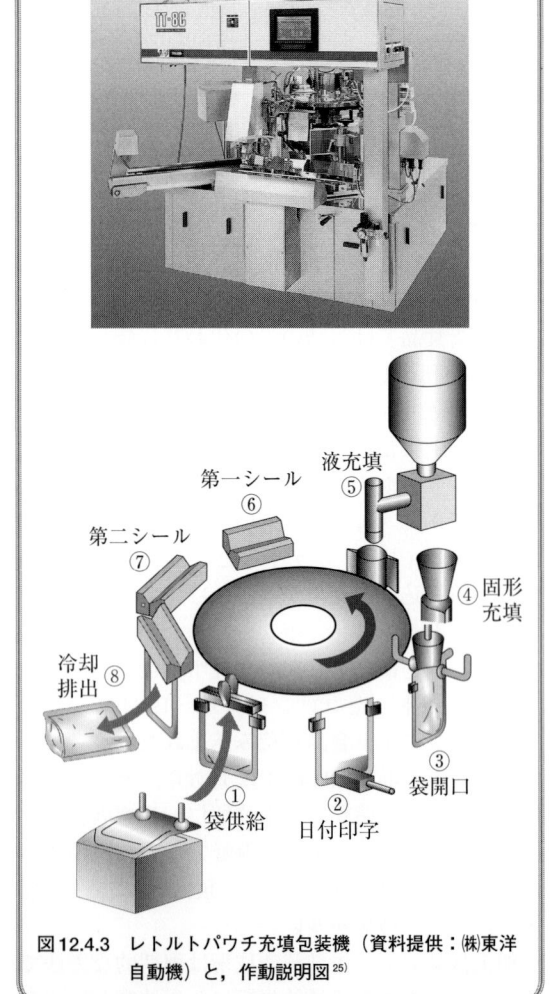

図12.4.3　レトルトパウチ充填包装機（資料提供：㈱東洋自動機）と，作動説明図[25]

レトルト・カレーの製造フローシート

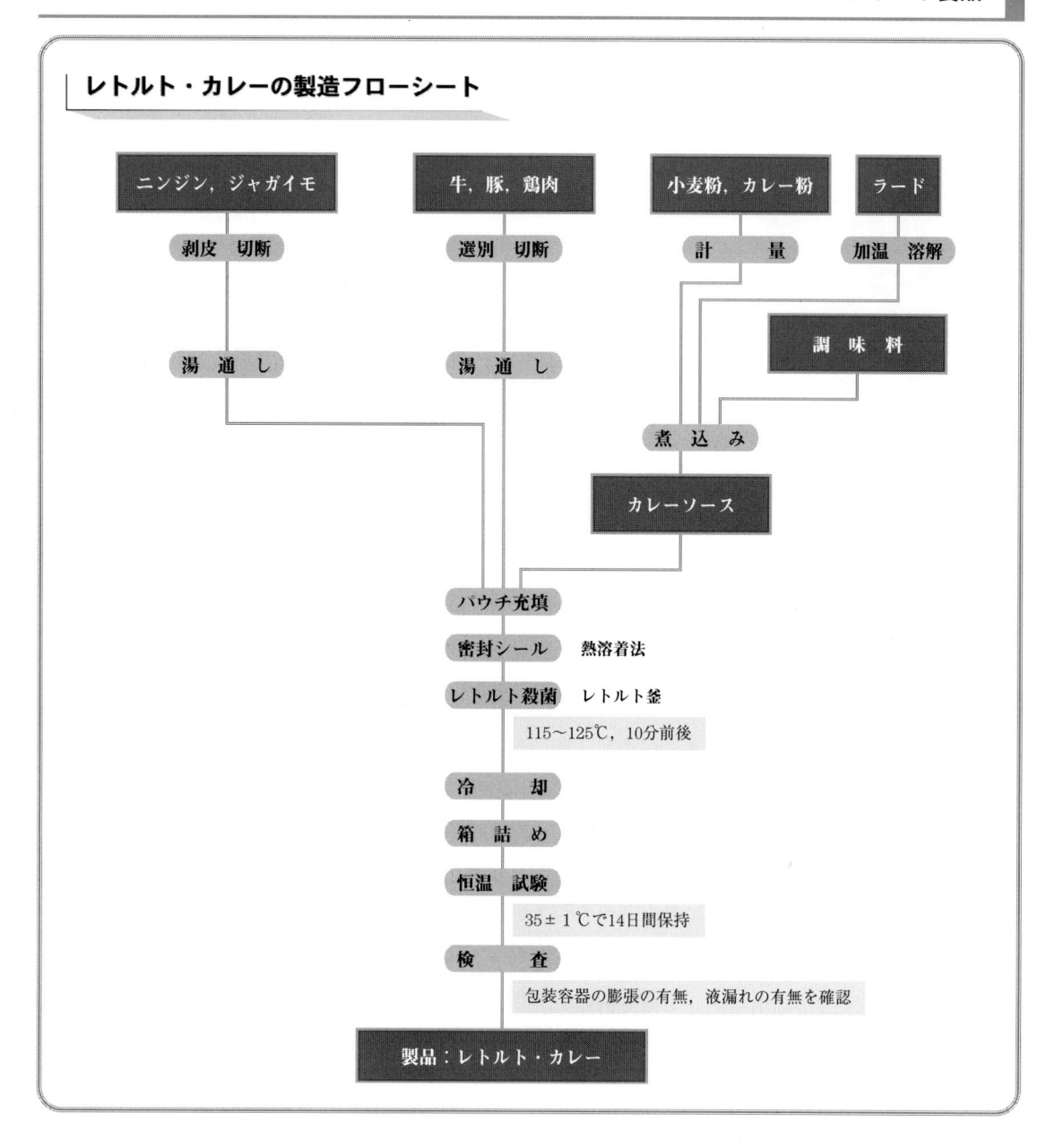

```
ニンジン，ジャガイモ      牛，豚，鶏肉       小麦粉，カレー粉    ラード
      │                      │                  │              │
   剥皮 切断              選別 切断           計  量        加温 溶解
      │                      │                  │              │
   湯通し                 湯通し              │          調味料
      │                      │                  │              │
      │                      │              煮 込 み ←─────────┘
      │                      │                  │
      │                      │            カレーソース
      │                      │                  │
      │                      └──────┬───────────┘
      │                             │
      └─────────────→          パウチ充填
                                    │
                                密封シール    熱溶着法
                                    │
                                レトルト殺菌   レトルト釜
                                    │      115～125℃，10分前後
                                    │
                                 冷　　却
                                    │
                                 箱　詰　め
                                    │
                                 恒温　試験
                                    │      35±1℃で14日間保持
                                    │
                                 検　　査
                                    │      包装容器の膨張の有無，液漏れの有無を確認
                                    │
                            製品：レトルト・カレー
```

菌効率を上げ，かつ品質向上を目的に120～125℃と高温で10分前後の条件が採用されている。

レトルト食品は食品衛生法の規定（厚生労働省，告示17号）で恒温試験を終了しないと出荷できない。35±1℃で14日間保持し，包装容器の膨張の有無または内容物の漏洩の有無を確認する。

さらに恒温試験で陰性の結果を得た検体について，所定の方法で細菌試験を行い，増殖の有無を調べる。ただし，当該食品により対象とする微生物の種類が異なるので，乳酸菌，酪酸菌，酵母などが対象となるときは30℃1ヶ月間保持とする。さらに油漬け製品や水分活性の低い食品では細菌芽胞の発育がゆっくりなので，安全を見て3ヶ月間の恒温貯蔵が望ましい。またフラットサワー菌や加温販売される食品の場合は45℃および55℃で14日間の恒温試験を行い，pHが0.5以上低下しないか調べる。

図12.4.3にはレトルト用充填包装機の外観および作動説明図を示した。図12.4.4は加熱調理用混合機である。

冷凍食品

便利食品 — Convenient food —

魚や肉など生鮮食品を単に保存のために冷凍したものは冷凍品であり，「冷凍食品」とはシュウマイ，餃子に見られるように調理した食品を冷凍した「調理冷凍食品」をさす言葉です。

調理冷凍食品の良さは，できたての料理をそのまま冷凍しているので，美味しさがそのまま封じ込められる点です。決められた条件で解凍，再加熱すると，できたての美味しさが味わえるのです。誰かがCMで「熱々の冷凍食品」といいましたが，正に的を得た表現です。

さあ，中華料理の定番，シュウマイの冷凍食品がどのようにしてつくられるのかのぞいてみましょう。

冷凍食品とはJAS規格では「シュウマイ」「餃子」など，9品目につき「農林水産物に選別，洗浄，不可食部分の除去，整形等の前処理及び調味，成形，加熱等の調理を行ったものを凍結したまま保持したものであって，簡便な調理をし，またはしないで食用に供されるものをいう」と定義し，品質基準で，品温が−18℃以下であることとなっている。

冷凍の技術は新しいようで，意外に古い。BC2500年頃，エジプトの壁画に，素焼きの瓶から染み出る水をうちわで扇ぎ，水の蒸発潜熱を利用する姿が見られたり，BC330年頃，アレキサンダー大王が山から馬で雪を運ばせ酒を冷やして兵士に与え，士気を鼓舞した話などが知られている。さらにポンペイの遺跡からの氷室跡の発見など，1世紀初頭には貯氷の習慣があったようだ。またBC221年頃の中国，始皇帝の時代の氷室の発掘があり，朝鮮半島でもAD505年，新羅の智證王が氷の貯蔵を命じた記録など，人類の低温の利用の歴史はかなり古い。

日本でもAD300年頃，仁徳天皇の時代に氷室があったことが日本書紀に書かれている。和銅元年（708年）大和朝廷が天然氷採取用の氷池をつくり，夏の間，主氷司と呼ばれる役人が氷室の管理をしていたようだ。江戸時代，加賀前田藩が徳川幕府に氷を献上した話は良く知られている。本格的な貯氷庫は元治元年（1864年）中川嘉兵衛が山梨や群馬の天然氷を集め，横浜元町に貯氷庫をつくったのが始まりである。

日本での機械製氷については明治3年（1870年）福沢諭吉が腸チフスに罹ったとき，福井藩主の松平春嶽が所有するアンモニア吸収式冷凍機で福沢の門下生達が少量の氷をつくった記録がある。

しかし，食品の貯蔵を目的に冷蔵庫を使ったのは明治32年（1899年），中原孝太が鳥取県米子でアメリカ製の冷凍機を魚の冷蔵に使ったのが最初であろう。また大正7年（1918年），葛原猪平はアメリカから技師を招いて魚の冷凍実験を行い，産地と消費地に冷蔵庫を設置し，その間を冷凍運搬船でつなぐコールドチェーンをつくり関東大震災後の東京の復興に貢献した。

現在の冷凍食品産業につながる技術は大正12年（1923年）林兼商店（現在のマルハ）や戸畑冷蔵の行ったブライン（冷凍機で冷却した液体）による魚の急速凍結法である。冷凍機はフランスのシャルル・テリエにより1859年にアンモニア吸収式冷凍機が，1867年にアンモニア圧縮式冷凍機が考案された。

このように魚や肉を丸のまま凍結した冷凍魚，冷凍肉などは冷凍品であって，JASの定義からは冷凍食品とはいえない。冷凍食品は昭和12年戸畑冷蔵と大日本製氷が合併し，今日のニチレイの前身日本食糧工業㈱が家庭用として三越系デパートを通じて販売したが，一般には普及しなかった。その後昭和25年頃から水産物を中心とした冷凍食品の生産が多くなり，日本冷蔵㈱，日本水産㈱，大洋漁業（現，マルハ），日魯漁業㈱などが生産を開始した。昭和44年に㈳日本冷凍食品協会が

冷凍食品

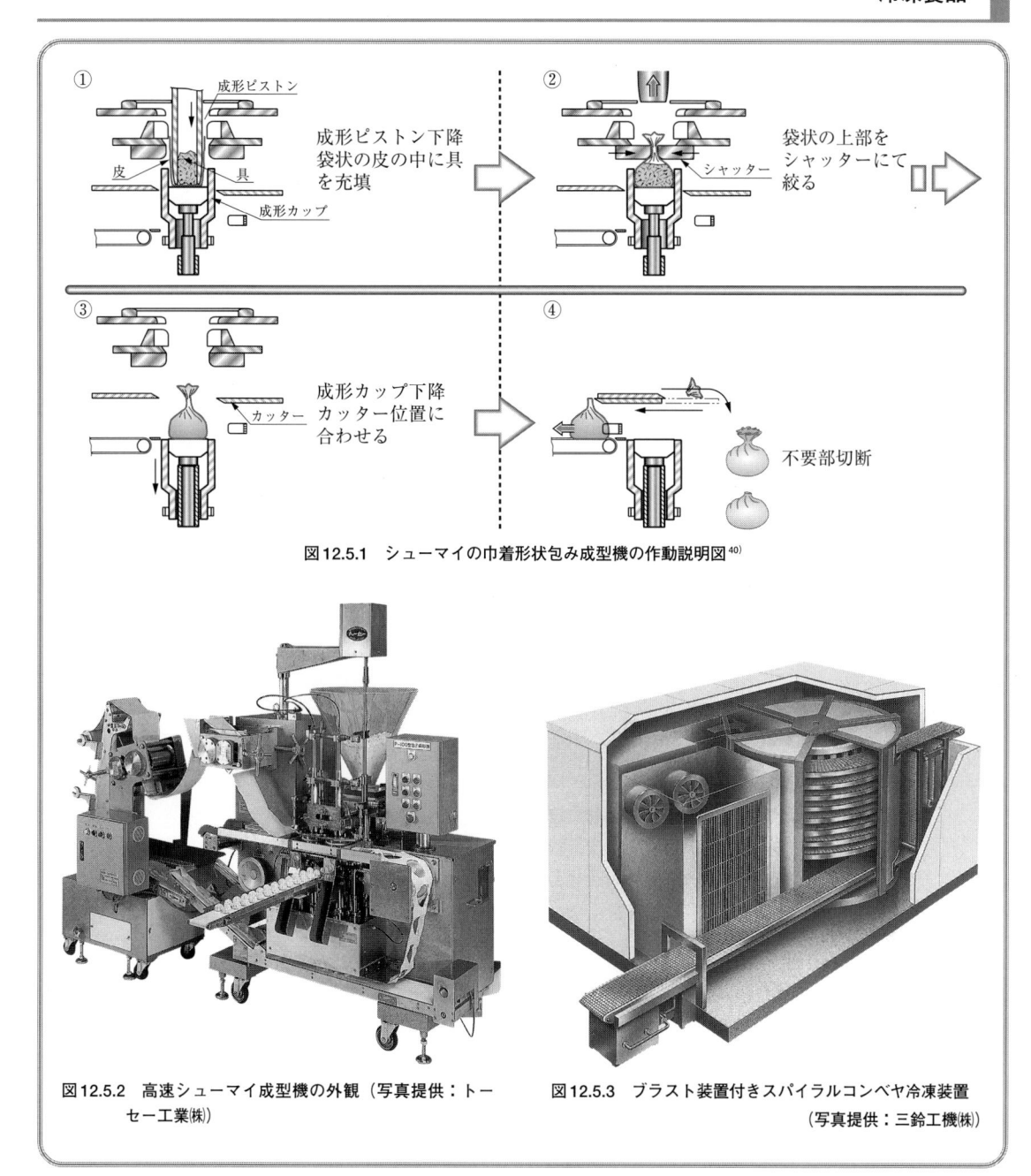

① 成形ピストン／皮／具／成形カップ
成形ピストン下降 袋状の皮の中に具を充填

② シャッター
袋状の上部をシャッターにて絞る

③ カッター
成形カップ下降 カッター位置に合わせる

④ 不要部切断

図12.5.1　シューマイの巾着形状包み成型機の作動説明図[40]

図12.5.2　高速シューマイ成型機の外観（写真提供：トーセー工業㈱）

図12.5.3　ブラスト装置付きスパイラルコンベヤ冷凍装置
（写真提供：三鈴工機㈱）

設立され，昭和46年には大手食品企業，味の素㈱が冷食産業に加わり，本格的発展期を迎えた。

ここでは調理冷凍食品のうち，代表してシューマイの製造工程を解説する。「シューマイ」はフローシートのように，まず食肉をみじん切りにするか，ミンチにかけて裁断する。これにみじん切りにしたタマネギなどの野菜，調味料，香辛料，つなぎの小麦粉，澱粉，パン粉などの副原料を加え調製した「あん」を小麦粉，澱粉，卵，食塩などで調製し，予め成形しておいた皮で円筒形状または巾着形状に包み込み成形する。これにグリンピースを乗せ，95～100℃で10～15分蒸煮し，清浄な空気で空冷後，－35～－40℃のエアブラストで30～40分で－18℃以下に急速凍結する。これを専用のトレーに入れて包装し，－25℃の極冷温倉庫に保管する。

CHAPTER 12　便利食品

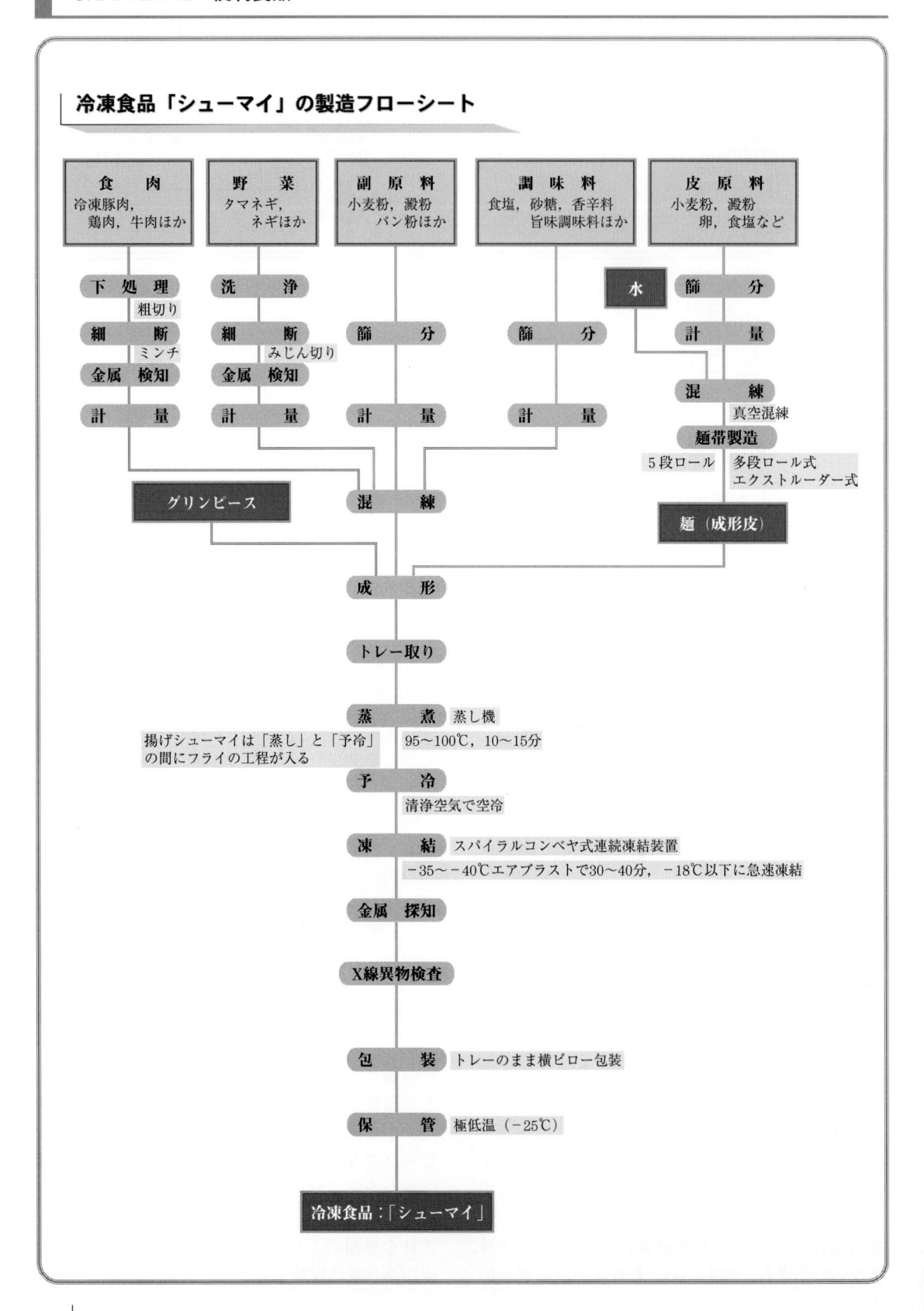

冷凍食品「シューマイ」の製造フローシート

食肉：冷凍豚肉，鶏肉，牛肉ほか
- 下処理（粗切り）
- 細断（ミンチ）
- 金属検知
- 計量

野菜：タマネギ，ネギほか
- 洗浄
- 細断（みじん切り）
- 金属検知
- 計量

副原料：小麦粉，澱粉，パン粉ほか
- 篩分
- 計量

調味料：食塩，砂糖，香辛料，旨味調味料ほか
- 篩分
- 計量

皮原料：小麦粉，澱粉，卵，食塩など
- 篩分
- 計量
- 混練（水を加える／真空混練）
- 麺帯製造（5段ロール　多段ロール式　エクストルーダー式）
- 麺（成形皮）

グリンピース

↓

- 混練
- 成形
- トレー取り
- 蒸煮　蒸し機　95～100℃，10～15分
  - ※揚げシューマイは「蒸し」と「予冷」の間にフライの工程が入る
- 予冷　清浄空気で空冷
- 凍結　スパイラルコンベヤ式連続凍結装置　−35～−40℃エアブラストで30～40分，−18℃以下に急速凍結
- 金属探知
- X線異物検査
- 包装　トレーのまま横ピロー包装
- 保管　極低温（−25℃）

冷凍食品：「シューマイ」

第13章

その他食品
Others

寒天

その他食品 —Others—

寒天といえば年輩の人は四角い棒状のものを思い出すのではないでしょうか。棒状の寒天をちぎってお湯に溶かし、羊羹や色つきの寒天デザートを作った記憶のある人もいるでしょう。

元となるトコロテンは平安時代に中国から伝わり、1000年以上も日本人の舌を楽しませてくれています。この寒天も昔は棒状の角寒天か紐状の糸寒天でしたが、最近では粉末状やタブレット状の製品が多くなっています。

原料は海藻のテングサやオゴノリですが、その生産が海に面していない長野県で行われているのは興味深いものがあります。

最近では食物繊維としてもその機能性が認知され、健康食品として消費が伸びています。

奈良時代の「万葉の歌」や「風土記」の「藻塩焼き（もしおやき）」、「布刈り（めかり）」の言葉から分かるように、日本人は古くから海草類を食用として利用してきた。平安時代には中国から遣唐使によって心太（トコロテン）が伝えられ、都でトコロテン売りの声を聞いたという。

このように日本人は食材として海草類を1000年以上も前から利用してきた。現在も海藻や海藻の抽出物を利用した加工食品は世界に類を見ないくらい多い。

これら海藻の中からテングサやオゴノリの紅藻類のエキスを熱水抽出して干物化したものが寒天であり、その乾燥物質は17世紀中頃（江戸時代）に京都の美濃屋太郎左衛門によって発明されたもので、加工食品の見地からインスタント食品のはしりともいえる。400年の年月をかけ和菓子、洋菓子など広く利用され、今日に至っている。

伝統的な寒天（糸寒天、角寒天）から、戦後、工業的な製法が確立され、形態や物性などが多様化した寒天が衛生的かつ安定して製造されるようになった。

製品・原料について

生産は日本をはじめ、韓国、台湾、中国、インドネシア、スペイン、ポルトガル、チリ、モロッコ、アルゼンチンなど多くの国で行われている。食品用としてゼリー菓子、プリン、杏仁豆腐、ム

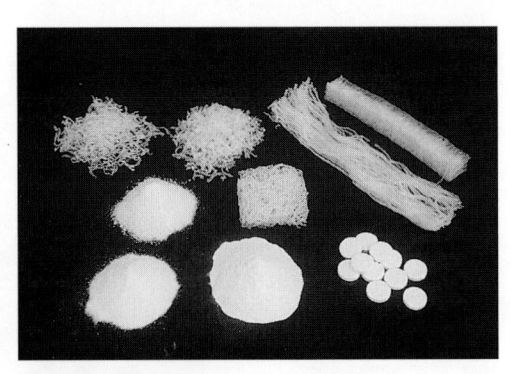

図13.1.1　寒天製造風景（左）と、最近の寒天の製品群（右）
冬の信州の風物詩として知られた、トコロテンを冬の寒さを利用して凍らせ、乾物にする工程。"天然のフリーズドライ"といった趣だが、これも今では近代化された工場での大規模工業生産に置き換わりつつある。また右の写真のように、かつては棒状か糸状の製品だったものが粉末状、タブレット状などバリエーションも豊富になってきた。

（写真提供：伊那食品工業㈱）

寒天の製造フローシート

- 原藻 — テングサ，輸入オゴノリ
  - アルカリ処理（オゴノリに適用）
    - NaOH溶液中，70～90℃，3～4時間
  - 水洗 — 回転式ドラム水洗機
  - 異物除去 — 揉捻水洗機：揉捻しつつ水洗除去
    - 石灰藻，貝殻，土砂を除去
  - 混合 — 原藻を数種混合し，原料による品質のばらつき低減
  - 抽出 — 中性ないし微酸性
    - 抽出液寒天濃度：1.5～2.0％
    - 蒸煮水：原藻量（乾物換算）＝（10～20）：1
    - 1～2 kg/cm² 蒸気，3～4時間
  - 濾過 — 珪藻土添加フィルタプレス 80℃，10cp
    - 一次抽出残渣 → 再抽出 → 濾過 → 二次抽出液／残渣
  - 混合
  - 放冷凝固
  - 切断 — 4×30×5cm に切断
  - 圧搾脱水（脱水後：固体濃度10％） ／ 凍結脱水
  - 熱風乾燥 ／ 凍結乾燥
  - 粉砕
    - 製品水分規格：22％以下 10～20kgを一箱
    - フレークまたは粉末
  - 製品：工業寒天 ／ 製品：角寒天／細寒天
    - 細寒天：15kgまたは30kgを一束
    - 角寒天：600本／函（標準4.5kg）

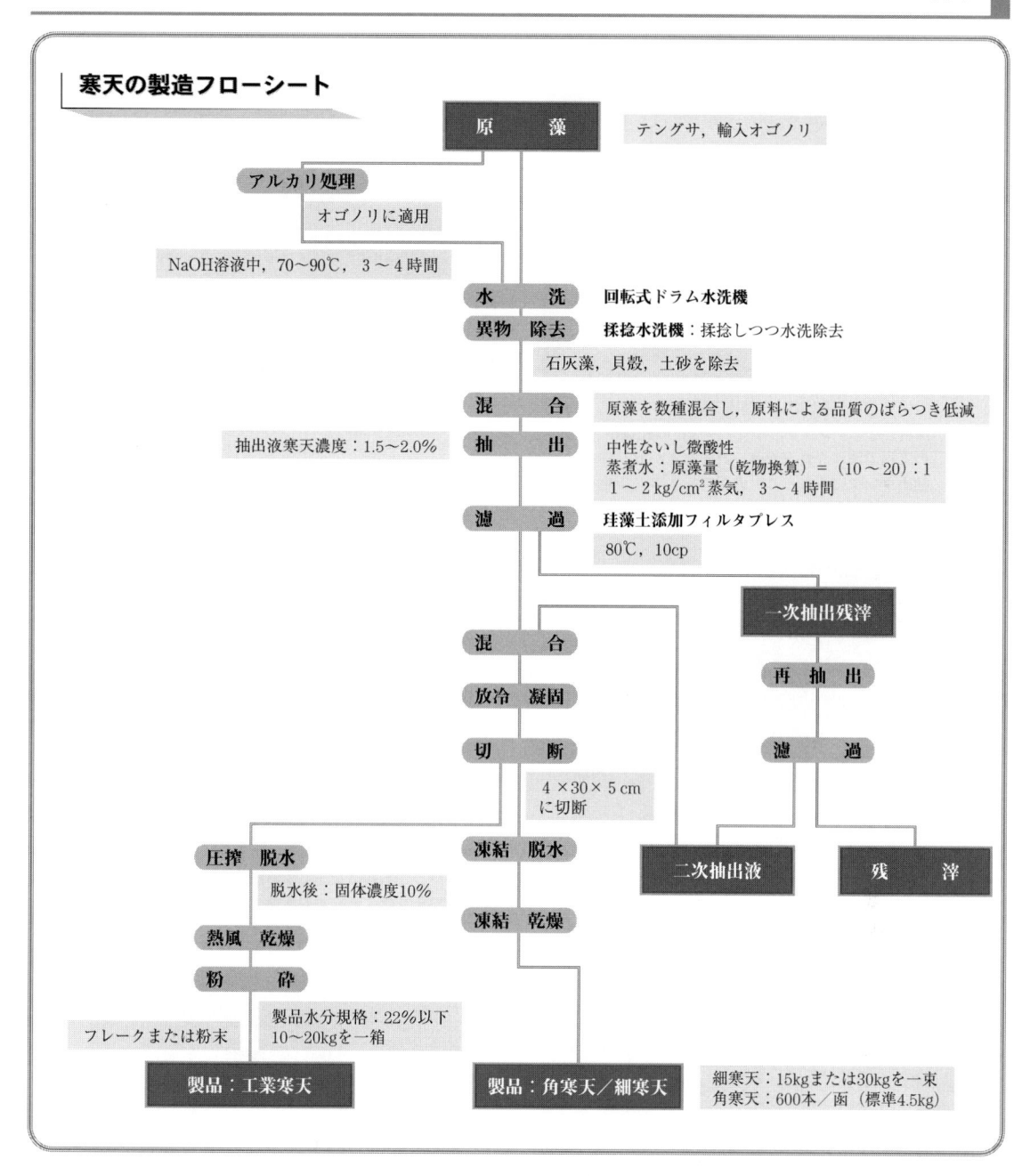

ース，ゼリー飲料，ジャム，トコロテン，ヨーグルト，介護食などに利用され，世界の生産量約8000tの1/3にあたる約2350tが日本で消費されることから，日本は世界一の寒天消費国だといえる。特に最近は食物繊維としての機能性が認知されたことから，健康志向のブームに乗り消費量は徐々に増えている。

天然寒天の製造では何種類もの原藻ブレンドして，品質の安定化と各企業の特徴を出す，差別化が行われかつては20～25種類位，配合していたが，今日では，10種類程度の配合となっている。品質の安定化のためには天候，気温の違いによる品質のばらつきの防止，形状の良さ，色の良さなどを配慮してブレンドが行われ，その配合割合は各メーカーの企業秘密となっている。この配合技術を「草割」という。

寒天の種類には先にも述べたように，角寒天，糸（細）寒天，粉末やフレーク状の工業寒天の3

CHAPTER 13　その他食品

図13.1.2　抽出工程
寒天の原料となるテングサ，オゴノリなどの紅藻類（海藻）は，この工程で洗浄され泥や砂，貝殻などが取り除かれたのち，抽出タンクに入れられ，温度コントロールをしながら寒天成分が抽出される。

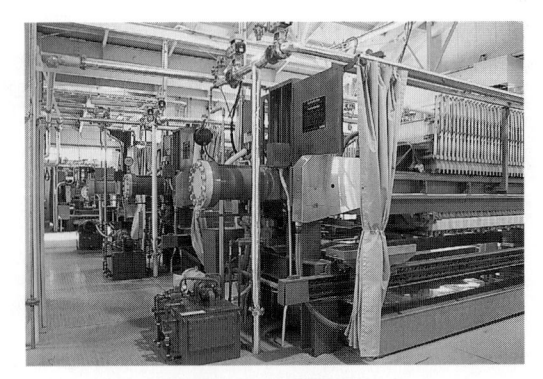

図13.1.3　濾過工程
全自動濾過機で濾過され，寒天液と海藻粕に分離される。

図13.1.4　凝固工程
寒天液はチューブクーラーで冷却され，トコロテンとなって出てくる。ちなみにトコロテンの99％は水分。

図13.1.5　脱水工程①圧搾脱水
脱水工程は最終的な製品の物性や形状により2つに分かれるが，こちらは加圧による脱水工程。凝固工程を出たトコロテンは，全自動脱水機でゆっくりと圧力をかけて脱水され，フィルム状の寒天となる。このフィルムは乾燥機に送られた後，粉砕され粉末状の寒天となる。

図13.1.6　脱水工程②冷凍脱水
こちらは冷凍による脱水工程。冷凍脱水では，凍結後に解凍し，寒天と水分を分離する。その後，乾燥機でゆっくりと乾燥される。

図13.1.7　乾燥工程
写真は脱水のあとの乾燥工程。

（写真提供：伊那食品工業㈱）

（本書の内容はあくまで一般的工程を解説したものであり，写真提供企業の製造工程を示すものではありません。）

種類があるが，糸寒天の約90％，粉末寒天の約60％が産業用に消費され，角寒天は90％以上が家庭用となっている。

寒天の製造工程を**フローシート**に示した。

寒天の製造工程

製造工程はまず，原藻の洗浄で始まる。原藻に付着した石灰藻，貝殻，土砂などを揉捻しながら水洗除去する。また原藻がテングサでなく輸入乾燥オゴノリを使うときはCa^{++}を含む数％濃度の水酸化ナトリウム溶液中にオゴノリを投入し，70〜90℃で3〜4時間処理する。これはテングサに匹敵する強大な凝固力の寒天を得る目的で開発された技術である。

伝統的な角寒天や糸寒天の一般的な原藻煮熟法では，煮熟水量：原藻（乾物）量は10：1ないし20：1で，煮熟水の硫酸濃度は0.01〜0.03％程度である。酸は煮熟初期に添加するが，常圧下，開放釜で勢いよく煮沸すると生産時間は短縮できるが，酸性熱液が飛散して作業上危険であるから，煮熟初期極短時間煮沸し，以降90℃前後で管理する。

煮熟時間は長野県方式では煮熟液量5〜8 m^3で16時間，岐阜県方式で煮熟液量3〜4 m^3で13時間である。しかし，大きな工場では一般に密閉の圧力釜で1〜2 kg/cm^2の蒸気で中性ないし微酸性で3〜4時間煮熟する「加圧抽出法」が採用されている。

寒天の通常用途では漂白は必要ないが，輸出ものなど品質要求が厳しいときは海藻色素成分を漂白するため，亜二チオン酸ナトリウムなどが用いられる。また原藻の鉄分に起因する変色をを防止するためメタリン酸ナトリウムなどを抽出液に添加することもある。

濾過は一般にフィルタプレスを備え，濾過助剤に珪藻土を用いて清澄濾液を分離する。寒天は80℃くらいから冷却凝固させるが，長野県では諸蓋（もろぶた）という深さ6 cm，容量約13ℓの容器で，岐阜県では小舟（こぶね）という深さ15cm，容量約50ℓの容器に寒天液を注入し放冷凝固させる。

凝固したゲル，通称「生天（なまてん）」は，角寒天用は天切り包丁で4×30×5（単位cm）に切断する。また細寒天用は6.5×58×38（単位cm）のブロック（岐阜県）を5×5×380mmのトコロテン状に成形する。続いて脱水，乾燥工程に移る。

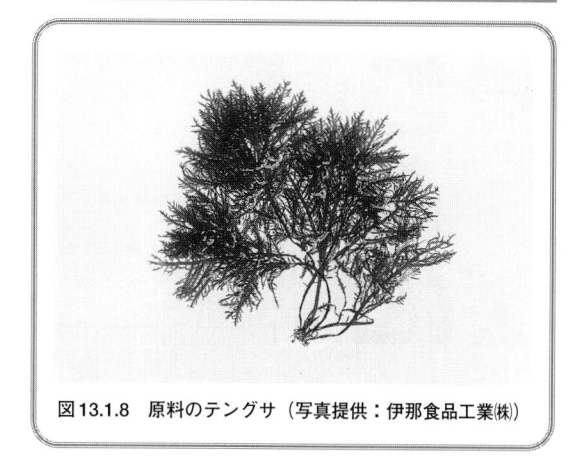

図13.1.8 原料のテングサ（写真提供：伊那食品工業㈱）

寒天ゲルは水分が約98％であるが，脱水といっても，単に圧力をかけるだけでは簡単には脱水できない。この脱水されにくい性質が羊羹などの品質安定に役立つ特徴であるが，寒天の製造では工夫が必要な部分である。

水分約98％の寒天ゲルは凍結すると水分と寒天分が分離して水は氷の結晶になる。一度分離した寒天分は85℃以下では水に不溶のため85℃以下で解凍すると脱水，乾燥が容易になる。

天然寒天ではこの性質を利用しトコロテン状のゲルを屋外の簀の子の上に置き外気温で凍結させる。凍結すると水分が寒天分と分離して氷の結晶となる。日中気温が上昇すると水だけが溶け出して流出する。この方法で12〜16日間かけて天日で脱水，乾燥する。

工場では一度凍結し，85℃以下で解凍した細切ゲル15kg程度を脱水濾布に包み込み，薄い層状にして，50段，100段と積み重ね，一次脱水する。さらに水圧機で5 kg/cm^2の圧力で二次脱水する。全脱水時間は約10時間である。

工業寒天では原藻を熱水抽出した後，濾過機で濾過し，寒天液と海藻粕に分離する。続いて寒天液を冷却し，トコロテン状のゲルにした後，一度凍結し，再溶解しない85℃以下で解凍してプレス機で脱水する。プレス機で脱水し，フィルム状にした後，バンド乾燥機などで乾燥し水分を10％前後とする。この乾燥品を機械粉砕して粉末寒天，フレーク状寒天とする。

こんにゃく

その他食品 —Others—

「こんにゃく」は日本人しか食べない珍しい食品です。朝鮮あたりから伝来した時は医薬用だったようですが，日本人が食用にして，もう1000年以上経っています。群馬県の下仁田が有名な産地で「刺身こんにゃく」など，お土産屋さんで売られています。種類は「玉こんにゃく」，「板こんにゃく」，「しらたき」などあります。すき焼きは「しらたき」がないと拍子抜けするくらい，付きものですが，最近ではこんにゃくゼリー，こんにゃく飲料など，その血圧降下作用，血中コレステロールの増加を防ぐ作用などが注目され，健康食品として新しい用途が拓けています。

そのクニュクニュした「こんにゃく」の作り方を学びましょう。

こんにゃく（蒟蒻）は日本独特の食品であり，その風味と特有のテクスチャが好まれるゲル状食品の一つである。原産地はインドシナ半島といわれており，熱帯地方で，野生状態で分布している。日本への伝来は諸説があり，里芋などとともに縄文時代に渡来したとか，記録上では大和時代に医薬用として朝鮮から伝えられたとされている。食用としては仏教伝来とともに伝えられたといわれている。日本で最初の分類体百科事典である「倭名類聚抄」（承平年間931～937年，1065年前）に「蒟蒻，文選の蜀都賦の注に云う，其の根は白く，灰汁をもって煮れば，即ち凝成す，苦酒をもってひたし，これを食す。蜀人これを珍とす。」とある。

元禄8年に出た「本朝食鑑」には，その性状，栽培法，加工法が詳しく記されている。

「春，苗を生ず，五，六月に至りて，これを移す。（中略）秋後，根を采る」とあり，京都丸山寺僧のつくるものが最も美味であり，開原では総州鍋山の産が最上だと記されている。今では「上州名物は空っ風と蒟蒻」といわれるほど，群馬県下仁田のこんにゃくが有名である。この下仁田を中心に栽培が始まったのは四百数十年も前，西国巡礼の農民が紀州から種芋を持ち帰ったことに始まるとされている。

11月，12月が収穫期で，空っ風に吹かれながら一家総動員作業する。かつては生芋を薄く切り竹串に刺し，縄で軒先に吊し天日干しするという作業が行われていた。大正末期以来，群馬県のこんにゃく生産量は日本一で，天日干しから今では火力による機械乾燥に代わり，下仁田は加工量も全国の60％を占めている。

製品・原料について

こんにゃく芋には塊根にグルコマンナンが約10％，0.1～1.0mmの卵形微粒子として含まれる。

こんにゃくはグルコマンナンが3％程度となるように，こんにゃく芋あるいは精粉に水を加え膨潤溶解させ，アルカリ処理した後，煮沸して製造する不可逆性ゲル化食品である。必要により海藻，青海苔，トウガラシ粉を練り込むこともある。

こんにゃくは日本人しか食べる習慣がないが，玉こんにゃく，板こんにゃく，しらたきなどの種類がある。さらに米粒状に加工した粒こんにゃく，こんにゃくゼリー，こんにゃく飲料などもある。

こんにゃくの需要は，食生活の洋風化に伴い煮物料理が少なくなり，減少傾向だが，こんにゃくの血圧降下作用，血中コレステロールの増加を防ぐ生理作用が注目を集め，健康食品としての新しい用途が開発されている。

こんにゃく芋から精粉をつくる技術は江戸時代に開発された。芋を切断し乾燥して粗粉をつくり，粗粉を粉砕して飛粉を除き，精粉を製造する。

こんにゃく芋の生産は精粉価格の低迷で，主要産地の群馬，福島，栃木以外の生産県は減少し品不足で精粉価格は1983年20kg当たり168,000円と高値を付けたが以降，下降し，1988年28,000～33,000円で推移している。精粉は輸入非自由化品目だが，製品こんにゃくは自由化品目で安価

こんにゃく

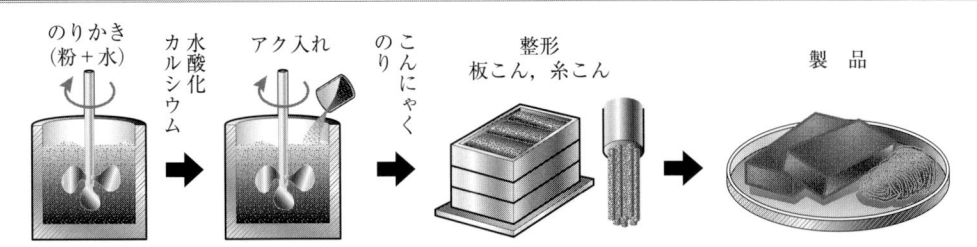

図13.2.1　こんにゃくの製造工程の概略図（資料提供：共栄蒟蒻㈱）

図13.2.2　こんにゃく芋

図13.2.3　ホッパ（桶）

製造量分の精粉を計り，ホッパ（桶）の中の温湯にこんにゃく精粉を入れかき回す。水酸化カルシウム（石灰乳）を準備しておく。

ホッパから供給された原料と水酸化カルシウムを混練機で適量混合し練り，上図左のような装置へと送る。混合物は温湯の中で煮えながら流れ白滝容器の中に流れ落ちる。一晩経ち，冷めたら包装機で包装され製品になる。

図13.2.4　こんにゃく（板こんにゃく，糸こんにゃく）製造工程の様子

（写真提供：共栄蒟蒻㈱）

（本書の内容はあくまで一般的工程を解説したものであり，写真提供企業の製造工程を示すものではありません。）

CHAPTER 13　その他食品

こんにゃくの製造フローシート

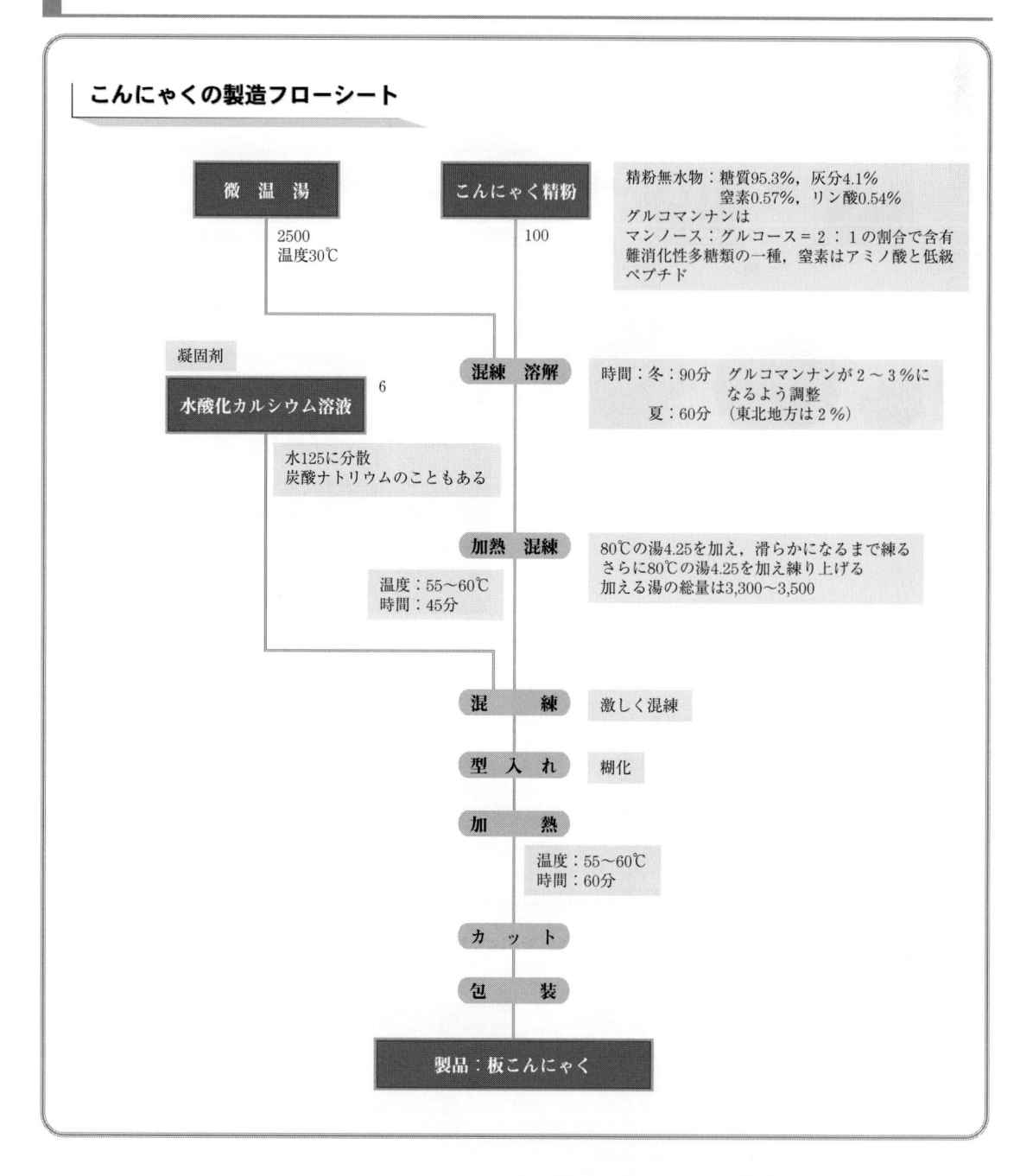

```
    微温湯                    こんにゃく精粉      精粉無水物：糖質95.3%，灰分4.1%
                                                        窒素0.57%，リン酸0.54%
     2500                         100          グルコマンナンは
   温度30℃                                      マンノース：グルコース＝2：1の割合で含有
                                               難消化性多糖類の一種，窒素はアミノ酸と低級
                                               ペプチド

    凝固剤
  水酸化カルシウム溶液        混練　溶解       時間：冬：90分  グルコマンナンが2～3%に
              6                                      なるよう調整
                                                  夏：60分  （東北地方は2%）
      水125に分散
      炭酸ナトリウムのこともある

                              加熱　混練       80℃の湯4.25を加え，滑らかになるまで練る
                                              さらに80℃の湯4.25を加え練り上げる
     温度：55～60℃                             加える湯の総量は3,300～3,500
     時間：45分

                              混　　練       激しく混練

                              型　入　れ     糊化

                              加　　熱
                           温度：55～60℃
                           時間：60分

                              カ ッ ト

                              包　　装

                         製品：板こんにゃく
```

な韓国品が輸入されている。

こんにゃくの製造工程

「こんにゃく」の製造方法は生芋からの製造法と精粉からの製造法があるが，精粉からの製造が一般的なため，精粉からの製造工程をフローシートに示した。また「こんにゃく」の製造工程の概略図を図13.2.1 に示した。

図13.2.4 では「板こんにゃく」に加えて「しらたき」（糸こんにゃく）についても説明している。その製造は「板こんにゃく」の加熱，混練後の原料を水酸化カルシウムを含む煮沸釜の中に糸状に押し出して成形する連続製造装置を使って製造する。原料，精粉の濃度は「板こんにゃく」より濃く押出成形しやすくするが，その濃度は地域により多少異なる。

漬物 ― その他食品 ― Others ―

漬物といえば，筆者が四国の愛媛県の山村の分教場に通う小学校の低学年だった頃，よくお袋が大きな樽に干し大根や白菜を漬け，糠味噌をかき回していた光景を思い出します。ですから漬物は自家製が普通で，購入して食べるものとは思ってもみませんでした。しかし結婚してから妻が糠味噌をかき回している光景はお目にかかったことがなく，いつしか漬物は購入して食べるものになっていました。

「千枚漬け」，「柴漬け」，「野沢菜漬」，「松前漬」とおみやげ品として工場でつくられたものが，数多く出回っています。これらの漬物は，どのようにしてつくられているのでしょう。

漬物製造は家庭の漬物から始まり，野菜の貯蔵加工として農家の副業であったが，加工の機械化に伴い工場生産されるようになった。その代表的なものとして醤油漬，たくあん漬，塩漬類，酢漬類，味噌漬類，粕漬類などがあり，工場数も3000以上存在する。

漬物もほかの食品と同じように，そのルーツは中国や南方諸島を通って，その手法が伝来したものと考えられる。原料野菜や味加減に多少の差はあるが，日本の漬物と同じようなものが中国では古くからつくられている。

日本の漬物に関する最も古い文献としては世界的に有名な奈良東大寺正倉院の古文書の「雑物納帳」の中に「にらぎ」という言葉があり，これが野菜などの塩漬を表しているという。

また，平安時代に藤原時平が当時の宮中の行事を書いた「延喜式」という書の中には，うり，大根，なす，しょうが，山菜などの粕やもろみの漬物のことが書かれ，当時から粕漬，もろみ漬など現在のような漬物があったと考えられる。

昔は漬物のことを「香の物」といった。それは室町時代には香の臭いをかぎ当てる「聞香」（ぶんこう）という優雅な遊びが盛んで，その聞香の嗅覚の休みのときに，大根の塩漬が良いとされ，大根漬が香の物と呼ばれていたが，その後，漬物全般を香の物と呼ぶようになった。

1726年の貞文雑記には「香の物とは味噌漬を元とする也。味噌のことを香と云う」とあり，最初は，味噌漬を香のものといったという説もある。沢庵は沢庵禅師が考案したとか，べったら漬は江戸の日本橋のべったら市で売られたとか，由緒を持つ漬物は多い。

漬物は昔は自家用で商品として売られたものではなかったが，神社や寺などの縁日で，その土地の名産として販売されたのが始まりのようだ。

京和3年版（1803年）の増補年中行事に10月19日えびす講の前夜祭として江戸小伝馬町に魚物市が立つことが記され，その市で浅漬大根が売られたことが書いてある。また宝暦年間（1751年）田尻屋利助が静岡市中で，ワサビ漬を売り歩いたという記録が残っている。

漬物屋の元祖は慶応元年，京都で大黒屋という店を開き千枚漬を売った山崎亀吉のようだ。漬物業者の中で最も古い創業は東京中野区の「ヤマシン㈱」で万延元年（1860年）の創業時，自家製沢庵を大八車に乗せて江戸市内の武家屋敷に売り歩いたと伝えられている。

製品・原料について

漬物は品種が非常に多く，地方の特産品的なものも含めると次のようなものがある。

①**塩漬**：ラッキョウ塩漬，野沢菜漬，広島菜漬，高菜漬，白菜漬，菜の花漬，梅干，梅漬，小梅漬，一夜漬，つぼ漬，すぐき，漬発酵ピクルス，サワークラウトなど。

②**ぬか漬**：本漬たくあん，早漬たくあん，緋の菜ぬか漬，ぬか味噌漬など。

③**醤油漬**：福神漬，割干漬，味付しば漬，大根

CHAPTER 13　その他食品

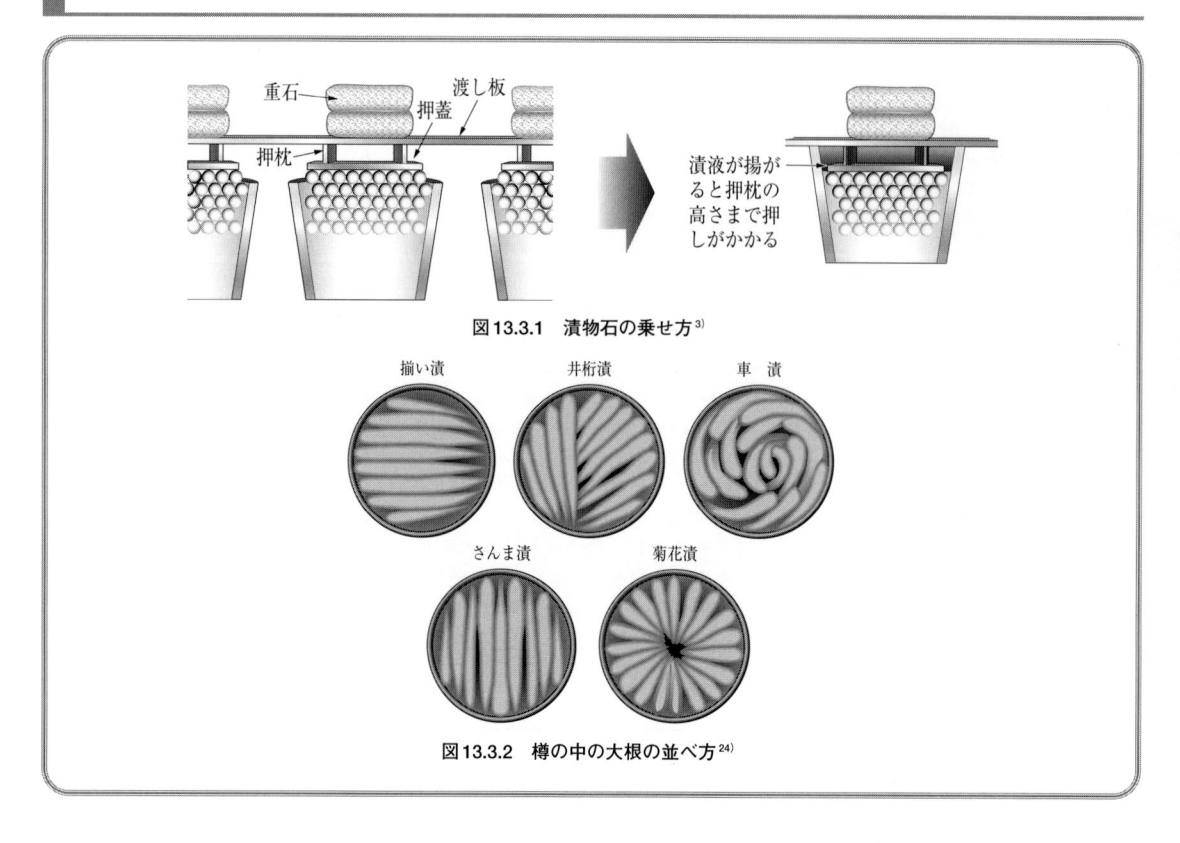

図 13.3.1　漬物石の乗せ方[3]

図 13.3.2　樽の中の大根の並べ方[24]

醬油漬，茄子醬油漬，キュウリ醬油漬，生姜醬油漬，シソの実漬，印籠醬油漬，朝鮮漬，菜類醬油漬，なめ茸醬油漬，松前漬など。
④**粕漬**：奈良漬，キュウリ粕漬，スイカ粕漬，大根粕漬，茄子粕漬，生姜粕漬，山菜粕漬，刻み奈良漬，セロリ粕漬，ワサビ漬，野菜ワサビ漬，山海漬など。
⑤**酢漬**：ラッキョウ酢漬，花ラッキョウ酢漬，はりはり漬，千枚漬，キュウリ酢漬，生姜梅酢漬，酢漬ピクルス，酢漬しば漬など。
⑥**味噌漬**：大根味噌漬，茄子味噌漬，キュウリ味噌漬，印籠味噌漬，山ゴボウ味噌漬，山菜味噌漬，ニンジンの味噌漬など。
⑦**辛子漬**：茄子辛子漬，キノコ辛子漬など。
⑧**こうじ漬**：べったら漬，三五八漬など。
⑨**もろみ漬**：醬油もろみ漬，味噌もろみ漬など。

漬物の製造工程

漬物の代表例として，塩押したくあんの製造工程をフローシートに示した。図 13.3.1 は重石の乗せ方を示し，図 13.3.2 には樽の中の大根の並べ方を示した。

漬物は微生物の発酵によって風味を出すものが多い。ぬか味噌漬の風味は，ぬか床に繁殖する乳酸菌や酵母によって適度な酸味やエステルの風味が醸成される。5～10％塩分は害をなす腐敗菌の生育を抑制し，有用な酵母や乳酸菌を繁殖させて漬物の発酵を助長するが，10％以上の高濃度になるとこれらの菌の繁殖も抑制されるので，漬物は 10％以下の塩分で漬けられる。

一夜漬や浅漬のように塩分 2～5％で漬けると野菜自体の酵素の働きで自己消化現象が起こり，生臭みや，あく味が取れて風味が醸成されるが，各種の腐敗菌もただちに繁殖するので風味は変化し，保存性は悪い。塩分は浸透圧が高く，野菜の塩漬の場合，塩分 2％以上で野菜の細胞液の浸透圧より高くなり，細胞液の脱水と塩分の細胞内への浸透が行われる。この脱水作用により野菜の細胞が死滅し，その組織は柔軟になり，俗にいう「塩ごろし」が行われる。この「塩ごろし」によって，野菜の含有成分の消耗が抑えられ，漬物の風味の根源となる諸成分が保存される。

塩押したくあんの製造フローシート

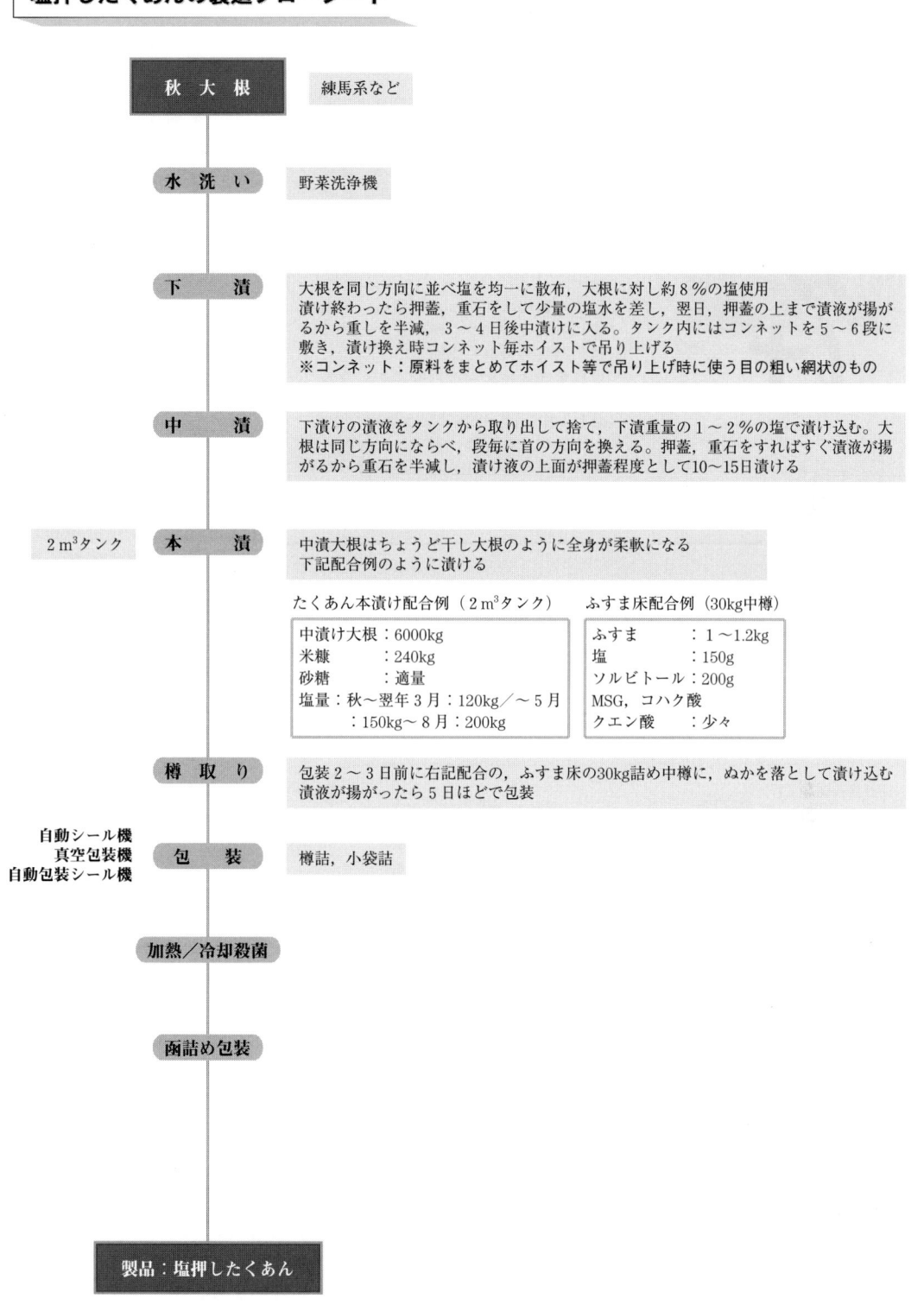

秋大根 — 練馬系など

水洗い — 野菜洗浄機

下漬
大根を同じ方向に並べ塩を均一に散布，大根に対し約8％の塩使用
漬け終わったら押蓋，重石をして少量の塩水を差し，翌日，押蓋の上まで漬液が揚がるから重しを半減，3～4日後中漬けに入る。タンク内にはコンネットを5～6段に敷き，漬け換え時コンネット毎ホイストで吊り上げる
※コンネット：原料をまとめてホイスト等で吊り上げ時に使う目の粗い網状のもの

中漬
下漬けの漬液をタンクから取り出して捨て，下漬重量の1～2％の塩で漬け込む。大根は同じ方向にならべ，段毎に首の方向を換える。押蓋，重石をすればすぐ漬液が揚がるから重石を半減し，漬け液の上面が押蓋程度として10～15日漬ける

$2m^3$タンク　**本漬**
中漬大根はちょうど干し大根のように全身が柔軟になる
下記配合例のように漬ける

たくあん本漬け配合例（$2m^3$タンク）

中漬け大根	：6000kg
米糠	：240kg
砂糖	：適量
塩量：秋～翌年3月：120kg／～5月：150kg／～8月：200kg	

ふすま床配合例（30kg中樽）

ふすま	：1～1.2kg
塩	：150g
ソルビトール	：200g
MSG，コハク酸	
クエン酸	：少々

樽取り
包装2～3日前に右記配合の，ふすま床の30kg詰め中樽に，ぬかを落として漬け込む
漬液が揚がったら5日ほどで包装

自動シール機
真空包装機
自動包装シール機　**包装** — 樽詰，小袋詰

加熱／冷却殺菌

函詰め包装

製品：塩押したくあん

ふりかけ —その他食品 Others—

最近，勤めに出る子供の弁当に家内が，ふりかけを一袋添えるのを見て，懐かしいなー，と思ったのと同時に，息の長い商品だと感じました。筆者のような年輩者も学校の弁当にお袋が「ふりかけ」を付けてくれたのを思い出します。今では日本だけでなく，東南アジアやブラジルなど海外でも見かけます。

その製造は「かつお節顆粒」，「食塩顆粒」，「カルシウム顆粒」など押出造粒品だけでもたくさんあり，一つ一つ造粒条件を示すのが大変です。つくりたい人は造粒の時デキストリンや砂糖などバインダーを工夫してみて下さい。

造粒ができても，海苔，卵など比重の軽い成分もあり，成分が片寄らないように小袋に充填するのが大変です。

子供の頃，母が弁当に良く「ふりかけ」の小袋を付けてくれた。直接，ご飯に振りかけてあった「田麸」，「おかか」もあるが「のりたま」は懐かしい。文献でふりかけの素材を見つけたが，黒胡麻，白胡麻，抹茶塩，卵そぼろ，玉子粒子，切り海苔（2×7mm）など結構種類も豊富である。

このふりかけは大正初期，薬剤師吉丸末吉氏が，日本人のカルシウム不足を補う目的で，小魚を乾燥して粉にしたものを調味し，胡麻，青海苔などを加えて，魚臭を抑え，ご飯にふりかけて食べられるよう考案したのが最初で，瓶詰で発売された。

大正15年頃熊本県人，甲斐清一郎氏が東京，荒川で丸美屋食品研究所を興し，昭和2年にに発売したふりかけが「是はうまい」であった。この頃のふりかけは魚粉に，のり，胡麻，紫蘇などを混ぜたもので，メーカーは30～40社あったようだ。「是はうまい」は戦後も販売され，昭和35年の「のりたま」の発売につながった。

昭和37年，食品衛生法に基づき，商品名とは別に「ふりかけ」という表示が義務づけられ，定義として「農産物，水産物，畜産物などを主原料として原料形状のまま又は数種を配合して調味料で調味し，切断，破砕，造粒等の加工を行った食品で，通常米飯，麺類などにふりかけ又はさらに湯茶などの液体をかけて食されるものとする」となっている。

フローシートにふりかけの製造工程を示した。フローシートから分かるように「かつお節顆粒」，「食塩顆粒」，など造粒や，「切り海苔」，「煎り胡麻」など粉体加工のプロセスが多い。したがって調味料などと違い，一つの品種で数多くのプロセス開発が必要で，技術開発が大変である。さらに比重の異なる原料を成分が偏らないように小袋包装時の注意が必要である。

図13.4.1 「ふりかけ」の製造工程（（社）農山漁村文化協会「地域資源活用食品加工総覧」第5巻（1999年）より。分担執筆者：丸美屋食品工業㈱小川隆）

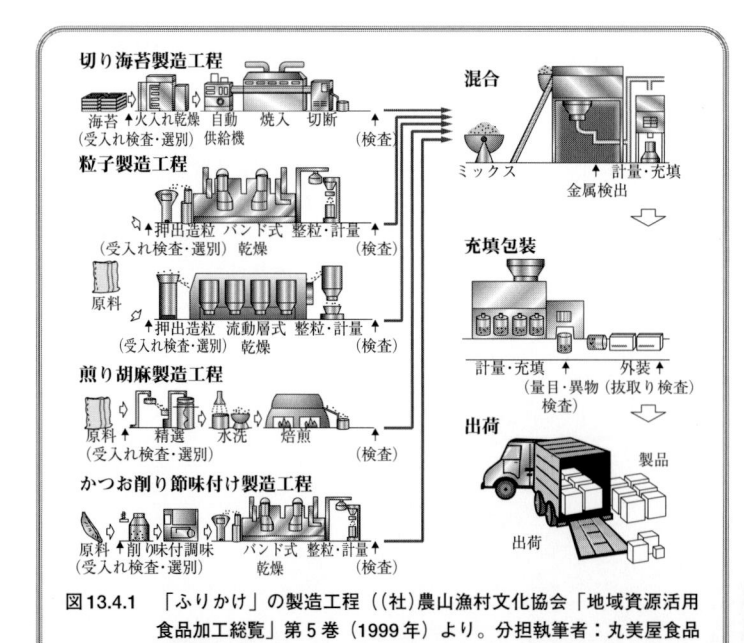

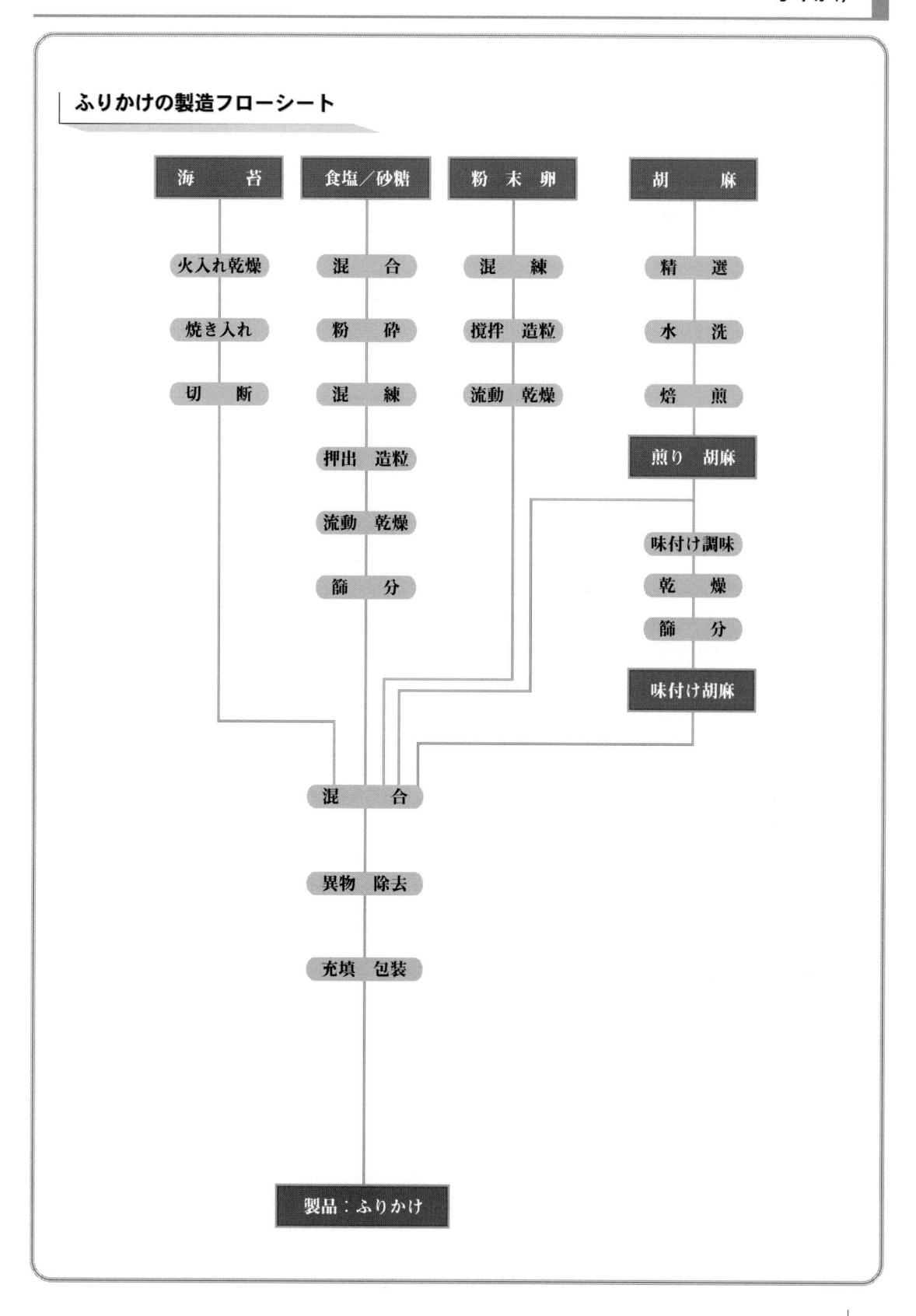

ふりかけの製造フローシート

海苔	食塩／砂糖	粉末卵	胡麻
火入れ乾燥	混合	混練	精選
焼き入れ	粉砕	撹拌造粒	水洗
切断	混練	流動乾燥	焙煎
	押出造粒		**煎り胡麻**
	流動乾燥		味付け調味
	篩分		乾燥
			篩分
			味付け胡麻

↓

混合

↓

異物除去

↓

充填包装

↓

製品：ふりかけ

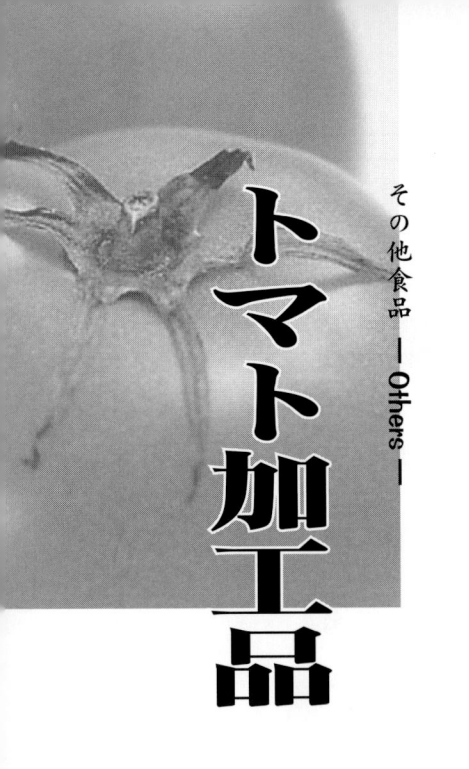

トマト加工品 ― その他食品 ― Others ―

> トマトといえば，家庭菜園でも簡単に作れるので親しみを持つ人が多いでしょう。筆者は幼少時代を四国，愛媛県の山村で過ごしたので，良く畑でもぎたてのトマトを頬張ったものです。最近，八百屋さんで新鮮と思われるトマトを買いますが，幼少の頃のあの感激が味わえません。
>
> 20年近く前，福井県の父親の実家で畑でトマトを味わったら，確かに幼少の頃が思い出せました。しかし，そのトマトを東名高速で急ぎ持ち帰りましたが，わが家に到着した時には，あの感激はなくなっていました。トマトのフレーバーは飛びやすいのです。

日本におけるトマトに関する資料としては，東京国立博物館所蔵の狩野探幽（～1675）の「唐なすび」と呼んで写生したトマトの絵がある。17世紀半ばにオランダ人によって種が日本に持ち込まれたと推定されている。

トマトの加工は明治9年にアメリカから帰国した大藤松五郎氏がトマト缶詰の加工実験を行ったが，トマト加工の商品化はカゴメ㈱の創業者，蟹江一太郎氏が最初で，明治36年にトマトソース（現トマトピューレ）に始まる。明治41年にはトマトケチャップが製造された。さらに昭和8年にトマトジュースが国産化されたのが歴史に見られる。

トマト加工品とは公正競争規約によるとトマトピューレ，トマトペースト，トマトジュース，トマトソース，トマトケチャップ，チリソース，トマトスープなど「製品重量の51％以上のトマトを含むものをいう」とされている。これらトマト加工品の製造方法をフローシートで解説した。完熟トマトが科学でいろいろな製品に加工されることが良く分かる。

加工用トマトとしては昭和30年代後半から無支柱栽培方式のものが多くなり，栽培面積ではカゴメ㈱の改良品種KG系，桔交413，キッコー食品工業㈱の改良品種NDM系などがあり主な産地は長野県，茨城県，福島県である。また図13.5.1～4に大規模なトマトジュース製造工程の様子を示した。

図13.5.1
洗浄工程。洗浄と，異物や悪果の選別を行う。

図13.5.2
調合タンク。食塩の混合，糖度の確認などを行う。

図13.5.3
充填機。1分間に約1200本の充填を行う。

図13.5.4
梱包工程。「ラップラウンドケーサー」という装置で，できた製品を箱に詰める。

（写真提供：㈱ナガノトマト）

（本書の内容はあくまで一般的工程を解説したものであり，写真提供企業の製造工程を示すものではありません。）

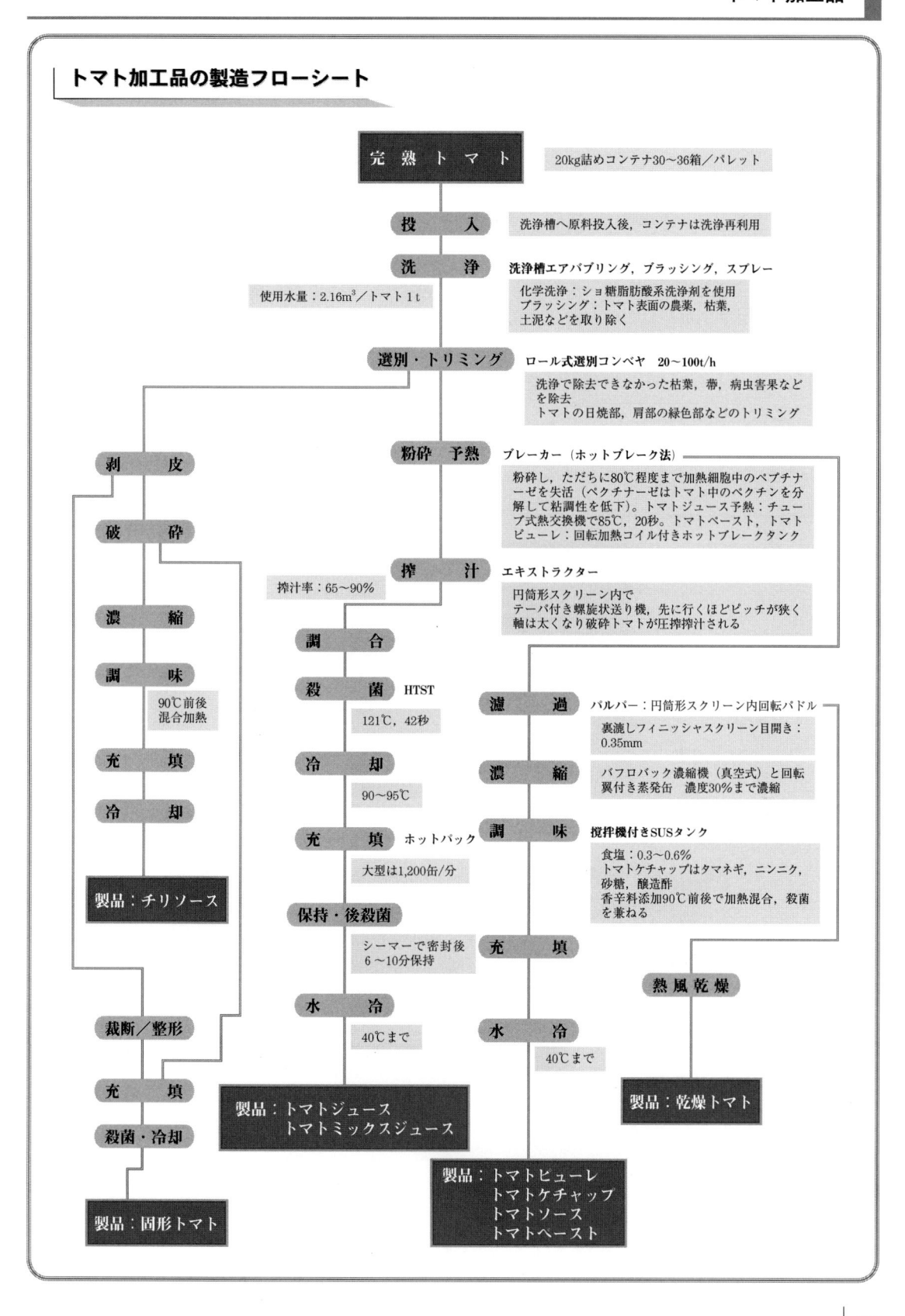

トマト加工品の製造フローシート

```
完熟トマト ── 20kg詰めコンテナ30～36箱／パレット
   │
  投 入 ── 洗浄槽へ原料投入後，コンテナは洗浄再利用
   │
  洗 浄 ── 洗浄槽エアバブリング，ブラッシング，スプレー
   │        化学洗浄：ショ糖脂肪酸系洗浄剤を使用
使用水量：2.16m³／トマト1t    ブラッシング：トマト表面の農薬，枯葉，
   │                          土泥などを取り除く
選別・トリミング ── ロール式選別コンベヤ 20～100t/h
   │              洗浄で除去できなかった枯葉，帯，病虫害果など
   │              を除去
   │              トマトの日焼部，肩部の緑色部などのトリミング
粉砕・予熱 ── ブレーカー（ホットブレーク法）
   │          粉砕し，ただちに80℃程度まで加熱細胞中のペプチナ
   │          ーゼを失活（ペクチナーゼはトマト中のペクチンを分
   │          解して粘調性を低下）。トマトジュース予熱：チュー
   │          ブ式熱交換機で85℃，20秒。トマトペースト，トマト
   │          ピューレ：回転加熱コイル付きホットブレークタンク
  搾 汁 ── エキストラクター
搾汁率：65～90%   円筒形スクリーン内で
   │              テーパ付き螺旋状送り機，先に行くほどピッチが狭く
   │              軸は太くなり破砕トマトが圧搾搾汁される
  調 合
   │
  殺 菌  HTST
  121℃，42秒
   │
  冷 却
  90～95℃                          濾 過 ── パルパー：円筒形スクリーン内回転パドル
   │                                          裏漉しフィニッシャスクリーン目開き：
  充 填  ホットパック                         0.35mm
  大型は1,200缶/分                  濃 縮 ── パフロバック濃縮機（真空式）と回転
   │                                          翼付き蒸発缶 濃度30%まで濃縮
保持・後殺菌
シーマーで密封後                   調 味 ── 攪拌機付きSUSタンク
6～10分保持                                  食塩：0.3～0.6%
   │                                          トマトケチャップはタマネギ，ニンニク，
  水 冷                                       砂糖，醸造酢
  40℃まで                                    香辛料添加90℃前後で加熱混合，殺菌
   │                                          を兼ねる
製品：トマトジュース                充 填
      トマトミックスジュース         │
                                   水 冷
                                   40℃まで       熱風乾燥
                                     │             │
                                製品：トマトピューレ  製品：乾燥トマト
                                      トマトケチャップ
                                      トマトソース
                                      トマトペースト
```

剥皮 → 破砕 → 濃縮 → 調味（90℃前後混合加熱） → 充填 → 冷却
製品：チリソース

裁断／整形 → 充填 → 殺菌・冷却
製品：固形トマト

トマト加工品

補遺

最近のフリーズドライコーヒーの製法

　従来のフリーズドライ・コーヒーの製法は図9.4.1と図9.4.4に示したように長い真空のトンネルの中で原料液を凍結させた後、水分を昇華乾燥させ、その後、乾燥した板状の乾燥品を解砕してフリーズドライ・コーヒーを製造していた。そのため図9.4.1のようにかなり長い真空のトンネルの中を原料が移動するため原料液の供給から乾燥製品が得られるまで20時間以上要していた。

　最近では真空のトンネル内での加工は原料液の凍結と解砕までで、砕かれた凍結品を図A.2のような真空乾燥機で乾燥するので乾燥時間が短縮され製造時間が従来法の20時間から6時間に短縮されて生産性が向上したと考えられる。

　その理由は従来法の大きな板状の被乾燥物が小さな粒状の被乾燥物になるので水分の蒸発する表面積が20／6＝3.33倍になるためと推測される。

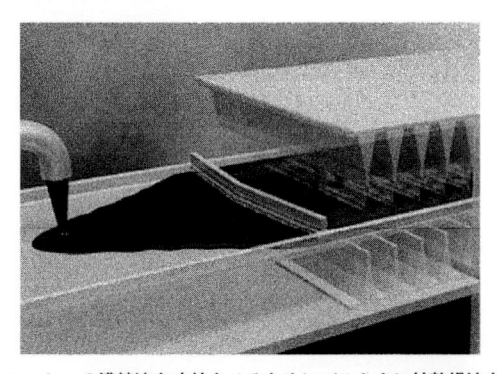

図A.1　連続的にコーヒーの濃縮液を凍結させるためにベルト上に被乾燥液を供給する様子[52]

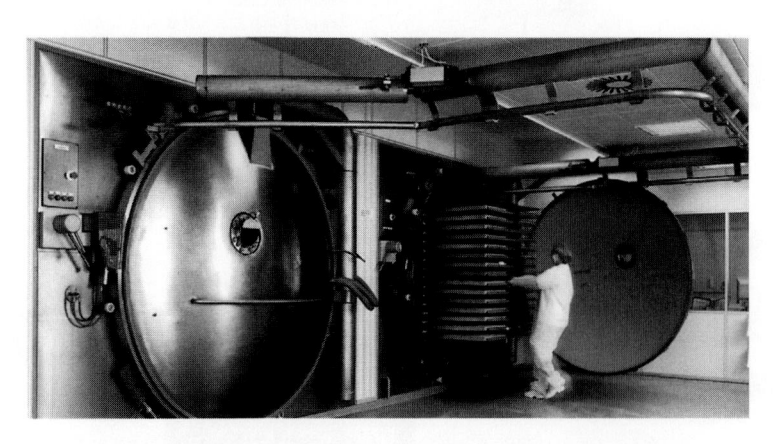

2 RAY™ 125-S plants for sanitary applications.

Monitor the entire process on-site or from a central control room.

図A.2　連続凍結加工し解砕された凍結品を真空乾燥する真空乾燥機[51]

引用文献

1) 一島栄治：発酵食品への招待, ㈱裳華房（1998年）
2) 藤井建夫：伝統食品の知恵, ㈱柴田書店（1993年）
3) 藤巻正生：食料工業, ㈱恒星社厚生閣（1985年）
4) 鎌田恒男：図説・日本の食品工業, ㈱光琳（1982年）
5) 尾崎準一：食品加工法, ㈱朝倉書店（1964年）
6) 食品技術士センター：食品加工技術・工程図集, 三琇書房（1990年）
7) 食品製造・流通センター編集委員会：食品製造・流通データ集, ㈱産業調査会事典出版センター（1998年）
8) 通産省プロセス・フローシート研究会：改訂・製造工程図全集 第3巻, ㈱化学工業社（1978年）
9) 吉田 勉：新食品加工学, 医歯薬出版㈱（1999年）
10) 生活環境教育研究会：おもしろふしぎ食べもの加工,（社）農山漁村文化協会（1997年）
11) 野白喜久雄ら：醸造の事典, ㈱朝倉書店（1988年）
12) 五十嵐脩ら：食料の百科事典, 丸善㈱（2001年）
13) 稲 保幸：世界の酒事典, ㈱柴田書店（1971年）
14) 渡辺長男ら：製菓事典, ㈱朝倉書店（1990年）
15) 江後迪子：日本料理由来事典, ㈱同朋舎出版（1990年）
16) 「現代食品産業事典」第六版改訂版, ㈱日本食糧新聞社（1997年）
17) ㈳農山漁村文化協会：地域資源活用 食品加工総覧（2000年）
18) 寺本四郎：醸造工学, 光琳書院（1969年）
19) 産業調査会：食品設備・機器事典（2002年）
20) 吉田照男：化学装置, 2002年4月号, p25
21) 今井忠平：マヨネーズ・ドレッシングの知識, ㈱幸書房（1993年）
22) 野口敏：冷凍食品を知る, 丸善㈱（1997年）
23) 海老原清・大槻耕三：食品加工学, ㈱講談社（1999年）
24) 小川敏男：最新漬物製造技術, 改訂第3版, 食品研究社（1973年）
25) 日本缶詰協会レトルト食品部会編：レトルト食品を知る, 丸善㈱（1996年）
26) 熊谷真菜：ふりかけ 日本の食と思想, ㈱学陽書房（2001年）
27) 関根彰：ワインつくりのはなし─栽培と醸造─, 技報堂出版㈱（1999年）
28) G. M. A. VAN BEYNUM：STARCH CONVERSION TECHNOLOGY, MARCEL DEKKER, INC.
29) R. J. CLARKE：COFFEE, ELSEVIER APPLIED SCIENCE
30) 梅木充：ポテトの栽培と加工, ㈱スナックフーズ（1978年）
31) 宮川高明：食用油製造の実際, ㈱幸書房（1988年）
32) 安田耕作：食用油とその生産, ㈱幸書房（1992年）
33) 清水亘：かまぼこの歴史, ㈱日本食糧新聞社（1975年）
34) 保坂秀明：食品工学入門─基礎と操作─, ㈱化学工業社

35) 桜井芳人ら：増補新版　総合食品工業, ㈱恒星社厚生閣（1975年）
36) 中山時子ら：新中国料理大全　五　総合料理編, ㈱小学館（1997年）
37) 柳原昌一：食用固型油脂, ㈱建帛社（1975年）
38) A. J. C. ANDERSEN：MARGARINE, PERGAMON PRESS（1965）
39) 福場博保ら：調味料・香辛料の事典, ㈱朝倉書店（1991年）
40) ㈳日本冷凍食品協会：冷凍食品の事典, ㈱朝倉書店（2000年）
41) 吉沢淑ら：醸造・発酵食品の事典, ㈱朝倉書店（2002年）
42) 稲垣長典：缶びん詰・レトルト食品事典, ㈱朝倉書店（1990年）
43) 谷川英一：罐詰の製造, 紀元社出版㈱（1956年）
44) 谷川英一：缶詰製造学, ㈱恒星社厚生閣（1969年）
45) 斉藤進ら：食品原料学, 理工図書㈱（1975年）
46) 寺本四郎：食糧工学ハンドブック, ㈱朝倉書店（1968年）
47) ㈳日本果汁協会：果汁・果実飲料事典, ㈱朝倉書店（1990年）
48) センチュリー書籍編集部：缶詰大博覧会, ㈱センチュリー（1996年）
49) 矢崎郁夫ら：マカロニ・スパゲティの製造, 光琳書院（1966年）
50) 竹内昌昭ら：水産食品の事典, ㈱朝倉書店（2000年）
51) 吉田照男：はじめての食品加工技術, 工業調査会（2008年）
52) 最新造粒技術の実際（総合技術資料, 神奈川県経営開発センター出版部（1984年）

索 引

■英字／数字

α-無水結晶ブドウ糖 ……… 26
α化（糊化） ……………… 274
α化乾燥麺（ノンフライ麺）
　…………………………… 275
Bisque ……………………… 281
Bouillon …………………… 278
Broth ……………………… 281
Brown Stock ……………… 278
Consome …………………… 281
DBSユニット ……………… 207
DE (Dextrose Equivalent)
　…………………………… 25
Doughnut machine ……… 270
Fish Stock ………………… 278
G. O. ブレンダー ………… 207
HACCP（ハセップ） ……… 74
lagering …………………… 182
stuffing machine ………… 270
Tomato Bisque …………… 281
UHT ……………………… 107
USDA方式 ………………… 129
Vegetable Stock ………… 278
White Stock ……………… 278

■あ行

上り粉 ……………………… 14
足 …………………………… 80
アセプティック方式 ……… 264
アトリション・ミル ……… 23
荒櫂 ………………………… 173
荒ずり ……………………… 82
荒節 ………………………… 89
アルコール酢 ……………… 147
アンウォッシュドコーヒー
　…………………………… 210
アンオーソドックス法 …… 223
あんじょう ………………… 97

アントシアン ……………… 265
アンフォラ ………………… 187
イクラ ……………………… 94
板こんにゃく ……………… 296
一番カビ …………………… 89
糸こんにゃく ……………… 298
煎り付け煮 ………………… 98
イリノイ大学方式 ………… 129
インベルターゼ活性 ……… 41
ウインタリング …………… 34
ウェットミーリング ……… 22
ウォッシュドコーヒー …… 210
浮かし煮 …………………… 98
淡口 ………………………… 136
ウスターソース …………… 154
温州みかん ………………… 256
エアブラスト ……………… 74
エージング ……… 105,108,120
エントレータ ……………… 23
オーソドックス法 ………… 223
オーバーラン ……………… 119
オールインミックス方式 … 246
雄町 ………………………… 170
雄節（背節） ……………… 89
オプチソーター …………… 242
おぼろ昆布 ………………… 83
温燻法 ……………………… 97

■か行

カード ……………………… 112
カーボサチュレーター …… 207
櫂入れ ……………………… 152
加塩バター ………………… 106
カカオマス ………………… 230
籠立て ……………………… 89
籠離し ……………………… 89
果実酢 ……………………… 147
カスタードプディング …… 252

カステン …………………… 179
カステン式 ………………… 190
粕取焼酎 …………………… 194
風邪引き（老た粉） ……… 49
堅豆腐 ……………………… 124
カッターキュアリング …… 66
カット・アンド・ラップ … 237
カッペリーニ ……………… 57
割卵分離機 ………………… 160
果帽 ………………………… 188
鎌倉流 ……………………… 60
ガムベース ………………… 234
亀節 ………………………… 89
下面酵母 …………………… 176
下面発酵 …………………… 176
かもし法 …………………… 187
空ずり ……………………… 82
カロチノイド ……………… 264
乾塩漬法 …………………… 64
甘性バター ………………… 106
がんもどき ………………… 124
機械麹法 …………………… 172
黄麹菌 ……………………… 194
絹ごし豆腐 ………………… 124
貴腐 ………………………… 185
貴腐ブドウ酒 ……………… 185
貴腐ワイン ………………… 183
キャビア …………………… 94
汲水（クミミズ） ………… 141
汲水量 ……………………… 148
強制通風式製麺装置 ……… 139
金華ハム …………………… 70
クーリングドラム法 ……… 166
グラインディング ………… 213
クラリファイヤー ………… 117
グリーンビーン …………… 210
グルコマンナン …………… 296
グレインウイスキー ……… 189

グレーディング …………13	嗜好ガム …………232	スプレードライ製法 ………213
黒麹菌 …………194	湿塩漬法 …………62	スフレプディング …………252
くろず …………148	自動包餡機 …………251	坐り …………82
クロロフィル …………265	自動ホロ割り機 …………256	成形板方式 …………74
ゲル化 …………120	ジナカ・マシン …………259	セモリナ …………11,53,57
濃口 …………136	シミ豆腐 …………127	ゼラチン …………252
合成樹脂ケーシング …………90	充填豆腐 …………124	セルロースケーシング ……90
合成酢 …………147	揉捻 …………220	全粉乳 …………114
酵母 …………170	シュガーブルーミング ……231	全面発酵法 …………148
コーネル大学方式 …………129	酒母 …………149	速醸法 …………148
コーヒーゼリー …………252	純化ミドリングス …………14	粗朶ヒビ …………92
凍り豆腐 …………124	常圧煮詰法 …………236	ソフト・キャンディ …………236
固形物包餡方式 …………251	上槽 …………174	ソフトヨーグルト …………105
こしき …………172	醸造酢 …………147	ソルバ …………234
コッホヴルスト …………66	焼酎乙類 …………194	
五百万石 …………170	焼酎甲類 …………194	■た行
コミトロール …………156	上面酵母 …………176	たかね錦 …………170
米酢 …………147	上面発酵 …………176	暖気 …………173
コラーゲンケーシング ……90	ショルダーハム …………62	脱ガム工程 …………33
コンチング（精錬） …………230	白 …………136	脱脂粉乳 …………114
	白麹菌 …………194	ダッシャー …………120
■さ行	白酒 …………150	種酢 …………148
サーモコンプレッサ ………117	真空凍結乾燥法 …………35	種付け …………92
サイクロデキストリン ……25	真空煮詰法 …………236	玉解き …………225
再仕込 …………136	心白米 …………172	溜 …………136
サイジング …………14	シンプル・シロップ ………205	炭酸ガス含有ワイン …………183
酢酸ビニル樹脂 …………234	スープストック …………278	淡色ビール …………179
酒粕酢 …………147	杉山系 …………256	タンブラー …………242
炒熬 …………139	スクラッチ …………14	チクル …………234
さらい手 …………218	筋泡 …………174	チャーニング …………108
さらえ …………84	スターター …………105	茶餅 …………218
サルモネラ・エンテリティディス …………159	スターティング・タンク …181	チャンクスタイル …………266
三段仕込み …………170	スッポン仕込み …………174	調製粉乳 …………114
ジェットクッカー …………25	ストック …………13	直捏法 …………43
ジェット式デアレーター …207	ストラバイト …………268	チョッパー・パルパー ……156
ジェルトン …………234	ストリッパ …………30	漬け前 …………84
塩ごろし …………300	ストリッピング …………34	ツナパッカー …………268
	スパゲトーニ …………57	定量混合機 …………205

定量充填機 ……………66	熱燻法 ………………97	ピュリフィケーション …10,13
テイリング ……………14	ノルマルヘキサン ………30	表面発酵法 ……………148
手火山式 ………………89		ヒルデンブラント式 ……30
摘採 …………………225	■は行	ビンナガマグロ ………266
デコクション法 ………180	パーコレーター ………213	ファット・ブルーミング
デスメット式 …………30	ハード・キャンディ …236	…………………231
デソルベンタイザー・トースター	ハードアイスクリーム …119	ファブリケート(成形)ポテトチップ
…………………30	ハードヨーグルト ……105	…………………240
デポジッター …………230	ハイドロサイクロン ……23	ファリナ ………11,53,57
テルハエレベータ ……57	掃き前 …………………84	フィニッシャー ………156
碾茶(てんちゃ) ………218	バキュームクッカー	フェデリーニ …………57
テンパリング …………230	…………………237,239	ふすま …………………14
道明寺 …………………249	バキュームパン方式 …264	蓋麹法 …………………172
特殊栄養ガム …………232	麦芽酢 …………………147	普通温州 ………………256
とろろ昆布 ……………83	白色変異株A. kawachii …194	フライヤー ……………242
留添 ………………149,174	箱麹法 …………………172	フラットサワー菌 ……287
共立方式 ………………246	葉ざらい ………………220	ブランチング …………36
ドライミーリング ……22	バターミルクパウダー …114	フリーズドライ ………213
ドラム式 ………………74	裸節 ……………………89	ブリューヴルスト ……66
トリミング ……………259	発酵バター ……………106	フルーツゼリー ………252
	初添 ………………149,174	ブルーミング …………230
■な行	八反 ……………………170	ブルーム ………………252
仲添 ……………………174	バッテリー式半向流抽出 …30	ブルマン型食パン ……43
中添 ……………………149	バルクスターター ……105	ブレーキ・ミドリングス …14
中種法 …………………43	バンデルハウフェン式 …190	ブレーキ・ロール ……13
中混ぜ …………………247	ハンド・サイザー ……259	ブレーキング …………13
ナチュラルチーズ ……110	半生菓子 ………………249	フレーバード・シロップ …205
ナットウキナーゼ ……132	ピーラー ………………242	フレーバリング ………120
生揚げ …………………124	ピール …………………240	プレカーボネーター …207
生菓子 …………………249	火入れ …………………141	プレザーブスタイル …262
生醤油 …………………141	干菓子 …………………249	プレミックス方式 ……205
(生)ポテトチップ ……240	ビスコチョ ……………246	フローミックス ………207
ニブ ……………………228	日高昆布 ………………83	プロシュート …………70
乳化液状ドレッシング …162	ピックルインジェクタ法 …62	プロセスチーズ ………110
忍冬酒 …………………150	ピックル液 ……………62	プロポーショナー ……205
ヌガー …………………239	ヒトスミ ………………127	分離液状ドレッシング ……162
ヌスシンケン …………70	非発泡性ワイン ………183	$β$-無水結晶ブドウ糖 ……26
ねかし(中間焙炉) ……43	ピュリファイヤー …10,13	別立方式 ………………246

ヘモクロビン …………270	水晒し ………………81	ラックスシンケン ………70
ベリーハム ……………62	ミセラ ………………30	ラックスハム ……………62
ベルミチェリースパゲティ	ミドリング ……………14	卵粒分離器 ……………95
…………………57	耳裁ち ………………84	利尻昆布 ………………83
ベンチ ………………43	宮水 ………………172	リダクション ……………13
ベンドシーブ ……………23	ミルクゼリー …………252	リダクション・ロール ……13
ホイロ ………………218	ミルスターチ ……………23	リファイナシステム ………23
焙炉(ホイロ) ……………43	ミルストリーム・シックナー	留液 …………………191
火腿(ほうとい) …………70	………………23	ルルギ式 ………………30
ホエイ ………………110	無塩バター …………106	冷燻法 ………………96
ホエイパウダー …………114	無脂乳固形分(SNF)……102	レトルト ………………91
ボーメ度 ………127,153	メイラード反応	レトルトパウチ食品 ……285
ボールマン式 ……………30	………44,238,265	レファイナー …………230
ボーンレスハム …………62	メタカリ ………………187	連続式蒸留機 …………189
ポストミックス方式 ……205	雌節(腹節) ……………89	連続蒸煮装置 …………136
北海道流 ………………60	メンブレン(膜)フィルタ …182	連続蒸米機 …………172
ポットスチル …………189	もみ手 ………………218	連続全面発酵法 ………148
ホットパック …………156	木綿豆腐 ……………124	連続密閉法 ……………166
ホップ・ストレーナ ……181	盛込み ………………140	レンネット酵素 …………112
ホップ・ペレット ………181	森田流 ………………60	醪取(もろみとり)焼酎 ……194
ボツリヌス菌 …………285	モルトウイスキー ………189	ロースティング …………213
ボトルドアップシステム …22	モルトクリーナー ………179	ロースハム ……………62
骨付きハム ……………62	もろみ ………………170	ロータリースライサー ……241
骨抜き ………………89		ロートセル式 ……………30
保命酒 ………………150	■や行	ローヴルスト ……………66
ホモゲナイザー …………156	焼き豆腐 ……………124	
本枯節 ………………89	薬用ガム ……………232	■わ行
本ずり ………………82	山卸 …………………173	ワーキング ……………108
本直し ………………150	山田錦 ………………170	ワールプール・タンク ……181
	山廃酒母 ……………173	ワインゼリー …………252
■ま行	床麹法 ………………172	若ビール ………………181
巻き前 ………………84	ヨーグルトミックス ……105	湧付き ………………173
真昆布 ………………83		湧き付き ……………181
マザースターター ………105	■ら行	早生温州 ……………256
ママコ ………………119	ライスプディング ………252	
マルトオリゴ糖 …………25	羅臼昆布 ………………83	
ミート・エマルジョン ……66	ラウンド ………………97	
ミキシングタンク ………156	ラガービール …………182	

著者略歴
吉田　照男（よしだ・てるお）
　1966年　横浜国立大学工学部機械工学科卒業
　1966年　味の素株式会社入社
　1996年　日本粉体工業技術協会　造粒分科会幹事
　2000年　味の素株式会社定年退職
　2000年　吉田技術士事務所開設　所長
　　　　　現在に至る

図解　食品加工プロセス　　　　　　　Ⓒ 吉田照男　*2011*
2011年5月18日　第1版第1刷発行　　【本書の無断転載を禁ず】
2024年9月30日　第1版第5刷発行

著　　者　吉田照男
発 行 者　森北博巳
発 行 所　森北出版株式会社
　　　　　東京都千代田区富士見1-4-11（〒102-0071）
　　　　　電話 03-3265-8341／FAX 03-3264-8709
　　　　　https://www.morikita.co.jp/
　　　　　日本書籍出版協会・自然科学書協会　会員
　　　　　JCOPY ＜（一社）出版者著作権管理機構　委託出版物＞

落丁・乱丁本はお取替えいたします　　印刷/美研プリンティング
　　　　　　　　　　　　　　　　　　製本/協栄製本

Printed in Japan／ISBN978-4-627-97061-8